U0283838

常用算法程序集

（C++描述）（第6版）

徐士良◎编著

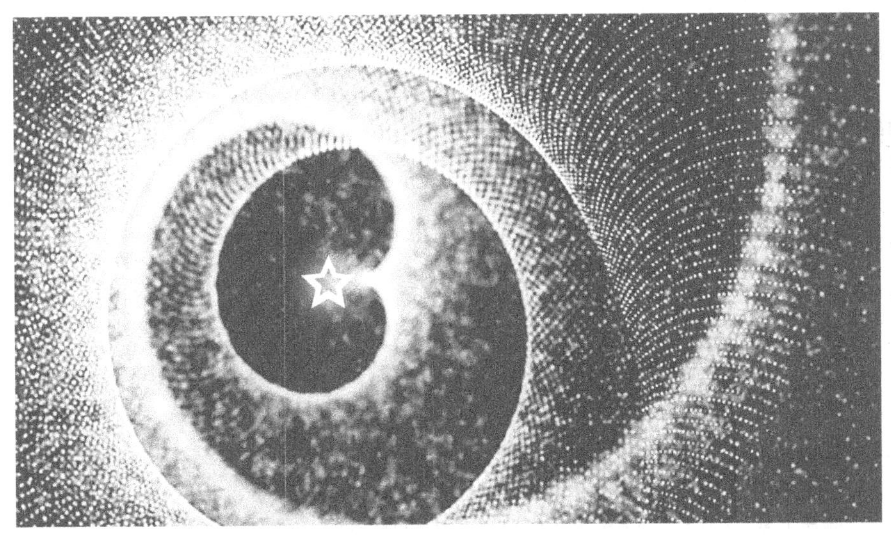

清華大學出版社
北京

内容简介

本书是针对工程中常用的行之有效的算法而编写的，其主要内容包括封装的四个基本运算类（复数运算类、实系数与复系数多项式运算类以及产生随机数类），矩阵运算，矩阵特征值与特征向量的计算，线性代数方程组，非线性方程与方程组的求解，插值与逼近，数值积分，常微分方程组的求解，数据处理，极值问题的求解，数学变换与滤波，特殊函数的计算，排序等。

书中所有的算法程序均用 C++ 描述，源代码可从清华大学出版社网站（www. tup. com. cn）下载。

本书可供广大科研人员、工程技术人员及管理工作者阅读使用，也可作为高等院校师生的参考书。

图书在版编目（CIP）数据

常用算法程序集：C++ 描述/徐士良编著. —6 版. —北京：清华大学出版社，2019（2025.1 重印）
ISBN 978-7-302-50542-6

Ⅰ. ①常… Ⅱ. ①徐… Ⅲ. ①工程计算程序－程序设计 ②C 语言－程序设计 Ⅳ. ①TP319 ②TP312.8

中国版本图书馆 CIP 数据核字(2018)第 141944 号

责任编辑：白立军　张爱华
封面设计：杨玉兰
责任校对：梁　毅
责任印制：杨　艳

出版发行：清华大学出版社
网　　址：https://www.tup.com.cn，https://www.wqxuetang.com
地　　址：北京清华大学学研大厦 A 座　　**邮　　编**：100084
社 总 机：010-83470000　　**邮　　购**：010-62786544
投稿与读者服务：010-62776969，c-service@tup.tsinghua.edu.cn
质量反馈：010-62772015，zhiliang@tup.tsinghua.edu.cn
课件下载：https://www.tup.com.cn，010-83470236

印 装 者：三河市龙大印装有限公司
经　　销：全国新华书店
开　　本：185mm×260mm　　**印　　张**：35.5　　**字　　数**：838 千字
版　　次：1989 年 11 月第 1 版　2019 年 5 月第 6 版　　**印　　次**：2025 年 1 月第 7 次印刷
定　　价：99.80 元

产品编号：080113-02

在本次修订中，所有的算法程序均采用 C++ 语言描述，并逐个进行了重新调试，对原来的程序做了较大的修改。对于有些问题，为了便于读者直接使用，在使用面向过程的 C++ 语言描述基础上，还使用了面向对象的 C++ 语言描述，将若干同类算法封装在一个类中。例如，在本书的第 1 章中，分别将复数运算封装成一个类，实系数多项式运算封装成一个类，复系数多项式运算封装成一个类，产生随机数运算封装成一个类；在第 12 章和第 13 章中分别将特殊函数与数据排序封装成类。由于在第 1 章中定义了复数运算类，因此在 2.1 节中矩阵相乘包括了实矩阵与复矩阵的相乘，2.2 节中的矩阵求逆包括了实矩阵与复矩阵的求逆。

本书是针对工程中常用的行之有效的算法而编写的，并且根据算法的分类以及使用特点做了精心的组织和安排。本书具有以下特点。

(1) 书中除收集了传统的算法外，还根据作者的工作经验和近年来数值计算的发展，选取了一些新的、实用的算法。可以说，书中各章几乎都有一些新的算法。

(2) 书中所有的算法程序都经过认真的调试(在 Visual C++ 6.0 环境下)。

(3) 书中收集的算法都是行之有效的，基本可以满足解决工程中各种实际问题的需要。

限于作者水平，书中难免有疏漏之处，恳请读者批评指正。

作　者

2018 年 3 月

前言

[illegible]

[illegible]

（1）[illegible]

（2）[illegible]

[illegible]

作者

2018年3月

目录

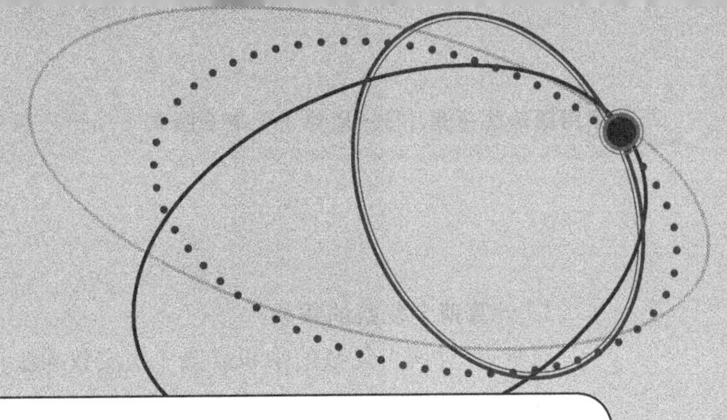

第1章

基本运算类

1.1 复数运算类

【功能】

1. 计算两个复数的和
2. 计算两个复数的差
3. 计算两个复数的乘积
4. 计算两个复数的商
5. 计算复数的整数次幂
6. 计算复数的 n 次方根
7. 计算复数的指数
8. 计算复数的自然对数
9. 计算复数的正弦值
10. 计算复数的余弦值
11. 计算复数的模
12. 计算复数的幅角

在本节中，$\mathrm{j}=\sqrt{-1}$。

【方法说明】

1. 计算两个复数的和

设

$$u+\mathrm{j}v=(a+\mathrm{j}b)+(c+\mathrm{j}d)$$

则

$$u=a+c,\quad v=b+d$$

2. 计算两个复数的差

设

$$u+\mathrm{j}v=(a+\mathrm{j}b)-(c+\mathrm{j}d)$$

则

$$u = a - c,\quad v = b - d$$

3. 计算两个复数的乘积

通常,计算两个复数的乘积需要4次实数乘法,下面的算法只需要3次乘法。设

$$u + \mathrm{j}v = (a + \mathrm{j}b)(c + \mathrm{j}d)$$

令

$$p = ac,\quad q = bd,\quad s = (a + b)(c + d)$$

则

$$u = p - q,\quad v = s - p - q$$

4. 计算两个复数的商

设

$$u + \mathrm{j}v = (a + \mathrm{j}b)/(c + \mathrm{j}d)$$

令

$$p = ac,\quad q = -bd,\quad s = (a + b)(c - d),\quad w = c^2 + d^2$$

则

$$u = (p - q)/w,\quad v = (s - p - q)/w$$

5. 计算复数的整数次幂

设

$$u + \mathrm{j}v = (x + \mathrm{j}y)^n$$

令

$$z = x + \mathrm{j}y = r(\cos\theta + \mathrm{j}\sin\theta)$$

其中

$$r = \sqrt{x^2 + y^2},\quad \theta = \arctan\frac{y}{x}$$

则

$$u + \mathrm{j}v = z^n = (x + \mathrm{j}y)^n = r^n(\cos n\theta + \mathrm{j}\sin n\theta)$$

即

$$u = r^n\cos n\theta,\quad v = r^n\sin n\theta$$

6. 计算复数的 n 次方根

设复数为

$$z = x + \mathrm{j}y = r(\cos\theta + \mathrm{j}\sin\theta)$$

其中

$$r = \sqrt{x^2 + y^2},\quad \theta = \arctan\frac{y}{x}$$

则

$$\begin{aligned} u_k + \mathrm{j}v_k &= z^{\frac{1}{n}} = (x + \mathrm{j}y)^{\frac{1}{n}} \\ &= r^{\frac{1}{n}}\left(\cos\frac{2k\pi + \theta}{n} + \mathrm{j}\sin\frac{2k\pi + \theta}{n}\right),\quad k = 0,1,\cdots,n-1 \end{aligned}$$

其中

$$u_k = r^{\frac{1}{n}} \cos \frac{2k\pi + \theta}{n}, \quad v_k = r^{\frac{1}{n}} \sin \frac{2k\pi + \theta}{n}$$

7. 计算复数的指数

设复数为

$$z = x + \mathrm{j}y$$

则

$$u + \mathrm{j}v = \mathrm{e}^z = \mathrm{e}^{x+\mathrm{j}y} = \mathrm{e}^x(\cos y + \mathrm{j}\sin y)$$

其中

$$u = \mathrm{e}^x \cos y, \quad v = \mathrm{e}^x \sin y$$

8. 计算复数的自然对数

设复数为

$$z = x + \mathrm{j}y$$

则

$$u + \mathrm{j}v = \ln z = \ln(x + \mathrm{j}y) = \ln \sqrt{x^2 + y^2} + \mathrm{j}\arctan \frac{y}{x}$$

其中

$$u = \ln \sqrt{x^2 + y^2}, \quad v = \arctan \frac{y}{x}$$

9. 计算复数的正弦值

设复数为

$$z = x + \mathrm{j}y$$

则

$$\begin{aligned} u + \mathrm{j}v &= \sin z = \sin(x + \mathrm{j}y) = \sin x \cos(\mathrm{j}y) + \cos x \sin(\mathrm{j}y) \\ &= \left(\frac{\mathrm{e}^y + \mathrm{e}^{-y}}{2}\right)\sin x + \mathrm{j}\left(\frac{\mathrm{e}^y - \mathrm{e}^{-y}}{2}\right)\cos x \end{aligned}$$

其中

$$u = \left(\frac{\mathrm{e}^y + \mathrm{e}^{-y}}{2}\right)\sin x, \quad v = \left(\frac{\mathrm{e}^y - \mathrm{e}^{-y}}{2}\right)\cos x$$

10. 计算复数的余弦值

设复数为

$$z = x + \mathrm{j}y$$

则

$$\begin{aligned} u + \mathrm{j}v &= \cos z = \cos(x + \mathrm{j}y) = \cos x \cos(\mathrm{j}y) - \sin x \sin(\mathrm{j}y) \\ &= \left(\frac{\mathrm{e}^y + \mathrm{e}^{-y}}{2}\right)\cos x - \mathrm{j}\left(\frac{\mathrm{e}^y - \mathrm{e}^{-y}}{2}\right)\sin x \end{aligned}$$

其中

$$u = \left(\frac{\mathrm{e}^y + \mathrm{e}^{-y}}{2}\right)\cos x, \quad v = -\left(\frac{\mathrm{e}^y - \mathrm{e}^{-y}}{2}\right)\sin x$$

11. 计算复数的模

设复数为

$$z = x + \mathrm{j}y$$

则复数模为

$$r = | x + jy | = \sqrt{x^2 + y^2}$$

12. 计算复数的幅角

设复数为

$$z = x + jy$$

则复数的幅角为

$$\theta = \arctan \frac{y}{x}$$

【数据成员与函数成员】

类名：complex

数据成员	说明
double R	复数的实部
double I	复数的虚部

函数成员	说明
complex(double, double)	构造函数
void prt()	复数输出。形式为(实部，虚部)
complex operator+(complex&)	复数加法。重载运算符+
complex operator-(complex&)	复数减法。重载运算符-
complex operator*(complex&)	复数乘法。重载运算符*
complex operator/(complex&)	复数除法。重载运算符/
complex cpower(int)	复数乘幂
void croot(int, complex *)	复数的 n 次方根
complex cexp()	复数指数
complex clog()	复数对数
complex csin()	复数正弦
complex ccos()	复数余弦
double cfabs()	复数模
double angle()	复数幅角

【程序】

```
//复数运算类.h
#include <iostream>
#include <cmath>
using namespace std;
```

```
class  complex
{
private:
        double  R;
        double  I;
public:
        complex(double real=0, double imag=0)    //构造函数
        { R =real;  I =imag;  }
        void prt()                               //复数输出
        {
            cout <<"(" <<R <<", " <<I <<")" ;
                                                 //输出形式为(实部, 虚部)
            return;
        }
        double cfabs()                           //复数模
        {
            double y;
            y=sqrt(R * R+I * I);
            return y;
        }
        double angle()                           //复数幅角
        {
            double y;
            y =atan2(I, R);
            return(y);
        }
        complex operator + (complex& c2)         //复数加法
        {
            complex c;
            c.R =R +c2.R;  c.I =I +c2.I;
            return c;
        }
        complex operator - (complex& c2)         //复数减法
        {
            complex c;
            c.R =R -c2.R;  c.I =I -c2.I;
            return c;
        }
        complex operator *  (complex& c2)        //复数乘法
        {
            complex c;
            double p, q, s;
            p =R * c2.R; q =I * c2.I;
            s = (R+I) * (c2.R+c2.I);
```

```
    c.R =p -q;  c.I =s -p -q;
    return c;
}
complex operator / (complex& c2)              //复数除法
{
    complex c;
    double p, q, s, w;
    p =R * c2.R; q =-I * c2.I;
    s = (R+I) * (c2.R-c2.I);
    w = (c2.R) * (c2.R) + (c2.I) * (c2.I);
    if (w +1.0 !=1.0)
    {
        c.R = (p -q)/w;  c.I = (s -p -q)/w;
    }
    else
    {
        c.R =1e+300 ;  c.I =1e+300 ;
    }
    return c;
}
complex cpower (int n)                        //复数乘幂
{
    complex  c;
    double r, q;
    q =atan2(I, R);
    r =sqrt(R * R +I * I);
    if (r+1.0 !=1.0)
    { r =n * log(r);  r =exp(r); }
    c.R =r * cos(n * q);  c.I =r * sin(n * q);
    return  c;
}
void croot (int n, complex * p)               //复数的 n 次方根
{
    complex c;
    int k;
    double r, q, t;
    if (n <1) return;
    q =atan2(I, R);
    r =sqrt(R * R +I * I);
    if (r+1.0 !=1.0)
    { r = (1.0/n) * log(r);  r =exp(r); }
    for (k=0; k<n; k++)
    {
        t = (2.0 * k * 3.1415926 +q)/n;
```

```
            c.R =r * cos(t);   c.I =r * sin(t);
            p[k] =c;
        }
    }
    complex cexp()                                    //复数指数
    {
        complex c;
        double p;
        p =exp(R);
        c.R =p * cos(I);   c.I =p * sin(I);
        return c;
    }
    complex clog()                                    //复数对数
    {
        complex c;
        double p;
        p =R * R +I * I;
        p =log(sqrt(p));
        c.R =p;   c.I =atan2(I, R);
        return c;
    }
    complex csin()                                    //复数正弦
    {
        complex c;
        double p, q;
        p =exp(I); q =exp(-I);
        c.R =sin(R) * (p+q)/2;
        c.I =cos(R) * (p-q)/2;
        return c;
    }
    complex ccos()                                    //复数余弦
    {
        complex c;
        double p, q;
        p =exp(I); q =exp(-I);
        c.R =cos(R) * (p+q)/2;
        c.I =-sin(R) * (p-q)/2;
        return c;
    }
};
```

【例】 首先输入两个复数，分别执行加、减、乘、除运算，并输出结果；然后重新输入一个复数，分别求该复数的－3 次方、5 次方根、指数、对数、正弦和余弦，并输出结果。

主函数程序如下：

```
//复数运算类例.cpp
#include <iostream>
#include <cmath>
#include  "复数运算类.h"
using namespace std;
int  main()                                    //主函数
{
    int i;
    double a, b;
    complex  c1, c2, c3, c, p[5];
    cin >>a >>b;                               //输入复数 c1 的实部与虚部
    c1 =complex(a, b);  cout <<"c1 ="; c1.prt(); cout <<endl;
    cin >>a >>b;                               //输入复数 c2 的实部与虚部
    c2 =complex(a, b);  cout <<"c2 ="; c2.prt(); cout <<endl;
    cin >>a >>b;                               //输入复数 c3 的实部与虚部
    c3 =complex(a, b);  cout <<"c3 ="; c3.prt(); cout <<endl;
    c =c1 +c2;
    cout <<"c1 +c2 =";  c.prt(); cout <<endl;
    c =c1 -c2;
    cout <<"c1 -c2 =";  c.prt(); cout <<endl;
    c =c1 * c2;
    cout <<"c1 * c2 =";  c.prt(); cout <<endl;
    c =c1 / c2;
    cout <<"c1 / c2 =";  c.prt(); cout <<endl;
    c =c3.cpower(-3);
    cout <<"c3 的-3 次方 =";  c.prt(); cout <<endl;
    cout <<"c3 的 5 次方根为: " <<endl;
    c3.croot(5, p);
    for (i=0; i<5; i++)
    {
        p[i].prt(); cout <<endl;
    }
    c =c3.cexp();
    cout <<"cexp(c3) =";  c.prt(); cout <<endl;
    c =c3.clog();
    cout <<"clog(c3) =";  c.prt(); cout <<endl;
    c =c3.csin();
    cout <<"csin(c3) =";  c.prt(); cout <<endl;
    c =c3.ccos();
    cout <<"ccos(c3) =";  c.prt(); cout <<endl;
    return 0;
}
```

运行结果为(其中第1行为键盘输入)

```
1 2 2 3 1 4
c1 = (1, 2)
c2 = (2, 3)
c3 = (1, 4)
c1 + c2 = (3, 5)
c1 - c2 = (-1, -1)
c1 * c2 = (-4, 7)
c1 / c2 = (0.615385, 0.0769231)
c3 的-3次方 = (-0.00956646, 0.0105842)
c3 的5次方根为:
(1.28113, 0.347902)
(0.0650174, 1.32594)
(-1.24095, 0.471573)
(-0.831967, -1.03449)
(0.726767, -1.11092)
cexp(c3) = (-1.77679, -2.0572)
clog(c3) = (1.41661, 1.32582)
csin(c3) = (22.9791, 14.7448)
ccos(c3) = (14.7547, -22.9637)
```

1.2 实系数多项式运算类

【功能】

1. 多项式求值
2. 多项式相乘
3. 多项式相除

【方法说明】

1. 多项式求值

计算多项式

$$p(x) = a_{n-1}x^{n-1} + a_{n-2}x^{n-2} + \cdots + a_1 x + a_0$$

在指定点 x 处的函数值。

首先将多项式表述成如下嵌套形式：

$$p(x) = (\cdots((a_{n-1}x + a_{n-2})x + a_{n-3})x + \cdots + a_1)x + a_0$$

然后从里往外一层一层地进行计算。其递推计算公式如下：

$$u = a_{n-1}$$

$$u = u * x + a_i, \quad i = n-2, \cdots, 1, 0$$

最后得到的 u 即是多项式值 $p(x)$。

2. 多项式相乘

求两个多项式

$$P(x) = p_{m-1}x^{m-1} + p_{m-2}x^{m-2} + \cdots + p_1 x + p_0$$

$$Q(x) = q_{n-1}x^{n-1} + q_{n-2}x^{n-2} + \cdots + q_1 x + q_0$$

的乘积多项式

$$S(x) = P(x)Q(x) = s_{m+n-2}x^{m+n-2} + \cdots + s_1 x + s_0$$

乘积多项式 $S(x)$ 中的各系数按如下公式进行计算：

$$s_k = 0, \quad k = 0, 1, \cdots, m+n-2$$

$$s_{i+j} = s_{i+j} + p_i q_j, \quad i = 0, 1, \cdots, m-1; j = 0, 1, \cdots, n-1$$

3. 多项式相除

求多项式

$$P(x) = p_{m-1}x^{m-1} + p_{m-2}x^{m-2} + \cdots + p_1 x + p_0$$

被多项式

$$Q(x) = q_{n-1}x^{n-1} + q_{n-2}x^{n-2} + \cdots + q_1 x + q_0$$

除得的商多项式 $S(x)$ 和余多项式 $R(x)$。

采用综合除法求商多项式 $S(x)$ 中的各系数。

设商多项式 $S(x)$ 的最高次数为 $k=m-n$，则 $S(x)$ 的系数由下列递推公式进行计算：

$$s_{k-i} = p_{m-1-i}/q_{n-1}$$

$$p_j = p_j - s_{k-i}q_{j+i-k}, \quad j = m-i-1,\cdots,k-i$$

其中 $i=0,1,\cdots,k$。最后的 $p_0,p_1,\cdots,p_{n-2}$ 即为余多项式的系数 $r_0,r_1,\cdots,r_{n-2}$。

【数据成员与函数成员】

类名：poly

数据成员	说明
int N	多项式次数
double *p	n 次多项式系数的存储空间首地址

函数成员	说明
poly(int, double *)	构造函数
void input()	由键盘输入多项式系数
double poly_value(double)	多项式求值
void poly_mul(poly&,poly&)	多项式相乘
void poly_div(poly&,poly&,poly&)	多项式相除

【程序】

```
//实系数多项式运算类.h
#include <iostream>
#include <fstream>
#include <cmath>
using namespace std;
class  poly
{
private:
        int N;                                  //多项式次数
        double   *p;                            //多项式系数存储空间首地址
public:
        poly(int nn=0, double * pp=NULL)        //构造函数
```

```
        {
            N =nn;  p=pp;
        }
        void  input();                          //由键盘输入多项式系数
        double poly_value(double);              //多项式求值
        void poly_mul(poly&,poly&);             //多项式相乘
        void poly_div(poly&,poly&,poly&);       //多项式相除
};

//由键盘输入多项式系数
void poly::input()
{
    int  i;
    cout <<"多项式系数:" <<endl;
    for (i=0; i<N+1; i++)                       //输入多项式系数
    {
        cout <<"p(" <<i <<") =";
        cin >>p[i];
    }
}

//多项式求值 p(x)
double poly::poly_value(double x)
{
    int k;
    double u;
    u =p[N];
    for (k=N-1; k>=0; k--)  u =u * x +p[k];
    return u;
}

//多项式相乘 s =p * q
void poly::poly_mul(poly& q, poly& s)
{
    int i,j;
    for (i=0; i<=s.N; i++) s.p[i]=0.0;
    for (i=0; i<=N; i++)
    for (j=0; j<=q.N; j++)
        s.p[i+j]=s.p[i+j] +p[i] * q.p[j];
    return ;
}

//多项式相除 s =p/q +r
void poly::poly_div(poly& q, poly& s, poly& r)
```

```
{
    int i,j,mm,ll;
    for (i=0; i<=s.N; i++) s.p[i]=0.0;
    if (q.p[q.N]+1.0==1.0) return;
    ll=N;
    for (i=(s.N)+1; i>=1; i--)
    {
        s.p[i-1]=p[ll]/(q.p[q.N]);
        mm=ll;
        for (j=1; j<=q.N; j++)
        {
            p[mm-1]=p[mm-1]-s.p[i-1]*(q.p[(q.N)-j]);
            mm=mm-1;
        }
        ll=ll-1;
    }
    for (i=0; i<=r.N; i++) r.p[i]=p[i];
    return;
}
```

【例】

(1) 计算多项式

$$P(x) = 2x^6 - 5x^5 + 3x^4 + x^3 - 7x^2 + 7x - 20$$

在 $x=\pm 0.9, \pm 1.1, \pm 1.3$ 处的函数值。

(2) 计算下列两个多项式

$$P2(x) = 3x^5 - x^4 + 2x^3 + 5x^2 - 6x + 4$$

$$Q2(x) = 2x^3 - 6x^2 + 3x + 2$$

的乘积多项式 $S2(x)=P2(x)Q2(x)$。

(3) 求多项式

$$P3(x) = 3x^4 + 6x^3 - 3x^2 - 5x + 8$$

被多项式

$$Q3(x) = 2x^2 - x + 1$$

除得的商多项式 $S3(x)$ 和余多项式 $R3(x)$。

主函数如下：

```
//实系数多项式运算类.cpp
#include <iostream>
#include  "实系数多项式运算类.h"
#include <fstream>
#include <cmath>
using namespace std;
int main()                              //主函数
{
```

```
    int k;
    double x[6] ={ 0.9, 1.1, 1.3, -0.9, -1.1, -1.3 };
    double p1[7] ={ -20.0,7.0,-7.0,1.0,3.0,-5.0,2.0 };
    double p2[6] ={ 4.0,-6.0,5.0,2.0,-1.0,3.0 };
    double q2[4] ={ 2.0,3.0,-6.0,2.0 };
    double p3[5] ={ 8.0,-5.0,-3.0,6.0,3.0 };
    double q3[3] ={ 1.0,-1.0,2.0 };
    double s2[9], s3[3], r3[2];
    poly p, q, s, r;
    p =poly(6,p1);
    cout <<"多项式求值: " <<endl;
    for (k=0; k<6; k++)
      cout <<"p(" <<x[k] <<") =" <<p.poly_value(x[k]) <<endl;
    p =poly(5,p2);
    q =poly(3,q2);
    s =poly(8,s2);
    p.poly_mul(q, s);                //多项式相乘 s2 =p2 * q2
    cout <<"乘积多项式 s2 =p2 * q2 :" <<endl;
    for (k=0; k<=8; k++)             //输出乘积多项式 s2 的系数
    {
        cout <<"s2(" <<k <<") =" <<s2[k] <<endl;
    }
    p=poly(4,p3);
    q=poly(2,q3);
    s=poly(2,s3);
    r=poly(1,r3);
    p.poly_div(q, s, r);             //多项式相除 s3 =p3/q3+r3
    cout <<"p3/q3 商多项式 s3:" <<endl;
    for (k=0; k<=2; k++)             //输出商多项式 s3 的系数
    {
        cout <<"s3(" <<k <<") =" <<s3[k] <<endl;
    }
    cout <<"p3/q3 余多项式 r3:" <<endl;
    for (k=0; k<=1; k++)             //输出余多项式 r3 的系数
    {
        cout <<"r3(" <<k <<") =" <<r3[k] <<endl;
    }
    return 0;
}
```

运行结果为

```
多项式求值:
p(0.9) = -18.5623
p(1.1) = -19.5561
p(1.3) = -20.8757
p(-0.9) = -26.7154
p(-1.1) = -21.513
p(-1.3) = -6.34043
乘积多项式s2 = p2*q2 :
s2(0) = 8
s2(1) = 0
s2(2) = -32
s2(3) = 63
s2(4) = -38
s2(5) = 1
s2(6) = 19
s2(7) = -20
s2(8) = 6
p3/q3商多项式s3:
s3(0) = -0.375
s3(1) = 3.75
s3(2) = 1.5
p3/q3余多项式r3:
r3(0) = 8.375
r3(1) = -9.125
```

1.3 复系数多项式运算类

【功能】

1. 复系数多项式求值

计算复系数多项式

$$p(z) = a_{n-1}z^{n-1} + a_{n-2}z^{n-2} + \cdots + a_1 z + a_0$$

在给定复数 z 时的函数值。

2. 复系数多项式相乘

求两个复系数多项式

$$P(z) = p_{m-1}z^{m-1} + p_{m-2}z^{m-2} + \cdots + p_1 z + p_0$$

$$Q(z) = q_{n-1}z^{n-1} + q_{n-2}z^{n-2} + \cdots + q_1 z + q_0$$

的乘积多项式

$$S(z) = P(z)Q(z) = s_{m+n-2}z^{m+n-2} + \cdots + s_1 z + s_0$$

其中所有的系数均为复数。

3. 复系数多项式相除

求复系数多项式

$$P(z) = p_{m-1}z^{m-1} + p_{m-2}z^{m-2} + \cdots + p_1 z + p_0$$

被复系数多项式

$$Q(z) = q_{n-1}z^{n-1} + q_{n-2}z^{n-2} + \cdots + q_1 z + q_0$$

除得的商多项式 $S(z)$ 和余多项式 $R(z)$。

【方法说明】

见 1.2 节的方法说明。

【数据成员与函数成员】

基类见 1.1 节的数据成员与函数成员。

派生类类名：com_poly

数据成员	说明
int N	多项式次数
complex * p	n 次多项式复系数的存储空间首地址

函数成员	说明
com_poly (int, complex *)	构造函数
void input ()	由键盘输入多项式系数
double poly_value(complex)	多项式求值
void poly_mul(com_poly&,com_poly&)	多项式相乘
void poly_div(com_poly&,com_poly&,com_poly&)	多项式相除

【程序】

```
//复系数多项式运算类.h
#include <iostream>
#include <cmath>
#include <fstream>
#include  "复数运算类.h"
using namespace std;
class  com_poly:public complex               //声明 com_poly 是基类 complex 的派生类
{
private:
        int N;                                //复系数多项式次数
        complex  *p;                          //复系数多项式存储空间首地址
public:
        com_poly (int nn=0, complex *pp=NULL)      //构造函数
        {  N =nn;  p =pp;  }
        void  input();                        //由键盘输入多项式复系数
        complex poly_value(complex);          //复系数多项式求值
        void com_poly_mul(com_poly&,com_poly&);    //复系数多项式相乘
        void com_poly_div(com_poly&,com_poly&,com_poly&);  //复系数多项式相除
};
//由键盘输入多项式复系数
void com_poly::input()
{
    int  i;
    double a,b;
    cout << "多项式复系数:" << endl;
    for (i=0; i<N+1; i++)                     //输入多项式复系数
    {
```

```
            cout <<"p(" <<i <<") =";
            cin >>a >>b;  p[i]=complex(a, b);
        }
    }
    //复系数多项式求值 p(x)
    complex com_poly::poly_value(complex x)
    {
        int k;
        complex u;
        u =p[N];
        for (k=N-1; k>=0; k--)  u =u * x +p[k];
        return u;
    }
    //复系数多项式相乘 s =p * q
    void com_poly::com_poly_mul(com_poly& q, com_poly& s)
    {
        int i,j;
        for (i=0; i<=s.N; i++) s.p[i] =complex(0.0,0.0);
        for (i=0; i<=N; i++)
        for (j=0; j<=q.N; j++)
            s.p[i+j]=s.p[i+j] +p[i] * q.p[j];
        return ;
    }
    //复系数多项式相除 s =p/q +r
    void com_poly::com_poly_div(com_poly& q, com_poly& s, com_poly& r)
    {
        int i,j,mm,ll;
        for (i=0; i<=s.N; i++) s.p[i]=complex(0.0,0.0);
        if ( (q.p[q.N]).cfabs()+1.0==1.0)  return;
        ll=N;
        for (i=(s.N)+1; i>=1; i--)
        {
            s.p[i-1]=p[ll]/(q.p[q.N]);
            mm=ll;
            for (j=1; j<=q.N; j++)
            {
                p[mm-1]=p[mm-1]-s.p[i-1] * (q.p[(q.N)-j]);
                mm=mm-1;
            }
            ll=ll-1;
        }
        for (i=0; i<=r.N; i++) r.p[i]=p[i];
        return;
    }
```

【例】

（1）计算复系数多项式

$$p(z) = (2 + j2)z^3 + (1 + j)z^2 + (2 + j)z + (2 + j)$$

当 $z=1+j$ 时的函数值。

（2）求下列两个多项式

$$P2(z) = (3 + j2)z^5 + (-1 - j)z^4 + (2 + j)z^3 + (5 - j4)z^2 + (-6 + j3)z + (4 + j2)$$

$$Q2(z) = (2 + j)z^3 + (-6 - j4)z^2 + (3 + j2)z + (2 + j)$$

的乘积多项式 $S2(z)$。

（3）求复系数多项式

$$P3(z) = (3 - j)z^4 + (6 - j5)z^3 + (-3 + j4)z^2 + (-5 + j4)z + (8 + j3)$$

被复系数多项式

$$Q3(z) = (2 + j2)z^2 + (-1 - j3)z + (1 + j2)$$

除得的商多项式 $S3(z)$ 和余多项式 $R3(z)$。

主函数如下：

```
//复系数多项式运算类例.cpp
#include <iostream>
#include <fstream>
#include <cmath>
#include  "复系数多项式运算类.h"
using namespace std;
int main()
{
    int i;
    double a, b;
    complex  p1[4]={complex(2,1),complex(2,1),complex(1,1),complex(2,2)};
    complex  p2[6]={complex(4,2),complex(-6,3),complex(5,-4),
                   complex(2,1),complex(-1,-1),complex(3,2)};
    complex  q2[4]={complex(2,1),complex(3,2),complex(-6,-4),complex(2,1)};
    complex  p3[5]={complex(8,3),complex(-5,4),complex(-3,4),
                   complex(6,-5),complex(3,-1)};
    complex  q3[3]={complex(1,2),complex(-1,-3),complex(2,2)};
    complex  x, y, s2[9], s3[3], r3[2];
    com_poly p, q, s, r;
    cout <<"输入 x =";
    cin >>a >>b;
    x=complex(a,b);
    p=com_poly(3,p1);
    cout <<"多项式求值: " <<endl;
    cout <<"x ="; x.prt(); cout <<endl;
    cout <<"p(x) ="; y =p.poly_value(x); y.prt();  cout <<endl;
    p=com_poly(5,p2);
    q=com_poly(3,q2);
    s=com_poly(8,s2);
```

```
        p.com_poly_mul (q, s);                         //多项式相乘 s2 =p2 * q2
        cout <<"乘积多项式 s2 =p2 * q2 :" <<endl;
        for (i=0; i<=8; i++)                           //输出乘积多项式 s2 的系数
        {
            cout <<"s2(" <<i <<") =";  s2[i].prt();  cout <<endl;
        }
        p=com_poly(4,p3);
        q=com_poly(2,q3);
        s=com_poly(2,s3);
        r=com_poly(1,r3);
        p.com_poly_div (q, s, r);                      //多项式相除 s3 =p3/q3 +r3
        cout <<"p3/q3 商多项式 s3:" <<endl;
        for (i=0; i<=2; i++)                           //输出商多项式 s3 的系数
        {
            cout <<"s3(" <<i <<") =";  s3[i].prt();  cout <<endl;
        }
        cout <<"p3/q3 余多项式 r3:" <<endl;
        for (i=0; i<=1; i++)                           //输出余多项式 r3 的系数
        {
            cout <<"r3(" <<i <<") =";  r3[i].prt();  cout <<endl;
        }
        return 0;
    }
```

运行结果为

```
输入x = 1 1
多项式求值:
x = (1, 1)
p(x) = (-7, 6)
乘积多项式s2 = p2*q2 :
s2(0) = (6, 8)
s2(1) = (-7, 14)
s2(2) = (-26, -34)
s2(3) = (80, 16)
s2(4) = (-58, 8)
s2(5) = (9, -15)
s2(6) = (10, 26)
s2(7) = (-11, -27)
s2(8) = (4, 7)
p3/q3商多项式s3:
s3(0) = (2.625, -0.5)
s3(1) = (1.25, -3.5)
s3(2) = (0.5, -1)
p3/q3余多项式r3:
r3(0) = (4.375, -1.75)
r3(1) = (-9.125, 12.375)
```

1.4 产生随机数类

【功能】

1. 产生 0～1 均匀分布的一个随机数
2. 产生给定区间$[a,b]$内均匀分布的一个随机整数

3. 产生给定均值 μ 与方差 σ^2 的正态分布的一个随机数

【方法说明】

1. 产生 0～1 均匀分布的一个随机数

设 $m=2^{16}$，产生 0～1 均匀分布随机数的计算公式如下：

$$r_i = \text{mod}(2053r_{i-1} + 13\,849, m), \quad i = 1,2,\cdots$$

$$p_i = r_i/m$$

其中 p_i 为第 i 个随机数，$r_0 \geqslant 1$（r_0 为随机数种子）。

2. 产生给定区间[a,b]内均匀分布的一个随机整数

首先产生在区间[0,s]内均匀分布的随机整数。其计算公式如下：

$$r_i = \text{mod}(5r_{i-1}, 4m)$$

$$p_i = \text{int}(r_i/4)$$

其中初值为 $r_0 \geqslant 1$ 的奇数（随机数种子），$s=b-a+1$，$m=2^k$，$k=[\log_2 s]+1$。

然后将每个随机数加上 a，即得到实际需要的随机整数。

3. 产生给定均值 μ 与方差 σ^2 的正态分布的一个随机数

产生均值为 μ、方差为 σ^2 的正态分布随机数 y 的计算公式如下：

$$y = \mu + \sigma \frac{\left(\sum_{i=0}^{n-1} \text{rnd}_i\right) - \frac{n}{2}}{\sqrt{n/12}}$$

其中 n 足够大。

通常取 $n=12$ 时，其近似程度已是相当好了，此时有

$$y = \mu + \sigma\left(\sum_{i=0}^{11} \text{rnd}_i - 6\right)$$

其中 rnd_i 为 0～1 均匀分布的随机数。

【数据成员与函数成员】

类名：RND

数据成员	说明
int R	随机数种子。$R>0$

函数成员	说明
RND(int)	构造函数
double rnd1()	产生 0～1 均匀分布的一个随机数
int rndab(int a, int b)	产生给定区间[a,b]内均匀分布的一个随机整数
double rndg(double u, double g)	产生给定均值 u 与方差 g^2 的正态分布的一个随机数

【程序】

```
//产生随机数类.h
```

```
#include <iostream>
#include <fstream>
#include <cmath>
using namespace std;
class  RND
{
private:
        int  R;                                         //随机数种子
public:
        RND(int r=1)                                    //构造函数
        {
            R=r;
        }
        //产生 0~1 均匀分布的一个随机数
        double rnd1()
        {
            int m;
            double s,u,v,p;
            s=65536.0; u=2053.0; v=13849.0;
            m=(int)(R/s); R=R-m*s;
            R=u*R+v;
            m=(int)(R/s); R=(int)(R-m*s);
            p=R/s;
            return(p);
        }
        //产生给定区间[a,b]内均匀分布的一个随机整数
        int rndab(int a, int b)
        {
            int k,j,m,i,p;
            k=b-a+1; j=2;
            while (j<k) j=j+j;
            m=4*j; k=R; i=1;
            while (i<=1)
            {
                k=k+k+k+k+k;
                k=k%m; j=k/4+a;
                if (j<=b) { p=j; i=i+1;}
            }
            R=k;
            return(p);
        }
        //产生给定均值 u 与方差 g² 的正态分布的一个随机数
        double rndg(double u, double g)
        {
            int i,m;
```

```
            double s,w,v,t;
            s=65536.0; w=2053.0; v=13849.0;
            t=0.0;
            for (i=1; i<=12; i++)
            {
                R=R*w+v; m=(int)(R/s);
                R=R-m*s; t=t+R/s;
            }
            t=u+g*(t-6.0);
            return(t);
        }
};
```

【例】 分别产生下列随机数序列：

(1) 50个0～1均匀分布的随机数序列。取随机数种子(即初值)$r=5$。

(2) 50个101～200的随机整数序列。取随机数种子(即初值)$r=1$。

(3) 50个均值为1.0,方差为1.5^2的正态分布随机数序列。取随机数种子(即初值)$r=3$。

主函数程序如下：

```
//产生随机数类例.cpp
#include <iostream>
#include <cmath>
#include  "产生随机数类.h"
using namespace std;
int main()
{
    int i, j, r, a, b;
    double u, g;
    RND p;
    cout <<"产生50个0~1的随机数如下:" <<endl;
    r =5;
    p =RND(r);
    for (i=0; i<=9; i++)
    {
        for (j=0; j<=4; j++)  cout <<p.rnd1() <<"    ";
        cout <<endl;
    }

    cout <<"产生50个101~200的随机整数如下:" <<endl;
    r =1; a =101; b =200;
    p =RND(r);
    for (i=0; i<=4; i++)
    {
        for (j=0; j<=9; j++)  cout <<p.rndab(a, b) <<"    ";
```

```
        cout <<endl;
    }

    cout <<"产生 50 个均值为 1.0,方差为 1.5 * 1.5 的正态分布的随机数如下:" <<endl;
    r =3; u =1.0; g =1.5;
    p =RND(r);
    for (i=0; i<=9; i++)
    {
        for (j=0; j<=4; j++)  cout <<p.rndg(u, g) <<"    ";
        cout <<endl;
    }

    return 0;
}
```

运行结果为

```
产生50个0~1的随机数如下:
0.36795     0.613571    0.872925    0.325943    0.372284
0.510239    0.731262    0.49263     0.580719    0.427414
0.692139    0.172012    0.352631    0.161972    0.739929
0.285965    0.297394    0.760788    0.109009    0.00636292
0.274384    0.520737    0.283752    0.755081    0.392975
0.988693    0.998535    0.203995    0.0125427   0.961533
0.237732    0.274979    0.742462    0.48613     0.235718
0.139908    0.442108    0.85936     0.476868    0.220657
0.220856    0.628098    0.695557    0.189102    0.43808
0.589218    0.87616     0.967117    0.703156    0.789597
产生50个101~200的随机整数如下:
102   107   132   129   114   167   176   190   163   156
121   200   150   180   113   162   151   110   147   105
122   120   197   198   135   144   189   158   131   124
170   191   168   181   118   187   148   130   119   192
173   115   172   175   165   166   171   196   193   178
产生50个均值为1.0,方差为1.5*1.5的正态分布的随机数如下:
-0.41243    0.367233    -0.0425568   3.70195    1.9445
1.52885     -1.20125    2.09795     -2.72981    0.159225
-0.39119    2.46269     0.564621    -0.741653   2.38762
1.79619     1.3278      0.326218    2.63518     1.59843
1.05974     3.36284     -1.14851    3.36943     1.26042
2.36821     1.53654     1.10918     0.429855    3.34233
0.190353    2.31767     1.56804     1.7852      0.812912
0.994919    0.174973    2.19682     1.90422     1.64091
0.750656    3.07719     0.464279    2.75566     0.29509
-1.57368    0.993088    2.83916     1.80827     3.24419
```

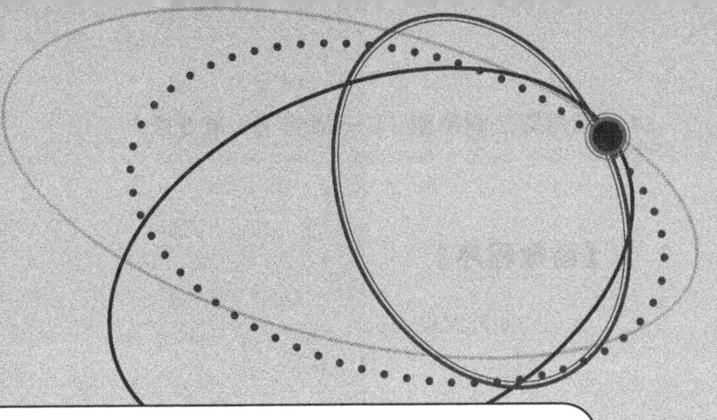

第2章

矩阵运算

2.1 矩阵相乘

【功能】

求 $m\times n$ 阶实(或复)矩阵 $\boldsymbol{A}$ 与 $n\times k$ 阶实(或复)矩阵 $\boldsymbol{B}$ 的乘积矩阵 $\boldsymbol{C}=\boldsymbol{AB}$。

【方法说明】

乘积矩阵 $\boldsymbol{C}$ 中的各元素为

$$c_{ij}=\sum_{t=0}^{n-1}a_{it}b_{tj},\quad i=0,1,\cdots,m-1;j=0,1,\cdots,k-1$$

【函数语句与形参说明】

```
template <class  T>            //模板声明 T 为类型参数
void tmul(T a[], int ma, int na, T b[], int mb, int nb, T c[])
```

形参与函数类型	参数意义
T a[ma][na]	存放矩阵 $\boldsymbol{A}$ 的元素
int ma	矩阵 $\boldsymbol{A}$ 的行数,乘积矩阵 $\boldsymbol{C}$ 的行数
int na	矩阵 $\boldsymbol{A}$ 的列数
T b[mb][nb]	存放矩阵 $\boldsymbol{B}$ 的元素
int mb	矩阵 $\boldsymbol{B}$ 的行数。要求 na=mb
int nb	矩阵 $\boldsymbol{B}$ 的列数,乘积矩阵 $\boldsymbol{C}$ 的列数
T c[ma][nb]	返回乘积矩阵 $\boldsymbol{C}=\boldsymbol{AB}$ 的元素
void tmul()	若矩阵 $\boldsymbol{A}$ 的列数 na 与矩阵 $\boldsymbol{B}$ 的行数 mb 不等,则显示"矩阵不能相乘!",返回错误的乘积矩阵 $\boldsymbol{C}$

说明:当 T 为双精度(double)型时,本函数实现实矩阵相乘;当 T 为复数(complex)型时,本函数实现复数矩阵相乘,但必须包含复数运算类函数"复数运算类.h"。

【函数程序】

```
//矩阵相乘.cpp
#include "复数运算类.h"
#include <cmath>
#include <iostream>
using namespace std;
double init(double p)                                     //实数初始化
{   p =0.0; return(p); }
complex init(complex p)                                   //复数初始化
{   p =complex(0.0, 0.0);  return(p); }
//a, ma, na       矩阵 A[ma][na]
//b, mb, nb       矩阵 B[mb][nb]
//c, ma, nb       乘积矩阵 C[ma][nb] =A[ma][na] * B[mb][nb]
template <class  T>                                       //模板声明 T 为类型参数
void tmul(T a[], int ma, int na, T b[], int mb, int nb, T c[])
{
    int i,j,k,u;
    if (na!=mb)
    {
        cout <<"矩阵不能相乘!" <<endl;
        return;
    }
    for (i=0; i<=ma-1; i++)
    for (j=0; j<=nb-1; j++)
    {
        u=i * nb+j;
        c[u] =init(c[u]);                                 //乘积矩阵元素初始化
        for (k=0; k<=mb-1; k++)
           c[u]=c[u]+a[i * na+k] * b[k * nb+j];
    }
    return;
}
```

【例】

1. 求下列实矩阵 $\boldsymbol{A}$ 与 $\boldsymbol{B}$ 的乘积矩阵 $\boldsymbol{C}=\boldsymbol{AB}$。

$$\boldsymbol{A}=\begin{bmatrix}1 & 3 & -2 & 0 & 4\\ -2 & -1 & 5 & -7 & 2\\ 0 & 8 & 4 & 1 & -5\\ 3 & -3 & 2 & -4 & 1\end{bmatrix},\quad \boldsymbol{B}=\begin{bmatrix}4 & 5 & -1\\ 2 & -2 & 6\\ 7 & 8 & 1\\ 0 & 3 & -5\\ 9 & 8 & -6\end{bmatrix}$$

主函数程序如下：

```
//实矩阵相乘例
#include <cmath>
```

```
#include <iostream>
#include "矩阵相乘.cpp"
using namespace std;
int main()
{
    int i,j;
    double a[4][5]={ {1.0,3.0,-2.0,0.0,4.0},
                      {-2.0,-1.0,5.0,-7.0,2.0},
                      {0.0,8.0,4.0,1.0,-5.0},
                      {3.0,-3.0,2.0,-4.0,1.0}};
    double c[4][3],b[5][3]={ {4.0,5.0,-1.0},
                {2.0,-2.0,6.0},{7.0,8.0,1.0},
                {0.0,3.0,-5.0},{9.0,8.0,-6.0}};
    cout <<"实矩阵 A:" <<endl;
    for (i=0; i<=3; i++)
    {
        for (j=0; j<=4; j++)  { cout <<a[i][j] <<"   ";  }
        cout <<endl;
    }
    cout <<"实矩阵 B:" <<endl;
    for (i=0; i<=4; i++)
    {
        for (j=0; j<=2; j++)  { cout <<b[i][j] <<"   ";  }
        cout <<endl;
    }
    tmul(&a[0][0],4,5,&b[0][0],5,3,&c[0][0]);
    cout <<"乘积矩阵 C =AB :" <<endl;
    for (i=0; i<=3; i++)
    {
        for (j=0; j<=2; j++)  { cout <<c[i][j] <<"   ";  }
        cout <<endl;
    }
    return 0;
}
```

运行结果为

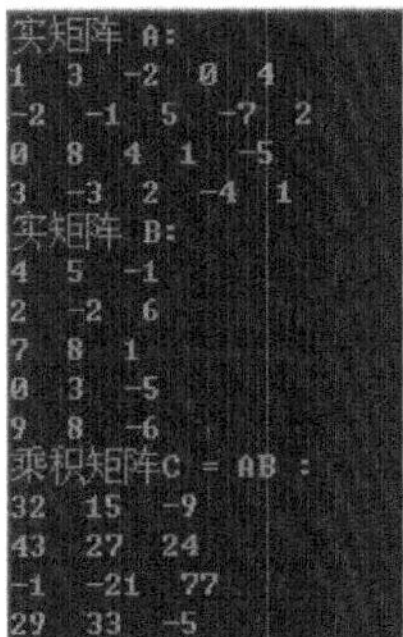

2. 求下列复矩阵 $\boldsymbol{A}$ 与 $\boldsymbol{B}$ 的乘积矩阵 $\boldsymbol{C}=\boldsymbol{AB}$。

$$\boldsymbol{A}=\begin{bmatrix}1+\mathrm{j} & 2-\mathrm{j} & 3+\mathrm{j}2 & -2+\mathrm{j}\\ 1-\mathrm{j} & 5-\mathrm{j} & 1+\mathrm{j}2 & 3+\mathrm{j}0\\ 0-\mathrm{j}3 & 4-\mathrm{j} & 2+\mathrm{j}2 & -1+\mathrm{j}2\end{bmatrix}$$

$$\boldsymbol{B}=\begin{bmatrix}1-\mathrm{j} & 4-\mathrm{j} & 5+\mathrm{j} & -2+\mathrm{j}\\ 3+\mathrm{j}2 & 0+\mathrm{j} & 2+\mathrm{j}0 & -1+\mathrm{j}5\\ 6-\mathrm{j}3 & 3+\mathrm{j}2 & 1+\mathrm{j} & 2-\mathrm{j}\\ 2-\mathrm{j} & -3-\mathrm{j}2 & -2+\mathrm{j} & 1-\mathrm{j}2\end{bmatrix}$$

主函数程序如下：

```
//复矩阵相乘例
#include <cmath>
#include <iostream>
#include "矩阵相乘.cpp"
using namespace std;
int main()
{
    int i,j;
    complex c[3][4];
    complex a[3][4]={
        {complex(1.0,1.0),complex(2.0,-1.0),complex(3.0,2.0),complex(-2.0,1.0)},
        {complex(1.0,-1.0),complex(5.0,-1.0),complex(1.0,2.0),complex(3.0,0.0)},
        {complex(0.0,-3.0),complex(4.0,-1.0),complex(2.0,2.0),complex(-1.0,2.0)}};
    complex b[4][4]={
        {complex(1.0,-1.0),complex(4.0,-1.0),complex(5.0,1.0),complex(-2.0,1.0)},
        {complex(3.0,2.0),complex(0.0,1.0),complex(2.0,0.0),complex(-1.0,5.0)},
        {complex(6.0,-3.0),complex(3.0,2.0),complex(1.0,1.0),complex(2.0,-1.0)},
        {complex(2.0,-1.0),complex(-3.0,-2.0),complex(-2.0,1.0),complex(1.0,-2.0)}};
    cout <<"复矩阵 A:" <<endl;
    for (i=0; i<=2; i++)
    {
        for (j=0; j<=3; j++)  { a[i][j].prt();  cout <<"   ";  }
        cout <<endl;
    }
    cout <<"复矩阵 B:" <<endl;
    for (i=0; i<=3; i++)
    {
        for (j=0; j<=3; j++)  { b[i][j].prt();  cout <<"   ";  }
        cout <<endl;
    }
    tmul(&a[0][0],3,4,&b[0][0],4,4,&c[0][0]);
    cout <<"乘积矩阵 C =AB :" <<endl;
    for (i=0; i<=2; i++)
    {
```

```
        for (j=0; j<=3; j++)  { c[i][j].prt();  cout <<"  ";  }
        cout <<endl;
     }
   return 0;
}
```

运行结果为

```
复矩阵 A:
(1, 1)  (2, -1)  (3, 2)  (-2, 1)
(1, -1)  (5, -1)  (1, 2)  (3, 0)
(0, -3)  (4, -1)  (2, 2)  (-1, 2)
复矩阵 B:
(1, -1)  (4, -1)  (5, 1)  (-2, 1)
(3, 2)  (0, 1)  (2, 0)  (-1, 5)
(6, -3)  (3, 2)  (1, 1)  (2, -1)
(2, -1)  (-3, -2)  (-2, 1)  (1, -2)
乘积矩阵C = AB :
(31, 8)  (19, 18)  (12, 5)  (8, 16)
(35, 11)  (-6, 2)  (9, 0)  (6, 26)
(29, 13)  (7, -2)  (11, -18)  (13, 33)
```

即乘积矩阵为

$$\boldsymbol{C} = \begin{bmatrix} 31+\mathrm{j}8 & 19+\mathrm{j}18 & 12+\mathrm{j}5 & 8+\mathrm{j}16 \\ 35+\mathrm{j}11 & -6+\mathrm{j}2 & 9+\mathrm{j}0 & 6+\mathrm{j}26 \\ 29+\mathrm{j}13 & 7-\mathrm{j}2 & 11-\mathrm{j}18 & 13+\mathrm{j}33 \end{bmatrix}$$

2.2 矩阵求逆

【功能】

用全选主元高斯-约当(Gauss-Jordan)消去法求 n 阶实(或复)矩阵 $\boldsymbol{A}$ 的逆矩阵 $\boldsymbol{A}^{-1}$。

【方法说明】

高斯-约当法求逆过程可以用以下计算步骤表示。

对于 $k=1,2,\cdots,n$ 做如下运算。

(1) 归一化计算。

$$1/a_{kk} \Rightarrow a_{kk}$$

$$a_{kj}a_{kk} \Rightarrow a_{kj}, \quad j=1,2,\cdots,n; j \neq k$$

(2) 消元计算。

$$a_{ij} - a_{ik}a_{kj} \Rightarrow a_{ij}, \quad i=1,2,\cdots,n; i \neq k$$

$$j=1,2,\cdots,n; j \neq k$$

$$-a_{ik}a_{kk} \Rightarrow a_{ik}, \quad i=1,2,\cdots,n; i \neq k$$

矩阵求逆的计算工作量(乘除法次数)为 $O(n^3)$。

为了数值计算的稳定性,整个求逆过程需要全选主元。全选主元的过程如下:对于矩阵求逆过程中的第 k 步,首先,在 a_{kk} 右下方(包括 a_{kk})的 $n-k+1$ 阶子阵中选取绝对值最大的元素,并将该元素所在的行号记录在 IS(k)中,列号记录在 JS(k)中。然后,通过行交换与列交换将该绝对值最大的元素交换到主对角线 a_{kk} 的位置上,即做以下两步:

(1) $\boldsymbol{A}(k,l) \Leftrightarrow \boldsymbol{A}(\mathrm{IS}(k),l), l=1,2,\cdots,n$

(2) $\boldsymbol{A}(l,k) \Leftrightarrow \boldsymbol{A}(l,\mathrm{JS}(k)), l=1,2,\cdots,n$

经过全选主元后,矩阵求逆的计算过程是稳定的。但最后需要对结果进行恢复。恢复的过程如下:对于 k 从 n 到 1,分别做以下两步。

(1) $\boldsymbol{A}(k,l) \Leftrightarrow \boldsymbol{A}(\mathrm{JS}(k),l), l=1,2,\cdots,n$。

(2) $\boldsymbol{A}(l,k) \Leftrightarrow \boldsymbol{A}(l,\mathrm{IS}(k)), l=1,2,\cdots,n$。

【函数语句与形参说明】

```
template <class T>          //模板声明 T 为类型参数
int inv(T a[], int n)
```

形参与函数类型	参数意义
T a[n][n]	存放矩阵 $\boldsymbol{A}$。返回时存放其逆矩阵,即 $\boldsymbol{A}^{-1}$
int n	矩阵阶数
int inv()	函数返回整型标志。当返回标志值为 0 时,表示 $\boldsymbol{A}$ 奇异;否则表示正常返回

说明:当 T 为 double 型时,本函数实现实矩阵求逆;当 T 为 complex(复数)型时,本函数实现复数矩阵求逆,但必须包含复数运算类函数"复数运算类.h"。

【函数程序】

```
//矩阵求逆.cpp
#include "复数运算类.h"
#include <cmath>
#include <iostream>
using namespace std;
double ffabs(double p)                 //计算实数的绝对值
{
    double q;
    q = fabs(p);
    return(q);
}
double ffabs(complex p)                //计算复数的模
{
    double q;
    q =p.cfabs();
    return(q);
}
double ff(double p)                    //计算 1.0/p
{
    double q;
    q =1.0/p;
    return(q);
```

```
}
complex ff(complex p)                //计算(1+j0)/p
{
    complex q;
    q =complex(1.0, 0.0)/p;
    return(q);
}
//a   原矩阵,返回逆矩阵
//n   矩阵阶数
template <class T>                   //模板声明 T 为类型参数
int inv(T a[], int n)                //若矩阵奇异,则返回标志值 0,否则返回标志值非 0
{
    int *is,*js,i,j,k,l,u,v;
    double d, q;
    T p;
    is=new int[n];
    js=new int[n];
    for (k=0; k<=n-1; k++)
    {
        d=0.0;
        for (i=k; i<=n-1; i++)       //选主元
        for (j=k; j<=n-1; j++)
        {
            l=i*n+j;
            q =ffabs(a[l]);          //计算元素绝对值(模)
            if (q>d) { d=q; is[k]=i; js[k]=j;}
        }
        if (d+1.0==1.0)              //矩阵奇异
        {
            delete[] is; delete[] js;
            cout <<"矩阵奇异!" <<endl;
            return(0);               //返回奇异标志值
        }
        if (is[k]!=k)
          for (j=0; j<=n-1; j++)     //行交换
          {
              u=k*n+j; v=is[k]*n+j;
              p=a[u]; a[u]=a[v]; a[v]=p;
          }
        if (js[k]!=k)
          for (i=0; i<=n-1; i++)     //列交换
          {
              u=i*n+k; v=i*n+js[k];
              p=a[u]; a[u]=a[v]; a[v]=p;
          }
```

```
        l=k*n+k;
        a[l]=ff(a[l]);                //计算1/a[l]
        for (j=0; j<=n-1; j++)    //归一化
          if (j!=k)
          { u=k*n+j; a[u]=a[u]*a[l];}
        for (i=0; i<=n-1; i++)    //消元计算
        if (i!=k)
          for (j=0; j<=n-1; j++)
            if (j!=k)
            {
                u=i*n+j;
                a[u]=a[u]-a[i*n+k]*a[k*n+j];
            }
        for (i=0; i<=n-1; i++)
          if (i!=k)
          { u=i*n+k; a[u]=(a[u]-a[u]-a[u])*a[l];}
    }
    for (k=n-1; k>=0; k--)         //恢复行列交换
    {
        if (js[k]!=k)
          for (j=0; j<=n-1; j++)
          {
              u=k*n+j; v=js[k]*n+j;
              p=a[u]; a[u]=a[v]; a[v]=p;
          }
        if (is[k]!=k)
          for (i=0; i<=n-1; i++)
          {
              u=i*n+k; v=i*n+is[k];
              p=a[u]; a[u]=a[v]; a[v]=p;
          }
    }
    delete[] is; delete[] js;
    return(1);
}
```

【例】

1. 求下列实矩阵的逆矩阵：

$$\boldsymbol{A}=\begin{bmatrix}0.2368 & 0.2471 & 0.2568 & 1.2671\\ 1.1161 & 0.1254 & 0.1397 & 0.1490\\ 0.1582 & 1.1675 & 0.1768 & 0.1871\\ 0.1968 & 0.2071 & 1.2168 & 0.2271\end{bmatrix}$$

主函数程序如下：

```
//实矩阵求逆例
```

```
#include <cmath>
#include <iostream>
#include "矩阵求逆.cpp"
using namespace std;
int main()
{
    int i,j;
    double a[4][4]={ {0.2368,0.2471,0.2568,1.2671},
                     {1.1161,0.1254,0.1397,0.1490},
                     {0.1582,1.1675,0.1768,0.1871},
                     {0.1968,0.2071,1.2168,0.2271}};
    double b[4][4];
    for (i=0; i<=3; i++)
    for (j=0; j<=3; j++)  b[i][j]=a[i][j];
    i=inv(&b[0][0],4);
    if (i!=0)
    {
        cout <<"实矩阵 A:" <<endl;
        for (i=0; i<=3; i++)
        {
            for (j=0; j<=3; j++)  cout <<a[i][j]<<"    ";
            cout <<endl;
        }
        cout <<"逆矩阵 A-:" <<endl;
        for (i=0; i<=3; i++)
        {
            for (j=0; j<=3; j++)  cout <<b[i][j]<<"    ";
            cout <<endl;
        }
    }
    return 0;
}
```

运行结果为

```
实矩阵 A:
0.2368     0.2471     0.2568     1.2671
1.1161     0.1254     0.1397     0.149
0.1582     1.1675     0.1768     0.1871
0.1968     0.2071     1.2168     0.2271
逆矩阵 A-:
-0.0859208     0.937944     -0.0684372     -0.0796077
-0.10559     -0.0885243     0.905983     -0.0991908
-0.127073     -0.111351     -0.116967     0.878425
0.851606     -0.135456     -0.140183     -0.143807
```

2. 求复矩阵 **A** 的逆矩阵。其中 **A**=**AR**+j**AI**。

$$\mathbf{AR}=\begin{bmatrix}0.2368 & 0.2471 & 0.2568 & 1.2671\\ 1.1161 & 0.1254 & 0.1397 & 0.1490\\ 0.1582 & 1.1675 & 0.1768 & 0.1871\\ 0.1968 & 0.2071 & 1.2168 & 0.2271\end{bmatrix}$$

$$AI = \begin{bmatrix} 0.1345 & 0.1678 & 0.1875 & 1.1161 \\ 1.2671 & 0.2017 & 0.7024 & 0.2721 \\ -0.2836 & -1.1967 & 0.3556 & -0.2078 \\ 0.3576 & -1.2345 & 2.1185 & 0.4773 \end{bmatrix}$$

主函数程序如下：

```
//复矩阵求逆例
#include <cmath>
#include <iostream>
#include "矩阵求逆.cpp"
using namespace std;
int main()
{
    int i,j;
    complex b[4][4];
    complex a[4][4]=
    { {complex(0.2368,0.1345),complex(0.2471,0.1678),
              complex(0.2568,0.1875),complex(1.2671,1.1161)},
      {complex(1.1161,1.2671),complex(0.1254,0.2017),
              complex(0.1397,0.7024),complex(0.1490,0.2721)},
      {complex(0.1582,-0.2836),complex(1.1675,-1.1967),
              complex(0.1768,0.3556),complex(0.1871,-0.2078)},
      {complex(0.1968,0.3576),complex(0.2071,-1.2345),
              complex(1.2168,2.1185),complex(0.2271,0.4773)}
    };
    for (i=0; i<=3; i++)
    for (j=0; j<=3; j++)  b[i][j]=a[i][j];
    i=inv(&b[0][0],4);
    i =1;
    if (i!=0)
    {
        cout <<"复矩阵 A:" <<endl;
        for (i=0; i<=3; i++)
        {
            for (j=0; j<=3; j++)  { a[i][j].prt(); cout <<"  "; }
            cout <<endl;
        }
        cout <<"逆矩阵 A-:" <<endl;
        for (i=0; i<=3; i++)
        {
            for (j=0; j<=3; j++)  { b[i][j].prt(); cout <<"  "; }
            cout <<endl;
        }
    }
    return 0;
```

```
}
```

运行结果为

```
复矩阵 A:
(0.2368, 0.1345) (0.2471, 0.1678) (0.2568, 0.1875) (1.2671, 1.1161)
(1.1161, 1.2671) (0.1254, 0.2017) (0.1397, 0.7024) (0.149, 0.2721)
(0.1582, -0.2836) (1.1675, -1.1967) (0.1768, 0.3556) (0.1871, -0.2078)
(0.1968, 0.3576) (0.2071, -1.2345) (1.2168, 2.1185) (0.2271, 0.4773)
逆矩阵 A-:
(-0.00567884, 0.0450691) (0.485108, -0.481671) (0.0216617, -0.238233) (-0.187
392, 0.121177)
(-0.0699594, 0.116192) (-0.0471455, 0.148677) (0.554589, 0.512443) (-0.055812
1, -0.142957)
(-0.176377, 0.103227) (-0.142133, 0.114189) (0.0737059, 0.451548) (0.261986,
-0.468948)
(0.484821, -0.443081) (-0.0310647, 0.0410252) (-0.125846, -0.122725) (-0.0025
0368, 0.0909931)
```

2.3 对称正定矩阵的求逆

【功能】

求 n 阶对称正定矩阵 $\mathbf{A}$ 的逆矩阵 $\mathbf{A}^{-1}$。

【方法说明】

本函数采用变量循环重新编号法,其计算公式如下:

$$a'_{n-1,n-1} = 1/a_{00}$$

$$a'_{n-1,j-1} = -a_{0j}/a_{00}, \quad j = 1,2,\cdots,n-1$$

$$a'_{i-1,n-1} = a_{i0}/a_{00}, \quad i = 1,2,\cdots,n-1$$

$$a'_{i-1,j-1} = a_{ij} - a_{i0}a_{0j}/a_{00}, \quad i,j = 1,2,\cdots,n-1$$

当 $\mathbf{A}$ 为对称正定矩阵时,其逆矩阵 $\mathbf{A}^{-1}$ 也是对称正定矩阵。

【函数语句与形参说明】

```
int ssgj(double a[],int n)
```

形参与函数类型	参数意义
double a[n][n]	对称正定矩阵 $\mathbf{A}$。返回其逆矩阵 $\mathbf{A}^{-1}$
int n	矩阵阶数
int ssgj()	函数返回标志值。若返回标志值等于 0,则表示程序工作失败;若返回标志值大于 0,则表示正常返回

【函数程序】

```
//对称正定矩阵求逆.cpp
#include <cmath>
#include <iostream>
using namespace std;
//a[n][n]        存放对称正定矩阵。返回其逆矩阵
```

```
//函数返回标志值。等于0表示失败,大于0表示成功
int ssgj(double a[],int n)
{ int i,j,k,m;
  double w,g, * b;
  b=new double[n];
  for (k=0; k<=n-1; k++)
    { w=a[0];
      if (fabs(w)+1.0==1.0)
        { delete[] b; cout <<"fail\n"; return(0);}
      m=n-k-1;
      for (i=1; i<=n-1; i++)
        { g=a[i * n]; b[i]=g/w;
          if (i<=m) b[i]=-b[i];
          for (j=1; j<=i; j++)
            a[(i-1) * n+j-1]=a[i * n+j]+g * b[j];
        }
      a[n * n-1]=1.0/w;
      for (i=1; i<=n-1; i++)
        a[(n-1) * n+i-1]=b[i];
    }
  for (i=0; i<=n-2; i++)
  for (j=i+1; j<=n-1; j++)
    a[i * n+j]=a[j * n+i];
  delete[] b;
  return(1);
}
```

【例】 求下列4阶对称正定矩阵 $\boldsymbol{A}$ 的逆矩阵 $\boldsymbol{A}^{-1}$,并计算 $\boldsymbol{A}\boldsymbol{A}^{-1}$ 以检验结果的正确性:

$$\boldsymbol{A}=\begin{bmatrix}5 & 7 & 6 & 5\\ 7 & 10 & 8 & 7\\ 6 & 8 & 10 & 9\\ 5 & 7 & 9 & 10\end{bmatrix}$$

主函数程序如下:

```
#include <cmath>
#include <iostream>
#include "对称正定矩阵求逆.cpp"
#include "矩阵相乘.cpp"
using namespace std;
int main()
{
    int i,j;
    double a[4][4]={ {5.0,7.0,6.0,5.0},
                     {7.0,10.0,8.0,7.0},
                     {6.0,8.0,10.0,9.0},
```

```
                    {5.0,7.0,9.0,10.0}};
    double b[4][4],c[4][4];
    for (i=0; i<=3; i++)
    for (j=0; j<=3; j++)  b[i][j]=a[i][j];
    i=ssgj(&b[0][0],4);
    if (i>0)
    {
        cout <<"矩阵 A:" <<endl;
        for (i=0; i<=3; i++)
        {
            for (j=0; j<=3; j++)  cout <<a[i][j] <<"    ";
            cout <<endl;
        }
        cout <<"逆矩阵 A-:" <<endl;
        for (i=0; i<=3; i++)
        {
            for (j=0; j<=3; j++)  cout <<b[i][j] <<"    ";
            cout <<endl;
        }
        tmul(&a[0][0],4,4,&b[0][0],4,4,&c[0][0]);
        cout <<"检验矩阵 AA-:" <<endl;
        for (i=0; i<=3; i++)
        {
            for (j=0; j<=3; j++)  cout <<c[i][j] <<"    ";
            cout <<endl;
        }
    }
    return 0;
}
```

运算结果为

```
矩阵 A:
5    7    6    5
7    10    8    7
6    8    10    9
5    7    9    10
逆矩阵 A-:
68    -41    -17    10
-41    25    10    -6
-17    10    5    -3
10    -6    -3    2
检验矩阵 AA-:
1    -1.77636e-014    -3.55271e-015    3.55271e-015
5.68434e-014    1    -1.77636e-014    1.77636e-014
5.68434e-014    -5.68434e-014    1    1.06581e-014
1.42109e-014    -2.13163e-014    -7.10543e-015    1
```

2.4 托伯利兹矩阵求逆的特兰持方法

【功能】

用特兰持(Trench)方法求托伯利兹(Toeplitz)矩阵的逆矩阵。

【方法说明】

设 n 阶托伯利兹矩阵为

$$\boldsymbol{T}^{(n)} = \begin{bmatrix} t_0 & t_1 & t_2 & \cdots & t_{n-1} \\ \tau_1 & t_0 & t_1 & \cdots & t_{n-2} \\ \tau_2 & \tau_1 & t_0 & \cdots & t_{n-3} \\ \vdots & \vdots & \vdots & \ddots & \vdots \\ \tau_{n-1} & \tau_{n-2} & \tau_{n-3} & \cdots & t_0 \end{bmatrix}$$

该矩阵简称T型矩阵。其求逆过程如下。

取初值 $\alpha_0 = t_0, c_1^{(0)} = \tau_1/t_0, r_1^{(0)} = t_1/t_0$。

第一步　对于 k 从0到 $n-3$ 做以下运算。

(1) $c_i^{(k+1)} = c_i^{(k)} + \dfrac{r_{k+2-i}^{(k)}}{\alpha_k}\left(\sum_{j=1}^{k+1} c_{k+2-j}^{(k)}\tau_j - \tau_{k+2}\right), \quad i = 0,1,\cdots,k$

$c_{k+2}^{(k+1)} = \dfrac{1}{\alpha_k}\left(\tau_{k+2} - \sum_{j=1}^{k+1} c_{k+2-j}^{(k)}\tau_j\right)$

(2) $r_i^{(k+1)} = r_i^{(k)} + \dfrac{c_{k+2-i}^{(k)}}{\alpha_k}\left(\sum_{j=1}^{k+1} r_{k+2-j}^{(k)}t_j - t_{k+2}\right), \quad i = 0,1,\cdots,k$

$r_{k+2}^{(k+1)} = \dfrac{1}{\alpha_k}\left(t_{k+2} - \sum_{j=1}^{k+1} r_{k+2-j}^{(k)}t_j\right)$

(3) $\alpha_{k+1} = t_0 - \sum_{j=1}^{k+2} t_j c_j^{(k+1)}$

最后算出 α_{n-2} 以及 $c_i^{(n-2)}$ 和 $r_i^{(n-2)}(i=0,1,\cdots,n-2)$。这一步的计算工作量为 $O(n^2)$。

第二步　计算逆矩阵 $\boldsymbol{B}^{(n)}$ 中的各元素。

$$b_{00}^{(n)} = \frac{1}{\alpha_{n-2}}$$

$$b_{0,j+1}^{(n)} = -\frac{1}{\alpha_{n-2}} r_j^{(n-2)}, \quad j = 0,1,\cdots,n-2$$

$$b_{i+1,0}^{(n)} = -\frac{1}{\alpha_{n-2}} c_i^{(n-2)}, \quad j = 0,1,\cdots,n-2$$

$$b_{i+1,j+1}^{(n)} = b_{ij}^{(n)} + \frac{1}{\alpha_{n-2}}\left[c_i^{(n-2)} r_j^{(n-2)} - r_{n-2-i}^{(n-2)} c_{n-2-j}^{(n-2)}\right], \quad i,j = 0,1,\cdots,n-2$$

这一步的计算工作量也为 $O(n^2)$。

因此，特兰持方法的总工作量为 $O(n^2)$，比通常的求逆方法（工作量为 $O(n^3)$）低一阶。

【函数语句与形参说明】

```
int trch(double t[],double tt[],int n,double b[])
```

形参与函数类型	参数意义
double　t[n]	存放T型矩阵中的元素 $t_0, t_1, \cdots, t_{n-1}$
double　tt[n]	后 $n-1$ 个元素存放T型矩阵中的元素 $\tau_1, \tau_2, \cdots, \tau_{n-1}$

续表

形参与函数类型	参数意义
int n	T 型矩阵阶数
double b[n][n]	返回 T 型矩阵的逆矩阵
int trch()	函数返回标志值。若返回标志值等于 0,则表示程序工作失败;若返回标志值大于 0,则表示成功返回

【函数程序】

```
//Toeplitz 矩阵求逆.cpp
#include <cmath>
#include <iostream>
using namespace std;
//t[n]      存放 T 型矩阵中的元素 t[0]~t[n-1]
//tt[n]     后 n-1 个元素存放 T 型矩阵中的元素 tt[1]~tt[n-1]
//b[n][n]   返回 T 型矩阵的逆矩阵
//函数返回标志值。等于 0 表示失败,大于 0 表示成功
int trch(double t[],double tt[],int n,double b[])
{ int i,j,k;
  double a,s,*c,*r,*p;
  c=new double[n];
  r=new double[n];
  p=new double[n];
  if (fabs(t[0])+1.0==1.0)
  { delete[] c; delete[] r; delete[]p;
    cout <<"fail\n"; return(0);
  }
  a=t[0]; c[0]=tt[1]/t[0]; r[0]=t[1]/t[0];
  for (k=0; k<=n-3; k++)
    { s=0.0;
      for (j=1; j<=k+1; j++) s=s+c[k+1-j]*tt[j];
      s=(s-tt[k+2])/a;
      for (i=0; i<=k; i++) p[i]=c[i]+s*r[k-i];
      c[k+1]=-s;
      s=0.0;
      for (j=1; j<=k+1; j++) s=s+r[k+1-j]*t[j];
      s=(s-t[k+2])/a;
      for (i=0; i<=k; i++)
        { r[i]=r[i]+s*c[k-i];
          c[k-i]=p[k-i];
        }
      r[k+1]=-s;
      a=0.0;
      for (j=1; j<=k+2; j++) a=a+t[j]*c[j-1];
```

```
        a=t[0]-a;
        if (fabs(a)+1.0==1.0)
          { delete[] c; delete[] r; delete[]p;
            cout <<"fail\n"; return(0);
          }
      }
    b[0]=1.0/a;
    for (i=0; i<=n-2; i++)
      { k=i+1; j=(i+1)*n;
        b[k]=-r[i]/a; b[j]=-c[i]/a;
      }
    for (i=0; i<=n-2; i++)
    for (j=0; j<=n-2; j++)
      { k=(i+1)*n+j+1;
        b[k]=b[i*n+j]-c[i]*b[j+1];
        b[k]=b[k]+c[n-j-2]*b[n-i-1];
      }
    delete[] c; delete[] r; delete[]p;
    return(1);
  }
```

【例】 求下列6阶T型矩阵$\boldsymbol{T}^{(6)}$的逆矩阵$\boldsymbol{B}$，并计算$\boldsymbol{A}=\boldsymbol{T}^{(6)}\boldsymbol{B}$以检验结果的正确性：

$$\boldsymbol{T}^{(6)}=\begin{bmatrix}10 & 5 & 4 & 3 & 2 & 1\\ -1 & 10 & 5 & 4 & 3 & 2\\ -2 & -1 & 10 & 5 & 4 & 3\\ -3 & -2 & -1 & 10 & 5 & 4\\ -4 & -3 & -2 & -1 & 10 & 5\\ -5 & -4 & -3 & -2 & -1 & 10\end{bmatrix}$$

其中

$$\boldsymbol{t}=(10,5,4,3,2,1)$$
$$\mathbf{tt}=(0,-1,-2,-3,-4,-5)$$
$$n=6$$

主函数程序如下：

```
#include <cmath>
#include <iostream>
#include "Toeplitz矩阵求逆.cpp"
using namespace std;
int main()
{ int n,i,j,k;
  double t[6]={10.0,5.0,4.0,3.0,2.0,1.0};
  double tt[6]={0.0,-1.0,-2.0,-3.0,-4.0,-5.0};
  double b[6][6],a[6][6];
  n=6;
```

```
    i=trch(t,tt,n,&b[0][0]);
    if (i>0)
    {
        cout <<"B=inv(T):\n";
        for (i=0; i<=5; i++)
        {
            for (j=0; j<=5; j++)  cout <<b[i][j] <<"  ";
            cout <<endl;
        }
        cout <<"A=T * B:\n";
        for (i=1; i<=6; i++)
        for (j=1; j<=6; j++)
        {
            a[i-1][j-1]=0.0;
            for (k=1; k<=j-1; k++)
              a[i-1][j-1]=a[i-1][j-1]+b[i-1][k-1] * t[j-k];
            a[i-1][j-1]=a[i-1][j-1]+b[i-1][j-1] * t[0];
            for (k=j+1; k<=6; k++)
              a[i-1][j-1]=a[i-1][j-1]+b[i-1][k-1] * tt[k-j];
        }
        for (i=0; i<=5; i++)
        {
            for (j=0; j<=5; j++)  cout <<a[i][j] <<"  ";
            cout <<endl;
        }
    }
    return 0;
}
```

运行结果为

```
B=inv(T):
0.0946884  -0.0469953  -0.0137211  -0.0017727  0.00190745  0.0038019
-0.00427534  0.0949232  -0.0469003  -0.0137122  -0.00181915  0.00190745
-0.000988143  -0.00473167  0.0948032  -0.0469175  -0.0137122  -0.0017727
0.0017727  -0.000988082  -0.00474397  0.0948032  -0.0469003  -0.0137211
0.0130644  0.00209908  -0.000988082  -0.00473167  0.0949232  -0.0469953
0.0469986  0.0130644  0.0017727  -0.000988143  -0.00427534  0.0946884
A=T*B:
1  -0.000174668  -0.00688163  0.000240309  -8.43695e-005  -1.38778e-017
-0.005  1.00001  0.000139531  -0.00675264  -4.23289e-005  -5.20417e-017
0.00970874  -0.00499818  1.00008  0.000207183  -0.00689547  -2.77556e-017
1.11022e-016  0.00970547  -0.00512863  1.00002  0.000339164  -0.00693481
-2.77556e-017  -2.40994e-005  0.00874343  -0.00560017  1.00104  3.46741e-005
5.55112e-017  -8.66964e-005  -0.00348283  0.00713412  -0.00210127  1
```

2.5　求一般行列式的值

【功能】

用全选主元高斯消去法计算 n 阶方阵 $\boldsymbol{A}$ 所对应的行列式值。

【方法说明】

用高斯消去法对方阵 **A** 进行一系列变换，使之成为上三角矩阵，其对角线上的各元素乘积即为行列式值。

变换过程如下：

对于 $k=0,1,\cdots,n-2$ 做变换

$$a_{ij}-a_{ik}a_{kj}/a_{kk}\Rightarrow a_{ij},\quad i,j=k+1,\cdots,n-1$$

为保证数值计算的稳定性，在实际变换过程中采用全选主元。

【函数语句与形参说明】

```
double sdet(double a[],int n)
```

形参与函数类型	参数意义
double a[n][n]	存放方阵 **A** 的元素。返回时被破坏
int n	方阵的阶数
double sdet()	函数返回行列式值

【函数程序】

```
//行列式求值.cpp
#include <cmath>
#include <iostream>
using namespace std;
//a[n][n]        存放方阵 A 的元素。返回时被破坏
//函数返回行列式值
double sdet(double a[],int n)
{ int i,j,k,is,js,l,u,v;
  double f,det,q,d;
  f=1.0; det=1.0;
  for (k=0; k<=n-2; k++)
    { q=0.0;
      for (i=k; i<=n-1; i++)
      for (j=k; j<=n-1; j++)
        { l=i*n+j; d=fabs(a[l]);
      if (d>q) { q=d; is=i; js=j;}
        }
      if (q+1.0==1.0)
        { det=0.0; return(det);}
      if (is!=k)
        { f=-f;
          for (j=k; j<=n-1; j++)
            { u=k*n+j; v=is*n+j;
```

```
            d=a[u]; a[u]=a[v]; a[v]=d;
          }
        }
      if (js!=k)
        { f=-f;
          for (i=k; i<=n-1; i++)
            { u=i*n+js; v=i*n+k;
              d=a[u]; a[u]=a[v]; a[v]=d;
            }
        }
      l=k*n+k;
      det=det*a[l];
      for (i=k+1; i<=n-1; i++)
        { d=a[i*n+k]/a[l];
          for (j=k+1; j<=n-1; j++)
            { u=i*n+j;
              a[u]=a[u]-d*a[k*n+j];
            }
        }
    }
  det=f*det*a[n*n-1];
  return(det);
}
```

【例】 求下列两个方阵 $\boldsymbol{A}$ 与 $\boldsymbol{B}$ 的行列式值 $\det(\boldsymbol{A})$与 $\det(\boldsymbol{B})$。

$$\boldsymbol{A}=\begin{bmatrix}1 & 2 & 3 & 4\\5 & 6 & 7 & 8\\9 & 10 & 11 & 12\\13 & 14 & 15 & 16\end{bmatrix},\quad \boldsymbol{B}=\begin{bmatrix}3 & -3 & -2 & 4\\5 & -5 & 1 & 8\\11 & 8 & 5 & -7\\5 & -1 & -3 & -1\end{bmatrix}$$

主函数程序如下：

```
#include <cmath>
#include <iostream>
#include "行列式求值.cpp"
using namespace std;
int main()
{
    double a[4][4]={ {1.0,2.0,3.0,4.0},
                     {5.0,6.0,7.0,8.0},
                     {9.0,10.0,11.0,12.0},
                     {13.0,14.0,15.0,16.0}};
    double b[4][4]={ {3.0,-3.0,-2.0,4.0},
                     {5.0,-5.0,1.0,8.0},
                     {11.0,8.0,5.0,-7.0},
                     {5.0,-1.0,-3.0,-1.0}};
```

```
    cout <<"det(A)=" <<sdet(&a[0][0], 4) <<endl;
    cout <<"det(B)=" <<sdet(&b[0][0], 4) <<endl;
    return 0;
}
```

运行结果为

```
det(A)=0
det(B)=595
```

2.6 求矩阵的秩

【功能】

用全选主元高斯消去法计算矩阵 $\boldsymbol{A}$ 的秩。

【方法说明】

设有 $m\times n$ 阶矩阵

$$\boldsymbol{A}=\begin{bmatrix} a_{00} & a_{01} & \cdots & a_{0,n-1} \\ a_{10} & a_{11} & \cdots & a_{1,n-1} \\ \vdots & \vdots & \ddots & \vdots \\ a_{m-1,0} & a_{m-1,1} & \cdots & a_{m-1,n-1} \end{bmatrix}$$

取 $k=\min\{m,n\}$。对于 $r=0,1,\cdots,k-1$,用全选主元高斯消去法将 $\boldsymbol{A}$ 变为上三角矩阵,直到某次 $a_{rr}=0$ 为止,矩阵 $\boldsymbol{A}$ 的秩为 r。

【函数语句与形参说明】

```
int rank(double a[],int m,int n)
```

形参与函数类型	参数意义
double a[m][n]	存放 $m\times n$ 阶矩阵 $\boldsymbol{A}$ 的元素。返回时将被破坏
int m	矩阵 $\boldsymbol{A}$ 的行数
int n	矩阵 $\boldsymbol{A}$ 的列数
int rank()	函数返回 $\boldsymbol{A}$ 的秩

【函数程序】

```
//矩阵求秩.cpp
#include <cmath>
#include <iostream>
using namespace std;
//a[m][n]        存放 m×n 阶矩阵 A 的元素。返回时将被破坏
//函数返回 A 的秩
```

```
int rank(double a[],int m,int n)
{ int i,j,k,nn,is,js,l,ll,u,v;
  double q,d;
  nn=m;
  if (m>=n) nn=n;
  k=0;
  for (l=0; l<=nn-1; l++)
    { q=0.0;
      for (i=l; i<=m-1; i++)
      for (j=l; j<=n-1; j++)
        { ll=i*n+j; d=fabs(a[ll]);
      if (d>q) { q=d; is=i; js=j;}
        }
      if (q+1.0==1.0) return(k);
      k=k+1;
      if (is!=l)
        { for (j=l; j<=n-1; j++)
            { u=l*n+j; v=is*n+j;
              d=a[u]; a[u]=a[v]; a[v]=d;
            }
        }
      if (js!=l)
        { for (i=l; i<=m-1; i++)
            { u=i*n+js; v=i*n+l;
              d=a[u]; a[u]=a[v]; a[v]=d;
            }
        }
      ll=l*n+l;
      for (i=l+1; i<=n-1; i++)
        { d=a[i*n+l]/a[ll];
          for (j=l+1; j<=n-1; j++)
            { u=i*n+j;
              a[u]=a[u]-d*a[l*n+j];
            }
        }
    }
  return(k);
}
```

【例】 求下列 5×4 阶矩阵 $\boldsymbol{A}$ 的秩。

$$\boldsymbol{A}=\begin{bmatrix}1 & 2 & 3 & 4\\ 5 & 6 & 7 & 8\\ 9 & 10 & 11 & 12\\ 13 & 14 & 15 & 16\\ 17 & 18 & 19 & 20\end{bmatrix}$$

主函数程序如下：

```
#include <cmath>
#include <iostream>
#include "矩阵求秩.cpp"
using namespace std;
int main()
{
    double a[5][4]={ {1.0,2.0,3.0,4.0},
                     {5.0,6.0,7.0,8.0},
                     {9.0,10.0,11.0,12.0},
                     {13.0,14.0,15.0,16.0},
                     {17.0,18.0,19.0,20.0}};
    cout <<"RANK=" <<rank(&a[0][0],5,4) <<endl;
    return 0;
}
```

运行结果为

```
RANK=4
```

2.7 对称正定矩阵的乔里斯基分解

【功能】

用乔里斯基(Cholesky)分解法求对称正定矩阵的三角分解。

【方法说明】

设 n 阶矩阵 $\boldsymbol{A}$ 为对称正定矩阵，则存在一个实的非奇异的下三角矩阵 $\boldsymbol{L}$，使

$$\boldsymbol{A} = \boldsymbol{L}\boldsymbol{L}^{\mathrm{T}}$$

其中

$$\boldsymbol{L} = \begin{bmatrix} l_{00} & & & 0 \\ l_{10} & l_{11} & & \\ \vdots & \vdots & \ddots & \\ l_{n-1,0} & l_{n-1,1} & \cdots & l_{n-1,n-1} \end{bmatrix}$$

乔里斯基分解的步骤如下。

对于 $j=0,1,\cdots,n-1$ 做如下计算：

$$l_{jj} = \left(a_{jj} - \sum_{k=0}^{j-1} l_{jk}^2\right)^{\frac{1}{2}}$$

$$l_{ij} = \left(a_{ij} - \sum_{k=0}^{j-1} l_{ik} l_{jk}\right) \Big/ l_{jj}, \quad i = j+1,\cdots,n-1$$

$\boldsymbol{A}$ 的行列式值为 $\det(\boldsymbol{A}) = \left(\prod_{k=0}^{n-1} l_{kk}\right)^2$。

【函数语句与形参说明】

```
int chol(double a[],int n)
```

形参与函数类型	参数意义
double a[n][n]	存放对称正定矩阵 **A**。返回时其下三角部分存放分解得到的下三角矩阵 **L**,其余元素均为0
int n	矩阵 **A** 的阶数
int chol()	函数返回标志值。若返回标志值等于0,则表示程序工作失败;若返回标志值大于0,则表示成功返回

【函数程序】

```
//对称正定矩阵的 Cholesky 分解.cpp
#include <cmath>
#include <iostream>
using namespace std;
//a[n][n]        存放对称正定矩阵 A
//返回时其下三角部分存放分解得到的下三角矩阵 L,其余元素均为 0
//函数返回标志值。若等于 0,则表示失败;若大于 0,则表示成功
int chol(double a[],int n)
{ int i,j,k,u,l;
  if ((a[0]+1.0==1.0)||(a[0]<0.0))
  { cout <<"fail!\n"; return(0); }
  a[0]=sqrt(a[0]);
  for (i=1; i<=n-1; i++)
    { u=i*n; a[u]=a[u]/a[0];}
  for (j=1; j<=n-1; j++)
    { l=j*n+j;
      for (k=0; k<=j-1; k++)
        { u=j*n+k; a[l]=a[l]-a[u]*a[u];}
      if ((a[l]+1.0==1.0)||(a[l]<0.0))
      {  cout <<"fail!\n";  return(0); }
      a[l]=sqrt(a[l]);
      for (i=j+1; i<=n-1; i++)
        { u=i*n+j;
          for (k=0; k<=j-1; k++)
            a[u]=a[u]-a[i*n+k]*a[j*n+k];
          a[u]=a[u]/a[l];
        }
    }
  for (i=0; i<=n-2; i++)
  for (j=i+1; j<=n-1; j++) a[i*n+j]=0.0;
  return(1);
}
```

【例】 求下列 4 阶对称正定矩阵 $\boldsymbol{A}$ 的乔里斯基分解式。

$$\boldsymbol{A}=\begin{bmatrix}5 & 7 & 6 & 5\\ 7 & 10 & 8 & 7\\ 6 & 8 & 10 & 9\\ 5 & 7 & 9 & 10\end{bmatrix}$$

主函数程序如下：

```
#include <cmath>
#include <iostream>
#include "对称正定矩阵的 Cholesky 分解.cpp"
using namespace std;
int main()
{
    int i,j;
    double a[4][4]={ {5.0,7.0,6.0,5.0},
                     {7.0,10.0,8.0,7.0},
                     {6.0,8.0,10.0,9.0},
                     {5.0,7.0,9.0,10.0}};
    i=chol(&a[0][0],4);
    if (i>0)
    {
        cout <<"MAT L:\n";
        for (i=0; i<=3; i++)
        {
            for (j=0; j<=3; j++)  cout <<a[i][j] <<"    ";
            cout <<endl;
        }
    }
    return 0;
}
```

运行结果为

```
MAT L:
2.23607   0           0         0
3.1305    0.447214    0         0
2.68328   -0.894427   1.41421   0
2.23607   0           2.12132   0.707107
```

2.8 矩阵的三角分解

【功能】

对 n 阶实矩阵 $\boldsymbol{A}$ 进行 LU 分解。即

$$A = LU$$

其中

$$L = \begin{bmatrix} 1 & & & & & \\ l_{21} & 1 & & & & \\ \vdots & \vdots & \ddots & & & \\ l_{k1} & l_{k2} & \cdots & 1 & & \\ \vdots & \vdots & \ddots & \vdots & \ddots & \\ l_{n1} & l_{n2} & \cdots & l_{nk} & \cdots & 1 \end{bmatrix}$$

$$U = \begin{bmatrix} u_{11} & u_{12} & \cdots & u_{1k} & \cdots & u_{1n} \\ & u_{22} & \cdots & u_{2k} & \cdots & u_{2n} \\ & & \ddots & \vdots & \ddots & \vdots \\ & & & u_{kk} & \cdots & u_{kn} \\ & & & & \ddots & \vdots \\ & & & & & u_{nn} \end{bmatrix}$$

【方法说明】

令

$$Q = L + U - I_n = \begin{bmatrix} u_{11} & u_{12} & \cdots & u_{1k} & \cdots & u_{1n} \\ l_{21} & u_{22} & \cdots & u_{2k} & \cdots & u_{2n} \\ \vdots & \vdots & \ddots & \vdots & \ddots & \vdots \\ l_{k1} & l_{k2} & \cdots & u_{kk} & \cdots & u_{kn} \\ \vdots & \vdots & \ddots & \vdots & \ddots & \vdots \\ l_{n1} & l_{n2} & \cdots & l_{nk} & \cdots & u_{nn} \end{bmatrix}$$

则对矩阵 A 进行三角分解的问题就化成由矩阵 A 求矩阵 Q 的问题。

由 n 阶实矩阵 A 求矩阵 Q 的计算步骤如下。

对于 $k=0,1,\cdots,n-2$ 做如下计算：

$$a_{ik}/a_{kk} \Rightarrow a_{ik}, \quad i = k+1,\cdots,n-1$$

$$a_{ij} - a_{ik}a_{kj} \Rightarrow a_{ij}, \quad i = k+1,\cdots,n-1; j = k+1,\cdots,n-1$$

求得 Q 矩阵后，就可以立即得到 L 和 U 矩阵。

矩阵三角分解的计算工作量(乘除法次数)为 $O(n^3)$。

由于本方法没有选主元，因此数值计算是不稳定的。

【函数语句与形参说明】

```
int lluu(double a[],int n,double l[],double u[])
```

形参与函数类型	参数意义
double　a[n][n]	存放 n 阶矩阵 A。返回时存放矩阵 Q
int　n	矩阵阶数

续表

形参与函数类型	参数意义
double l[n][n]	返回下三角矩阵 ***L***
double u[n][n]	返回上三角矩阵 ***U***
int lluu()	函数返回标志值。若返回标志值为0,则表示程序工作失败;若返回标志值不为0,则表示正常返回

【函数程序】

```
//矩阵的三角分解.cpp
#include <cmath>
#include <iostream>
using namespace std;
//a[n][n]        存放n阶矩阵A。返回时存放Q矩阵
//l[n][n]        返回时存放下三角矩阵L
//u[n][n]        返回时存放上三角矩阵U
//函数返回标志值。若为0,则表示失败;若不为0,则表示正常
int lluu(double a[],int n,double l[],double u[])
{
        int i,j,k,w,v,ll;
    for (k=0; k<=n-2; k++)
    {
            ll=k*n+k;
            if (fabs(a[ll])+1.0==1.0)
            { cout <<"fail\n"; return(0);}
        for (i=k+1; i<=n-1; i++)
            { w=i*n+k; a[w]=a[w]/a[ll];}
        for (i=k+1; i<=n-1; i++)
            {
                w=i*n+k;
            for (j=k+1; j<=n-1; j++)
                {  v=i*n+j; a[v]=a[v]-a[w]*a[k*n+j]; }
            }
        }
    for (i=0; i<=n-1; i++)
    {
            for (j=0; j<i; j++)
            { w=i*n+j; l[w]=a[w]; u[w]=0.0;}
        w=i*n+i;
        l[w]=1.0; u[w]=a[w];
        for (j=i+1; j<=n-1; j++)
        { w=i*n+j; l[w]=0.0; u[w]=a[w];}
    }
    return(1);
}
```

【例】 求下列 4 阶矩阵 $\boldsymbol{A}$ 的 LU 分解：

$$\boldsymbol{A}=\begin{bmatrix}2 & 4 & 4 & 2\\ 3 & 3 & 12 & 6\\ 2 & 4 & -1 & 2\\ 4 & 2 & 1 & 1\end{bmatrix}$$

主函数程序如下：

```
#include <cmath>
#include <iostream>
#include "矩阵的三角分解.cpp"
using namespace std;
int main()
{
    int i,j;
    double l[4][4],u[4][4];
    double a[4][4]={ {2.0,4.0,4.0,2.0},
                     {3.0,3.0,12.0,6.0},
                     {2.0,4.0,-1.0,2.0},
                     {4.0,2.0,1.0,1.0}};
    i=lluu(&a[0][0],4,&l[0][0],&u[0][0]);
    if (i!=0)
    {
          cout <<"MAT L:\n";
        for (i=0; i<=3; i++)
        {
              for (j=0; j<=3; j++)  cout <<l[i][j] <<"    ";
          cout <<endl;
        }
        cout <<"MAT U:\n";
        for (i=0; i<=3; i++)
        {
              for (j=0; j<=3; j++)  cout <<u[i][j] <<"    ";
          cout <<endl;
        }
    }
        return 0;
}
```

运行结果为

```
MAT L:
1     0     0     0
1.5   1     0     0
1     0     1     0
2     2     3.8   1
```

```
MAT U:
2    4    4    2
0   -3    6    3
0    0   -5    0
0    0    0   -9
```

2.9 一般实矩阵的 QR 分解

【功能】

用豪斯荷尔德(Householder)变换对一般 $m\times n$ 阶的实矩阵进行 QR 分解。

【方法说明】

设 $m\times n$ 的实矩阵 $\boldsymbol{A}$ 列线性无关,则可以将 $\boldsymbol{A}$ 分解为 $\boldsymbol{A}=\boldsymbol{QR}$ 的形式。其中 $\boldsymbol{Q}$ 为 $m\times m$ 的正交矩阵,$\boldsymbol{R}$ 为 $m\times n$ 的上三角矩阵。

利用豪斯荷尔德变换对一般实矩阵 $\boldsymbol{A}$ 进行 QR 分解的具体过程如下。

首先,令 $\boldsymbol{Q}=\boldsymbol{I}_{m\times m}$。$s=\min(m-1,n)$。

然后,对于 k 从 1 到 $s-1$ 进行以下操作。

(1) 确定豪斯荷尔德矩阵。

$$\boldsymbol{H}_k=\begin{bmatrix}\boldsymbol{I}_{k-1} & 0\\ 0 & \hat{\boldsymbol{H}}_{m-k+1}\end{bmatrix}$$

其中

$$\hat{\boldsymbol{H}}_{m-k+1}=\begin{bmatrix}1-2u_k^2 & -2u_ku_{k+1} & \cdots & -2u_ku_m\\ -2u_{k+1}u_k & 1-2u_{k+1}^2 & \cdots & -2u_{k+1}u_m\\ \vdots & \vdots & \ddots & \vdots\\ -2u_mu_k & -2u_mu_{k+1} & \cdots & 1-u_m^2\end{bmatrix}$$

矩阵 $\hat{\boldsymbol{H}}_{m-k+1}$ 中 $u_i(i=k,k+1,\cdots,m)$ 的计算公式如下:

$$\eta=\max_{k\leqslant i\leqslant n}|a_{ik}|$$

$$\alpha=-\operatorname{sgn}(a_{kk})\eta\sqrt{\sum_{i=k}^{m}(a_{ik}/\eta)^2}$$

$$\rho=\sqrt{2\alpha(\alpha-a_{kk})}$$

$$u_k=\frac{1}{\rho}(a_{kk}-\alpha)\Rightarrow a_{kk}$$

$$u_i=\frac{1}{\rho}a_{ik}\Rightarrow a_{ik},\quad i=k+1,\cdots,m$$

(2) 用 $\boldsymbol{H}_k$ 左乘 $\boldsymbol{Q}$,即

$$\boldsymbol{H}_k\boldsymbol{Q}\Rightarrow\boldsymbol{Q}$$

其计算公式如下:

$$\left.\begin{array}{l} t=\sum_{l=k}^{m} a_{lk} q_{lj} \\ q_{ij}-2 a_{ik} t \Rightarrow q_{ij} \end{array}\right\} \quad j=1,2, \cdots, m ; i=k, k+1, \cdots, m$$

(3) 用 $\boldsymbol{H}_k$ 左乘 $\boldsymbol{A}$，即

$$\boldsymbol{H}_k \boldsymbol{A} \Rightarrow \boldsymbol{A}$$

其计算公式如下：

$$\left.\begin{array}{l} t=\sum_{l=k}^{m} a_{lk} a_{lj} \\ a_{ij}-2 a_{ik} t \Rightarrow a_{ij} \end{array}\right\} \quad j=k+1, \cdots, n ; i=k, k+1, \cdots, m$$

$$\alpha \Rightarrow a_{kk}$$

最后，矩阵 $\boldsymbol{A}$ 的右上三角部分即为 $\boldsymbol{R}$，而 $\boldsymbol{Q}^{\mathrm{T}} \Rightarrow \boldsymbol{Q}$。

【函数语句与形参说明】

```
int maqr(double a[],int m,int n,double q[])
```

形参与函数类型	参数意义
double　a[m][n]	存放 $m\times n$ 的实矩阵 $\boldsymbol{A}$。返回时其右上三角部分存放 QR 分解中的上三角矩阵 $\boldsymbol{R}$
int　m	实矩阵 $\boldsymbol{A}$ 的行数
int　n	实矩阵 $\boldsymbol{A}$ 的列数
double　q[m][m]	返回 QR 分解中的正交矩阵 $\boldsymbol{Q}$
int　maqr()	函数返回标志值。若返回标志值为 0，则表示程序工作失败；若返回标志值不为 0，则表示正常返回

【函数程序】

```
//实矩阵的 QR 分解.cpp
#include <cmath>
#include <iostream>
using namespace std;
//a[m][n]   存放 m×n 的实矩阵 A。要求 m>=n
//返回时其右上三角部分存放 QR 分解中的上三角阵 R
//q[m][m]   返回 QR 分解中的正交矩阵 Q
//函数返回标志值。若为 0,则表示失败;若不为 0,则表示正常
int maqr(double a[],int m,int n,double q[])
{ int i,j,k,l,nn,p,jj;
  double u,alpha,w,t;
  if (m<n)
    { cout <<"fail\n"; return(0);}
  for (i=0; i<=m-1; i++)
  for (j=0; j<=m-1; j++)
    { l=i*m+j; q[l]=0.0;
```

```
    if (i==j) q[l]=1.0;
  }
nn=n;
if (m==n) nn=m-1;
for (k=0; k<=nn-1; k++)
  { u=0.0; l=k*n+k;
    for (i=k; i<=m-1; i++)
      { w=fabs(a[i*n+k]);
        if (w>u) u=w;
      }
    alpha=0.0;
    for (i=k; i<=m-1; i++)
      { t=a[i*n+k]/u; alpha=alpha+t*t;}
    if (a[l]>0.0) u=-u;
    alpha=u*sqrt(alpha);
    if (fabs(alpha)+1.0==1.0)
      { cout <<"fail\n"; return(0);}
    u=sqrt(2.0*alpha*(alpha-a[l]));
    if ((u+1.0)!=1.0)
      { a[l]=(a[l]-alpha)/u;
        for (i=k+1; i<=m-1; i++)
          { p=i*n+k; a[p]=a[p]/u;}
        for (j=0; j<=m-1; j++)
          { t=0.0;
            for (jj=k; jj<=m-1; jj++)
              t=t+a[jj*n+k]*q[jj*m+j];
            for (i=k; i<=m-1; i++)
              { p=i*m+j; q[p]=q[p]-2.0*t*a[i*n+k];}
          }
        for (j=k+1; j<=n-1; j++)
          { t=0.0;
            for (jj=k; jj<=m-1; jj++)
              t=t+a[jj*n+k]*a[jj*n+j];
            for (i=k; i<=m-1; i++)
              { p=i*n+j; a[p]=a[p]-2.0*t*a[i*n+k];}
          }
        a[l]=alpha;
        for (i=k+1; i<=m-1; i++)
          a[i*n+k]=0.0;
      }
  }
for (i=0; i<=m-2; i++)
for (j=i+1; j<=m-1;j++)
  { p=i*m+j; l=j*m+i;
    t=q[p]; q[p]=q[l]; q[l]=t;
```

```
    }
  return(1);
}
```

【例】 对下列 4×3 的矩阵 **A** 进行 QR 分解。

$$\boldsymbol{A}=\begin{bmatrix} 1 & 1 & -1 \\ 2 & 1 & 0 \\ 1 & -1 & 0 \\ -1 & 2 & 1 \end{bmatrix}$$

主函数程序如下：

```
#include <cmath>
#include <iostream>
#include "实矩阵的 QR 分解.cpp"
using namespace std;
int main()
{
    int i,j;
    double q[4][4],a[4][3]={ {1.0,1.0,-1.0},
     {2.0,1.0,0.0},{1.0,-1.0,0.0},{-1.0,2.0,1.0}};
    i=maqr(&a[0][0],4,3,&q[0][0]);
    if (i!=0)
    {
        cout <<"MAT Q:\n";
        for (i=0; i<=3; i++)
        {
            for (j=0; j<=3; j++)  cout <<q[i][j] <<"    ";
            cout <<endl;
        }
        cout <<"MAT R:\n";
        for (i=0; i<=3; i++)
        {
            for (j=0; j<=2; j++)  cout <<a[i][j] <<"    ";
            cout <<endl;
        }
    }
    return 0;
}
```

运行结果为

```
MAT Q IS:
-0.377964    -0.377964     0.755929     0.377964
-0.755929    -0.377964    -0.377964    -0.377964
-0.377964     0.377964    -0.377964     0.755929
 0.377964    -0.755929    -0.377964     0.377964
```

```
MAT R IS:
-2.64575     -2.22045e-016    0.755929
 0           -2.64575        -0.377964
 0            0              -1.13389
 0            0               0
```

2.10 一般实矩阵的奇异值分解

【功能】

用豪斯荷尔德变换以及变形 QR 方法对一般实矩阵 $\boldsymbol{A}$ 进行奇异值分解。

【方法说明】

设 $\boldsymbol{A}$ 为 $m\times n$ 阶的实矩阵，则存在一个 $m\times m$ 的列正交矩阵 $\boldsymbol{U}$ 和一个 $n\times n$ 的列正交矩阵 $\boldsymbol{V}$，使

$$\boldsymbol{A} = U\begin{bmatrix}\boldsymbol{\Sigma} & 0\\ 0 & 0\end{bmatrix}\boldsymbol{V}^{\mathrm{T}}$$

成立。其中 $\boldsymbol{\Sigma}=\mathrm{diag}(\sigma_0,\sigma_1,\cdots,\sigma_p)(p\leqslant\min(m,n)-1)$ 且 $\sigma_0\geqslant\sigma_1\geqslant\cdots\geqslant\sigma_p>0$。

上式称为实矩阵 $\boldsymbol{A}$ 的奇异值分解式，$\sigma_i(i=0,1,\cdots,p)$ 称为 $\boldsymbol{A}$ 的奇异值。

利用 $\boldsymbol{A}$ 的奇异值分解式，可以计算 $\boldsymbol{A}$ 的广义逆 $\boldsymbol{A}^+$。利用 $\boldsymbol{A}$ 的广义逆可以求解线性最小二乘问题。

奇异值分解分两大步。

第一步　用豪斯荷尔德变换将 $\boldsymbol{A}$ 约化为双对角线矩阵。即

$$\boldsymbol{B} = \widetilde{\boldsymbol{U}}^{\mathrm{T}}\boldsymbol{A}\widetilde{\boldsymbol{V}} = \begin{bmatrix} s_0 & e_0 & & & 0\\ & s_1 & e_1 & & \\ & & \ddots & \ddots & \\ & & & s_{p-1} & e_{p-1}\\ 0 & & & & s_p \end{bmatrix}$$

其中

$$\widetilde{\boldsymbol{U}} = \boldsymbol{U}_0\boldsymbol{U}_1\cdots\boldsymbol{U}_{k-1},\quad k=\min(n,m-1)$$
$$\widetilde{\boldsymbol{V}} = \boldsymbol{V}_0\boldsymbol{V}_1\cdots\boldsymbol{V}_{l-1},\quad l=\min(m,n-2)$$

$\widetilde{\boldsymbol{U}}$ 中的每一个变换 $\boldsymbol{U}_j(j=0,1,\cdots,k-1)$ 将 $\boldsymbol{A}$ 中第 j 列主对角线以下的元素变为 0；而 $\widetilde{\boldsymbol{V}}$ 中的每一个变换 $\boldsymbol{V}_j(j=0,1,\cdots,l-1)$ 将 $\boldsymbol{A}$ 中第 j 行中与主对角线紧邻的右次对角线右边的元素变为 0。

每一个变换 $\boldsymbol{V}_j$ 具有如下形式：

$$\boldsymbol{I}-\rho\boldsymbol{V}_j\boldsymbol{V}_j^{\mathrm{T}}$$

其中 ρ 为一个比例因子，以避免计算过程中的溢出现象与误差的积累。$\boldsymbol{V}_j$ 是一个列向量，即

$$\boldsymbol{V}_j = (v_0,v_1,\cdots,v_{n-1})^{\mathrm{T}}$$

则

$$\boldsymbol{A}\boldsymbol{V}_j = \boldsymbol{A}-\rho\boldsymbol{A}\boldsymbol{V}_j\boldsymbol{V}_j^{\mathrm{T}} = \boldsymbol{A}-\boldsymbol{W}\boldsymbol{V}_j^{\mathrm{T}}$$

其中

$$W = \rho A V_j = \rho\left(\sum_{i=0}^{n-1} v_i a_{0i}, \sum_{i=0}^{n-1} v_i a_{1i}, \cdots, \sum_{i=0}^{n-1} v_i a_{m-1,i}\right)^{\mathrm{T}}$$

第二步 用变形 QR 方法进行迭代，计算所有的奇异值，即用一系列平面旋转变换将双对角线矩阵 $\boldsymbol{B}$ 逐步变成对角矩阵。

在每一次的迭代中，用变换

$$\boldsymbol{B}' = \boldsymbol{U}_{p-1,p}^{\mathrm{T}} \cdots \boldsymbol{U}_{12}^{\mathrm{T}} \boldsymbol{U}_{01}^{\mathrm{T}} \boldsymbol{B} \boldsymbol{V}_{01} \boldsymbol{V}_{12} \cdots \boldsymbol{V}_{m-2,m-1}$$

其中变换 $\boldsymbol{U}_{j,j+1}^{\mathrm{T}}$ 将 $\boldsymbol{B}$ 中第 j 列主对角线下的一个非 0 元素变为 0，同时在第 j 行的次对角线元素的右边出现一个非 0 元素；而变换 $\boldsymbol{V}_{j,j+1}$ 将第 $j-1$ 行的次对角线元素右边的一个非 0 元素变为 0，同时在第 j 列的主对角线元素的下方出现一个非 0 元素。由此可知，经过一次迭代($j=0,1,\cdots,p-1$)后，$\boldsymbol{B}'$ 仍为双对角线矩阵。但随着迭代的进行，最后收敛为对角矩阵，其对角线上的元素即为奇异值。

在每次迭代时，经过初始变换 $\boldsymbol{V}_{01}$ 后，将在第 0 列的主对角线下方出现一个非 0 元素。在变换 $\boldsymbol{V}_{01}$ 中，选择位移值 μ 的计算公式如下：

$$b = [(s_{p-1} + s_p)(s_{p-1} - s_p) + e_{p-1}^2]/2$$

$$c = (s_p e_{p-1})^2$$

$$d = \mathrm{sign}(b)\ \sqrt{b^2 + c}$$

$$\mu = s_p^2 - c/(b + d)$$

最后还需要对奇异值按非递增次序进行排列。

在上述变换过程中，若对于某个次对角线元素 e_j 满足 $|e_j| \leqslant \varepsilon(|s_{j+1}| + |s_j|)$，则可以认为 e_j 为 0。

若对角线元素 s_j 满足 $|s_j| \leqslant \varepsilon(|e_{j-1}| + |e_j|)$，则可以认为 s_j 为 0(即为零奇异值)。其中 ε 为给定的精度要求。

【函数语句与形参说明】

```
int muav(double a[],int m,int n,double u[],double v[],double eps,int ka)
```

形参与函数类型	参 数 意 义
double a[m][n]	存放 $m \times n$ 的实矩阵 $\boldsymbol{A}$。返回时其对角线给出奇异值(以非递增次序排列)，其余元素均为 0
int m	实矩阵 $\boldsymbol{A}$ 的行数
int n	实矩阵 $\boldsymbol{A}$ 的列数
double u[m][m]	返回左奇异向量 $\boldsymbol{U}$
double v[n][n]	返回右奇异向量 $\boldsymbol{V}^{\mathrm{T}}$
double eps	给定的精度要求
int ka	其值为 $\max(m,n)+1$
int muav()	函数返回标志值。若返回标志值小于 0，则表示程序工作失败；若返回标志值大于 0，则表示正常返回

【函数程序】

```
//实矩阵的奇异值分解.cpp
#include <cmath>
#include <iostream>
using namespace std;
//a[m][n]      存放 m×n 的实矩阵 A
//返回时其对角线给出奇异值(以非递增次序排列),其余元素均为 0
//u[m][m]      返回左奇异向量 U
//v[n][n]      返回右奇异向量 V^T
//eps          给定的精度要求
//ka           其值为 max(m,n)+1
//函数返回标志值。若小于 0,则表示失败;若大于 0,则表示正常
int muav(double a[],int m,int n,double u[],double v[],double eps,int ka)
{ int i,j,k,l,it,ll,kk,ix,iy,mm,nn,iz,m1,ks;
  double d,dd,t,sm,sm1,em1,sk,ek,b,c,shh,fg[2],cs[2];
  double *s,*e,*w;
  void ppp(double a[],double e[],double s[],double v[],int m,int n);
  void sss(double fg[2],double cs[2]);
  s=new double[ka];
  e=new double[ka];
  w=new double[ka];
  it=60; k=n;
  if (m-1<n) k=m-1;
  l=m;
  if (n-2<m) l=n-2;
  if (l<0) l=0;
  ll=k;
  if (l>k) ll=l;
  if (ll>=1)
    { for (kk=1; kk<=ll; kk++)
        { if (kk<=k)
            { d=0.0;
              for (i=kk; i<=m; i++)
                { ix=(i-1)*n+kk-1; d=d+a[ix]*a[ix];}
              s[kk-1]=sqrt(d);
              if (s[kk-1]!=0.0)
                { ix=(kk-1)*n+kk-1;
                  if (a[ix]!=0.0)
                    { s[kk-1]=fabs(s[kk-1]);
                      if (a[ix]<0.0) s[kk-1]=-s[kk-1];
                    }
                  for (i=kk; i<=m; i++)
                    { iy=(i-1)*n+kk-1;
                      a[iy]=a[iy]/s[kk-1];
```

```
            }
          a[ix]=1.0+a[ix];
        }
      s[kk-1]=-s[kk-1];
    }
  if (n>=kk+1)
    { for (j=kk+1; j<=n; j++)
        { if ((kk<=k)&&(s[kk-1]!=0.0))
            { d=0.0;
              for (i=kk; i<=m; i++)
                { ix=(i-1)*n+kk-1;
                  iy=(i-1)*n+j-1;
                  d=d+a[ix]*a[iy];
                }
              d=-d/a[(kk-1)*n+kk-1];
              for (i=kk; i<=m; i++)
                { ix=(i-1)*n+j-1;
                  iy=(i-1)*n+kk-1;
                  a[ix]=a[ix]+d*a[iy];
                }
            }
          e[j-1]=a[(kk-1)*n+j-1];
        }
    }
  if (kk<=k)
    { for (i=kk; i<=m; i++)
        { ix=(i-1)*m+kk-1; iy=(i-1)*n+kk-1;
          u[ix]=a[iy];
        }
    }
  if (kk<=l)
    { d=0.0;
      for (i=kk+1; i<=n; i++)
        d=d+e[i-1]*e[i-1];
      e[kk-1]=sqrt(d);
      if (e[kk-1]!=0.0)
        { if (e[kk]!=0.0)
            { e[kk-1]=fabs(e[kk-1]);
              if (e[kk]<0.0) e[kk-1]=-e[kk-1];
            }
          for (i=kk+1; i<=n; i++)
            e[i-1]=e[i-1]/e[kk-1];
          e[kk]=1.0+e[kk];
        }
      e[kk-1]=-e[kk-1];
```

```
                    if ((kk+1<=m)&&(e[kk-1]!=0.0))
                      { for (i=kk+1; i<=m; i++) w[i-1]=0.0;
                        for (j=kk+1; j<=n; j++)
                          for (i=kk+1; i<=m; i++)
                            w[i-1]=w[i-1]+e[j-1]*a[(i-1)*n+j-1];
                        for (j=kk+1; j<=n; j++)
                          for (i=kk+1; i<=m; i++)
                            { ix=(i-1)*n+j-1;
                              a[ix]=a[ix]-w[i-1]*e[j-1]/e[kk];
                            }
                      }
                    for (i=kk+1; i<=n; i++)
                      v[(i-1)*n+kk-1]=e[i-1];
                  }
              }
          }
        mm=n;
        if (m+1<n) mm=m+1;
        if (k<n) s[k]=a[k*n+k];
        if (m<mm) s[mm-1]=0.0;
        if (l+1<mm) e[l]=a[l*n+mm-1];
        e[mm-1]=0.0;
        nn=m;
        if (m>n) nn=n;
        if (nn>=k+1)
          { for (j=k+1; j<=nn; j++)
              { for (i=1; i<=m; i++)
                  u[(i-1)*m+j-1]=0.0;
                u[(j-1)*m+j-1]=1.0;
              }
          }
        if (k>=1)
          { for (ll=1; ll<=k; ll++)
              { kk=k-ll+1; iz=(kk-1)*m+kk-1;
                if (s[kk-1]!=0.0)
                  { if (nn>=kk+1)
                      for (j=kk+1; j<=nn; j++)
                        { d=0.0;
                          for (i=kk; i<=m; i++)
                            { ix=(i-1)*m+kk-1;
                              iy=(i-1)*m+j-1;
                              d=d+u[ix]*u[iy]/u[iz];
                            }
                          d=-d;
                          for (i=kk; i<=m; i++)
```

```
                    { ix=(i-1)*m+j-1;
                      iy=(i-1)*m+kk-1;
                      u[ix]=u[ix]+d*u[iy];
                    }
                }
              for (i=kk; i<=m; i++)
                { ix=(i-1)*m+kk-1; u[ix]=-u[ix];}
              u[iz]=1.0+u[iz];
              if (kk-1>=1)
                for (i=1; i<=kk-1; i++)
                  u[(i-1)*m+kk-1]=0.0;
          }
        else
          { for (i=1; i<=m; i++)
              u[(i-1)*m+kk-1]=0.0;
            u[(kk-1)*m+kk-1]=1.0;
          }
      }
  }
for (ll=1; ll<=n; ll++)
  { kk=n-ll+1; iz=kk*n+kk-1;
    if ((kk<=l)&&(e[kk-1]!=0.0))
      { for (j=kk+1; j<=n; j++)
          { d=0.0;
            for (i=kk+1; i<=n; i++)
              { ix=(i-1)*n+kk-1; iy=(i-1)*n+j-1;
                d=d+v[ix]*v[iy]/v[iz];
              }
            d=-d;
            for (i=kk+1; i<=n; i++)
              { ix=(i-1)*n+j-1; iy=(i-1)*n+kk-1;
                v[ix]=v[ix]+d*v[iy];
              }
          }
      }
    for (i=1; i<=n; i++)
      v[(i-1)*n+kk-1]=0.0;
    v[iz-n]=1.0;
  }
for (i=1; i<=m; i++)
for (j=1; j<=n; j++)
  a[(i-1)*n+j-1]=0.0;
m1=mm; it=60;
while (1==1)
  { if (mm==0)
```

```
        { ppp(a,e,s,v,m,n);
          delete[] s; delete[] e; delete[] w; return(1);
        }
      if (it==0)
        { ppp(a,e,s,v,m,n);
          delete[] s; delete[] e; delete[] w; return(-1);
        }
      kk=mm-1;
    while ((kk!=0)&&(fabs(e[kk-1])!=0.0))
        { d=fabs(s[kk-1])+fabs(s[kk]);
          dd=fabs(e[kk-1]);
          if (dd>eps*d) kk=kk-1;
          else e[kk-1]=0.0;
        }
      if (kk==mm-1)
        { kk=kk+1;
          if (s[kk-1]<0.0)
            { s[kk-1]=-s[kk-1];
              for (i=1; i<=n; i++)
                { ix=(i-1)*n+kk-1; v[ix]=-v[ix];}
            }
          while ((kk!=m1)&&(s[kk-1]<s[kk]))
            { d=s[kk-1]; s[kk-1]=s[kk]; s[kk]=d;
              if (kk<n)
                for (i=1; i<=n; i++)
                  { ix=(i-1)*n+kk-1; iy=(i-1)*n+kk;
                    d=v[ix]; v[ix]=v[iy]; v[iy]=d;
                  }
              if (kk<m)
                for (i=1; i<=m; i++)
                  { ix=(i-1)*m+kk-1; iy=(i-1)*m+kk;
                    d=u[ix]; u[ix]=u[iy]; u[iy]=d;
                  }
              kk=kk+1;
            }
          it=60;
          mm=mm-1;
        }
      else
        { ks=mm;
          while ((ks>kk)&&(fabs(s[ks-1])!=0.0))
            { d=0.0;
              if (ks!=mm) d=d+fabs(e[ks-1]);
              if (ks!=kk+1) d=d+fabs(e[ks-2]);
              dd=fabs(s[ks-1]);
```

```
        if (dd>eps * d) ks=ks-1;
        else s[ks-1]=0.0;
      }
    if (ks==kk)
      { kk=kk+1;
        d=fabs(s[mm-1]);
        t=fabs(s[mm-2]);
        if (t>d) d=t;
        t=fabs(e[mm-2]);
        if (t>d) d=t;
        t=fabs(s[kk-1]);
        if (t>d) d=t;
        t=fabs(e[kk-1]);
        if (t>d) d=t;
        sm=s[mm-1]/d; sm1=s[mm-2]/d;
        em1=e[mm-2]/d;
        sk=s[kk-1]/d; ek=e[kk-1]/d;
        b=((sm1+sm) * (sm1-sm)+em1 * em1)/2.0;
        c=sm * em1; c=c * c; shh=0.0;
        if ((b!=0.0)||(c!=0.0))
          { shh=sqrt(b * b+c);
            if (b<0.0) shh=-shh;
            shh=c/(b+shh);
          }
        fg[0]=(sk+sm) * (sk-sm)-shh;
        fg[1]=sk * ek;
        for (i=kk; i<=mm-1; i++)
          { sss(fg,cs);
            if (i!=kk) e[i-2]=fg[0];
            fg[0]=cs[0] * s[i-1]+cs[1] * e[i-1];
            e[i-1]=cs[0] * e[i-1]-cs[1] * s[i-1];
            fg[1]=cs[1] * s[i];
            s[i]=cs[0] * s[i];
            if ((cs[0]!=1.0)||(cs[1]!=0.0))
              for (j=1; j<=n; j++)
                { ix=(j-1) * n+i-1;
                  iy=(j-1) * n+i;
                  d=cs[0] * v[ix]+cs[1] * v[iy];
                  v[iy]=-cs[1] * v[ix]+cs[0] * v[iy];
                  v[ix]=d;
                }
            sss(fg,cs);
            s[i-1]=fg[0];
            fg[0]=cs[0] * e[i-1]+cs[1] * s[i];
            s[i]=-cs[1] * e[i-1]+cs[0] * s[i];
```

```
                fg[1]=cs[1] * e[i];
                e[i]=cs[0] * e[i];
                if (i<m)
                  if ((cs[0]!=1.0)||(cs[1]!=0.0))
                    for (j=1; j<=m; j++)
                      { ix=(j-1) * m+i-1;
                        iy=(j-1) * m+i;
                        d=cs[0] * u[ix]+cs[1] * u[iy];
                        u[iy]=-cs[1] * u[ix]+cs[0] * u[iy];
                        u[ix]=d;
                      }
              }
            e[mm-2]=fg[0];
            it=it-1;
          }
        else
          { if (ks==mm)
              { kk=kk+1;
                fg[1]=e[mm-2]; e[mm-2]=0.0;
                for (ll=kk; ll<=mm-1; ll++)
                  { i=mm+kk-ll-1;
                    fg[0]=s[i-1];
                    sss(fg,cs);
                    s[i-1]=fg[0];
                    if (i!=kk)
                      { fg[1]=-cs[1] * e[i-2];
                        e[i-2]=cs[0] * e[i-2];
                      }
                    if ((cs[0]!=1.0)||(cs[1]!=0.0))
                      for (j=1; j<=n; j++)
                        { ix=(j-1) * n+i-1;
                          iy=(j-1) * n+mm-1;
                          d=cs[0] * v[ix]+cs[1] * v[iy];
                          v[iy]=-cs[1] * v[ix]+cs[0] * v[iy];
                          v[ix]=d;
                        }
                  }
              }
            else
              { kk=ks+1;
                fg[1]=e[kk-2];
                e[kk-2]=0.0;
                for (i=kk; i<=mm; i++)
                  { fg[0]=s[i-1];
                    sss(fg,cs);
```

```
                    s[i-1]=fg[0];
                    fg[1]=-cs[1] * e[i-1];
                    e[i-1]=cs[0] * e[i-1];
                    if ((cs[0]!=1.0)||(cs[1]!=0.0))
                      for (j=1; j<=m; j++)
                        { ix=(j-1) * m+i-1;
                          iy=(j-1) * m+kk-2;
                          d=cs[0] * u[ix]+cs[1] * u[iy];
                          u[iy]=-cs[1] * u[ix]+cs[0] * u[iy];
                          u[ix]=d;
                        }
                  }
              }
          }
      }
    }
  return(1);
}

void ppp(double a[],double e[],double s[],double v[],int m,int n)
{ int i,j,p,q;
  double d;
  if (m>=n) i=n;
  else i=m;
  for (j=1; j<=i-1; j++)
    { a[(j-1) * n+j-1]=s[j-1];
      a[(j-1) * n+j]=e[j-1];
    }
  a[(i-1) * n+i-1]=s[i-1];
  if (m<n) a[(i-1) * n+i]=e[i-1];
  for (i=1; i<=n-1; i++)
  for (j=i+1; j<=n; j++)
    { p=(i-1) * n+j-1; q=(j-1) * n+i-1;
      d=v[p]; v[p]=v[q]; v[q]=d;
    }
  return;
}

void sss(double fg[2],double cs[2])
{ double r,d;
  if ((fabs(fg[0])+fabs(fg[1]))==0.0)
    { cs[0]=1.0; cs[1]=0.0; d=0.0;}
  else
    { d=sqrt(fg[0] * fg[0]+fg[1] * fg[1]);
      if (fabs(fg[0])>fabs(fg[1]))
```

```
        { d=fabs(d);
          if (fg[0]<0.0) d=-d;
        }
      if (fabs(fg[1])>=fabs(fg[0]))
        { d=fabs(d);
          if (fg[1]<0.0) d=-d;
        }
      cs[0]=fg[0]/d; cs[1]=fg[1]/d;
    }
  r=1.0;
  if (fabs(fg[0])>fabs(fg[1])) r=cs[1];
  else
    if (cs[0]!=0.0) r=1.0/cs[0];
  fg[0]=d; fg[1]=r;
  return;
}
```

【例】 求下列两个矩阵 $\boldsymbol{A}$ 与 $\boldsymbol{B}$ 的奇异值分解式 UAV 与 UBV。取 $\varepsilon=0.000\,001$。

$$\boldsymbol{A}=\begin{bmatrix}1 & 1 & -1\\ 2 & 1 & 0\\ 1 & -1 & 0\\ -1 & 2 & 1\end{bmatrix},\quad \boldsymbol{B}=\begin{bmatrix}1 & 1 & -1 & -1\\ 2 & 1 & 0 & 2\\ 1 & -1 & 0 & 1\end{bmatrix}$$

主函数程序如下：

```
#include <cmath>
#include <iostream>
#include "实矩阵的奇异值分解.cpp"
#include "矩阵相乘.cpp"
using namespace std;
int main()
{
    int i,j;
    double a[4][3]={ {1.0,1.0,-1.0},{2.0,1.0,0.0},
                     {1.0,-1.0,0.0},{-1.0,2.0,1.0}};
    double b[3][4]={ {1.0,1.0,-1.0,-1.0},{2.0,1.0,
                      0.0,2.0},{1.0,-1.0,0.0,1.0}};
    static double u[4][4],v[3][3],c[4][3],d[3][4];
    double eps;
    eps=0.000001;
    cout <<"矩阵 A" <<endl;
    i=muav(&a[0][0],4,3,&u[0][0],&v[0][0],eps,5);
    if (i>0)
    {
        cout <<"MAT U IS:" <<endl;
        for (i=0; i<=3; i++)
```

```
        {
            for (j=0; j<=3; j++)  cout <<u[i][j] <<"    ";
            cout <<endl;
        }
        cout <<"MAT V IS:" <<endl;
        for (i=0; i<=2; i++)
        {
            for (j=0; j<=2; j++)  cout <<v[i][j] <<"    ";
            cout <<endl;
        }
        cout <<"MAT A IS:" <<endl;
        for (i=0; i<=3; i++)
        {
            for (j=0; j<=2; j++)  cout <<a[i][j] <<"    ";
            cout <<endl;
        }
        cout <<"MAT UAV IS:" <<endl;
        tmul(&u[0][0],4,4,&a[0][0],4,3,&c[0][0]);
        tmul(&c[0][0],4,3,&v[0][0],3,3,&a[0][0]);
        for (i=0; i<=3; i++)
        {
            for (j=0; j<=2; j++)  cout <<a[i][j] <<"    ";
            cout <<endl;
        }
    }
    cout <<endl;
    cout <<"矩阵 B" <<endl;
    i=muav(&b[0][0],3,4,&v[0][0],&u[0][0],eps,5);
    if (i>0)
    {
        cout <<"MAT U IS:" <<endl;
        for (i=0; i<=2; i++)
        {
            for (j=0; j<=2; j++)  cout <<v[i][j] <<"    ";
            cout <<endl;
        }
        cout <<"MAT V IS:" <<endl;
        for (i=0; i<=3; i++)
        {
            for (j=0; j<=3; j++)  cout <<u[i][j] <<"    ";
            cout <<endl;
        }
        cout <<"MAT B IS:" <<endl;
        for (i=0; i<=2; i++)
        {
```

```
            for (j=0; j<=3; j++)  cout <<b[i][j] <<"    ";
            cout <<endl;
        }
        cout <<"MAT UBV IS:" <<endl;
        tmul(&v[0][0],3,3,&b[0][0],3,4,&d[0][0]);
        tmul(&d[0][0],3,4,&u[0][0],4,4,&b[0][0]);
        for (i=0; i<=2; i++)
        {
            for (j=0; j<=3; j++)  cout <<b[i][j] <<"    ";
            cout <<endl;
        }
    }
    return 0;
}
```

运行结果为

```
矩阵 A
MAT U IS:
0.276393    0.507093    0.723607    0
0.447214    0.676123    -0.447214    0
0.447214    -0.169031    -0.447214    0
-0.723607    0.507093    -0.276393    0
MAT V IS:
0.835549    -0.417775    -0.356822
0.447214    0.894427    3.69049e-015
-0.319151    0.159576    -0.934172
MAT A IS:
2.80252    0    0
0    2.64575    0
0    0    1.07047
0    0    0
MAT UAV IS:
1    1    -1
2    1    1.22125e-015
1    -1    7.77156e-016
-1    2    1
```

```
矩阵 B
MAT U IS:
-0.0884994    -0.90288    -0.420685
-0.925355    -0.0817768    0.370177
-0.368628    0.422043    -0.828247
MAT V IS:
-0.719419    -0.201136    0.0275877    -0.664244
-0.301829    -0.658891    0.422904    0.54398
-0.473992    0.72485    0.392077    0.310161
-0.408248    0    -0.816497    0.408248
MAT B IS:
3.20792    0    0    0
0    2.13495    0    0
0    0    1.07297    0
MAT UBV IS:
1    1    -1    -1
2    1    2.26617e-007    2
1    -1    9.02758e-008    1
```

2.11 求广义逆的奇异值分解法

【功能】

利用奇异值分解求一般 $m \times n$ 阶实矩阵 $\mathbf{A}$ 的广义逆 $\mathbf{A}^+$。

【方法说明】

设 $m\times n$ 阶实矩阵 $\boldsymbol{A}$ 的奇异值分解式为

$$\boldsymbol{A}=\boldsymbol{U}\begin{bmatrix}\boldsymbol{\Sigma} & 0\\ 0 & 0\end{bmatrix}\boldsymbol{V}^{\mathrm{T}}$$

其中 $\boldsymbol{\Sigma}=\mathrm{diag}(\sigma_0,\sigma_1,\cdots,\sigma_p)(p\leqslant\min(m,n)-1)$ 且 $\sigma_0\geqslant\sigma_1\geqslant\cdots\geqslant\sigma_p>0$。

关于奇异值分解参看 2.10 节的方法说明。

设 $\boldsymbol{U}=(\boldsymbol{U}_1,\boldsymbol{U}_2)$，其中 $\boldsymbol{U}_1$ 为 $\boldsymbol{U}$ 中前 $p+1$ 列列正交向量组构成的 $m\times(p+1)$ 矩阵；$\boldsymbol{V}=(\boldsymbol{V}_1,\boldsymbol{V}_2)$，其中 $\boldsymbol{V}_1$ 为 $\boldsymbol{V}$ 中前 $p+1$ 列列正交向量组构成的 $n\times(p+1)$ 矩阵。则 $\boldsymbol{A}$ 的广义逆为

$$\boldsymbol{A}^{+}=\boldsymbol{V}_1\boldsymbol{\Sigma}^{-1}\boldsymbol{U}_1^{\mathrm{T}}$$

【函数语句与形参说明】

```
int ginv(double a[],int m,int n,double aa[],double eps,double u[],double v[],
        int ka)
```

形参与函数类型	参数意义
double a[m][n]	存放 $m\times n$ 的实矩阵 $\boldsymbol{A}$。返回时其对角线给出奇异值(以非递增次序排列)，其余元素均为 0
int m	实矩阵 $\boldsymbol{A}$ 的行数
int n	实矩阵 $\boldsymbol{A}$ 的列数
double aa[n][m]	返回 $\boldsymbol{A}$ 的广义逆 $\boldsymbol{A}^{+}$
double eps	给定的精度要求
double u[m][m]	返回左奇异向量 $\boldsymbol{U}$
double v[n][n]	返回右奇异向量 $\boldsymbol{V}^{\mathrm{T}}$
int ka	其值为 $\max(m,n)+1$
int ginv()	函数返回标志值。若返回标志值小于 0，则表示程序工作失败；若返回标志值大于 0，则表示正常返回

【函数程序】

```
//求矩阵广义逆的奇异值分解法.cpp
#include <cmath>
#include <iostream>
#include "实矩阵的奇异值分解.cpp"
using namespace std;
//a[m]n]      存放 m×n 的实矩阵 A
//返回时其对角线给出奇异值(以非递增次序排列)，其余元素均为 0
//aa[n][m]    返回 A 的广义逆 A+
//eps         给定的精度要求
//u[m][m]     返回左奇异向量 U
```

```
//v[n][n]   返回右奇异向量 V^T
//ka        其值为 max(m,n)+1
//函数返回标志值。若小于 0,则表示失败;若大于 0,则表示正常
int ginv(double a[],int m,int n,double aa[],double eps,double u[],double v[],
      int ka)
{
    int i,j,k,l,t,p,q,f;
    i=muav(a,m,n,u,v,eps,ka);
    if (i<0) return(-1);
    j=n;
    if (m<n) j=m;
    j=j-1;
    k=0;
    while ((k<=j)&&(a[k*n+k]!=0.0)) k=k+1;
    k=k-1;
    for (i=0; i<=n-1; i++)
    for (j=0; j<=m-1; j++)
    {
        t=i*m+j; aa[t]=0.0;
        for (l=0; l<=k; l++)
        {
            f=l*n+i; p=j*m+l; q=l*n+l;
            aa[t]=aa[t]+v[f]*u[p]/a[q];
        }
    }
    return(1);
}
```

【例】 求下列 5×4 阶矩阵 $\boldsymbol{A}$ 的广义逆 $\boldsymbol{A}^+$，再求 $\boldsymbol{A}^+$ 的广义逆 $(\boldsymbol{A}^+)^+$：

$$\boldsymbol{A}=\begin{bmatrix}1 & 2 & 3 & 4\\ 6 & 7 & 8 & 9\\ 1 & 2 & 13 & 0\\ 16 & 17 & 8 & 9\\ 2 & 4 & 3 & 4\end{bmatrix}$$

取 $\varepsilon=0.000\,001$。

主函数程序如下：

```
#include <cmath>
#include <iostream>
#include "求矩阵广义逆的奇异值分解法.cpp"
using namespace std;
int main()
{
    int m,n,ka,i,j;
    double a[5][4]={ {1.0,2.0,3.0,4.0},
```

```
                {6.0,7.0,8.0,9.0},{1.0,2.0,13.0,0.0},
                {16.0,17.0,8.0,9.0},{2.0,4.0,3.0,4.0}};
    double aa[4][5],c[5][4],u[5][5],v[4][4];
    double eps;
    m=5; n=4; ka=6; eps=0.000001;
    cout <<"MAT A IS:\n";
    for (i=0; i<=4; i++)
    {
        for (j=0; j<=3; j++)  cout <<a[i][j] <<"    ";
        cout <<endl;
    }
    i=ginv(&a[0][0],m,n,&aa[0][0],eps,&u[0][0],&v[0][0],ka);
    if (i<0)  return 0;
    cout <<"MAT A+IS:\n";
    for (i=0; i<=3; i++)
    {
        for (j=0; j<=4; j++)  cout <<aa[i][j] <<"    ";
        cout <<endl;
    }
    i=ginv(&aa[0][0],n,m,&c[0][0],eps,&v[0][0],&u[0][0],ka);
    if (i<0)  return 0;
    cout <<"MAT A++IS:\n";
    for (i=0; i<=4; i++)
    {
        for (j=0; j<=3; j++)  cout <<c[i][j] <<"    ";
        cout <<endl;
    }
    return 0;
}
```

运行结果为

```
MAT A IS:
1    2    3    4
6    7    8    9
1    2    13    0
16    17    8    9
2    4    3    4
MAT A+ IS:
-0.113487    0.264449    -0.0297724    0.0451837    -0.583187
0.0718009    -0.347061    0.0286578    0.0490204    0.598791
-0.00385819    0.0336949    0.0747631    -0.0112316    -0.0466841
0.05798    0.160308    -0.0679684    -0.0534359    -0.0484417
MAT A++ IS:
1    2    3    4
6    7    7.99999    9
1    2    13    6.33446e-007
16    17    7.99998    9
2    4    3    4
```

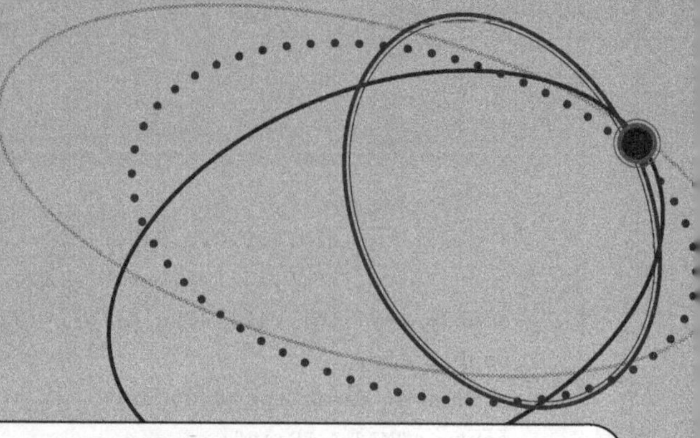

第3章 矩阵特征值与特征向量的计算

3.1 约化对称矩阵为对称三对角阵的豪斯荷尔德变换法

【功能】

用豪斯荷尔德变换将 n 阶实对称矩阵约化为对称三对角阵。

【方法说明】

化 n 阶实对称矩阵 $\boldsymbol{A}$ 为对称三对角阵的豪斯荷尔德方法，就是使 $\boldsymbol{A}$ 经过 $n-2$ 次正交变换后变成三对角阵 $\boldsymbol{A}_{n-2}$。即

$$\boldsymbol{A}_{n-2} = \boldsymbol{P}_{n-3}\cdots\boldsymbol{P}_1\boldsymbol{P}_0\boldsymbol{A}\boldsymbol{P}_0\boldsymbol{P}_1\cdots\boldsymbol{P}_{n-3}$$

每一次的正交变换 $\boldsymbol{P}_i(i=0,1,\cdots,n-3)$具有如下形式：

$$\boldsymbol{P}_i = \boldsymbol{I} - \boldsymbol{U}_i\boldsymbol{U}_i^{\mathrm{T}}/\boldsymbol{H}_i$$

其中 $\boldsymbol{P}_i$ 为对称正交矩阵，且

$$\boldsymbol{H}_i = \frac{1}{2}\boldsymbol{U}_i^{\mathrm{T}}\boldsymbol{U}_i$$

$$\boldsymbol{U}_i = (a_{t0}^{(i)}, a_{t1}^{(i)}, \cdots, a_{t,t-2}^{(i)}, a_{t,t-1}^{(i)} \pm \sigma_i^{1/2}, 0, \cdots, 0)^{\mathrm{T}}$$

$$\sigma_i = (a_{t0}^{(i)})^2 + (a_{t1}^{(i)})^2 + \cdots + (a_{t,t-1}^{(i)})^2$$

式中 $t=n-i-1$。

对 $\boldsymbol{A}$ 的每一次变换为

$$\boldsymbol{A}_{i+1} = \boldsymbol{P}_i\boldsymbol{A}_i\boldsymbol{P}_i = (\boldsymbol{I} - \boldsymbol{U}_i\boldsymbol{U}_i^{\mathrm{T}}/\boldsymbol{H}_i)\boldsymbol{A}_i(\boldsymbol{I} - \boldsymbol{U}_i\boldsymbol{U}_i^{\mathrm{T}}/\boldsymbol{H}_i)$$

若令

$$\begin{cases} s_i = \boldsymbol{A}_i\boldsymbol{U}_i/\boldsymbol{H}_i \\ k_i = \boldsymbol{U}_i^{\mathrm{T}}s_i/(2\boldsymbol{H}_i) \\ q_i = s_i - k_i\boldsymbol{U}_i \end{cases}$$

则有

$$\boldsymbol{A}_{i+1} = \boldsymbol{A}_i - \boldsymbol{U}_iq_i^{\mathrm{T}} - q_i\boldsymbol{U}_i^{\mathrm{T}}$$

其中 s_i 的形式为

$$s_i = (s_{i0}, s_{i1}, \cdots, s_{it}, 0, \cdots, 0)^{\mathrm{T}}$$

q_i 的形式为

$$q_i = (s_{i0} - k_i u_{i0}, s_{i1} - k_i u_{i1}, \cdots, s_{i,t-1} - k_i u_{i,t-1}, s_{it}, 0, \cdots, 0)^{\mathrm{T}}$$

本函数与 3.2 节的函数 sstq()联用，可以计算实对称矩阵 $\boldsymbol{A}$ 的全部特征值与相应的特征向量。

【函数语句与形参说明】

```
int strq(double a[],int n,double q[],double b[],double c[])
```

形参与函数类型	参数意义
double　a[n][n]	存放 n 阶实对称矩阵 $\boldsymbol{A}$
int　n	实对称矩阵 $\boldsymbol{A}$ 的阶数
double　q[n][n]	返回豪斯荷尔德变换的乘积矩阵 $\boldsymbol{Q}$。在与 3.2 节中的函数 sstq()联用时，若将矩阵 $\boldsymbol{Q}$ 作为函数 sstq()中的一个参数，则可以计算一般实对称矩阵的全部特征值及相应的特征向量
double　b[n]	返回对称三角阵中的主对角线元素
double　c[n]	前 $n-1$ 个元素返回对称三角阵中的次对角线元素
int　strq()	若矩阵非对称，则显示错误信息，并返回 0 标志值；否则返回非 0 标志值

由上述参数可知，本函数返回的对称三角阵为

$$\boldsymbol{T} = \begin{bmatrix} b_0 & c_0 & & & & 0 \\ c_0 & b_1 & c_1 & & & \\ & c_1 & b_2 & c_2 & & \\ & & \ddots & \ddots & \ddots & \\ & & & c_{n-3} & b_{n-2} & c_{n-2} \\ 0 & & & & c_{n-2} & b_{n-1} \end{bmatrix}$$

【函数程序】

```
//约化对称矩阵为三对角阵.cpp
#include <cmath>
#include <iostream>
using namespace std;
//a[n][n]       存放 n 阶实对称矩阵 A
//q[n][n]       返回豪斯荷尔德变换的乘积矩阵 Q
//b[n]          返回对称三角阵中的主对角线元素
//c[n]          前 n-1 个元素返回对称三角阵中的次对角线元素
//若矩阵非对称,则显示错误信息,并返回 0 标志值;否则返回非 0 标志值
int strq(double a[],int n,double q[],double b[],double c[])
{
    int i,j,k,u;
    double h,f,g,h2;
    for (i=0; i<n; i++)
```

```
          for (j=0; j<i-1; j++)
              if (a[i*n+j]!=a[j*n+i])
              {
                  cout <<"矩阵不对称!" <<endl;  return 0;
              }
      for (i=0; i<=n-1; i++)
      for (j=0; j<=n-1; j++)
      {
          u=i*n+j; q[u]=a[u];
      }
      for (i=n-1; i>=1; i--)
      {
          h=0.0;
          if (i>1)
          for (k=0; k<=i-1; k++)
          {
              u=i*n+k; h=h+q[u]*q[u];
          }
          if (h+1.0==1.0)
          {
              c[i]=0.0;
              if (i==1) c[i]=q[i*n+i-1];
              b[i]=0.0;
          }
          else
          {
              c[i]=sqrt(h);
              u=i*n+i-1;
              if (q[u]>0.0) c[i]=-c[i];
              h=h-q[u]*c[i];
              q[u]=q[u]-c[i];
              f=0.0;
              for (j=0; j<=i-1; j++)
              {
                  q[j*n+i]=q[i*n+j]/h;
                  g=0.0;
                  for (k=0; k<=j; k++) g=g+q[j*n+k]*q[i*n+k];
                  if (j+1<=i-1)
                  for (k=j+1; k<=i-1; k++) g=g+q[k*n+j]*q[i*n+k];
                  c[j]=g/h;
                  f=f+g*q[j*n+i];
              }
              h2=f/(h+h);
              for (j=0; j<=i-1; j++)
              {
```

```
                    f=q[i * n+j];
                    g=c[j]-h2 * f;
                    c[j]=g;
                    for (k=0; k<=j; k++)
                    {
                        u=j * n+k;
                        q[u]=q[u]-f * c[k]-g * q[i * n+k];
                    }
                }
              b[i]=h;
            }
        }
        for (i=0; i<=n-2; i++) c[i]=c[i+1];
        c[n-1]=0.0;
        b[0]=0.0;
        for (i=0; i<=n-1; i++)
        {
            if ((b[i]!=0.0)&&(i-1>=0))
            for (j=0; j<=i-1; j++)
            {
                g=0.0;
                for (k=0; k<=i-1; k++)  g=g+q[i * n+k] * q[k * n+j];
                for (k=0; k<=i-1; k++)
                {
                    u=k * n+j;
                    q[u]=q[u]-g * q[k * n+i];
                }
            }
            u=i * n+i;
            b[i]=q[u]; q[u]=1.0;
            if (i-1>=0)
            for (j=0; j<=i-1; j++)
            {
                q[i * n+j]=0.0; q[j * n+i]=0.0;
            }
        }
        return 1;
    }
```

【例】 用豪斯荷尔德变换将下列 5 阶实对称矩阵约化为三对角阵,并给出豪斯荷尔德变换的乘积矩阵 $\boldsymbol{Q}$。

$$\boldsymbol{A}=\begin{bmatrix} 10 & 1 & 2 & 3 & 4 \\ 1 & 9 & -1 & 2 & -3 \\ 2 & -1 & 7 & 3 & -5 \\ 3 & 2 & 3 & 12 & -1 \\ 4 & -3 & -5 & -1 & 15 \end{bmatrix}$$

主函数程序如下：

```
#include <cmath>
#include <iostream>
#include "约化对称矩阵为三对角阵.cpp"
using namespace std;
int main()
{
    int i,j;
    double b[5],c[5],q[5][5];
    double a[5][5]={ {10.0,1.0,2.0,3.0,4.0},
      {1.0,9.0,-1.0,2.0,-3.0},
    {2.0,-1.0,7.0,3.0,-5.0},
      {3.0,2.0,3.0,12.0,-1.0},
    {4.0,-3.0,-5.0,-1.0,15.0}};
    i=strq(&a[0][0],5,&q[0][0],b,c);
    if (i==0) return 0;
    cout <<"对称矩阵 A :\n";
    for (i=0; i<=4; i++)
    {
        for (j=0; j<=4; j++)  cout <<a[i][j] <<"    ";
        cout <<endl;
    }
    cout <<"返回的乘积矩阵 Q :\n";
    for (i=0; i<=4; i++)
    {
        for (j=0; j<=4; j++)  cout <<q[i][j] <<"    ";
        cout <<endl;
    }
    cout <<"返回的主对角线元素 B :\n";
    for (i=0; i<=4; i++)  cout <<b[i] <<"    ";
    cout <<endl;
    cout <<"返回的次对角线元素 C :\n";
    for (i=0; i<=4; i++)  cout <<c[i] <<"    ";
    cout <<endl;
    return 0;
}
```

运行结果为

```
对称矩阵 A :
10    1    2    3    4
1    9    -1    2    -3
2    -1    7    3    -5
3    2    3    12    -1
4    -3    -5    -1    15
返回的乘积矩阵 Q :
-0.0384542    -0.82696    0.030549    0.560112    0
-0.868565    -0.24019    0.106922    -0.420084    0
0.449244    -0.50371    -0.232936    -0.70014    0
0.205658    -0.0687167    0.966113    -0.140028    0
0    0    0    0    1
返回的主对角线元素 B :
9.2952    11.6267    10.9604    6.11765    15
返回的次对角线元素 C :
-0.749485    -4.49627    -2.15704    7.14143    0
```

即返回的三对角阵为

$$T=\begin{bmatrix} 9.2952 & -0.749485 & & & \\ -0.749485 & 11.6267 & -4.49627 & & \\ & -4.49627 & 10.9604 & -2.15704 & \\ & & -2.15704 & 6.11765 & 7.14143 \\ & & & 7.14143 & 15.0000 \end{bmatrix}$$

3.2 求对称三对角阵的全部特征值与特征向量

【功能】

用变形 QR 方法计算实对称三对角阵的全部特征值与相应的特征向量。

【方法说明】

本函数采用变形的 QR 方法。有关 QR 方法的说明参看 3.4 节。

本函数与 3.1 节中的函数 strq()联用，可以计算一般实对称矩阵的全部特征值与相应的特征向量。

【函数语句与形参说明】

```
int sstq(int n,double b[],double c[],double q[],double eps)
```

形参与函数类型	参数意义
int n	实对称三角阵的阶数
double b[n]	存放 n 阶实对称三角阵的主对角线上的元素。返回时存放全部特征值
double c[n]	前 $n-1$ 个元素存放实对称三角阵的次对角线上的元素
double q[n][n]	若存放 n 阶单位矩阵，则返回实对称三对角阵 $\boldsymbol{T}$ 的特征向量组；若存放由 3.1 节中的函数 strq()所返回的一般实对称矩阵 $\boldsymbol{A}$ 的豪斯荷尔德变换的乘积矩阵 $\boldsymbol{Q}$，则返回实对称矩阵 $\boldsymbol{A}$ 的特征向量组。其中 $\boldsymbol{q}$ 中的第 j 列为与数组 b 中第 j 个特征值对应的特征向量
double eps	控制精度要求
int sstq()	函数返回迭代次数。本程序最多迭代 100 次

由上述参数可知，n 阶实对称三角阵为

$$T=\begin{bmatrix} b_0 & c_0 & & & & 0 \\ c_0 & b_1 & c_1 & & & \\ & c_1 & b_2 & c_2 & & \\ & & \ddots & \ddots & \ddots & \\ & & & c_{n-3} & b_{n-2} & c_{n-2} \\ 0 & & & & c_{n-2} & b_{n-1} \end{bmatrix}$$

【函数程序】

```
//求对称三对角阵的特征值.cpp
#include <cmath>
#include <iostream>
using namespace std;
//b[n]        存放n阶实对称三角阵的主对角线上的元素。返回时存放全部特征值
//c[n]        前n-1个元素存放实对称三角阵的次对角线上的元素
//q[n][n]     若存放n阶单位矩阵,则返回实对称三对角阵T的特征向量组
//若存放由3.1节中的函数strq()所返回的一般实对称矩阵A的豪斯荷尔德
//变换的乘积矩阵Q,则返回实对称矩阵A的特征向量组。其中q中的第j列
//为与数组b中第j个特征值对应的特征向量
//eps         控制精度要求
//返回的标志值为迭代次数。本程序最多迭代100次
int sstq(int n,double b[],double c[],double q[],double eps)
{
    int i,j,k,m,it,u,v;
    double d,f,h,g,p,r,e,s;
    c[n-1]=0.0; d=0.0; f=0.0;
    for (j=0; j<=n-1; j++)
    {
        it=0;
        h=eps*(fabs(b[j])+fabs(c[j]));
        if (h>d) d=h;
        m=j;
        while ((m<=n-1)&&(fabs(c[m])>d)) m=m+1;
        if (m!=j)
        {
            do
            {
                if (it==100)
                {
                    cout <<"迭代了100次!\n";  return(it);
                }
                it=it+1;
                g=b[j];
                p=(b[j+1]-g)/(2.0*c[j]);
                r=sqrt(p*p+1.0);
                if (p>=0.0) b[j]=c[j]/(p+r);
                else b[j]=c[j]/(p-r);
                h=g-b[j];
                for (i=j+1; i<=n-1; i++)  b[i]=b[i]-h;
                f=f+h; p=b[m]; e=1.0; s=0.0;
                for (i=m-1; i>=j; i--)
                {
```

```
                    g=e*c[i]; h=e*p;
                    if (fabs(p)>=fabs(c[i]))
                    {
                        e=c[i]/p; r=sqrt(e*e+1.0);
                        c[i+1]=s*p*r; s=e/r; e=1.0/r;
                    }
                    else
                    {
                        e=p/c[i]; r=sqrt(e*e+1.0);
                        c[i+1]=s*c[i]*r;
                        s=1.0/r; e=e/r;
                    }
                    p=e*b[i]-s*g;
                    b[i+1]=h+s*(e*g+s*b[i]);
                    for (k=0; k<=n-1; k++)
                    {
                        u=k*n+i+1; v=u-1;
                        h=q[u]; q[u]=s*q[v]+e*h;
                        q[v]=e*q[v]-s*h;
                    }
                }
                c[j]=s*p; b[j]=e*p;
            }
            while (fabs(c[j])>d);
        }
        b[j]=b[j]+f;
    }
    for (i=0; i<=n-1; i++)
    {
        k=i; p=b[i];
        if (i+1<=n-1)
        {
            j=i+1;
            while ((j<=n-1)&&(b[j]<=p))
            { k=j; p=b[j]; j=j+1;}
        }
        if (k!=i)
        {
            b[k]=b[i]; b[i]=p;
            for (j=0; j<=n-1; j++)
            {
                u=j*n+i; v=j*n+k;
                p=q[u]; q[u]=q[v]; q[v]=p;
            }
        }
```

```
    }
    return(it);
}
```

【例】 与3.1节中的函数strq()联用，计算下列5阶实对称矩阵的全部特征值与相应的特征向量：

$$\boldsymbol{A}=\begin{bmatrix}10 & 1 & 2 & 3 & 4\\ 1 & 9 & -1 & 2 & -3\\ 2 & -1 & 7 & 3 & -5\\ 3 & 2 & 3 & 12 & -1\\ 4 & -3 & -5 & -1 & 15\end{bmatrix}$$

控制精度要求 $\varepsilon=0.000\,001$。

主函数程序如下：

```
#include <cmath>
#include <iostream>
#include "约化对称矩阵为三对角阵.cpp"
#include "求对称三对角阵的特征值.cpp"
using namespace std;
int main()
{
    int i,j,k;
    double q[5][5],b[5],c[5];
    double a[5][5]={ {10.0,1.0,2.0,3.0,4.0},
     {1.0,9.0,-1.0,2.0,-3.0},
    {2.0,-1.0,7.0,3.0,-5.0},
     {3.0,2.0,3.0,12.0,-1.0},
    {4.0,-3.0,-5.0,-1.0,15.0}};
    double eps=0.000001;
    i=strq(&a[0][0],5,&q[0][0],b,c);   //约化对称矩阵A为三对角阵
    if (i==0)  return 0;
    cout <<"原对称矩阵 A:\n";
    for (i=0; i<=4; i++)
    {
        for (j=0; j<=4; j++)  cout <<a[i][j] <<"     ";
        cout <<endl;
    }
    cout <<"乘积矩阵 Q:\n";
    for (i=0; i<=4; i++)
    {
        for (j=0; j<=4; j++)  cout <<q[i][j] <<"     ";
        cout <<endl;
    }
    cout <<"对称三对角阵主对角线元素:\n";
    for (i=0; i<=4; i++)  cout <<b[i] <<"     ";
```

```
    cout <<endl;
    cout <<"对称三对角阵次对角线元素:\n";
    for (i=0; i<=4; i++)  cout <<c[i] <<"    ";
    cout <<endl;
    k=sstq(5,b,c,&q[0][0],eps);          //求对称矩阵 A 的特征值
    cout <<"迭代次数=" <<k <<endl;
    cout <<"对称矩阵 A 的特征值:\n";
    for (i=0; i<=4; i++)  cout <<b[i] <<"    ";
    cout <<endl;
    cout <<"对称矩阵 A 的特征向量组:\n";
    for (i=0; i<=4; i++)
    {
        for (j=0; j<=4; j++)  cout <<q[i][j] <<"    ";
        cout <<endl;
    }
    return 0;
}
```

运行结果为

```
原对称矩阵 A:
10    1    2    3    4
1    9    -1    2    -3
2    -1    7    3    -5
3    2    3    12    -1
4    -3    -5    -1    15
乘积矩阵 Q:
-0.0384542    -0.82696    0.030549    0.560112    0
-0.868565    -0.24019    0.106922    -0.420084    0
0.449244    -0.50371    -0.232936    -0.70014    0
0.205658    -0.0687167    0.966113    -0.140028    0
0    0    0    0    1
对称三对角阵主对角线元素:
9.2952    11.6267    10.9604    6.11765    15
对称三对角阵次对角线元素:
-0.749485    -4.49627    -2.15704    7.14143    0
迭代次数= 0
对称矩阵A的特征值:
6.99484    9.36555    1.65527    15.8089    19.1754
对称矩阵A的特征向量组:
0.654083    0.0521511    0.387297    -0.623702    0.174505
0.199681    -0.859964    -0.366221    -0.159101    -0.247303
0.25651    0.505575    -0.704377    -0.227297    -0.361642
-0.660403    0.000201167    0.118926    -0.692684    -0.264411
-0.17428    -0.0462192    -0.453423    -0.232822    0.841244
```

3.3 约化一般实矩阵为赫申伯格矩阵的初等相似变换法

【功能】

用初等相似变换将一般实矩阵约化为上 H 矩阵，即赫申伯格(Hessenberg)矩阵。

【方法说明】

为了将矩阵 $\boldsymbol{A}$ 化为上 H 矩阵，只需要依次将矩阵 $\boldsymbol{A}$ 中的每一列都化为上 H 矩阵即可。因此，对于 k 从 $2\sim n-1$(其中第 $n-1$ 列与第 n 列都已经是上 H 矩阵)做如下操作。

(1) 从第 $k-1$ 列的第 $k-1$ 个以下的元素中选出绝对值最大的元素 $a_{m,k-1}$。

(2) 交换第 m 行和第 k 行,交换第 m 列和第 k 列。

(3) 对于 $i=k+1,\cdots,n$ 做如下变换。

将第 $k-1$ 列的第 i 个元素消成 0:$t_i=a_{i,k-1}/a_{k,k-1}$,$0\Rightarrow a_{i,k-1}$

第 i 行中的其他元素做相应的消元变换:$a_{ij}-t_i a_{kj}\Rightarrow a_{ij}$,$j=k,\cdots,n$

第 i 列中的其他元素也做相应的变换:$a_{jk}+t_i a_{ij}\Rightarrow a_{jk}$,$j=1,2,\cdots,n$

上述相似变换过程可以表示成

$$\boldsymbol{A}_k=\boldsymbol{N}_k^{-1}\boldsymbol{I}_{km}\boldsymbol{A}_{k-1}\boldsymbol{I}_{km}\boldsymbol{N}_k,\quad k=2,\cdots,n-1$$

其中 $\boldsymbol{A}_1=\boldsymbol{A}$;$\boldsymbol{I}_{km}$ 是初等置换矩阵(表示第 k 和第 m 行或列的交换);$\boldsymbol{N}_k$ 是一个初等矩阵,即

$$(\boldsymbol{N}_k)_{ij}=\begin{cases}t_i, & i=k+1,\cdots,n;j=k\\ \delta_{ij}, & \text{其他}\end{cases}$$

【函数语句与形参说明】

```
void hhbg(double a[],int n)
```

形参与函数类型	参 数 意 义
double a[n][n]	存放一般实矩阵 **A**。返回上 H 矩阵
int n	矩阵的阶数
void hhbg()	过程

【函数程序】

```
//约化一般实矩阵为上 H 矩阵.cpp
#include <cmath>
#include <iostream>
using namespace std;
//a[n][n]      一般实矩阵。返回上 H 矩阵
void hhbg(double a[],int n)
{
    int i,j,k,u,v;
    double d,t;
    for (k=1; k<=n-2; k++)
    {
        d=0.0;
        for (j=k; j<=n-1; j++)
        {
            u=j*n+k-1; t=a[u];
            if (fabs(t)>fabs(d))  { d=t; i=j;}
        }
        if (fabs(d)+1.0!=1.0)
        {
            if (i!=k)
            {
```

```
                for (j=k-1; j<=n-1; j++)
                {
                    u=i*n+j; v=k*n+j;
                    t=a[u]; a[u]=a[v]; a[v]=t;
                }
                for (j=0; j<=n-1; j++)
                {
                    u=j*n+i; v=j*n+k;
                    t=a[u]; a[u]=a[v]; a[v]=t;
                }
            }
            for (i=k+1; i<=n-1; i++)
            {
                u=i*n+k-1; t=a[u]/d; a[u]=0.0;
                for (j=k; j<=n-1; j++)
                {
                    v=i*n+j;   a[v]=a[v]-t*a[k*n+j];
                }
                for (j=0; j<=n-1; j++)
                {
                    v=j*n+k;  a[v]=a[v]+t*a[j*n+i];
                }
            }
        }
    }
    return;
}
```

【例】 用初等相似变换将下列 5 阶矩阵约化为上 H 矩阵：

$$\boldsymbol{A}=\begin{bmatrix} 1 & 6 & -3 & -1 & 7 \\ 8 & -15 & 18 & 5 & 4 \\ -2 & 11 & 9 & 15 & 20 \\ -13 & 2 & 21 & 30 & -6 \\ 17 & 22 & -5 & 3 & 6 \end{bmatrix}$$

主函数程序如下：

```
#include <cmath>
#include <iostream>
#include "约化一般实矩阵为上 H 矩阵.cpp"
using namespace std;
int main()
{
    int i,j;
    double a[5][5]={ {1.0,6.0,-3.0,-1.0,7.0},
    {8.0,-15.0,18.0,5.0,4.0},
```

```
        {-2.0,11.0,9.0,15.0,20.0},
        {-13.0,2.0,21.0,30.0,-6.0},
        {17.0,22.0,-5.0,3.0,6.0}};
        cout <<"原矩阵 A:\n";
        for (i=0; i<=4; i++)
        {
            for (j=0; j<=4; j++)  cout <<a[i][j] <<"    ";
            cout <<endl;;
        }
        hhbg(&a[0][0],5);
        cout <<"上 H 矩阵 A:\n";
        for (i=0; i<=4; i++)
        {
            for (j=0; j<=4; j++)  cout <<a[i][j] <<"    ";
            cout <<endl;;
        }
        return 0;
    }
```

运行结果为

```
原矩阵 A:
1     6     -3     -1     7
8     -15    18     5     4
-2     11     9     15     20
-13     2     21     30     -6
17     22     -5     3     6
上H矩阵 A:
1     10.9412     6.18567     8.26783     -3
17     14.6471     24.873     25.7797     -5
0     -19.2699     35.0096     5.8391     17.1765
0     0     -61.3733     -45.5544     6.18675
0     0     0     -22.8526     25.8977
```

3.4 求赫申伯格矩阵全部特征值的 QR 方法

【功能】

用带原点位移的双重步 QR 方法计算实上 H 矩阵的全部特征值。

【方法说明】

设上 H 矩阵 $\boldsymbol{A}$ 为不可约的,通过一系列双重步 QR 变换,使上 H 矩阵变为对角线块全部是一阶块或二阶块,进而从中解出全部特征值。

双重步 QR 变换的步骤可以归纳如下。

(1) 确定一个初等正交对称矩阵 $\boldsymbol{Q}_0$,对 $\boldsymbol{A}$ 做相似变换:

$$\boldsymbol{A}_1 = \boldsymbol{Q}_0 \boldsymbol{A} \boldsymbol{Q}_0$$

由于 $\boldsymbol{Q}_0$ 为正交对称矩阵,因此有 $\boldsymbol{Q}_0^{-1}=\boldsymbol{Q}_0$。

确定 $\boldsymbol{Q}_0$ 的具体方法如下。

从矩阵 $\boldsymbol{A}$ 的右下角二阶子矩阵

$$\begin{bmatrix} a_{n-1,n-1} & a_{n-1,n} \\ a_{n,n-1} & a_{nn} \end{bmatrix}$$

中解出两个特征值 μ_1 和 μ_2。若令 $\alpha=\mu_1+\mu_2$，$\beta=\mu_1\mu_2$，则有

$$\begin{cases} \alpha = a_{n-1,n-1} + a_{nn} \\ \beta = a_{n-1,n-1}a_{nn} - a_{n-1,n}a_{n,n-1} \end{cases}$$

由于 $\boldsymbol{A}$ 是上 H 矩阵，可以验证矩阵 $\boldsymbol{\phi}_2(\boldsymbol{A})=\boldsymbol{A}^2-\alpha\boldsymbol{A}+\boldsymbol{\beta I}$ 的第 1 列只有前 3 个元素非零，即矩阵的第 1 列为

$$\boldsymbol{V}_0 = (p_0, q_0, r_0, 0, \cdots, 0)^{\mathrm{T}}$$

其中 p_0，q_0，r_0 的计算公式如下：

$$\begin{cases} p_0 = a_{11}(a_{11}-\alpha) + a_{12}a_{21} + \beta \\ q_0 = a_{21}(a_{11}+a_{22}-\alpha) \\ r_0 = a_{21}a_{32} \end{cases}$$

现在要构造一个正交对称矩阵 $\boldsymbol{Q}_0$，使 $\boldsymbol{V}_0$ 经线性变换 $\boldsymbol{Q}_0\boldsymbol{V}_0$ 后能够消去其中的元素 q_0 和 r_0。可以验证，如下形式的 $\boldsymbol{Q}_0$ 可以满足这个要求：

$$\boldsymbol{Q}_0 = \begin{bmatrix} \boldsymbol{Q}_0^{(0)} & 0 \\ 0 & \boldsymbol{I}_{n-3} \end{bmatrix}$$

其中 $\boldsymbol{Q}_0^{(0)}$ 为 3×3 阶的矩阵，即

$$\boldsymbol{Q}_0^{(0)} = \begin{bmatrix} -\dfrac{p_0}{s_0} & -\dfrac{q_0}{s_0} & -\dfrac{r_0}{s_0} \\ -\dfrac{q_0}{s_0} & \dfrac{p_0}{s_0}+\dfrac{r_0^2}{s_0(p_0+s_0)} & -\dfrac{q_0r_0}{s_0(p_0+s_0)} \\ -\dfrac{r_0}{s_0} & -\dfrac{q_0r_0}{s_0(p_0+s_0)} & \dfrac{p_0}{s_0}+\dfrac{q_0^2}{s_0(p_0+s_0)} \end{bmatrix}$$

其中 $s_0=\mathrm{sgn}(p_0)\sqrt{p_0^2+q_0^2+r_0^2}$。

最后，用 $\boldsymbol{Q}_0$ 对上 H 矩阵 $\boldsymbol{A}$ 做相似变换，其结果为如下形式：

$$\boldsymbol{A}_1 = \boldsymbol{Q}_0\boldsymbol{A}\boldsymbol{Q}_0 = \begin{bmatrix} * & * & * & * & \cdots & * \\ p_1 & * & * & * & \cdots & * \\ \bar{q}_1 & * & * & * & \cdots & * \\ \bar{r}_1 & \bar{*} & * & * & \cdots & * \\ & & & \ddots & \ddots & \vdots \\ & 0 & & & * & * \end{bmatrix}$$

其中有上画线的为次对角线以下新增加的 3 个非零元素。

(2) 利用同样的方法，依次构造正交(且是对称的)矩阵 $\boldsymbol{Q}_1,\boldsymbol{Q}_2,\cdots,\boldsymbol{Q}_{n-2}$，分别用它们对 $\boldsymbol{A}_1,\boldsymbol{A}_2,\cdots,\boldsymbol{A}_{n-2}$ 做相似变换：

$$\boldsymbol{A}_{i+1} = \boldsymbol{Q}_i\boldsymbol{A}_i\boldsymbol{Q}_i, \quad i=1,2,\cdots,n-2$$

最后得到上 H 矩阵

$$\boldsymbol{A}_{n-1} = \boldsymbol{Q}_{n-2}\boldsymbol{A}_{n-2}\boldsymbol{Q}_{n-2}$$

在这个过程中，一般有

$$
\boldsymbol{A}_i = \begin{bmatrix}
* & * & * & \cdots & * & * & * & * & \cdots & * \\
* & * & * & \cdots & * & * & * & * & \cdots & * \\
 & * & * & \cdots & * & * & * & * & \cdots & * \\
 & & \ddots & \ddots & \vdots & \vdots & \vdots & \vdots & & \vdots \\
 & & & * & * & * & * & * & \cdots & * \\
 & & & & p_i & * & * & * & \cdots & * \\
 & & & & q_i & * & * & * & \cdots & * \\
 & & & & r_i & * & * & * & \cdots & * \\
 & & & & & & & \ddots & \ddots & \vdots \\
 & & & & & & & & * & *
\end{bmatrix}
$$

若令它的第 i 列为 $\boldsymbol{V}_i$，即

$$\boldsymbol{V}_i = (*,*,\cdots,*,p_i,q_i,r_i,0,\cdots,0)^{\mathrm{T}}$$

则需要构造的正交对称矩阵 $\boldsymbol{Q}_i$ 应使 $\boldsymbol{V}_i$ 经线性变换 $\boldsymbol{Q}_i\boldsymbol{V}_i$ 后能够消去其中的元素 q_i 和 r_i。可以验证，如下形式的 $\boldsymbol{Q}_i$ 可以满足这个要求：

$$
\boldsymbol{Q}_i = \begin{bmatrix}
\boldsymbol{I}_i & 0 & 0 \\
0 & \boldsymbol{Q}_i^{(0)} & 0 \\
0 & 0 & \boldsymbol{I}_{n-i-3}
\end{bmatrix}
$$

其中 $\boldsymbol{Q}_i^{(0)}$ 为 3×3 阶的矩阵，即

$$
\boldsymbol{Q}_i^{(0)} = \begin{bmatrix}
-\dfrac{p_i}{s_i} & -\dfrac{q_i}{s_i} & -\dfrac{r_i}{s_i} \\
-\dfrac{q_i}{s_i} & \dfrac{p_i}{s_i}+\dfrac{r_i^2}{s_i(p_i+s_i)} & -\dfrac{q_i r_i}{s_i(p_i+s_i)} \\
-\dfrac{r_i}{s_i} & -\dfrac{q_i r_i}{s_i(p_i+s_i)} & \dfrac{p_i}{s_i}+\dfrac{q_i^2}{s_i(p_i+s_i)}
\end{bmatrix}
$$

其中 $s_i=\mathrm{sgn}(p_i)\sqrt{p_i^2+q_i^2+r_i^2}$，$p_i,q_i,r_i(i=0,1,\cdots,n-2)$ 可以从相应的 $\boldsymbol{A}_i$ 的第 i 列中取得，即

$$p_i = a_{i+1,i}^{(i)},\quad q_i = a_{i+2,i}^{(i)},\quad r_i = a_{i+3,i}^{(i)}$$

当 $i=n-2$ 时，有

$$p_{n-2} = a_{n-1,n-2}^{(n-2)},q_{n-2} = a_{n-1,n-2}^{(n-2)},r_{n-2} = 0$$

反复进行以上各步操作，直到将上 H 矩阵变为对角块全部是一阶块或二阶块为止，此时就可以直接从各对角块中解出全部特征值。在实际计算过程中，总是将矩阵分割成各不可约的上 H 矩阵，这样可以逐步降低主子矩阵的阶数，减少计算工作量。

QR 方法是一种迭代的方法。在迭代过程中，如果次对角线元素的模小到一定程度，就可以把它们当作零看待。但要给出一个非常合适的准则是很困难的，通常采用的判别准则有

$$|a_{k,k-1}| \leqslant \varepsilon\min\{|a_{k-1,k-1}|,|a_{kk}|\}$$

或

$$|a_{k,k-1}| \leqslant \varepsilon(|a_{k-1,k-1}|+|a_{kk}|)$$

或

$$|a_{k,k-1}| \leqslant \varepsilon \|A\|$$

其中 ε 为控制精度。

本函数与 3.3 节中的函数 hhbg()联用，可以计算一般实矩阵的全部特征值。

【函数语句与形参说明】

```
int hhqr(double a[],int n,double u[],double v[],double eps)
```

形参与函数类型	参数意义
double　a[n][n]	存放上 H 矩阵 **A**
int　n	上 H 矩阵 **A** 的阶数
double　u[n]	返回 n 个特征值的实部
double　v[n]	返回 n 个特征值的虚部
double　eps	控制精度要求
int　hhqr()	若在计算某个特征值时迭代超过 100 次，则返回 0 标志值；否则返回非 0 标志值

【函数程序】

```
//求上 H 矩阵特征值的 QR 方法.cpp
#include <cmath>
#include <iostream>
using namespace std;
//a[n][n]       上 H 矩阵
//u[n]          返回 n 个特征值的实部
//v[n]          返回 n 个特征值的虚部
//eps           控制精度要求
//若在计算某个特征值时迭代超过 100 次，则返回 0 标志值；否则返回非 0 标志值
int hhqr(double a[],int n,double u[],double v[],double eps)
{
    int jt=100;              //最大迭代次数。程序工作失败时可修改该值再试一试
    int m,it,i,j,k,l,ii,jj,kk,ll;
    double b,c,w,g,xy,p,q,r,x,s,e,f,z,y;
    it=0; m=n;
    while (m!=0)
    {
        l=m-1;
        while ((l>0)&&(fabs(a[l*n+l-1])>eps*
               (fabs(a[(l-1)*n+l-1])+fabs(a[l*n+l])))) l=l-1;
        ii=(m-1)*n+m-1; jj=(m-1)*n+m-2;
        kk=(m-2)*n+m-1; ll=(m-2)*n+m-2;
        if (l==m-1)
        {
```

```
        u[m-1]=a[(m-1)*n+m-1]; v[m-1]=0.0;
        m=m-1; it=0;
    }
    else if (l==m-2)
    {
        b=-(a[ii]+a[ll]);
        c=a[ii]*a[ll]-a[jj]*a[kk];
        w=b*b-4.0*c;
        y=sqrt(fabs(w));
        if (w>0.0)      //计算两个实特征值
        {
            xy=1.0;
            if (b<0.0) xy=-1.0;
            u[m-1]=(-b-xy*y)/2.0;
            u[m-2]=c/u[m-1];
            v[m-1]=0.0; v[m-2]=0.0;
        }
        else            //计算复特征值
        {
            u[m-1]=-b/2.0; u[m-2]=u[m-1];
            v[m-1]=y/2.0; v[m-2]=-v[m-1];
        }
        m=m-2; it=0;
    }
    else
    {
        if (it>=jt)    //超过最大迭代次数
        { cout <<"超过最大迭代次数!\n"; return 0; }
        it=it+1;
        for (j=l+2; j<=m-1; j++) a[j*n+j-2]=0.0;
        for (j=l+3; j<=m-1; j++) a[j*n+j-3]=0.0;
        for (k=l; k<=m-2; k++)
        {
            if (k!=l)
            {
                p=a[k*n+k-1]; q=a[(k+1)*n+k-1];
                r=0.0;
                if (k!=m-2) r=a[(k+2)*n+k-1];
            }
            else
            {
                x=a[ii]+a[ll];
                y=a[ll]*a[ii]-a[kk]*a[jj];
                ii=l*n+l; jj=l*n+l+1;
```

```
        kk=(l+1)*n+l; ll=(l+1)*n+l+1;
        p=a[ii]*(a[ii]-x)+a[jj]*a[kk]+y;
        q=a[kk]*(a[ii]+a[ll]-x);
        r=a[kk]*a[(l+2)*n+l+1];
    }
    if ((fabs(p)+fabs(q)+fabs(r))!=0.0)
    {
        xy=1.0;
        if (p<0.0) xy=-1.0;
        s=xy*sqrt(p*p+q*q+r*r);
        if (k!=l) a[k*n+k-1]=-s;
        e=-q/s; f=-r/s; x=-p/s;
        y=-x-f*r/(p+s);
        g=e*r/(p+s);
        z=-x-e*q/(p+s);
        for (j=k; j<=m-1; j++)
        {
            ii=k*n+j; jj=(k+1)*n+j;
            p=x*a[ii]+e*a[jj];
            q=e*a[ii]+y*a[jj];
            r=f*a[ii]+g*a[jj];
            if (k!=m-2)
            {
                kk=(k+2)*n+j;
                p=p+f*a[kk];
                q=q+g*a[kk];
                r=r+z*a[kk]; a[kk]=r;
            }
            a[jj]=q; a[ii]=p;
        }
        j=k+3;
        if (j>=m-1) j=m-1;
        for (i=l; i<=j; i++)
        {
            ii=i*n+k; jj=i*n+k+1;
            p=x*a[ii]+e*a[jj];
            q=e*a[ii]+y*a[jj];
            r=f*a[ii]+g*a[jj];
            if (k!=m-2)
            {
                kk=i*n+k+2;
                p=p+f*a[kk];
                q=q+g*a[kk];
                r=r+z*a[kk]; a[kk]=r;
```

```
                        }
                        a[jj]=q; a[ii]=p;
                    }
                }
            }
        }
    }
    return 1;
}
```

【例】 与3.3节中的函数hhbg()联用，计算下列5阶矩阵的全部特征值：

$$A=\begin{bmatrix} 1 & 6 & -3 & -1 & 7 \\ 8 & -15 & 18 & 5 & 4 \\ -2 & 11 & 9 & 15 & 20 \\ -13 & 2 & 21 & 30 & -6 \\ 17 & 22 & -5 & 3 & 6 \end{bmatrix}$$

控制精度要求为$\varepsilon=0.000\,001$。

主函数程序如下：

```
#include <cmath>
#include <iostream>
#include "约化一般实矩阵为上 H 矩阵.cpp"
#include "求上 H 矩阵特征值的 QR 方法.cpp"
using namespace std;
int main()
{
    int i,j;
    double eps=0.000001;
    double u[5],v[5];
    double a[5][5]={ {1.0,6.0,-3.0,-1.0,7.0},
     {8.0,-15.0,18.0,5.0,4.0},
    {-2.0,11.0,9.0,15.0,20.0},
     {-13.0,2.0,21.0,30.0,-6.0},
    {17.0,22.0,-5.0,3.0,6.0}};
    cout <<"原矩阵 A:\n";
    for (i=0; i<=4; i++)
    {
        for (j=0; j<=4; j++)  cout <<a[i][j] <<"    ";
        cout <<endl;
    }
    hhbg(&a[0][0],5);                        //约化一般实矩阵为上 H 矩阵
    cout <<"上 H 矩阵 A:\n";
    for (i=0; i<=4; i++)
    {
```

```
        for (j=0; j<=4; j++)  cout <<a[i][j] <<"    ";
        cout <<endl;
    }
    i=hhqr(&a[0][0],5,u,v,eps);            //求上 H 矩阵特征值
    if (i==0)  return 0;
    cout <<"矩阵 A 的特征值:" <<endl;
    for (i=0; i<=4; i++)
    {
        cout <<u[i] ;
        if (v[i]!=0)  cout<<" +J" <<v[i];
        cout <<endl;
    }
    return 0;
}
```

运行结果为

```
原矩阵 A:
1    6    -3    -1    7
8    -15    18    5    4
-2    11    9    15    20
-13    2    21    30    -6
17    22    -5    3    6
上H矩阵 A:
1    10.9412    6.18567    8.26783    -3
17    14.6471    24.873    25.7797    -5
0    -19.2699    35.0096    5.8391    17.1765
0    0    -61.3733    -45.5544    6.18675
0    0    0    -22.8526    25.8977
矩阵A的特征值:
-0.661716
42.961
-15.3396 +J-6.75566
-15.3396 +J6.75566
19.38
```

3.5 求实对称矩阵特征值与特征向量的雅可比法

【功能】

用雅可比(Jacobi)方法求实对称矩阵的全部特征值与相应的特征向量。

【方法说明】

雅可比方法的基本思想如下：对于任意的一个实对称矩阵 $\boldsymbol{A}$，只要能够求得一个正交矩阵 $\boldsymbol{U}$，使得 $\boldsymbol{U}^{\mathrm{T}}\boldsymbol{A}\boldsymbol{U}$ 成为一个对角矩阵 $\boldsymbol{D}$，则可得到 $\boldsymbol{A}$ 的所有特征值和对应的特征向量。

基于这个思想，可以用一系列的初等正交变换逐步消去 $\boldsymbol{A}$ 的非对角线元素，从而最后使矩阵 $\boldsymbol{A}$ 对角化。

设初等正交矩阵为 $\boldsymbol{R}(p,q,\theta)$，其中 $p\neq q$。则显然有

$$\boldsymbol{R}(p,q,\theta)^{\mathrm{T}}\boldsymbol{R}(p,q,\theta)=\boldsymbol{I}_n$$

其中

$$
\boldsymbol{R}(p,q,\theta)=\begin{array}{c} \\ \\ \\ \\ p \\ \\ \\ q \\ \\ \\ \\ \end{array}\left[\begin{array}{ccccccccccc}
 & & & p & & & & q & & & \\
1 & \cdots & 0 & 0 & 0 & \cdots & 0 & 0 & 0 & \cdots & 0 \\
\vdots & \ddots & \vdots & \vdots & \vdots & & \vdots & \vdots & \vdots & & \vdots \\
0 & \cdots & 1 & 0 & 0 & \cdots & 0 & 0 & 0 & \cdots & 0 \\
0 & \cdots & 0 & \cos\theta & 0 & \cdots & 0 & -\sin\theta & 0 & \cdots & 0 \\
0 & \cdots & 0 & 0 & 1 & \cdots & 0 & 0 & 0 & \cdots & 0 \\
\vdots & & \vdots & \vdots & \vdots & \ddots & \vdots & \vdots & \vdots & & \vdots \\
0 & \cdots & 0 & 0 & 0 & \cdots & 1 & 0 & 0 & \cdots & 0 \\
0 & \cdots & 0 & \sin\theta & 0 & \cdots & 0 & \cos\theta & 0 & \cdots & 0 \\
0 & \cdots & 0 & 0 & 0 & \cdots & 0 & 0 & 1 & \cdots & 0 \\
\vdots & & \vdots & \vdots & \vdots & & \vdots & \vdots & \vdots & \ddots & \vdots \\
0 & \cdots & 0 & 0 & 0 & \cdots & 0 & 0 & 0 & \cdots & 1
\end{array}\right]
$$

现在考虑矩阵

$$\boldsymbol{B}=\boldsymbol{R}(p,q,\theta)^{\mathrm{T}}\boldsymbol{A}\boldsymbol{R}(p,q,\theta)$$

其中 $\boldsymbol{A}$ 为对称矩阵。可以得到矩阵 $\boldsymbol{B}$ 的元素与矩阵 $\boldsymbol{A}$ 的元素之间的关系，即有

$$
\begin{cases}
b_{pp}=a_{pp}\cos^2\theta+a_{qq}\sin^2\theta+a_{pq}\sin2\theta \\
b_{qq}=a_{pp}\sin^2\theta+a_{qq}\cos^2\theta-a_{pq}\sin2\theta \\
b_{pq}=\dfrac{1}{2}(a_{qq}-a_{pp})\sin2\theta+a_{pq}\cos2\theta \\
b_{qp}=b_{pq}
\end{cases}
$$

及

$$
\begin{cases}
b_{pj}=a_{pj}\cos\theta+a_{qj}\sin\theta \\
b_{qj}=-a_{pj}\sin\theta+a_{qj}\cos\theta \\
b_{ip}=a_{ip}\cos\theta+a_{iq}\sin\theta \\
b_{iq}=-a_{ip}\sin\theta+a_{iq}\cos\theta \\
b_{ij}=a_{ij}
\end{cases}
$$

其中 $i,j=1,2,\cdots,n;i,j\neq p,q$。

因为 $\boldsymbol{A}$ 为对称矩阵，$\boldsymbol{R}(p,q,\theta)$ 为正交矩阵，所以矩阵 $\boldsymbol{B}$ 也为对称矩阵。若要求矩阵 $\boldsymbol{B}$ 的元素 $b_{pq}=0$，则只需令

$$\frac{1}{2}(a_{qq}-a_{pp})\sin2\theta+a_{pq}\cos2\theta=0$$

即

$$\tan2\theta=\frac{-a_{pq}}{(a_{qq}-a_{pp})/2}$$

考虑到在实际应用时，并不需要解出 θ，而只需要求出 $\sin2\theta$，$\sin\theta$ 与 $\cos\theta$ 就可以了。因此，令

$$
\begin{cases}
m=-a_{pq} \\
n=\dfrac{1}{2}(a_{qq}-a_{pp}) \\
\omega=\operatorname{sgn}(n)\dfrac{m}{\sqrt{m^2+n^2}}
\end{cases}
$$

则可以得到

$$\sin 2\theta = \omega$$

$$\sin\theta = \frac{\omega}{\sqrt{2(1+\sqrt{1-\omega^2})}}$$

$$\cos\theta = \sqrt{1-\sin^2\theta}$$

最后将 $\sin 2\theta$,$\sin\theta$ 与 $\cos\theta$ 代入,就可以得到矩阵 $\boldsymbol{B}$ 的各元素。

由上面的式子,还可以得到如下等式

$$\begin{cases} b_{ip}^2 + b_{iq}^2 = a_{ip}^2 + a_{iq}^2 \\ b_{pj}^2 + b_{qj}^2 = a_{pj}^2 + a_{qj}^2 \\ b_{pp}^2 + b_{qq}^2 = a_{pp}^2 + a_{qq}^2 + 2a_{pq}^2 \end{cases}$$

其中 $i,j\neq p,q$。由此可以得到矩阵 $\boldsymbol{B}$ 的非对角线元素的平方之和

$$\sum_{\substack{i,j=1\\ i\neq j}}^{n} b_{ij}^2 = \sum_{\substack{i,j=1\\ i\neq j}}^{n} a_{ij}^2 - 2a_{pq}^2$$

以及矩阵 $\boldsymbol{B}$ 的对角线元素的平方之和

$$\sum_{i=1}^{n} b_{ii}^2 = \sum_{i=1}^{n} a_{ii}^2 + 2a_{pq}^2$$

由此可以看出,对称矩阵 $\boldsymbol{A}$ 经过变换(该变换称为旋转变换)后,就将选定的非对角线元素(一般选绝对值最大的)消去了,且其对角线元素的平方之和增加了 $2a_{pq}^2$,而非对角线元素的平方之和减少了 $2a_{pq}^2$,矩阵总的元素平方之和不变。但经过这样的变换之后,非对角线上的其他零元素就往往不再是零了。总之,每经过一次旋转变换,其矩阵的非对角线元素的平方之和总是"向零接近了一步",通过反复选取主元素 a_{pq},并做旋转变换,就可以逐步将矩阵 $\boldsymbol{A}$ 变为对角矩阵。实际上,作为一个迭代过程,只要满足一定的精度要求就可以了。

综上所述,雅可比方法计算对称矩阵 $\boldsymbol{A}$ 的特征值的步骤如下。

(1) $\boldsymbol{I}_0 \Rightarrow \boldsymbol{V}$。

(2) 选取非对角线元素中绝对值最大者 a_{pq}。若 $|a_{pq}|<\varepsilon$,则输出 $a_{ii}(i=1,2,\cdots,n)$(即特征值 λ_i)和 $\boldsymbol{S}$(第 i 列为与 λ_i 对应的特征向量);否则继续做下一步。

(3) 按下列公式计算 $\sin 2\theta$,$\sin\theta$ 与 $\cos\theta$:

$$\begin{cases} m = -a_{pq} \\ n = \dfrac{1}{2}(a_{qq}-a_{pp}) \\ \omega = \operatorname{sgn}(n)\dfrac{m}{\sqrt{m^2+n^2}} \end{cases}$$

$$\sin 2\theta = \omega$$

$$\sin\theta = \frac{\omega}{\sqrt{2(1+\sqrt{1-\omega^2})}}$$

$$\cos\theta = \sqrt{1-\sin^2\theta}$$

（4）按下列公式计算矩阵 **A** 的新元素：

$$\begin{cases} a'_{pp} = a_{pp}\cos^2\theta + a_{qq}\sin^2\theta + a_{pq}\sin 2\theta \\ a'_{qq} = a_{pp}\sin^2\theta + a_{qq}\cos^2\theta - a_{pq}\sin 2\theta \\ a'_{pq} = \dfrac{1}{2}(a_{qq} - a_{pp})\sin 2\theta + a_{pq}\cos 2\theta \\ a'_{qp} = a'_{pq} \end{cases}$$

$$\begin{cases} a'_{pj} = a_{pj}\cos\theta + a_{qj}\sin\theta \\ a'_{qj} = -a_{pj}\sin\theta + a_{qj}\cos\theta \\ a'_{ip} = a_{ip}\cos\theta + a_{iq}\sin\theta \qquad i,j = 1,2,\cdots,n;i,j \neq p,q。 \\ a'_{iq} = -a_{ip}\sin\theta + a_{iq}\cos\theta \\ a'_{ij} = a_{ij} \end{cases}$$

（5）$\boldsymbol{VR}(p,q,\theta)\Rightarrow\boldsymbol{V}$。转第(2)步。

按雅可比方法每迭代一次，对称矩阵 **A** 的非对角线元素的平方之和就“向零接近一步”。而在每一次迭代时，其旋转变换矩阵 $\boldsymbol{R}(p,q,\theta)$ 为正交矩阵，即当进行到第 m 次迭代时

$$\boldsymbol{V}_m = \boldsymbol{R}_0\boldsymbol{R}_1\cdots\boldsymbol{R}_m$$

也为正交矩阵。因此

$$\boldsymbol{A}_m = \boldsymbol{V}_m^{\mathrm{T}}\boldsymbol{A}\boldsymbol{V}_m$$

与 **A** 具有相同的特征值。由此说明了在一定条件下，从这个迭代过程可得

$$\lim_{m\to\infty}\boldsymbol{A}_m = \begin{bmatrix} \lambda_1 & 0 & \cdots & 0 \\ 0 & \lambda_2 & \cdots & 0 \\ \vdots & \vdots & \ddots & \vdots \\ 0 & 0 & \cdots & \lambda_n \end{bmatrix}$$

与

$$\lim_{m\to\infty}\boldsymbol{V}_m = \boldsymbol{U}$$

其中 $\lambda_i(i=1,2,\cdots,n)$ 为对称矩阵 **A** 的特征值，且 **U** 的第 i 列为与 λ_i 对应的特征向量。

【函数语句与形参说明】

```
int jcbi(double a[],int n,double v[],double eps)
```

形参与函数类型	参数意义
double a[n][n]	存放 n 阶实对称矩阵 **A**。返回时对角线上存放 n 个特征值
int n	实对称矩阵 **A** 的阶数
double v[n][n]	返回特征向量。其中第 j 列为与第 j 个特征值对应的特征向量
double eps	控制精度要求
int jcbi()	若矩阵不对称，则显示错误信息，且返回 0 标志值；否则返回迭代次数。本程序最多迭代 200 次

【函数程序】

```
//jacobi 法.cpp
#include <cmath>
#include <iostream>
using namespace std;
//a[n][n]        实对称矩阵 A。对角线元素返回特征值
//v[n][n]        返回特征向量
//eps            控制精度要求
//若矩阵不对称,则显示错误信息,且返回 0 标志值;否则返回迭代次数
//本程序最多迭代 200 次
int jacobi(double a[],int n,double v[],double eps)
{
    int i,j,p,q,u,w,t,s,count;
    double fm,cn,sn,omega,x,y,d;
    for (i=0; i<n; i++)
        for (j=i+1; j<n; j++)
            if (a[i*n+j]!=a[j*n+i])
            {
                cout <<"矩阵不对称!" <<endl;  return 0;
            }
    for (i=0; i<=n-1; i++)
    {
        v[i*n+i]=1.0;
        for (j=0; j<=n-1; j++)
          if (i!=j) v[i*n+j]=0.0;
    }
    count=1;
    while (count<=200)
    {
        fm=0.0;
        for (i=1; i<=n-1; i++)
        for (j=0; j<=i-1; j++)
        {
            d=fabs(a[i*n+j]);
            if ((i!=j)&&(d>fm))  { fm=d; p=i; q=j;}
        }
        if (fm<eps)   return(count);
        count=count+1;
        u=p*n+q; w=p*n+p; t=q*n+p; s=q*n+q;
        x=-a[u]; y=(a[s]-a[w])/2.0;
        omega=x/sqrt(x*x+y*y);
        if (y<0.0) omega=-omega;
        sn=1.0+sqrt(1.0-omega*omega);
        sn=omega/sqrt(2.0*sn);
```

```
        cn=sqrt(1.0-sn*sn);
        fm=a[w];
        a[w]=fm*cn*cn+a[s]*sn*sn+a[u]*omega;
        a[s]=fm*sn*sn+a[s]*cn*cn-a[u]*omega;
        a[u]=0.0; a[t]=0.0;
        for (j=0; j<=n-1; j++)
        if ((j!=p)&&(j!=q))
        {
            u=p*n+j; w=q*n+j;
            fm=a[u];
            a[u]=fm*cn+a[w]*sn;
            a[w]=-fm*sn+a[w]*cn;
        }
        for (i=0; i<=n-1; i++)
        if ((i!=p)&&(i!=q))
        {
            u=i*n+p; w=i*n+q;
            fm=a[u];
            a[u]=fm*cn+a[w]*sn;
            a[w]=-fm*sn+a[w]*cn;
        }
        for (i=0; i<=n-1; i++)
        {
            u=i*n+p; w=i*n+q;
            fm=v[u];
            v[u]=fm*cn+v[w]*sn;
            v[w]=-fm*sn+v[w]*cn;
        }
    }
    return(count);
}
```

【例】 用雅可比方法计算下列3阶实对称矩阵的全部特征值与相应的特征向量：

$$\boldsymbol{A}=\begin{bmatrix}2 & -1 & 0\\ -1 & 2 & -1\\ 0 & -1 & 2\end{bmatrix}$$

控制精度要求为ε=0.000 001。

主函数程序如下：

```
#include <cmath>
#include <iostream>
#include "jacobi法.cpp"
using namespace std;
int main()
{
```

```
    int i,j;
    double eps, v[3][3];
    double a[3][3]={ {2.0,-1.0,0.0},
    {-1.0,2.0,-1.0},
    {0.0,-1.0,2.0}};
    eps=0.000001;
    i=jacobi(&a[0][0],3,&v[0][0],eps);
    cout <<"迭代次数=" <<i <<endl;
    if (i>0)
    {
        cout <<"特征值:" <<endl;
        for (i=0; i<=2; i++)  cout <<a[i][i] <<"    ";
        cout <<endl;
        cout <<"特征向量:" <<endl;
        for (i=0; i<=2; i++)
        {
            for (j=0; j<=2; j++)  cout <<v[i][j] <<"    ";
            cout <<endl;
        }
    }
    return 0;
}
```

运行结果为

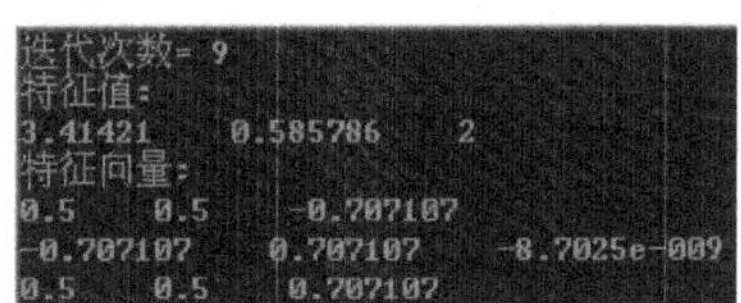

本问题的准确结果如下：

特征值

$$\lambda_0 = 2+\sqrt{2}, \quad \lambda_1 = 2-\sqrt{2}, \quad \lambda_2 = 2.0$$

特征向量

$$\mathbf{V}_0 = \begin{bmatrix} 0.5 \\ -\sqrt{2}/2 \\ 0.5 \end{bmatrix}, \quad \mathbf{V}_1 = \begin{bmatrix} 0.5 \\ \sqrt{2}/2 \\ 0.5 \end{bmatrix}, \quad \mathbf{V}_2 = \begin{bmatrix} -\sqrt{2}/2 \\ 0 \\ \sqrt{2}/2 \end{bmatrix}$$

3.6 求实对称矩阵特征值与特征向量的雅可比过关法

【功能】

用雅可比过关法求实对称矩阵的全部特征值与相应的特征向量。

【方法说明】

基本方法同3.5节。

在雅可比方法中，每进行一次旋转变换前都需要在非对角线的元素中选取绝对值最大的元素，这是很费时间的。雅可比过关法对此做了改进。

雅可比过关法的具体做法如下。

首先计算对称矩阵A的所有非对角线元素平方之和的平方根，即

$$E=\sqrt{2\sum_{i=1}^{n-1}\sum_{j=i+1}^{n}a_{ij}^2}$$

然后设置第1道关口 $r_1=E/n$，对 $\boldsymbol{A}$ 中非对角线元素进行逐行（或逐列）扫描，分别与 r_1 进行比较。若 $|a_{ij}|<r_1$，则让其过关，否则用旋转变换 $\boldsymbol{R}(i,j,\theta)$ 将 a_{ij} 化成零。

需要指出的是，在某次旋转变换中变为零的元素中，在以后的旋转变换中可能又变为非零元素，因此，要重复进行上述的扫描过程，直到约化到对于所有的非对角线均满足条件

$$|a_{ij}|<r_1,\quad i\neq j$$

为止。

矩阵 $\boldsymbol{A}$ 中所有非对角线元素都过了第1道关口后，再设置第2道关口 $r_2=r_1/n=E/n^2$，对 $\boldsymbol{A}$ 中的非对角线元素再进行逐行（或逐列）扫描，对于不满足条件 $|a_{ij}|<r_2$ 的所有 a_{ij} 用旋转变换 $\boldsymbol{R}(i,j,\theta)$ 将它化成零。直到 $\boldsymbol{A}$ 中所有的非对角线元素都满足条件

$$|a_{ij}|<r_2,\quad i\neq j$$

为止。即 $\boldsymbol{A}$ 中所有的非对角线元素都过了第2道关口。

重复以上过程，经过一系列的关口 $r_1,r_2,\cdots$，直到对于某个关口满足条件

$$r_k=E/n^k\leqslant\varepsilon$$

为止。其中 ε 为预先给定的控制精度要求。

【函数语句与形参说明】

```
int jcbj(double a[],int n,double v[],double eps)
```

形参与函数类型	参数意义
double a[n][n]	存放 n 阶实对称矩阵 $\boldsymbol{A}$。返回时对角线上存放 n 个特征值
int n	实对称矩阵 $\boldsymbol{A}$ 的阶数
double v[n][n]	返回特征向量。其中第 j 列为与第 j 个特征值对应的特征向量
double eps	控制精度要求
int jcbj()	若矩阵不对称，则显示错误信息，并返回0标志值

【函数程序】

```
//jacobi 过关法.cpp
#include <cmath>
#include <iostream>
```

```
using namespace std;
//a[n][n]       实对称矩阵 A。对角线元素返回特征值
//v[n][n]       返回特征向量
//eps           控制精度要求
//若矩阵不对称,则显示错误信息,并返回 0 标志值
int jcbj(double a[],int n,double v[],double eps)
{
    int i,j,p,q,u,w,t,s;
    double ff,fm,cn,sn,omega,x,y,d;
    for (i=0; i<n; i++)
        for (j=i+1; j<n; j++)
            if (a[i*n+j]!=a[j*n+i])
            {
                cout <<"矩阵不对称!" <<endl;  return 0;
            }
    for (i=0; i<=n-1; i++)     //特征向量初始化
    {
        v[i*n+i]=1.0;
        for (j=0; j<=n-1; j++)
          if (i!=j) v[i*n+j]=0.0;
    }
    ff=0.0;
    for (i=1; i<=n-1; i++)
    for (j=0; j<=i-1; j++)
    {
        d=a[i*n+j]; ff=ff+d*d;
    }
    ff=sqrt(2.0*ff);
    ff=ff/(1.0*n);
    while (ff>=eps)
    {
        d=0.0;
        for (i=1; (i<=n-1)&&(d<=ff); i++)
        for (j=0; (j<=i-1)&&(d<=ff); j++)
        {
            d=fabs(a[i*n+j]);
            p=i; q=j;
        }
        if (d<=ff)  ff=ff/(1.0*n);
        else
        {
            u=p*n+q; w=p*n+p; t=q*n+p; s=q*n+q;
            x=-a[u]; y=(a[s]-a[w])/2.0;
            omega=x/sqrt(x*x+y*y);
            if (y<0.0) omega=-omega;
```

```
                sn=1.0+sqrt(1.0-omega*omega);
                sn=omega/sqrt(2.0*sn);
                cn=sqrt(1.0-sn*sn);
                fm=a[w];
                a[w]=fm*cn*cn+a[s]*sn*sn+a[u]*omega;
                a[s]=fm*sn*sn+a[s]*cn*cn-a[u]*omega;
                a[u]=0.0; a[t]=0.0;
                for (j=0; j<=n-1; j++)
                if ((j!=p)&&(j!=q))
                {
                    u=p*n+j; w=q*n+j;
                    fm=a[u];
                    a[u]=fm*cn+a[w]*sn;
                    a[w]=-fm*sn+a[w]*cn;
                }
                for (i=0; i<=n-1; i++)
                if ((i!=p)&&(i!=q))
                {
                    u=i*n+p; w=i*n+q;
                    fm=a[u];
                    a[u]=fm*cn+a[w]*sn;
                    a[w]=-fm*sn+a[w]*cn;
                }
                for (i=0; i<=n-1; i++)
                {
                    u=i*n+p; w=i*n+q;
                    fm=v[u];
                    v[u]=fm*cn+v[w]*sn;
                    v[w]=-fm*sn+v[w]*cn;
                }
            }
        }
        return 1;
    }
```

【例】 用雅可比过关法计算下列5阶实对称矩阵的全部特征值与相应的特征向量：

$$A = \begin{bmatrix} 10 & 1 & 2 & 3 & 4 \\ 1 & 9 & -1 & 2 & -3 \\ 2 & -1 & 7 & 3 & -5 \\ 3 & 2 & 3 & 12 & -1 \\ 4 & -3 & -5 & -1 & 15 \end{bmatrix}$$

控制精度要求为 $\varepsilon=0.000\,001$。

主函数程序如下：

```
#include <cmath>
```

```
#include <iostream>
#include "jacobi过关法.cpp"
using namespace std;
int main()
{
    int i,j;
    double eps, v[5][5];
    double a[5][5]={ {10.0,1.0,2.0,3.0,4.0},
                     {1.0,9.0,-1.0,2.0,-3.0},
                     {2.0,-1.0,7.0,3.0,-5.0},
                     {3.0,2.0,3.0,12.0,-1.0},
                     {4.0,-3.0,-5.0,-1.0,15.0}};
    eps=0.000001;
    i=jcbj(&a[0][0],5,&v[0][0],eps);
    if (i==0)  return 0;
    cout <<"特征值:"  <<endl;
    for (i=0; i<=4; i++)  cout <<a[i][i] <<"    ";
    cout <<endl;
    cout <<"特征向量:" <<endl;
    for (i=0; i<=4; i++)
    {
        for (j=0; j<=4; j++)  cout <<v[i][j] <<"    ";
        cout <<endl;
    }
    return 0;
}
```

运行结果为

```
特征值:
6.99484     9.36555     1.65527     15.8089     19.1754
特征向量:
0.654083    -0.0521511     -0.387297     0.623702     0.174505
0.199681     0.859964     0.366221     0.159101     -0.247303
0.25651     -0.505575     0.704377     0.227297     -0.361642
-0.660403     -0.000201167     -0.118926     0.692684     -0.264411
-0.17428     0.0462192     0.453423     0.232822     0.841244
```

3.7　乘幂法

【功能】

求一般实矩阵绝对值最大的实特征值及其相应的特征向量。

【方法说明】

假设矩阵特征值的绝对值按从大到小进行排列，且绝对值最大的是实特征值且是单重的，即

$$|\lambda_0|>|\lambda_1|\geqslant|\lambda_2|\geqslant\cdots\geqslant|\lambda_{n-1}|$$

由此可见，求绝对值最大的实特征值问题就是求特征值 λ_0。

为此，首先任意取一个异于0的 n 维初始向量 $\tilde{\boldsymbol{v}}_0$，并假定 $\tilde{\boldsymbol{v}}_0$ 可以唯一地表示为

$$\tilde{\boldsymbol{v}}_0 = \alpha_0 \tilde{\boldsymbol{x}}_0 + \alpha_1 \tilde{\boldsymbol{x}}_1 + \cdots + \alpha_{n-1} \tilde{\boldsymbol{x}}_{n-1}$$

其中 $\tilde{\boldsymbol{x}}_i (i=0,1,\cdots,n-1)$ 为 n 个特征向量。

如果令

$$\tilde{\boldsymbol{v}}_k = \tilde{\boldsymbol{A}}\tilde{\boldsymbol{v}}_{k-1}, \quad k = 0,1,\cdots$$

则有

$$\begin{aligned}\tilde{\boldsymbol{v}}_k &= \tilde{\boldsymbol{A}}\tilde{\boldsymbol{v}}_{k-1} = \tilde{\boldsymbol{A}}^2 \tilde{\boldsymbol{v}}_{k-2} = \cdots = \tilde{\boldsymbol{A}}^k \tilde{\boldsymbol{v}}_0 \\ &= \tilde{\boldsymbol{A}}^k (\alpha_0 \tilde{\boldsymbol{x}}_0 + \alpha_1 \tilde{\boldsymbol{x}}_1 + \cdots + \alpha_{n-1} \tilde{\boldsymbol{x}}_{n-1}) \\ &= \alpha_0 \lambda_0^k \tilde{\boldsymbol{x}}_0 + \alpha_1 \lambda_1^k \tilde{\boldsymbol{x}}_1 + \cdots + \alpha_{n-1} \lambda_{n-1}^k \tilde{\boldsymbol{x}}_{n-1}\end{aligned}$$

对 $\tilde{\boldsymbol{v}}_k$ 进行规格化。即用

$$\tilde{\boldsymbol{u}}_k = \tilde{\boldsymbol{A}}\tilde{\boldsymbol{v}}_{k-1}, \quad k = 0,1,\cdots$$

$$\tilde{\boldsymbol{v}}_k = \frac{\tilde{\boldsymbol{u}}_k}{\| \tilde{\boldsymbol{u}}_k \|_2}$$

来代替 $\tilde{\boldsymbol{v}}_k = \tilde{\boldsymbol{A}}\tilde{\boldsymbol{v}}_{k-1}$。其中 $\| \tilde{\boldsymbol{u}}_k \|_2 = \sqrt{(u_0^{(k)})^2 + \cdots + (u_{n-1}^{(k)})^2}$。显然有

$$\tilde{\boldsymbol{v}}_k = \frac{\tilde{\boldsymbol{A}}^k \tilde{\boldsymbol{v}}_0}{\| \tilde{\boldsymbol{A}}^k \tilde{\boldsymbol{v}}_0 \|_2}$$

从而得到

$$\tilde{\boldsymbol{u}}_{k+1} = \tilde{\boldsymbol{A}}\tilde{\boldsymbol{v}}_k = \frac{\tilde{\boldsymbol{A}}^{k+1} \tilde{\boldsymbol{v}}_0}{\| \tilde{\boldsymbol{A}}^k \tilde{\boldsymbol{v}}_0 \|_2}$$

其中

$$\begin{aligned}\tilde{\boldsymbol{A}}^{k+1} \tilde{\boldsymbol{v}}_0 &= \alpha_0 \lambda_0^{k+1} \tilde{\boldsymbol{x}}_0 + \alpha_1 \lambda_1^{k+1} \tilde{\boldsymbol{x}}_1 + \cdots + \alpha_{n-1} \lambda_{n-1}^{k+1} \tilde{\boldsymbol{x}}_{n-1} \\ &= \lambda_0^{k+1} \left[\alpha_0 \tilde{\boldsymbol{x}}_0 + \alpha_1 \left(\frac{\lambda_1}{\lambda_0}\right)^{k+1} \tilde{\boldsymbol{x}}_1 + \cdots + \alpha_{n-1} \left(\frac{\lambda_{n-1}}{\lambda_0}\right)^{k+1} \tilde{\boldsymbol{x}}_{n-1} \right] \\ \tilde{\boldsymbol{A}}^k \tilde{\boldsymbol{v}}_0 &= \alpha_0 \lambda_0^k \tilde{\boldsymbol{x}}_0 + \alpha_1 \lambda_1^k \tilde{\boldsymbol{x}}_1 + \cdots + \alpha_{n-1} \lambda_{n-1}^k \tilde{\boldsymbol{x}}_{n-1} \\ &= \lambda_0^k \left[\alpha_0 \tilde{\boldsymbol{x}}_0 + \alpha_1 \left(\frac{\lambda_1}{\lambda_0}\right)^k \tilde{\boldsymbol{x}}_1 + \cdots + \alpha_{n-1} \left(\frac{\lambda_{n-1}}{\lambda_0}\right)^k \tilde{\boldsymbol{x}}_{n-1} \right]\end{aligned}$$

由此可以得到

$$\begin{aligned}\tilde{\boldsymbol{u}}_{k+1} &= \frac{\tilde{\boldsymbol{A}}^{k+1} \tilde{\boldsymbol{v}}_0}{\| \tilde{\boldsymbol{A}}^k \tilde{\boldsymbol{v}}_0 \|_2} \\ &= \frac{\lambda_0^{k+1} \left[\alpha_0 \tilde{\boldsymbol{x}}_0 + \alpha_1 \left(\frac{\lambda_1}{\lambda_0}\right)^{k+1} \tilde{\boldsymbol{x}}_1 + \cdots + \alpha_{n-1} \left(\frac{\lambda_{n-1}}{\lambda_0}\right)^{k+1} \tilde{\boldsymbol{x}}_{n-1} \right]}{| \lambda_0 |^k \left\| \alpha_0 \tilde{\boldsymbol{x}}_0 + \alpha_1 \left(\frac{\lambda_1}{\lambda_0}\right)^k \tilde{\boldsymbol{x}}_1 + \cdots + \alpha_{n-1} \left(\frac{\lambda_{n-1}}{\lambda_0}\right)^k \tilde{\boldsymbol{x}}_{n-1} \right\|_2} \\ &\xrightarrow{k \to \infty} \frac{\lambda_0^{k+1}}{| \lambda_0 |^k} \frac{\alpha_0 \tilde{\boldsymbol{x}}_0}{| \alpha_0 \| \, | \tilde{\boldsymbol{x}}_0 \|_2}\end{aligned}$$

即

$$\lim_{k \to \infty} \tilde{\boldsymbol{u}}_{k+1} = \frac{\lambda_0^{k+1}}{| \lambda_0 |^k} \frac{\alpha_0}{| \alpha_0 |} \frac{\tilde{\boldsymbol{x}}_0}{\| \tilde{\boldsymbol{x}}_0 \|_2}$$

当 k 足够大时，有

$$|\lambda_0| \approx \|\tilde{\boldsymbol{u}}_{k+1}\|_2$$

并且，$\tilde{\boldsymbol{u}}_{k+1}$ 或 $\tilde{\boldsymbol{v}}_{k+1}$ 就可以作为与 λ_0 对应的特征向量的近似。同时还可以看出，在迭代过程中，当 $\tilde{\boldsymbol{v}}_{k+1}$ 和 $\tilde{\boldsymbol{v}}_k$ 中第一个非零分量为同号时，则 $\lambda_0>0$，即 $\lambda_0=\|\tilde{\boldsymbol{u}}_{k+1}\|_2$；否则 $\lambda_0<0$，即 $\lambda_0=-\|\tilde{\boldsymbol{u}}_{k+1}\|_2$。

综上所述，可以得出求 n 阶实矩阵 $\tilde{\boldsymbol{A}}$ 的绝对值最大的实特征值与相应的特征向量的迭代过程如下。

取 n 维异于 0 的初始向量

$$\tilde{\boldsymbol{v}}_0 = (x_0^{(0)}, x_1^{(0)}, \cdots, x_{n-1}^{(0)})^{\mathrm{T}}$$

对于 $k=0,1,\cdots$ 做如下迭代：

$$\tilde{\boldsymbol{u}}_k = \tilde{\boldsymbol{A}}\tilde{\boldsymbol{v}}_{k-1}$$

$$\tilde{\boldsymbol{v}}_k = \frac{\tilde{\boldsymbol{u}}_k}{\|\tilde{\boldsymbol{u}}_k\|_2}$$

直到 $|\|\tilde{\boldsymbol{u}}_k\|_2-\|\tilde{\boldsymbol{u}}_{k-1}\|_2|<\varepsilon$ 为止。此时的 $\tilde{\boldsymbol{v}}_k$ 就取为绝对值最大的实特征值 λ_0 所对应的特征向量 $\tilde{\boldsymbol{x}}_0$。并且，当 $\tilde{\boldsymbol{v}}_{k-1}$ 和 $\tilde{\boldsymbol{v}}_k$ 中第一个非零分量为同号时，$\lambda_0=\|\tilde{\boldsymbol{u}}_k\|_2$；否则 $\lambda_0=-\|\tilde{\boldsymbol{u}}_k\|_2$。

另外，根据逆矩阵的基本概念，如果矩阵 $\tilde{\boldsymbol{A}}$ 的特征值为 $\lambda_0,\lambda_1,\cdots,\lambda_{n-1}$，则 $\tilde{\boldsymbol{A}}^{-1}$ 的特征值为 $1/\lambda_0,1/\lambda_1,\cdots,1/\lambda_{n-1}$，因此，用乘幂法也可以求绝对值最小的实特征值及其相应的特征向量。

【函数语句与形参说明】

```
double power(int n, double a[], double eps, double v[])
```

形参与函数类型	参数意义
int n	矩阵阶数
double a[n][n]	实矩阵
double eps	控制精度要求
double v[n]	特征向量
double power()	函数返回绝对值最大的实特征值。在本函数程序返回时将显示迭代次数。本程序最多迭代 1000 次。若迭代次数达到 1000 次，则说明绝对值（模）最大的是某个复特征值，程序失败

【函数程序】

```
//乘幂法.cpp
#include <cmath>
#include <iostream>
using namespace std;
//a[n][n]        实矩阵
//eps            控制精度要求
//v[n]           特征向量
```

```
//函数返回绝对值最大的特征值
//在本函数程序返回时将显示迭代次数。本程序最多迭代 1000 次
double power(int n, double a[], double eps, double v[])
{
    int i, j, k, flag =1, iteration;
    double  lambda, sum, * u, z, err, t, d, f;
    u =new double[n];
    iteration =0;
    do
      {
          iteration++;
          for (i=0; i<n; i++)        //计算 u=Av
          {
              sum =0.0;
              for (j=0; j<n; j++)
              { sum =sum +a[i * n+j] * v[j]; }
              u[i] =sum;
          }
          d =0.0;                      //计算向量的范数
          for (k=0; k<n; k++)  d =d+u[k] * u[k];
          d =sqrt(d);
          for (i=0; i<n; i++)
          { v[i] =u[i]/d; }
          if (iteration >1)
          {
              err =fabs((d -t)/d);
              f =1;
              if (v[0] * z <0 )  f =-1;
              if (err <eps) { flag =0; }
          }
          if (flag ==1)
          {
              t =d;  z =v[0];
          }
          if (iteration >=1000) flag =0;
      } while (flag ==1);
      lambda =f * d;
      cout <<"迭代次数 =" <<iteration <<endl;
      delete[] u;
      return(lambda);
    }
```

【例】 计算下列矩阵绝对值最大的特征值：

$$(1)\ \tilde{\boldsymbol{A}}_1=\begin{bmatrix}0 & 1 & 1.5\\ -5 & -0.5 & 1\\ -1 & 2 & 3.5\end{bmatrix},\qquad (2)\ \tilde{\boldsymbol{A}}_2=\begin{bmatrix}-5 & 1 & 5\\ 1 & 0 & 0\\ 0 & 1 & 0\end{bmatrix}$$

主函数程序如下：

```
#include <cmath>
#include <iostream>
#include "乘幂法.cpp"
using namespace std;
int main()
  {
    int i;
    double a1[3][3] ={{0,1,1.5},{-5,-0.5,1},{-1,2,3.5}};
    double a2[3][3] ={{-5,1,5},{1,0,0},{0,1,0}};
    double v[3] ={0,0,1};
    double lambda;
    lambda =power(3, &a1[0][0], 0.0000001, v);
    cout <<"绝对值最大的特征值 lambda1 =" <<lambda <<endl;
    for (i=0; i<3; i++)
          cout <<"v(" <<i <<")=" <<v[i] <<endl;
    cout <<endl;
    lambda =power(3, &a2[0][0], 0.000000001, v);
    cout <<"绝对值最大的特征值 lambda2 =" <<lambda <<endl;
    for (i=0; i<3; i++)
          cout <<"v(" <<i <<")=" <<v[i] <<endl;
    return 0;
  }
```

运行结果为

```
迭代次数 = 38
绝对值最大的特征值 lambda1 = 1.5
v(0)= 0.371391
v(1)= -0.557086
v(2)= 0.742781

迭代次数 = 15
绝对值最大的特征值 lambda2 = -5
v(0)= 0.979827
v(1)= -0.195965
v(2)= 0.0391931
```

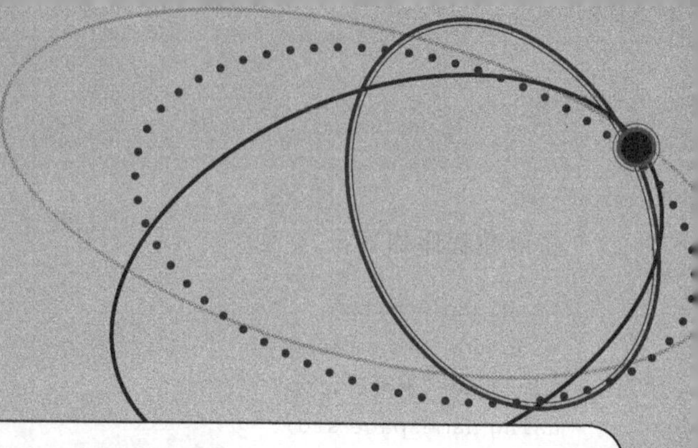

第4章 线性代数方程组

4.1 求解方程组的全选主元高斯消去法

【功能】

用全选主元高斯消去法求解 n 阶线性代数方程组 $\boldsymbol{AX}=\boldsymbol{B}$。其中

$$\boldsymbol{A}=\begin{bmatrix} a_{00} & a_{01} & \cdots & a_{0,n-1} \\ a_{10} & a_{11} & \cdots & a_{1,n-1} \\ \vdots & \vdots & \ddots & \vdots \\ a_{n-1,0} & a_{n-1,1} & \cdots & a_{n-1,n-1} \end{bmatrix},\quad \boldsymbol{X}=\begin{bmatrix} x_0 \\ x_1 \\ \vdots \\ x_{n-1} \end{bmatrix},\quad \boldsymbol{B}=\begin{bmatrix} b_0 \\ b_1 \\ \vdots \\ b_{n-1} \end{bmatrix}$$

【方法说明】

全选主元高斯消去法求解线性代数方程组的步骤如下。

(1) 对于 k 从 0 到 $n-2$ 做以下运算：

全选主元 $\max\limits_{k\leqslant i,j\leqslant n-1}\{|a_{ij}|\}$

通过行交换和列交换将绝对值最大的元素交换到主元素位置上。

系数矩阵归一化

$$a_{kj}/a_{kk}\Rightarrow a_{kj},\quad j=k+1,\cdots,n-1$$

常数向量归一化

$$b_k/a_{kk}\Rightarrow b_k$$

系数矩阵消元

$$a_{ij}-a_{ik}a_{kj}\Rightarrow a_{ij},\quad i=k+1,\cdots,n-1;j=k+1,\cdots,n-1$$

常数向量消元

$$b_i-a_{ik}b_k\Rightarrow b_i,\quad i=k+1,\cdots,n-1$$

(2) 进行回代。

解出 x_{n-1}

$$b_{n-1}/a_{n-1,n-1}\Rightarrow x_{n-1}$$

回代逐个解出 $x_{n-1},\cdots,x_1,x_0$。即

$$b_k-\sum_{j=k+1}^{n-1}a_{kj}x_j\Rightarrow x_k,\quad k=n-2,\cdots,1,0$$

(3) 恢复解向量，即对解向量中的元素顺序进行调整。

本函数对于实系数与复系数方程组均适用。

【函数语句与形参说明】

```
template <class T>                          //模板声明 T 为类型参数
int gauss(T *a, T *b, int n)
```

形参与函数类型	参数意义
T a[n][n]	系数矩阵存储空间首地址。返回时被破坏
T b[n]	常数向量存储空间首地址。返回解向量。若系数矩阵奇异，则返回 0 向量
int n	方程组阶数
int gauss()	若系数矩阵奇异，则程序显示错误信息，函数返回 0 标志值

【函数程序】

```
//gauss消去法.cpp
#include "复数运算类.h"
#include <cmath>
#include <iostream>
using namespace std;
double init(double p)                                //实数初始化
{   p =0.0; return(p); }
complex init(complex p)                              //复数初始化
{   p =complex(0.0, 0.0);   return(p); }
double ffabs(double p)                               //计算实数的绝对值
{
    double q;
    q =fabs(p);
    return(q);
}
double ffabs(complex p)                              //计算复数的模
{
    double q;
    q =p.cfabs();
    return(q);
}
//a[n][n]    系数矩阵。返回时被破坏
//b[n]       常数向量，返回解向量。若系数矩阵奇异，则返回 0 向量
//n          方程组阶数
template <class T>                                   //模板声明 T 为类型参数
//若系数矩阵奇异，则程序显示错误信息，函数返回 0 标志值
int gauss(T *a, T *b, int n)
{
```

```
    int *js,k,i,j,is,p,q;
    double d,t;
    T s;
    js=new int[n];
    for (k=0;k<=n-2;k++)                           //消元过程
    {
        d=0.0;                                      //全选主元
        for (i=k;i<=n-1;i++)
        for (j=k;j<=n-1;j++)
        {
            t=ffabs(a[i*n+j]);
            if (t>d) { d=t; js[k]=j; is=i;}
        }
        if (d+1.0==1.0)                             //系数矩阵奇异,求解失败
        {
            for (i=0; i<n; i++)  b[i] =init(s);
            cout <<"系数矩阵奇异,求解失败!\n";
            delete[]js;
            return 0;
        }
        if (js[k]!=k)                               //列交换
        {
            for (i=0;i<=n-1;i++)
            {
                p=i*n+k; q=i*n+js[k];
                s=a[p]; a[p]=a[q]; a[q]=s;
            }
        }
        if (is!=k)                                  //行交换
        {
            for (j=k;j<=n-1;j++)
            {
                p=k*n+j; q=is*n+j;
                s=a[p]; a[p]=a[q]; a[q]=s;
            }
            s=b[k]; b[k]=b[is]; b[is]=s;
        }
        s=a[k*n+k];
        for (j=k+1;j<=n-1;j++)                      //归一化
        {
            p=k*n+j; a[p]=a[p]/s;
        }
        b[k]=b[k]/s;
        for (i=k+1;i<=n-1;i++)                      //消元
        {
```

```
            for (j=k+1;j<=n-1;j++)
            {
                p=i * n+j;
                a[p]=a[p]-a[i * n+k] * a[k * n+j];
            }
            b[i]=b[i]-a[i * n+k] * b[k];
        }
    }
    s=a[(n-1) * n+n-1];
    if (ffabs(s)+1.0==1.0)                    //系数矩阵奇异,求解失败
    {
        for (i=0; i<n; i++)  b[i] =init(s);
        cout <<"系数矩阵奇异,求解失败!\n";
        delete[] js;
        return 0;
    }
    b[n-1]=b[n-1]/s;                          //回代过程
    for (i=n-2;i>=0;i--)
    {
        s=init(s);
        for (j=i+1;j<=n-1;j++)  s=s+a[i * n+j] * b[j];
        b[i]=b[i]-s;
    }
    js[n-1]=n-1;
    for (k=n-1;k>=0;k--)                      //恢复
    if (js[k]!=k)
    {
        s=b[k]; b[k]=b[js[k]]; b[js[k]]=s;
    }
    delete[] js;
    return 1;
}
```

【例】

1. 求解下列 4 阶方程组：

$$\begin{cases}0.2368x_0+0.2471x_1+0.2568x_2+1.2671x_3=1.8471\\0.1968x_0+0.2071x_1+1.2168x_2+0.2271x_3=1.7471\\0.1581x_0+1.1675x_1+0.1768x_2+0.1871x_3=1.6471\\1.1161x_0+0.1254x_1+0.1397x_2+0.1490x_3=1.5471\end{cases}$$

主函数程序如下：

```
#include <iostream>
#include "gauss消去法.cpp"
using namespace std;
int main()
```

```
{
    int i,j;
    double x[4],p[4][4];
    double a[4][4]=
        { {0.2368,0.2471,0.2568,1.2671},
          {0.1968,0.2071,1.2168,0.2271},
          {0.1581,1.1675,0.1768,0.1871},
          {1.1161,0.1254,0.1397,0.1490} };
    double b[4]={1.8471,1.7471,1.6471,1.5471};
    for (i=0; i<4; i++)
    {
        for (j=0; j<4; j++)  p[i][j]=a[i][j];
        x[i]=b[i];
    }
    i=gauss(&p[0][0],x,4);
    if (i!=0)
        for (i=0;i<4;i++)
          cout <<"x(" <<i <<")=" <<x[i] <<endl;
    return 0;
}
```

运行结果为

```
x(0)=1.04058
x(1)=0.987051
x(2)=0.93504
x(3)=0.881282
```

2. 求解下列4阶复系数方程组 $\boldsymbol{AX}=\boldsymbol{B}$。其中

$$\boldsymbol{A} = \mathbf{AR} + \mathrm{j}\mathbf{AI}, \quad \boldsymbol{B} = \mathbf{BR} + \mathrm{j}\mathbf{BI}$$

$$\mathbf{AR} = \begin{bmatrix} 1 & 3 & 2 & 13 \\ 7 & 2 & 1 & -2 \\ 9 & 15 & 3 & -2 \\ 2 & -2 & 11 & 5 \end{bmatrix}, \quad \mathbf{AI} = \begin{bmatrix} 3 & -2 & 1 & 6 \\ -2 & 7 & 5 & 8 \\ 9 & -3 & 15 & 1 \\ -2 & -2 & 7 & 6 \end{bmatrix},$$

$$\mathbf{BR} = \begin{bmatrix} 2 \\ 7 \\ 3 \\ 9 \end{bmatrix}, \quad \mathbf{BI} = \begin{bmatrix} 1 \\ 2 \\ -2 \\ 3 \end{bmatrix}$$

主函数程序如下：

```
#include <iostream>
#include "gauss消去法.cpp"
using namespace std;
int main()
{
    int i, j;
    complex x[4],p[4][4];
```

```
    complex a[4][4]={
        {complex(1.0,3.0),complex(3.0,-2.0),complex(2.0,1.0),
                                           complex(13.0,6.0)},
        {complex(7.0,-2.0),complex(2.0,7.0),complex(1.0,5.0),
                                           complex(-2.0,8.0)},
        {complex(9.0,9.0),complex(15.0,-3.0),complex(3.0,15.0),
                                           complex(-2.0,1.0)},
        {complex(-2.0,-2.0),complex(-2.0,-2.0),complex(11.0,7.0),
                                           complex(5.0,6.0)}};
    complex b[4]={complex(2.0,1.0),complex(7.0,2.0),
                  complex(3.0,-2.0),complex(9.0,3.0)};
    for (i=0; i<4; i++)
    {
        for (j=0; j<4; j++)  p[i][j]=a[i][j];
        x[i]=b[i];
    }
    i=gauss(&p[0][0],x,4);
    if (i!=0)
    for (i=0;i<=3;i++)
    {
        cout <<"x(" <<i <<") =" ;x[i].prt(); cout <<endl;
    }
    return 0;
}
```

运行结果为

```
x(0) = (0.0678233, 0.0707823)
x(1) = (-0.162341, -0.761294)
x(2) = (0.598524, -0.437131)
x(3) = (0.246456, 0.113996)
```

4.2 求解方程组的全选主元高斯-约当消去法

【功能】

用全选主元高斯-约当(Gauss-Jordan)消去法求解 n 阶线性代数方程组 $\boldsymbol{AX}=\boldsymbol{B}$。其中

$$\boldsymbol{A}=\begin{bmatrix} a_{00} & a_{01} & \cdots & a_{0,n-1} \\ a_{10} & a_{11} & \cdots & a_{1,n-1} \\ \vdots & \vdots & \ddots & \vdots \\ a_{n-1,0} & a_{n-1,1} & \cdots & a_{n-1,n-1} \end{bmatrix},\quad \boldsymbol{X}=\begin{bmatrix} x_0 \\ x_1 \\ \vdots \\ x_{n-1} \end{bmatrix},\quad \boldsymbol{B}=\begin{bmatrix} b_0 \\ b_1 \\ \vdots \\ b_{n-1} \end{bmatrix}$$

【方法说明】

全选主元高斯-约当消去法求解线性代数方程组的步骤如下。

(1) 对于 k 从 0 到 $n-1$ 做以下运算：

全选主元 $\max\limits_{k\leqslant i,j\leqslant n-1}\{|a_{ij}|\}$

通过行交换和列交换将绝对值最大的元素交换到主元素位置上。

系数矩阵归一化

$$a_{kj}/a_{kk}\Rightarrow a_{kj},\quad j=k+1,\cdots,n-1$$

常数向量归一化

$$b_i/a_{kk}\Rightarrow b_i,\quad i=0,1,\cdots,m-1$$

系数矩阵消元

$$a_{ij}-a_{ik}a_{kj}\Rightarrow a_{ij},\quad i=0,\cdots,k-1,k+1,\cdots,n-1;j=k+1,\cdots,n-1$$

常数向量消元

$$b_i-a_{ik}b_k\Rightarrow b_i,\quad i=0,\cdots,k-1,k+1,\cdots,n-1$$

(2) 恢复解向量，即对解向量中的元素顺序进行调整。

本函数对于实系数与复系数方程组均适用。

【函数语句与形参说明】

```
template <class T>            //模板声明 T 为类型参数
int gauss_jordan(T *a, T *b, int n)
```

形参与函数类型	参数意义
T a[n][n]	系数矩阵存储空间首地址。返回时被破坏
T b[n]	常数向量存储空间首地址。返回解向量。若系数矩阵奇异，则返回0向量
int n	方程组阶数
int gauss_jordan ()	若系数矩阵奇异，则程序显示错误信息，函数返回0标志值

【函数程序】

```
//gauss_jordan 消去法.cpp
#include "复数运算类.h"
#include <cmath>
#include <iostream>
using namespace std;
double init(double p)                                    //实数初始化
{   p =0.0; return(p); }
complex init(complex p)                                  //复数初始化
{   p =complex(0.0, 0.0);  return(p); }
double ffabs(double p)                                   //计算实数的绝对值
{
    double q;
    q =fabs(p);
    return(q);
}
double ffabs(complex p)                                  //计算复数的模
```

```
{
    double q;
    q =p.cfabs();
    return(q);
}
//a[n][n]   系数矩阵。返回时被破坏
//b[n]      常数向量,返回解向量。若系数矩阵奇异,则返回 0 向量
//n         方程组阶数
template <class T>                          //模板声明 T 为类型参数
//若系数矩阵奇异,则程序显示错误信息,并返回 0 标志值;否则返回非 0 标志值
int gauss_jordan(T * a, T * b, int n)
{
    int * js,k,i,j,is,p,q;
    double d,t;
    T  s;
    js=new int[n];
    for (k=0;k<=n-1;k++)                    //消去过程
    {
        d=0.0;                              //全选主元
        for (i=k;i<=n-1;i++)
        for (j=k;j<=n-1;j++)
        {
            t=ffabs(a[i * n+j]);
            if (t>d) { d=t; js[k]=j; is=i;}


        }
        if (d+1.0==1.0)                     //系数矩阵奇异,求解失败
        {
            cout <<"系数矩阵奇异,求解失败!\n";
            for (i=0; i<n; i++)  b[i]=init(s);
            delete[]js;
            return 0;
        }
        if (js[k]!=k)                       //列交换
        {
            for (i=0;i<=n-1;i++)
            {
                p=i * n+k; q=i * n+js[k];
                s=a[p]; a[p]=a[q]; a[q]=s;
            }
        }
        if (is!=k)                          //行交换
        {
            for (j=k;j<=n-1;j++)
            {
```

```
                p=k*n+j; q=is*n+j;
                s=a[p]; a[p]=a[q]; a[q]=s;
            }
            s=b[k]; b[k]=b[is]; b[is]=s;
        }
        s=a[k*n+k];
        for (j=k+1;j<=n-1;j++)                    //归一化
        {
            p=k*n+j; a[p]=a[p]/s;
        }
        b[k]=b[k]/s;
        for (i=0;i<=n-1;i++)                      //消元
        {
            if (i!=k)
            {
                for (j=k+1;j<=n-1;j++)
                {
                    p=i*n+j;
                    a[p]=a[p]-a[i*n+k]*a[k*n+j];
                }
                b[i]=b[i]-a[i*n+k]*b[k];
            }
        }
    }
    for (k=n-1;k>=0;k--)                          //恢复
    if (js[k]!=k)
    {
        s=b[k]; b[k]=b[js[k]]; b[js[k]]=s;
    }
    delete[] js;
    return 1;
}
```

【例】

1. 求解下列4阶方程组：

$$\begin{cases}0.2368x_0+0.2471x_1+0.2568x_2+1.2671x_3=1.8471\\0.1968x_0+0.2071x_1+1.2168x_2+0.2271x_3=1.7471\\0.1581x_0+1.1675x_1+0.1768x_2+0.1871x_3=1.6471\\1.1161x_0+0.1254x_1+0.1397x_2+0.1490x_3=1.5471\end{cases}$$

主函数程序如下：

```
#include <iostream>
#include "gauss_jordan消去法.cpp"
using namespace std;
int main()
```

```
{
    int i,j;
    double x[4],p[4][4];
    double a[4][4]=
         { {0.2368,0.2471,0.2568,1.2671},
           {0.1968,0.2071,1.2168,0.2271},
           {0.1581,1.1675,0.1768,0.1871},
           {1.1161,0.1254,0.1397,0.1490} };
    double b[4]={1.8471,1.7471,1.6471,1.5471};
    for (i=0; i<4; i++)
    {
        for (j=0; j<4; j++)  p[i][j]=a[i][j];
        x[i]=b[i];
    }
    i=gauss_jordan(&p[0][0],x,4);
    if (i!=0)
    for (i=0;i<4;i++)
      cout <<"x(" <<i <<")=" <<x[i] <<endl;
    return 0;
}
```

运行结果为

```
x(0)=1.04058
x(1)=0.987051
x(2)=0.93504
x(3)=0.881282
```

2. 求解下列 4 阶复系数方程组 $\boldsymbol{AX}=\boldsymbol{B}$。其中 $\boldsymbol{A}=\mathbf{AR}+\mathrm{j}\mathbf{AI}$，$\boldsymbol{B}=\mathbf{BR}+\mathrm{j}\mathbf{BI}$。

$$\mathbf{AR}=\begin{bmatrix}1 & 3 & 2 & 13\\ 7 & 2 & 1 & -2\\ 9 & 15 & 3 & -2\\ -2 & -2 & 11 & 5\end{bmatrix},\quad \mathbf{AI}=\begin{bmatrix}3 & -2 & 1 & 6\\ -2 & 7 & 5 & 8\\ 9 & -3 & 15 & 1\\ -2 & -2 & 7 & 6\end{bmatrix},$$

$$\mathbf{BR}=\begin{bmatrix}2\\ 7\\ 3\\ 9\end{bmatrix},\quad \mathbf{BI}=\begin{bmatrix}1\\ 2\\ -2\\ 3\end{bmatrix}$$

主函数程序如下：

```
#include <iostream>
#include "gauss_jordan消去法.cpp"
using namespace std;
int main()
{
    int i, j;
    complex x[4],p[4][4];
```

```
    complex a[4][4]={
        {complex(1.0,3.0),complex(3.0,-2.0),complex(2.0,1.0),
                                    complex(13.0,6.0)},
        {complex(7.0,-2.0),complex(2.0,7.0),complex(1.0,5.0),
                                    complex(-2.0,8.0)},
        {complex(9.0,9.0),complex(15.0,-3.0),complex(3.0,15.0),
                                    complex(-2.0,1.0)},
        {complex(-2.0,-2.0),complex(-2.0,-2.0),complex(11.0,7.0),
                                    complex(5.0,6.0)}};
    complex b[4]={complex(2.0,1.0),complex(7.0,2.0),
                  complex(3.0,-2.0),complex(9.0,3.0)};
    for (i=0; i<4; i++)
    {
        for (j=0; j<4; j++)  p[i][j]=a[i][j];
        x[i]=b[i];
    }
    i=gauss_jordan(&p[0][0],x,4);
    if (i!=0)
    for (i=0;i<=3;i++)
    {
        cout <<"x(" <<i <<") =" ;x[i].prt(); cout <<endl;
    }
    return 0;
}
```

运行结果为

```
x(0) = (0.0678233, 0.0707823)
x(1) = (-0.162341, -0.761294)
x(2) = (0.598524, -0.437131)
x(3) = (0.246456, 0.113996)
```

4.3 求解三对角线方程组的追赶法

【功能】

用追赶法求解 n 阶三对角线方程组 $\boldsymbol{AX}=\boldsymbol{D}$。其中

$$\boldsymbol{A}=\begin{bmatrix} a_{00} & a_{01} & & & & 0 \\ a_{10} & a_{11} & a_{12} & & & \\ & a_{21} & a_{22} & a_{23} & & \\ & & \ddots & \ddots & \ddots & \\ & & & a_{n-2,n-3} & a_{n-2,n-2} & a_{n-2,n-1} \\ 0 & & & & a_{n-1,n-2} & a_{n-1,n-1} \end{bmatrix},\quad \boldsymbol{X}=\begin{bmatrix} x_0 \\ x_1 \\ x_2 \\ \vdots \\ x_{n-2} \\ x_{n-1} \end{bmatrix},\quad \boldsymbol{D}=\begin{bmatrix} d_0 \\ d_1 \\ d_2 \\ \vdots \\ d_{n-2} \\ d_{n-1} \end{bmatrix}$$

【方法说明】

追赶法的本质是没有选主元的高斯消去法，只是在计算过程中考虑了三对角线矩阵的

特点，对于绝大部分的零元素不再做处理。求解三对角线方程组的步骤如下。

(1) 对于 k 从 0 到 $n-2$ 做以下运算：

系数矩阵归一化

$$a_{k,k+1}/a_{kk} \Rightarrow a_{k,k+1}$$

常数向量归一化

$$d_k/a_{kk} \Rightarrow d_k$$

系数矩阵消元

$$a_{k+1,k+1} - a_{k+1,k}a_{k,k+1} \Rightarrow a_{k+1,k+1}$$

常数向量消元

$$d_{k+1} - a_{k+1,k}d_k \Rightarrow d_{k+1}$$

(2) 进行回代。

解出 x_{n-1}

$$d_{n-1}/a_{n-1,n-1} \Rightarrow x_{n-1}$$

回代逐个解出 $x_{n-2},\cdots,x_1,x_0$。即

$$d_k - a_{k,k+1}x_{k+1} \Rightarrow x_k, \quad k = n-2,\cdots,1,0$$

另外，考虑到在三对角线矩阵中，除了三条对角线上的元素为非零以外，其他所有的元素均为零。为了节省存储空间，可以只存储三条对角线上的元素，并且用一个长度为 $3n-2$ 的一维数组 $B(0:3n-3)$ 按行(称为以行为主)来存放三对角矩阵 $\boldsymbol{A}$ 中的三条对角线上的元素。在用一维数组 $\boldsymbol{B}$ 以行为主存放三对角线矩阵 $\boldsymbol{A}$ 中三对角线上的元素后，对于 $\boldsymbol{A}$ 中任意一个元素 $\boldsymbol{A}(i,j)$ 有

$$\boldsymbol{A}(i,j) = \begin{cases} B[2i+j], & i-1 \leqslant j \leqslant i+1 \\ 0 \end{cases}$$

其中三对角线上的元素 $\boldsymbol{A}(i,j)$ 与一维数组 $\boldsymbol{B}$ 中的元素 $\boldsymbol{B}[2i+j]$ 对应。

为此，在用追赶法求解三对角线方程组时，为了节省存储空间，将三对角线矩阵(系数矩阵)用一个长度为 $3n-2$ 的一维数组 $\boldsymbol{B}(1:3n-2)$ 以行为主存储。

三对角线矩阵经压缩存储后，追赶法的计算过程如下。

(1) 对于 k 从 0 到 $n-2$ 做以下运算：

系数矩阵归一化

$$\boldsymbol{B}(3k+1)/\boldsymbol{B}(3k) \Rightarrow \boldsymbol{B}(3k+1)$$

常数向量归一化

$$d_k/\boldsymbol{B}(3k) \Rightarrow d_k$$

系数矩阵消元

$$\boldsymbol{B}(3k+3) - \boldsymbol{B}(3k+2)\boldsymbol{B}(3k+1) \Rightarrow \boldsymbol{B}(3k+3)$$

常数向量消元

$$d_{k+1} - \boldsymbol{B}(3k+2)d_k \Rightarrow d_{k+1}$$

(2) 进行回代

解出 x_{n-1}

$$d_{n-1}/\boldsymbol{B}(3n-3) \Rightarrow d_{n-1}$$

回代逐个解出 $x_{n-2},\cdots,x_1,x_0$。即

$$d_k - \boldsymbol{B}(3k+1)d_{k+1} \Rightarrow d_k, \quad k = n-2, \cdots, 1, 0$$

在上述计算过程中，将解向量存放在原来的常数向量 $\boldsymbol{D}$ 中。

由于追赶法本质上是没有选主元的高斯消去法，因此，只有当三对角线矩阵满足下列条件：

$$\begin{aligned} &|a_{00}| > |a_{01}| \\ &|a_{kk}| \geqslant |a_{k,k-1}| + |a_{k,k+1}|, \quad k = 1, 2, \cdots, n-2 \\ &|a_{n-1,n-1}| > |a_{n-1,n-2}| \end{aligned}$$

时，追赶法的计算过程才不会出现中间结果数量级的巨大增长和舍入误差的严重积累。

【函数语句与形参说明】

```
int trde(double b[], int n, int m, double d[])
```

形参与函数类型	参数意义
double b[m]	以行为主存放三对角线矩阵中三条对角线上的元素
int n	方程组的阶数
int m	三对角线矩阵三条对角线上的元素个数。$m=3n-2$
double d[n]	存放方程组右端的常数向量。返回方程组的解向量
int trde()	函数返回标志值。若返回的标志值小于0，则表示m的值不正确；若返回的标志值等于0，则表示程序工作失败；若返回的标志值大于0，则表示正常返回

【函数程序】

```
//三对角线方程组的追赶法.cpp
#include <iostream>
#include <cmath>
using namespace  std;
//b[m]     以行为主存放三对角线矩阵中三条对角线上的元素
//n        方程组的阶数
//m        三对角线矩阵三条对角线的元素个数。m=3n-2
//d[n]     存放方程组右端的常数向量。返回方程组的解向量
//函数返回标志值。若值小于0则表示m的值不对；若值等于0则表示失败；若值大于0则表示正常
int trde(double b[], int n, int m, double d[])
{
    int k,j;
    double s;
    if (m!=(3*n-2))   return -2;
    for (k=0;k<=n-2;k++)
    {
        j=3*k; s=b[j];
        if (fabs(s)+1.0==1.0)   return 0;
        b[j+1]=b[j+1]/s;
        d[k]=d[k]/s;
        b[j+3]=b[j+3]-b[j+2]*b[j+1];
```

```
        d[k+1]=d[k+1]-b[j+2]*d[k];
    }
    s=b[3*n-3];
    if (fabs(s)+1.0==1.0)  return 0;
    d[n-1]=d[n-1]/s;
    for (k=n-2;k>=0;k--)  d[k]=d[k]-b[3*k+1]*d[k+1];
    return(2);
}
```

【例】 求解下列 5 阶三对角线方程组

$$\begin{bmatrix} 13 & 12 & & & \\ 11 & 10 & 9 & & \\ & 8 & 7 & 6 & \\ & & 5 & 4 & 3 \\ & & & 2 & 1 \end{bmatrix} \begin{bmatrix} x_0 \\ x_1 \\ x_2 \\ x_3 \\ x_4 \end{bmatrix} = \begin{bmatrix} 3 \\ 0 \\ -2 \\ 6 \\ 8 \end{bmatrix}$$

其中 $n=5, m=13, \boldsymbol{b}=(13,12,11,10,9,8,7,6,5,4,3,2,1)$。

主函数程序如下：

```
#include <iostream>
#include <cmath>
#include "三对角线方程组的追赶法.cpp"
using namespace  std;
int main()
{
    int i;
    double b[13]={13.0,12.0,11.0,10.0,9.0,8.0,7.0,
                  6.0,5.0,4.0,3.0,2.0,1.0};
    double d[5]={3.0,0.0,-2.0,6.0,8.0};
    if (trde(b,5,13,d)>0)
    for (i=0;i<=4;i++)
      cout <<"x(" <<i <<") =" <<d[i] <<endl;
    return 0;
}
```

运行结果为

```
x(0) = 5.71837
x(1) = -5.9449
x(2) = -0.383673
x(3) = 8.04082
x(4) = -8.08163
```

4.4 求解一般带型方程组

【功能】

用列选主元高斯消去法求解右端具有 m 组常数向量的 n 阶一般带型方程组 $\boldsymbol{AX}=\boldsymbol{D}$。

其中 $\boldsymbol{A}$ 为 n 阶带型矩阵，其元素满足

$$a_{ij}\begin{cases}\neq 0, & i-h\leqslant j\leqslant i+h\\ =0 & \text{其他}\end{cases}$$

即

$$\boldsymbol{A}=\begin{bmatrix} a_{00} & \cdots & a_{0,h} & \ddots & & & \\ \vdots & \ddots & \vdots & \ddots & & 0 & \\ a_{h0} & \cdots & a_{hh} & \cdots & a_{h,2h} & & \\ & \ddots & & \ddots & & \ddots & \\ & & a_{n-h-1,n-2h-1} & \cdots & a_{n-h-1,n-h-1} & \cdots & a_{n-h-1,n-1} \\ & 0 & & \ddots & \vdots & \ddots & \vdots \\ & & & & a_{n-1,n-h-1} & \cdots & a_{n-1,n-1} \end{bmatrix}$$

h 称为半带宽，$2h+1$ 称为带宽。

$$\boldsymbol{D}=\begin{bmatrix} d_{00} & \cdots & d_{0,m-1} \\ d_{10} & \cdots & d_{1,m-1} \\ \vdots & \ddots & \vdots \\ d_{n-1,0} & \cdots & d_{n-1,m-1} \end{bmatrix}$$

【方法说明】

带型方程组

$$\boldsymbol{AX}=\boldsymbol{D}$$

的系数矩阵 $\boldsymbol{A}$ 为带型矩阵。在带宽为 $2h+1$ 的带型矩阵中，只有 $2h+1$ 条对角线上的元素为非零，带外的其他元素均为零，其中 $2h+1$ 条对角线通常称为带型矩阵的带区。当带型矩阵的半带宽 h 比矩阵阶数 n 小得多时，带型矩阵中绝大部分为零元素。为了节省存储空间，可以采用压缩存储的方法。

由于带型矩阵中所有非零元素的分布是呈带状的，带区外均为零元素，因此，在存储带型矩阵时可以只考虑存储带区内的元素。

假设 $n\times n$ 阶带型矩阵 $\boldsymbol{A}$ 的带宽为 $2h+1$，为了进行压缩存储，可以用 n 行、$2h+1$ 列的二维数组 $\boldsymbol{B}(0:n-1,0:2h)$ 来存放 $\boldsymbol{A}$ 中带区内的元素。其存放的原则如下。

(1) 带型矩阵 $\boldsymbol{A}$ 中的行与二维数组 $\boldsymbol{B}$ 中的行一一对应。

(2) 带型矩阵 $\boldsymbol{A}$ 中每一行上带区内的元素以左边对齐的顺序存放在二维数组 $\boldsymbol{B}$ 中的相应行中，而前 h 行与最后 h 行中最右边的空余部分均填入 0。

由上述原则可知，带宽为 $2h+1$ 的带型矩阵 $\boldsymbol{A}$ 用二维数组 $\boldsymbol{B}(0:n-1,0:2h)$ 表示的格式为

$$\boldsymbol{B}=\begin{bmatrix} b_{00} & \cdots & b_{0,h} & \cdots & b_{0,2h} \\ \vdots & \ddots & \vdots & \ddots & \vdots \\ b_{h,0} & \cdots & b_{hh} & \cdots & b_{h,2h} \\ \vdots & \ddots & \vdots & \ddots & \vdots \\ b_{n-h-1,0} & \cdots & b_{n-h-1,h} & \cdots & b_{n-h,2h} \\ \vdots & \ddots & \vdots & \ddots & \vdots \\ b_{n-1,0} & \cdots & b_{n-1,h} & \cdots & b_{n-1,2h} \end{bmatrix}$$

$$
= \begin{bmatrix}
a_{00} & \cdots & a_{0h} & \cdots & 0 \\
\vdots & \ddots & & \ddots & \\
a_{h0} & \cdots & a_{hh} & \cdots & a_{h,2h} \\
\vdots & \ddots & \vdots & \ddots & \vdots \\
a_{n-h-1,n-2h-1} & \cdots & a_{n-h-1,n-h-1} & \cdots & a_{n-h-1,n-1} \\
\vdots & \ddots & \vdots & \ddots & \vdots \\
a_{n-1,n-h-1} & \cdots & a_{n-1,n-1} & \cdots & 0
\end{bmatrix}
$$

在这种压缩存储方式中，虽然前 h 行与最后 h 行还保留有部分零元素，但由于压缩后的行号与原矩阵中的行号相同，会给运算带来很大的方便。在 h 远小于 n 时，这种压缩存储方式确能节省大量存储空间。

由于系数矩阵中非零元素是带状的，带区外均为零元素，因此，在使用高斯消去法时，其归一化与消元过程只涉及带区内的元素。

最后需要指出的是，在计算过程中，采用列选主元高斯消去法，对于系数矩阵为大型带型矩阵且带宽较大的方程组，其数值计算可能是不稳定的。但如果采用全选主元，则失去了带型矩阵的特点，因此不能进行压缩，只能按一般线性代数方程组来处理。

【函数语句与形参说明】

```
int band(double b[], double d[], int n, int l, int il, int m)
```

形参与函数类型	参数意义
double　b[n][il]	存放带型矩阵 **A** 中带区内的元素。返回时将被破坏
double　d[n][m]	存放方程组右端的 m 组常数向量。返回方程组的 m 组解向量
int　n	方程组的阶数
int　l	系数矩阵的半带宽 h
int　il	系数矩阵的带宽 $2h+1$。应满足 $il=2l+1$
int　m	方程组右端常数向量的组数
int　band()	函数返回标志值。若返回的标志值小于 0，则表示带宽与半带宽的值不正确；若返回的标志值等于 0，则表示程序工作失败；若返回的标志值大于 0，则表示正常返回

【函数程序】

```
//一般带型方程组.cpp
#include <iostream>
#include <cmath>
using namespace  std;
//b[n][il]      存放带型矩阵带区内的元素。返回时将被破坏
//d[n][m]       存放方程组右端 m 组常数向量。返回方程组的 m 组解向量
//n             方程组的阶数
//l             系数矩阵的半带宽
```

```
//il          系数矩阵的带宽。应满足 il =2l +1
//m           方程组右端常数向量的组数
//函数返回标志值。若值小于 0 则表示带宽与半带宽值不对;若值等于 0 则表示失败;若值大于 0
//则表示正常
int band(double b[], double d[], int n, int l, int il, int m)
{
    int ls,k,i,j,is,u,v;
    double p,t;
    if (il!=(2 * l+1)) return(-2);
    ls=l;
    for (k=0;k<=n-2;k++)
    {
        p=0.0;
        for (i=k;i<=ls;i++)
        {
            t=fabs(b[i * il]);
            if (t>p) {p=t; is=i;}
        }
        if (p+1.0==1.0)  return(0);
        for (j=0;j<=m-1;j++)
        {
            u=k * m+j; v=is * m+j;
            t=d[u]; d[u]=d[v]; d[v]=t;
        }
        for (j=0;j<=il-1;j++)
        {
            u=k * il+j; v=is * il+j;
            t=b[u]; b[u]=b[v]; b[v]=t;
        }
        for (j=0;j<=m-1;j++)
        {
            u=k * m+j; d[u]=d[u]/b[k * il];
        }
        for (j=1;j<=il-1;j++)
        {
            u=k * il+j; b[u]=b[u]/b[k * il];
        }
        for (i=k+1;i<=ls;i++)
        {
            t=b[i * il];
            for (j=0;j<=m-1;j++)
            {
                u=i * m+j; v=k * m+j; d[u]=d[u]-t * d[v];
```

```
            }
            for (j=1;j<=il-1;j++)
            {
                u=i*il+j; v=k*il+j;  b[u-1]=b[u]-t*b[v];
            }
            u=i*il+il-1; b[u]=0.0;
        }
        if (ls!=(n-1)) ls=ls+1;
    }
    p=b[(n-1)*il];
    if (fabs(p)+1.0==1.0)  return(0);
    for (j=0;j<=m-1;j++)
    {
        u=(n-1)*m+j; d[u]=d[u]/p;
    }
    ls=1;
    for (i=n-2;i>=0;i--)
    {
        for (k=0;k<=m-1;k++)
        {
            u=i*m+k;
            for (j=1;j<=ls;j++)
            {
                v=i*il+j; is=(i+j)*m+k;
                d[u]=d[u]-b[v]*d[is];
            }
        }
        if (ls!=(il-1)) ls=ls+1;
    }
    return(2);
}
```

【例】 求解 8 阶五对角线方程组 $\boldsymbol{AX}=\boldsymbol{D}$。其中

$$
\boldsymbol{A}=\begin{bmatrix}
3 & -4 & 1 & & & & & \\
-2 & -5 & 6 & 1 & & & & \\
1 & 3 & -1 & 2 & -3 & & & \\
 & 2 & 5 & -5 & 6 & -1 & & \\
 & & -3 & 1 & -1 & 2 & -5 & \\
 & & & 6 & 1 & -3 & 2 & -9 \\
 & & & & -4 & 1 & -1 & 2 \\
 & & & & & 5 & 1 & -7
\end{bmatrix},\quad
\boldsymbol{D}=\begin{bmatrix}
13 & 29 & -13 \\
-6 & 17 & -21 \\
-31 & -6 & 4 \\
64 & 3 & 16 \\
-20 & 1 & -5 \\
-22 & -41 & 56 \\
-29 & 10 & -21 \\
7 & -24 & 20
\end{bmatrix}
$$

与带型矩阵 $\boldsymbol{A}$ 所对应的二维数组 $\boldsymbol{B}$ 如下：

$$B=\begin{bmatrix}3&-4&1&0&0\\-2&-5&6&1&0\\1&3&-1&2&-3\\2&5&-5&6&-1\\-3&1&-1&2&-5\\6&1&-3&2&-9\\-4&1&-1&2&0\\5&1&-7&0&0\end{bmatrix}$$

在本问题中，$n=8$，半带宽 $l=h=2$，带宽 $il=2h+1=5$，$m=3$。

主函数程序如下：

```
#include <iostream>
#include <cmath>
#include <iomanip>
#include "一般带型方程组.cpp"
using namespace  std;
int main()
{
    int i, j;
    double b[8][5]={ {3.0,-4.0,1.0,0.0,0.0},
    {-2.0,-5.0,6.0,1.0,0.0},
    {1.0,3.0,-1.0,2.0,-3.0},
    {2.0,5.0,-5.0,6.0,-1.0},
    {-3.0,1.0,-1.0,2.0,-5.0},
    {6.0,1.0,-3.0,2.0,-9.0},
    {-4.0,1.0,-1.0,2.0,0.0},
    {5.0,1.0,-7.0,0.0,0.0}};
    double d[8][3]={ {13.0,29.0,-13.0},
    {-6.0,17.0,-21.0},{-31.0,-6.0,4.0},{64.0,3.0,16.0},
    {-20.0,1.0,-5.0},{-22.0,-41.0,56.0},{-29.0,10.0,-21.0},
    {7.0,-24.0,20.0}};
    i=band(&b[0][0], &d[0][0],8,2,5,3);
    if (i>0)
    for (i=0; i<=7; i++)
    {
        cout <<"x(" <<i <<") =";
        for (j=0; j<=2; j++)
            cout <<setw(15) <<d[i][j];
        cout <<endl;
    }
    return 0;
}
```

运行结果为

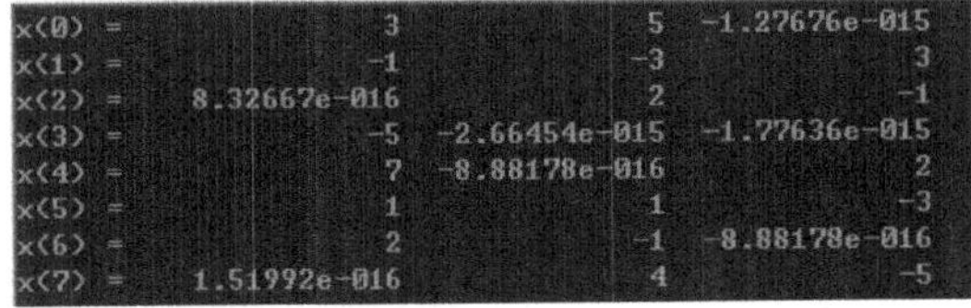

```
x(0) =             3              5   -1.27676e-015
x(1) =            -1             -3               3
x(2) =  8.32667e-016              2              -1
x(3) =            -5  -2.66454e-015  -1.77636e-015
x(4) =             7  -8.88178e-016               2
x(5) =             1              1              -3
x(6) =             2             -1   -8.88178e-016
x(7) =  1.51992e-016              4              -5
```

本方程组的准确解为

第一组解	第二组解	第三组解
$x_0=\ \ 3.0$	$x_0=\ \ 5.0$	$x_0=\ \ 0.0$
$x_1=-1.0$	$x_1=-3.0$	$x_1=\ \ 3.0$
$x_2=\ \ 0.0$	$x_2=\ \ 2.0$	$x_2=-1.0$
$x_3=-5.0$	$x_3=\ \ 0.0$	$x_3=\ \ 0.0$
$x_4=\ \ 7.0$	$x_4=\ \ 0.0$	$x_4=\ \ 2.0$
$x_5=\ \ 1.0$	$x_5=\ \ 1.0$	$x_5=-3.0$
$x_6=\ \ 2.0$	$x_6=-1.0$	$x_6=\ \ 0.0$
$x_7=\ \ 0.0$	$x_7=\ \ 4.0$	$x_7=-5.0$

4.5 求解对称方程组的分解法

【功能】

用分解法求解系数矩阵为对称且右端具有 m 组常数向量的线性代数方程组 $AX=C$。其中 $\boldsymbol{A}$ 为 n 阶对称矩阵，$\boldsymbol{C}$ 为

$$\boldsymbol{C}=\begin{bmatrix} c_{00} & c_{01} & \cdots & c_{0,m-1} \\ c_{10} & c_{11} & \cdots & c_{1,m-1} \\ \vdots & \vdots & \ddots & \vdots \\ c_{n-1,0} & c_{n-1,1} & \cdots & c_{n-1,m-1} \end{bmatrix}$$

【方法说明】

对称矩阵 $\boldsymbol{A}$ 可以分解为一个下三角矩阵 $\boldsymbol{L}$、一个对角线矩阵 $\boldsymbol{D}$ 和一个上三角矩阵 $\boldsymbol{L}^{\mathrm{T}}$ 的乘积，即 $\boldsymbol{A}=\boldsymbol{L}\boldsymbol{D}\boldsymbol{L}^{\mathrm{T}}$，其中

$$\boldsymbol{L}=\begin{bmatrix} 1 & & & 0 \\ l_{10} & 1 & & \\ \vdots & \vdots & \ddots & \\ l_{n-1,0} & l_{n-1,1} & \cdots & 1 \end{bmatrix},\quad \boldsymbol{D}=\begin{bmatrix} d_{00} & & & \\ & d_{11} & & \\ & & \ddots & \\ & & & d_{n-1,n-1} \end{bmatrix}$$

矩阵 $\boldsymbol{L}$ 和 $\boldsymbol{D}$ 中的各元素由下列计算公式确定：

$$d_{00}=a_{00}$$

$$d_{ii}=a_{ii}-\sum_{k=0}^{i-1} l_{ik}^2 d_{kk}$$

$$l_{ij}=\left(a_{ij}-\sum_{k=0}^{j-1} l_{ik} l_{jk} d_{kk}\right)\Big/ d_{jj},\quad j<i$$

$$l_{ij} = 0, \quad j > i$$

对于方程组 $\boldsymbol{AX}=\boldsymbol{B}$(方程组右端只有一组常数向量)来说，当 L 和 $\boldsymbol{D}$ 确定后，令

$$\boldsymbol{DL}^{\mathrm{T}}\boldsymbol{X} = \boldsymbol{Y}$$

则首先由回代过程求解方程组

$$\boldsymbol{LY} = \boldsymbol{B}$$

而得到 $\boldsymbol{Y}$，再由方程组

$$\boldsymbol{DL}^{\mathrm{T}}\boldsymbol{X} = \boldsymbol{Y}$$

解出 $\boldsymbol{X}$。其计算公式如下：

$$y_0 = b_0$$

$$y_i = b_i - \sum_{k=0}^{i-1} l_{ik} y_k, \quad i > 0$$

$$x_{n-1} = y_{n-1} / d_{n-1,n-1}$$

$$x_i = \left(y_i - \sum_{k=i+1}^{n-1} d_{ii} l_{ki} x_k\right) \Big/ d_{ii}$$

【函数语句与形参说明】

```
int ldle(double a[], int n, int m, double c[])
```

形参与函数类型	参数意义
double a[n][n]	存放方程组的系数矩阵(应为对称矩阵)。返回时将被破坏
int n	方程组的阶数
int m	方程组右端常数向量的组数
double c[n][m]	存放方程组右端 m 组常数向量。返回方程组的 m 组解向量
int ldle()	函数返回标志值。若返回的标志值小于0，则表示程序工作失败；若返回的标志值大于0，则表示正常返回

【函数程序】

```
//对称方程组的分解法.cpp
#include <iostream>
#include <cmath>
using namespace std;
//a[n][n]       存放系数矩阵。返回时将被破坏
//n             方程组的阶数
//m             方程组右端常数向量的组数
//c[n][m]       存放方程组右端 m 组常数向量。返回 m 组解向量
//函数返回标志值。若值小于 0 则表示系数矩阵非对称；若值等于 0 则表示失败；若值大于 0 则表示正常
int ldle(double a[], int n, int m, double c[])
{
    int i,j,l,k,u,v,w,k1,k2,k3;
    double p;
```

```
for (i=0; i<n; i++)
    for (j=0; j<i-1; j++)
        if (a[i * n+j]!=a[j * n+i])
        {
            cout <<"矩阵不对称!" <<endl;  return -2;
        }
if (fabs(a[0])+1.0==1.0)  return 0;
for (i=1; i<=n-1; i++)
{
    u=i * n; a[u]=a[u]/a[0];
}
for (i=1; i<=n-2; i++)
{
    u=i * n+i;
    for (j=1; j<=i; j++)
    {
        v=i * n+j-1; l=(j-1) * n+j-1;
        a[u]=a[u]-a[v] * a[v] * a[l];
    }
    p=a[u];
    if (fabs(p)+1.0==1.0) return 0;
    for (k=i+1; k<=n-1; k++)
    {
        u=k * n+i;
        for (j=1; j<=i; j++)
        {
            v=k * n+j-1; l=i * n+j-1; w=(j-1) * n+j-1;
            a[u]=a[u]-a[v] * a[l] * a[w];
        }
      a[u]=a[u]/p;
    }
}
u=n * n-1;
for (j=1; j<=n-1; j++)
{
    v=(n-1) * n+j-1; w=(j-1) * n+j-1;
    a[u]=a[u]-a[v] * a[v] * a[w];
}
p=a[u];
if (fabs(p)+1.0==1.0)  return 0;
for (j=0; j<=m-1; j++)
for (i=1; i<=n-1; i++)
{
    u=i * m+j;
    for (k=1; k<=i; k++)
```

```
            {
                v=i*n+k-1; w=(k-1)*m+j;
                c[u]=c[u]-a[v]*c[w];
            }
        }
        for (i=1; i<=n-1; i++)
        {
            u=(i-1)*n+i-1;
            for (j=i; j<=n-1; j++)
            {
                v=(i-1)*n+j; w=j*n+i-1;
                a[v]=a[u]*a[w];
            }
        }
        for (j=0; j<=m-1; j++)
        {
            u=(n-1)*m+j;
            c[u]=c[u]/p;
            for (k=1; k<=n-1; k++)
            {
                k1=n-k; k3=k1-1; u=k3*m+j;
                for (k2=k1; k2<=n-1; k2++)
                {
                    v=k3*n+k2; w=k2*m+j;
                    c[u]=c[u]-a[v]*c[w];
                }
                c[u]=c[u]/a[k3*n+k3];
            }
        }
        return(2);
    }
```

【例】 求解5阶对称方程组$\boldsymbol{AX}=\boldsymbol{C}$。其中

$$\boldsymbol{A}=\begin{bmatrix}5 & 7 & 6 & 5 & 1\\ 7 & 10 & 8 & 7 & 2\\ 6 & 8 & 10 & 9 & 3\\ 5 & 7 & 9 & 10 & 4\\ 1 & 2 & 3 & 4 & 5\end{bmatrix},\quad \boldsymbol{C}=\begin{bmatrix}24 & 96\\ 34 & 136\\ 36 & 144\\ 35 & 140\\ 15 & 60\end{bmatrix}$$

主函数程序如下：

```
#include <iostream>
#include <iomanip>
#include <cmath>
#include "对称方程组的分解法.cpp"
using namespace  std;
```

```
int main()
{
    int i;
    double a[5][5]={ {5.0,7.0,6.0,5.0,1.0},
        {7.0,10.0,8.0,7.0,2.0},{6.0,8.0,10.0,9.0,3.0},
        {5.0,7.0,9.0,10.0,4.0},{1.0,2.0,3.0,4.0,5.0}};
    double c[5][2]={ {24.0,96.0},{34.0,136.0},
        {36.0,144.0},{35.0,140.0},{15.0,60.0}};
    i =ldle(&a[0][0],5,2,&c[0][0]);
    if (i <=0)  return 0;
    for (i=0; i<=4; i++)
      cout <<"x(" <<i <<") =" <<setw(15) <<c[i][0] <<setw(15) <<c[i][1] <<endl;
    return 0;
}
```

运行结果为

```
x(0) =          1          4
x(1) =          1          4
x(2) =          1          4
x(3) =          1          4
x(4) =          1          4
```

4.6 求解对称正定方程组的平方根法

【功能】

用乔里斯基(Cholesky)分解法(即平方根法)求解系数矩阵为对称正定且右端具有 m 组常数向量的 n 阶线性代数方程组 $\boldsymbol{AX}=\boldsymbol{D}$。其中 $\boldsymbol{A}$ 为 n 阶对称正定矩阵,$\boldsymbol{D}$ 为

$$\boldsymbol{D}=\begin{bmatrix} d_{00} & d_{01} & \cdots & d_{0,m-1} \\ d_{10} & d_{11} & \cdots & d_{1,m-1} \\ \vdots & \vdots & \ddots & \vdots \\ d_{n-1,0} & d_{n-1,1} & \cdots & d_{n-1,m-1} \end{bmatrix}$$

【方法说明】

当系数矩阵 $\boldsymbol{A}$ 为对称正定时,可以唯一地分解为 $\boldsymbol{A}=\boldsymbol{U}^{\mathrm{T}}\boldsymbol{U}$,其中 $\boldsymbol{U}$ 为上三角矩阵。即

$$\boldsymbol{A}=\begin{bmatrix} a_{00} & a_{01} & \cdots & a_{0,n-1} \\ a_{10} & a_{11} & \cdots & a_{1,n-1} \\ \vdots & \vdots & \ddots & \vdots \\ a_{n-1,0} & a_{n-1,1} & \cdots & a_{n-1,n-1} \end{bmatrix}$$

$$=\begin{bmatrix} u_{00} & 0 & \cdots & 0 \\ u_{10} & u_{11} & \cdots & 0 \\ \vdots & \vdots & \ddots & \vdots \\ u_{n-1,0} & u_{n-1,1} & \cdots & u_{n-1,n-1} \end{bmatrix}\begin{bmatrix} u_{00} & u_{01} & \cdots & u_{0,n-1} \\ 0 & u_{11} & \cdots & u_{1,n-1} \\ \vdots & \vdots & \ddots & \vdots \\ 0 & 0 & \cdots & u_{n-1,n-1} \end{bmatrix}=\boldsymbol{U}^{\mathrm{T}}\boldsymbol{U}$$

其中 $u_{ij}=u_{ji}(i,j=0,1,\cdots,n-1)$。

矩阵 $\boldsymbol{U}$ 中的各元素由以下计算公式确定:

$$u_{00}=\sqrt{a_{00}}$$

$$u_{ii}=\left(a_{ii}-\sum_{k=0}^{i-1}u_{ki}^2\right)^{\frac{1}{2}},\quad i=1,2,\cdots,n-1$$

$$u_{ij}=\left(a_{ij}-\sum_{k=0}^{i-1}u_{ki}u_{kj}\right)\Big/u_{ii},\quad j>i$$

于是,方程组 $\boldsymbol{AX}=\boldsymbol{B}$(方程组右端只有一组常数向量)的解可以由下列公式来计算:

$$y_i=\left(b_i-\sum_{k=0}^{i-1}u_{ki}y_k\right)\Big/u_{ii}$$

$$x_i=\left(y_i-\sum_{k=i+1}^{n-1}u_{ik}x_k\right)\Big/u_{ii}$$

【函数语句与形参说明】

```
int chlk(double a[], int n, int m, double d[])
```

形参与函数类型	参 数 意 义
double a[n][n]	存放对称正定的系数矩阵。返回时其上三角部分存放分解后的矩阵 $\boldsymbol{U}$
int n	方程组的阶数
int m	方程组右端常数向量的组数
double d[n][m]	存放方程组右端 m 组常数向量。返回方程组的 m 组解向量
int chlk()	函数返回标志值。若返回的标志值等于0,则表示程序工作失败;若返回的标志值大于0,则表示正常返回

【函数程序】

```
//对称正定方程组的平方根法.cpp
#include <iostream>
#include <cmath>
using namespace std;
//a[n][n]        存放对称正定的系数矩阵,返回时上三角部分存放矩阵U
//n              方程组的阶数
//m              方程组右端常数向量的组数
//d[n][m]        存放方程组右端m组常数向量。返回m组解向量
//函数返回标志值。若值等于0则表示失败;若值大于0则表示正常
int chlk(double a[], int n, int m, double d[])
{
    int i,j,k,u,v;
    if ((a[0]+1.0==1.0)||(a[0]<0.0))  return(0);
    a[0]=sqrt(a[0]);
    for (j=1; j<=n-1; j++) a[j]=a[j]/a[0];
```

```
for (i=1; i<=n-1; i++)
{
    u=i*n+i;
    for (j=1; j<=i; j++)
    {
        v=(j-1)*n+i; a[u]=a[u]-a[v]*a[v];
    }
    if ((a[u]+1.0==1.0)||(a[u]<0.0)) return(0);
    a[u]=sqrt(a[u]);
    if (i!=(n-1))
    {
        for (j=i+1; j<=n-1; j++)
        {
            v=i*n+j;
            for (k=1; k<=i; k++)
                  a[v]=a[v]-a[(k-1)*n+i]*a[(k-1)*n+j];
            a[v]=a[v]/a[u];
        }
    }
}
for (j=0; j<=m-1; j++)
{
    d[j]=d[j]/a[0];
    for (i=1; i<=n-1; i++)
    {
        u=i*n+i; v=i*m+j;
        for (k=1; k<=i; k++)
            d[v]=d[v]-a[(k-1)*n+i]*d[(k-1)*m+j];
        d[v]=d[v]/a[u];
    }
}
for (j=0; j<=m-1; j++)
{
    u=(n-1)*m+j;
    d[u]=d[u]/a[n*n-1];
    for (k=n-1; k>=1; k--)
    {
        u=(k-1)*m+j;
        for (i=k; i<=n-1; i++)
        {
            v=(k-1)*n+i; d[u]=d[u]-a[v]*d[i*m+j];
        }
        v=(k-1)*n+k-1;
        d[u]=d[u]/a[v];
    }
```

```
    }
    return(2);
}
```

【例】 求解4阶对称正定方程组 $\boldsymbol{AX}=\boldsymbol{D}$。其中

$$\boldsymbol{A}=\begin{bmatrix}5 & 7 & 6 & 5\\7 & 10 & 8 & 7\\6 & 8 & 10 & 9\\5 & 7 & 9 & 10\end{bmatrix},\quad \boldsymbol{D}=\begin{bmatrix}23 & 92\\32 & 128\\33 & 132\\31 & 124\end{bmatrix}$$

主函数程序如下:

```
#include <iostream>
#include <iomanip>
#include <cmath>
#include "对称正定方程组的平方根法.cpp"
using namespace  std;
int main()
{
    int i;
    double a[4][4]={ {5.0,7.0,6.0,5.0},
    {7.0,10.0,8.0,7.0},{6.0,8.0,10.0,9.0},{5.0,7.0,9.0,10.0}};
    double d[4][2]={ {23.0,92.0},{32.0,128.0},
                       {33.0,132.0},{31.0,124.0}};
    i =chlk(&a[0][0], 4, 2, &d[0][0]);
    if (i<=0) return 0;
    for (i=0; i<=3; i++)
      cout <<"x(" <<i <<") =" <<setw(15) <<d[i][0] <<setw(15) <<d[i][1] <<endl;
    return 0;
}
```

运行结果为

x(0) = 1 4
x(1) = 1 4
x(2) = 1 4
x(3) = 1 4

4.7 求解托伯利兹方程组的列文逊方法

【功能】

用列文逊(Levinson)递推算法求解 n 阶对称托伯利兹型方程组。

【方法说明】

n 阶对称托伯利兹矩阵为如下形式的矩阵:

$$\boldsymbol{T}^{(n)}=\begin{bmatrix} t_0 & t_1 & t_2 & \cdots & t_{n-1} \\ t_1 & t_0 & t_1 & \cdots & t_{n-2} \\ t_2 & t_1 & t_0 & \cdots & t_{n-3} \\ \vdots & \vdots & \vdots & \ddots & \vdots \\ t_{n-1} & t_{n-2} & t_{n-3} & \cdots & t_0 \end{bmatrix}$$

该矩阵简称 n 阶对称 T 型矩阵。

设线性代数方程组 $\boldsymbol{AX}=\boldsymbol{B}$ 的系数矩阵为 n 阶对称 T 型矩阵。即 $\boldsymbol{A}=\boldsymbol{T}^{(n)}$。

假设已知

$$\boldsymbol{T}^{(k)}\begin{bmatrix} y_0^{(k)} \\ y_1^{(k)} \\ \vdots \\ y_{k-2}^{(k)} \\ y_{k-1}^{(k)} \end{bmatrix}=\begin{bmatrix} 0 \\ 0 \\ \vdots \\ 0 \\ \alpha_{k-1} \end{bmatrix}$$

因为 $\boldsymbol{T}^{(k)}$ 与 $\boldsymbol{T}^{(k+1)}$ 均是托伯利兹矩阵，所以有

$$\boldsymbol{T}^{(k+1)}\begin{bmatrix} 0 \\ y_0^{(k)} \\ \vdots \\ y_{k-2}^{(k)} \\ y_{k-1}^{(k)} \end{bmatrix}=\begin{bmatrix} \beta_{k-1} \\ 0 \\ \vdots \\ 0 \\ \alpha_{k-1} \end{bmatrix} \tag{1}$$

和

$$\boldsymbol{T}^{(k+1)}\begin{bmatrix} y_{k-1}^{(k)} \\ y_{k-2}^{(k)} \\ \vdots \\ y_0^{(k)} \\ 0 \end{bmatrix}=\begin{bmatrix} \alpha_{k-1} \\ 0 \\ \vdots \\ 0 \\ \beta_{k-1} \end{bmatrix} \tag{2}$$

其中

$$\beta_{k-1}=y_{k-1}^{(k)}t_k+y_{k-2}^{(k)}t_{k-1}+\cdots+y_0^{(k)}t_1=\sum_{j=0}^{k-1}t_{j+1}y_j^{(k)} \tag{3}$$

现将方程组(1)减去方程组(2)的 β_{k-1}/α_{k-1} 倍，并且令

$$c_{k-1}=-\beta_{k-1}/\alpha_{k-1} \tag{4}$$

则得如下方程组

$$\boldsymbol{T}^{(k+1)}\begin{bmatrix} c_{k-1}y_{k-1}^{(k)} \\ y_0^{(k)}+c_{k-1}y_{k-2}^{(k)} \\ \vdots \\ y_{k-2}^{(k)}+c_{k-1}y_0^{(k)} \\ y_{k-1}^{(k)} \end{bmatrix}=\begin{bmatrix} 0 \\ 0 \\ \vdots \\ 0 \\ \alpha_{k-1}+c_{k-1}\beta_{k-1} \end{bmatrix} \tag{5}$$

若令

$$\begin{cases} y_0^{(k+1)} = c_{k-1} y_{k-1}^{(k)} \\ y_i^{(k+1)} = y_{i-1}^{(k)} + c_{k-1} y_{k-i-1}^{(k)}, \quad i = 1,2,\cdots,k-1 \\ y_k^{(k+1)} = y_{k-1}^{(k)} \end{cases} \tag{6}$$

及

$$\alpha_k = \alpha_{k-1} + c_{k-1}\beta_{k-1} \tag{7}$$

则式(5)变为

$$\boldsymbol{T}^{(k+1)} \begin{bmatrix} y_0^{(k+1)} \\ y_1^{(k+1)} \\ \vdots \\ y_{k-1}^{(k+1)} \\ y_k^{(k+1)} \end{bmatrix} = \begin{bmatrix} 0 \\ 0 \\ \vdots \\ 0 \\ \alpha_k \end{bmatrix} \tag{8}$$

显然，式(6)与式(7)是递推公式。若取初值 $\alpha_0 = t_0$，则 $y_0^{(1)} = 1$。

现在再考虑方程组

$$\boldsymbol{T}^{(k)}\boldsymbol{X}^{(k)} = \boldsymbol{B}^{(k)}, \quad k = 2,\cdots,n \tag{9}$$

其中 $\boldsymbol{T}^{(k)}$ 为托伯利兹矩阵，$\boldsymbol{X}^{(k)}$ 为未知变量的向量，$\boldsymbol{B}^{(k)}$ 为常数向量，且

$$\boldsymbol{X}^{(k)} = (x_0^{(k)}, x_1^{(k)}, \cdots, x_{k-1}^{(k)})^{\mathrm{T}}$$

$$\boldsymbol{B}^{(k)} = (b_0, b_1, \cdots, b_{k-1})^{\mathrm{T}}$$

现假设对于某个 k，方程组(9)已经解出，则

$$\boldsymbol{T}^{(k+1)} \begin{bmatrix} \boldsymbol{X}^{(k+1)} \\ 0 \end{bmatrix} = \begin{bmatrix} \boldsymbol{B}^{(k)} \\ q_k \end{bmatrix} \tag{10}$$

其中

$$q_k = x_0^{(k)} t_k + \cdots + x_{k-1}^{(k)} t_1 = \sum_{j=0}^{k-1} t_{k-j} x_j^{(k)} \tag{11}$$

又因为

$$\boldsymbol{T}^{(k+1)}\boldsymbol{X}^{(k+1)} = \boldsymbol{B}^{(k+1)} \tag{12}$$

于是，式(12)减去式(10)得

$$\boldsymbol{T}^{(k+1)} \begin{bmatrix} x_0^{(k+1)} - x_0^{(k)} \\ x_1^{(k+1)} - x_1^{(k)} \\ \vdots \\ x_{k-1}^{(k+1)} - x_{k-1}^{(k)} \\ x_k^{(k+1)} \end{bmatrix} = \begin{bmatrix} 0 \\ 0 \\ \vdots \\ 0 \\ b_k - q_k \end{bmatrix} \tag{13}$$

在上述过程中，当 $k=1$ 时，有

$$x_0^{(1)} = b_0 / t_0$$

如果用

$$\omega_k = (b_k - q_k)/\alpha_k \tag{14}$$

乘以式(8)得

$$\boldsymbol{T}^{(k+1)}\begin{bmatrix}\omega_k y_0^{(k+1)}\\\omega_k y_1^{(k+1)}\\\vdots\\\omega_k y_{k-1}^{(k+1)}\\\omega_k y_k^{(k+1)}\end{bmatrix}=\begin{bmatrix}0\\0\\\vdots\\0\\b_k-q_k\end{bmatrix}\tag{15}$$

比较式(13)与式(15),就可以得到由 $\boldsymbol{X}^{(k)}$ 计算 $\boldsymbol{X}^{(k+1)}$ 的递推公式如下:

$$\begin{cases}x_i^{(k+1)}=x_i^{(k)}+\omega_k y_i^{(k+1)}, & i=0,1,\cdots,k-1\\x_k^{(k+1)}=\omega_k y_k^{(k+1)}\end{cases}\tag{16}$$

综上所述,由式(11)、(2)、(4)、(6)、(7)、(14)以及式(16),就可以得到求解方程组

$$\boldsymbol{T}^{(n)}\boldsymbol{X}^{(n)}=\boldsymbol{B}^{(n)}$$

的递推算法如下。

取初值 $\alpha_0=t_0, y_0^{(1)}=1, x_0^{(1)}=b_0/t_0$

对于 $k=1,\cdots,n-1$,依次做如下计算:

$$q_k=\sum_{j=0}^{k-1}t_{k-j}x_j^{(k)},\quad \beta_{k-1}=\sum_{j=0}^{k-1}t_{j+1}y_j^{(k)},\quad c_{k-1}=-\beta_{k-1}/\alpha_{k-1}$$

$$\begin{cases}y_0^{(k+1)}=c_{k-1}y_{k-1}^{(k)}\\y_i^{(k+1)}=y_{i-1}^{(k)}+c_{k-1}y_{k-i-1}^{(k)}, & i=1,2,\cdots,k-1\\y_k^{(k+1)}=y_{k-1}^{(k)}\end{cases}$$

$$\alpha_k=\alpha_{k-1}+c_{k-1}\beta_{k-1},\quad \omega_k=(b_k-q_k)/\alpha_k$$

$$\begin{cases}x_i^{(k+1)}=x_i^{(k)}+\omega_k y_i^{(k+1)}, & i=0,1,\cdots,k-1\\x_k^{(k+1)}=\omega_k y_k^{(k+1)}\end{cases}$$

以上所述的算法称为列文逊递推算法。在这个算法中,对于某个 k,需要做 $4k+8$ 次乘除法,因此,总的计算工作量为

$$\sum_{k=0}^{n-1}(4k+8)=2n^2+6n$$

次乘除法。

【函数语句与形参说明】

```
int tlvs(double t[], int n, double b[], double x[])
```

形参与函数类型	参 数 意 义
double　t[n]	存放 n 阶 T 型矩阵中的元素 $t_0, t_1, \cdots, t_{n-1}$
int　n	方程组的阶数
double　b[n]	存放方程组右端的常数向量
double　x[n]	返回方程组的解向量
int　tlvs()	函数返回标志值。若返回的标志值小于 0,则表示程序工作失败;若返回的标志值大于 0,则表示正常返回

【函数程序】

```
//Toeplitz 方程组.cpp
#include <iostream>
#include <cmath>
using namespace  std;
//t[n]          存放 n 阶 T 型矩阵中的 n 个元素
//n             方程组的阶数
//b[n]          存放方程组右端的常数向量
//x[n]          返回方程组的解向量
//函数返回标志值。若值等于 0 则表示失败;若值大于 0 则表示正常
int tlvs(double t[], int n, double b[], double x[])
{
    int i,j,k;
    double a,beta,q,c,h, * y, * s;
    s=new double[n];
    y=new double[n];
    a=t[0];
    if (fabs(a)+1.0==1.0)
    {
        delete[] s; delete[] y; return(0);
    }
    y[0]=1.0; x[0]=b[0]/a;
    for (k=1; k<=n-1; k++)
    {
        beta=0.0; q=0.0;
        for (j=0; j<=k-1; j++)
        {
            beta=beta+y[j] * t[j+1];
            q=q+x[j] * t[k-j];
        }
        if (fabs(a)+1.0==1.0)
        {
            delete[] s; delete[] y; return(0);
        }
        c=-beta/a; s[0]=c * y[k-1]; y[k]=y[k-1];
        if (k!=1)
        for (i=1; i<=k-1; i++)
            s[i]=y[i-1]+c * y[k-i-1];
        a=a+c * beta;
        if (fabs(a)+1.0==1.0)
        {
            delete[] s; delete[] y; return(0);
        }
        h=(b[k]-q)/a;
        for (i=0; i<=k-1; i++)
        {
            x[i]=x[i]+h * s[i]; y[i]=s[i];
```

```
        }
        x[k]=h*y[k];
    }
    delete[] s; delete[] y;
    return(1);
}
```

【例】 求解 6 阶对称 T 型方程组 $\boldsymbol{AX}=\boldsymbol{B}$。其中

$$\boldsymbol{A}=\boldsymbol{T}^{(6)}=\begin{bmatrix}6 & 5 & 4 & 3 & 2 & 1\\5 & 6 & 5 & 4 & 3 & 2\\4 & 5 & 6 & 5 & 4 & 3\\3 & 4 & 5 & 6 & 5 & 4\\2 & 3 & 4 & 5 & 6 & 5\\1 & 2 & 3 & 4 & 5 & 6\end{bmatrix}$$

即 $\boldsymbol{t}=(6,5,4,3,2,1)$。常数向量为

$$\boldsymbol{B}=(11,9,9,9,13,17)^{\mathrm{T}}$$

主函数程序如下：

```
#include <iostream>
#include <cmath>
#include "Toeplitz方程组.cpp"
using namespace  std;
int main()
{
    int i;
    double x[6];
    double t[6]={6.0,5.0,4.0,3.0,2.0,1.0};
    double b[6]={11.0,9.0,9.0,9.0,13.0,17.0};
    if (tlvs(t,6,b,x)>0)
    for (i=0; i<=5; i++)
        cout <<"x(" <<i <<") =" <<x[i] <<endl;
    return 0;
}
```

运行结果为

```
x(0) = 3
x(1) = -1
x(2) = 1.15957e-015
x(3) = -2
x(4) = 8.88178e-016
x(5) = 4
```

4.8 高斯-赛德尔迭代法

【功能】

用高斯-赛德尔(Gauss-Seidel)迭代法求解系数矩阵具有主对角线占绝对优势的线性代

数方程组 $\boldsymbol{AX}=\boldsymbol{B}$。其中

$$\sum_{\substack{j=0\\j\neq i}}^{n-1}|a_{ij}|<|a_{ii}|,\quad i=0,1,\cdots,n-1$$

【方法说明】

如果方程组

$$\sum_{j=0}^{n-1}a_{ij}x_j=d_i,\quad i=0,1,\cdots,n-1$$

的系数矩阵具有主对角线优势,即满足

$$\sum_{\substack{j=0\\j\neq i}}^{n-1}|a_{ij}|<|a_{ii}|,\quad i=0,1,\cdots,n-1$$

则在分离时,可以直接从主对角线解出 x_i,即

$$x_i=\left(d_i-\sum_{\substack{j=0\\j\neq i}}^{n-1}a_{ij}x_j\right)\Big/a_{ii},\quad i=0,1,\cdots,n-1$$

于是高斯-赛德尔迭代公式变为

$$x_i^{(k+1)}=\left(d_i-\sum_{j=0}^{i-1}a_{ij}x_j^{(k+1)}-\sum_{j=i+1}^{n-1}a_{ij}x_j^{(k)}\right)\Big/a_{ii},\quad i=0,1,\cdots,n-1$$

并且对于任意给定的初值$(x_0^{(0)},x_1^{(0)},\cdots,x_{n-1}^{(0)})$均收敛于方程组的解。

结束迭代的条件为

$$\max_{0\leqslant i\leqslant n-1}\frac{|x_i^{(k+1)}-x_i^{(k)}|}{1+|x_i^{(k+1)}|}<\varepsilon$$

其中 ε 为给定的精度要求。

【函数语句与形参说明】

```
int seidel(double *a, double *b, int n, double *x, double eps)
```

形参与函数类型	参数意义
double a[n][n]	存放方程组的系数矩阵
double b[n]	存放方程组右端的常数向量
int n	方程组的阶数
double x[n]	返回方程组的解向量
double eps	给定的精度要求
int seidel()	函数返回标志值。若返回的标志值小于0,则表示系数矩阵不具有主对角线占绝对优势;若返回的标志值大于0,则表示正常返回

【函数程序】

```
//seidel 迭代法.cpp
#include <iostream>
```

```
#include <cmath>
using namespace  std;
//a[n][n]      系数矩阵
//b[n]         常数向量
//n            方程组的阶数
//x[n]         返回满足精度要求的解向量。若系数矩阵非对角优势,返回解向量 0
//eps          控制精度要求
//若系数矩阵非对角优势,则显示错误信息,并返回 0 标志值。否则返回非 0 标志值
int seidel(double *a, double *b, int n, double *x, double eps)
{
    int i,j,u,v;
    double p,t,s,q;
    for (i=0; i<=n-1; i++)
    {
        u=i*n+i; p=0.0;
        x[i]=0.0;                          //置解向量初值
        for (j=0; j<=n-1; j++)
        if (i!=j)
        {
            v=i*n+j; p=p+fabs(a[v]);
        }
        if (p>=fabs(a[u]))                 //检查系数矩阵是否对角优势
        {
            cout<<"系数矩阵非对角优势!"<<endl; return 0;
        }
    }
    p=eps+1.0;
    while (p>=eps)
    {
        p=0.0;
        for (i=0; i<=n-1; i++)
        {
            t=x[i]; s=0.0;
            for (j=0; j<=n-1; j++)
            if (j!=i) s=s+a[i*n+j]*x[j];
            x[i]=(b[i]-s)/a[i*n+i];
            q=fabs(x[i]-t)/(1.0+fabs(x[i]));
            if (q>p) p=q;
        }
    }
    return 1;
}
```

【例】 用高斯-赛德尔迭代法求解下列 4 阶方程组:

$$\begin{cases} 7x_0 + 2x_1 + x_2 - 2x_3 = 4 \\ 9x_0 + 15x_1 + 3x_2 - 2x_3 = 7 \\ -2x_0 - 2x_1 + 11x_2 + 5x_3 = -1 \\ x_0 + 3x_1 + 2x_2 + 13x_3 = 0 \end{cases}$$

取 $\varepsilon = 0.000\,001$。

主函数程序如下：

```
#include <iostream>
#include "seidel迭代法.cpp"
using namespace  std;
int main()
{
    int i;
    double eps;
    double a[4][4]={
        {7.0,2.0,1.0,-2.0},
        {9.0,15.0,3.0,-2.0},
        {-2.0,-2.0,11.0,5.0},
        {1.0,3.0,2.0,13.0}};
    double x[4],b[4]={4.0,7.0,-1.0,0.0};
    eps=0.000001;
    i=seidel(&a[0][0], b, 4, x, eps);
    if (i!=0)
    for (i=0;i<4;i++)
      cout <<"x(" <<i <<")=" <<x[i] <<endl;
    return 0;
}
```

运行结果为

```
x(0)=0.497931
x(1)=0.144494
x(2)=0.0628581
x(3)=-0.0813176
```

4.9 求解对称正定方程组的共轭梯度法

【功能】

用共轭梯度法求解 n 阶对称正定方程组 $\boldsymbol{AX}=\boldsymbol{B}$。

【方法说明】

共轭梯度法的递推计算公式如下。

取解向量的初值 $\boldsymbol{X}_0=(0,0,\cdots,0)^{\mathrm{T}}$，则有 $\boldsymbol{R}_0=\boldsymbol{P}_0=\boldsymbol{B}$。对于 $i=0,1,\cdots,n-1$，依次做如下运算：

$$\alpha_i = \frac{(\boldsymbol{P}_i, \boldsymbol{B})}{(\boldsymbol{P}_i, \boldsymbol{AP}_i)}$$

$$\boldsymbol{X}_{i+1} = \boldsymbol{X}_i + \alpha_i \boldsymbol{P}_i$$

$$\boldsymbol{R}_{i+1} = \boldsymbol{B} - \boldsymbol{AX}_{i+1}$$

$$\beta_i = \frac{(\boldsymbol{AR}_{i+1}, \boldsymbol{P}_i)}{(\boldsymbol{AP}_i, \boldsymbol{P}_i)}$$

$$\boldsymbol{P}_{i+1} = \boldsymbol{R}_{i+1} - \beta_i \boldsymbol{P}_i$$

上述过程一直到 $\| R_i \| < \varepsilon$ 或 $i=n-1$ 为止。

特别要指出，本方法只适用于对称正定方程组。

在本函数中要调用矩阵相乘的函数 tmul()。

【函数语句与形参说明】

```
void grad(double a[],int n,double b[],double eps,double x[])
```

形参与函数类型	参 数 意 义
double　a[n][n]	存放对称正定矩阵 **A**
int　n	方程组的阶数
double　b[n]	存放方程组右端的常数向量
double　eps	控制精度要求
double　x[n]	返回方程组的解向量
void　grad()	过程

【函数程序】

```
//共轭梯度法.cpp
#include <iostream>
#include <cmath>
#include "矩阵相乘.cpp"
using namespace  std;
//a[n][n]         存放对称正定矩阵
//n               方程组的阶数
//b[n]            存放方程组右端的常数向量
//eps             控制精度要求
//x[n]            返回方程组的解向量
void grad(double a[],int n,double b[],double eps,double x[])
{ int i,k;
  double *p,*r,*s,*q,alpha,beta,d,e;
  p=new double[n];
  r=new double[n];
  s=new double[n];
  q=new double[n];
```

```
    for (i=0; i<=n-1; i++)
      { x[i]=0.0; p[i]=b[i]; r[i]=b[i]; }
    i=0;
    while (i<=n-1)
      { tmul(a,n,n,p,n,1,s);
        d=0.0; e=0.0;
        for (k=0; k<=n-1; k++)
          { d=d+p[k] * b[k]; e=e+p[k] * s[k]; }
        alpha=d/e;
        for (k=0; k<=n-1; k++)
          x[k]=x[k]+alpha * p[k];
        tmul(a,n,n,x,n,1,q);
        d=0.0;
        for (k=0; k<=n-1; k++)
          { r[k]=b[k]-q[k]; d=d+r[k] * s[k]; }
        beta=d/e; d=0.0;
        for (k=0; k<=n-1; k++) d=d+r[k] * r[k];
        d=sqrt(d);
        if (d<eps)
          { delete[] p; delete[] r; delete[] s; delete[] q;return;}
        for (k=0; k<=n-1; k++)
          p[k]=r[k]-beta * p[k];
        i=i+1;
      }
    delete[] p; delete[] r; delete[] s; delete[] q;
    return;
}
```

【例】 用共轭梯度法求解4阶对称正定方程组 $\boldsymbol{AX}=\boldsymbol{B}$。其中

$$\boldsymbol{A}=\begin{bmatrix}5 & 7 & 6 & 5\\7 & 10 & 8 & 7\\6 & 8 & 10 & 9\\5 & 7 & 9 & 10\end{bmatrix},\quad \boldsymbol{B}=\begin{bmatrix}23\\32\\33\\31\end{bmatrix}$$

取 $\varepsilon=0.000\,001$。

主函数程序如下：

```
#include <iostream>
#include <cmath>
#include "共轭梯度法.cpp"
using namespace  std;
int main()
{
    int i;
    double eps,x[4];
    double a[4][4]={{5.0,7.0,6.0,5.0},
```

```
                        {7.0,10.0,8.0,7.0},
                        {6.0,8.0,10.0,9.0},
                        {5.0,7.0,9.0,10.0}};
    double b[4]={23.0,32.0,33.0,31.0};
    eps=0.000001;
    grad(&a[0][0],4,b,eps,x);
    for (i=0; i<=3; i++)  cout <<"x(" <<i <<") =" <<x[i] <<endl;
    return 0;
}
```

运行结果为

```
x[0]=1
x[1]=1
x[2]=1
x[3]=1
```

4.10 求解线性最小二乘问题的豪斯荷尔德变换法

【功能】

用豪斯荷尔德变换求解线性最小二乘问题。

【方法说明】

设超定方程组为 $\boldsymbol{AX}=\boldsymbol{B}$,其中 A 为 $m\times n(m\geqslant n)$列线性无关的矩阵,$\boldsymbol{X}$ 为 n 维列向量,$\boldsymbol{B}$ 为 m 维列向量。

用豪斯荷尔德变换将 $\boldsymbol{A}$ 进行 QR 分解。即

$$\boldsymbol{A}=\boldsymbol{QR}$$

其中 $\boldsymbol{Q}$ 为 $m\times m$ 的正交矩阵,$\boldsymbol{R}$ 为上三角矩阵。具体分解过程见 2.9 节的方法说明。

设

$$\boldsymbol{E}=\boldsymbol{B}-\boldsymbol{AX}$$

用 $\boldsymbol{Q}^{\mathrm{T}}$ 乘上式两端得

$$\boldsymbol{Q}^{\mathrm{T}}\boldsymbol{E}=\boldsymbol{Q}^{\mathrm{T}}\boldsymbol{B}-\boldsymbol{Q}^{\mathrm{T}}\boldsymbol{AX}=\boldsymbol{Q}^{\mathrm{T}}\boldsymbol{B}-\boldsymbol{RX}$$

因为 $\boldsymbol{Q}^{\mathrm{T}}$ 为正交矩阵,所以有

$$\|\boldsymbol{E}\|_2^2=\|\boldsymbol{Q}^{\mathrm{T}}\boldsymbol{E}\|_2^2=\|\boldsymbol{Q}^{\mathrm{T}}\boldsymbol{B}-\boldsymbol{RX}\|_2^2$$

若令

$$\boldsymbol{Q}^{\mathrm{T}}\boldsymbol{B}=\begin{bmatrix}\boldsymbol{C}\\ \boldsymbol{D}\end{bmatrix},\quad \boldsymbol{RX}=\begin{bmatrix}\boldsymbol{R}_1\\ 0\end{bmatrix}\boldsymbol{X}$$

其中 $\boldsymbol{C}$ 为 n 维列向量,$\boldsymbol{D}$ 为 $m-n$ 维列向量,$\boldsymbol{R}_1$ 为 $n\times n$ 的上三角方阵,0 为$(m-n)\times n$ 的零矩阵。则有

$$\|\boldsymbol{E}\|_2^2=\|\boldsymbol{C}-\boldsymbol{R}_1X\|_2^2+\|\boldsymbol{D}\|_2^2$$

显然,当 $\boldsymbol{X}$ 满足 $\boldsymbol{R}_1\boldsymbol{X}=\boldsymbol{C}$ 时,$\|\boldsymbol{E}\|_2^2$ 将取最小值。

由上所述，求解线性最小二乘问题 $\boldsymbol{AX}=\boldsymbol{B}$ 的步骤如下。

(1) 对 $\boldsymbol{A}$ 进行 QR 分解。即

$$\boldsymbol{A}=\boldsymbol{QR}$$

其中 $\boldsymbol{Q}$ 为 $m\times m$ 的正交矩阵，$\boldsymbol{R}$ 为上三角矩阵。且令

$$\boldsymbol{R}=\begin{bmatrix}\boldsymbol{R}_1\\0\end{bmatrix}$$

其中 $\boldsymbol{R}_1$ 为 $n\times n$ 的上三角方阵。

(2) 计算

$$\begin{bmatrix}\boldsymbol{C}\\\boldsymbol{D}\end{bmatrix}=\boldsymbol{Q}^{\mathrm{T}}\boldsymbol{B}$$

其中 $\boldsymbol{C}$ 为 n 维列向量。

(3) 利用回代求解方程组 $\boldsymbol{R}_1\boldsymbol{X}=\boldsymbol{C}$。

本函数要调用 QR 分解的函数 maqr()，具体请参看 2.9 节的方法说明。

【函数语句与形参说明】

```
int gmqr(double a[], int m, int n, double b[], double q[])
```

形参与函数类型	参数意义
double a[m][n]	存放超定方程组的系数矩阵 $\boldsymbol{A}$。返回时存放 QR 分解式中的 $\boldsymbol{R}$ 矩阵
int m	系数矩阵 $\boldsymbol{A}$ 的行数。要求 $m\geqslant n$
int n	系数矩阵 $\boldsymbol{A}$ 的列数。要求 $n\leqslant m$
double b[m]	存放方程组右端的常数向量。返回时前 n 个分量存放方程组的最小二乘解
double q[m][m]	返回时存放 QR 分解式中的正交矩阵 $\boldsymbol{Q}$
int gmqr()	函数返回标志值。若返回的标志值为 0，则表示程序工作失败（如 A 列线性相关）；若返回的标志值不为 0，则表示正常返回

【函数程序】

```
//线性最小二乘问题的 Householder 法.cpp
#include <iostream>
#include <cmath>
#include "实矩阵的 QR 分解.cpp"
using namespace  std;
//a[m][n]        超定方程组的系数矩阵，返回时存放 QR 分解式中的 R 矩阵
//m              方程个数，也是系数矩阵的行数
//n              未知数个数，也是系数矩阵的列数。要求 m>=n
//b[m]           存放方程组右端常数向量。返回时前 n 个分量存放方程组最小二乘解
//q[m][m]        返回时存放 QR 分解式中的正交矩阵 Q
//函数返回标志值。若=0 则表示失败；否则表示正常
int gmqr(double a[], int m, int n, double b[], double q[])
{
```

```
    int i,j;
    double d, * c;
    c=new double[n];
    i=maqr(a,m,n,q);
    if (i==0)
    {
        delete[] c; return(0);
    }
    for (i=0; i<=n-1; i++)
    {
        d=0.0;
        for (j=0; j<=m-1; j++) d=d+q[j * m+i] * b[j];
        c[i]=d;
    }
    b[n-1]=c[n-1]/a[n * n-1];
    for (i=n-2; i>=0; i--)
    {
        d=0.0;
        for (j=i+1; j<=n-1; j++) d=d+a[i * n+j] * b[j];
        b[i]=(c[i]-d)/a[i * n+i];
    }
    delete[] c; return(1);
}
```

【例】 求下列超定方程组的最小二乘解，并求系数矩阵的 QR 分解式：

$$\begin{cases} x_0 + x_1 - x_2 = 2 \\ 2x_0 + x_1 = -3 \\ x_0 - x_1 = 1 \\ -x_0 + 2x_1 + x_2 = 4 \end{cases}$$

主函数程序如下：

```
#include <iostream>
#include <iomanip>
#include <cmath>
#include "线性最小二乘问题的 Householder 法.cpp"
using namespace  std;
int main()
{ int i,j,m,n;
  double a[4][3]={ {1.0,1.0,-1.0},{2.0,1.0,0.0},
                   {1.0,-1.0,0.0},{-1.0,2.0,1.0}};
  double b[4]={2.0,-3.0,1.0,4.0};
  double q[4][4];
  m=4; n=3;
  i=gmqr(&a[0][0],m,n,b,&q[0][0]);
  if (i!=0)
```

```
  {
      cout <<"最小二乘解 :" <<endl;
      for (i=0; i<=2; i++)
          cout <<"x(" <<i <<") =" <<b[i] <<endl;
      cout <<"正交矩阵 Q :" <<endl;
      for (i=0; i<=3; i++)
      {
          for (j=0; j<=3; j++)
              cout <<setw(15) <<q[i][j];
          cout <<endl;
      }
      cout <<"矩阵 R :" <<endl;
      for (i=0; i<=3; i++)
      {
          for (j=0; j<=2; j++)
              cout <<setw(15) <<a[i][j];
          cout <<endl;
      }
  }
  return 0;
}
```

运行结果为

```
最小二乘解 :
x(0) = -1.19048
x(1) = 0.952381
x(2) = -0.666667
正交矩阵Q :
      -0.377964      -0.377964       0.755929       0.377964
      -0.755929      -0.377964      -0.377964      -0.377964
      -0.377964       0.377964      -0.377964       0.755929
       0.377964      -0.755929      -0.377964       0.377964
矩阵R :
       -2.64575  -2.22045e-016       0.755929
              0       -2.64575      -0.377964
              0              0       -1.13389
              0              0              0
```

4.11 求解线性最小二乘问题的广义逆法

【功能】

利用广义逆求超定方程组 $\boldsymbol{AX}=\boldsymbol{B}$ 的最小二乘解。其中 $\boldsymbol{A}$ 为 $m\times n(m\geqslant n)$ 的矩阵，且列线性无关。当 $m=n$ 时，即为求线性代数方程组的解。

【方法说明】

首先对矩阵 $\boldsymbol{A}$ 进行奇异值分解(参看2.10节的方法说明)。即

$$\boldsymbol{A}=\boldsymbol{U}\begin{bmatrix}\boldsymbol{\Sigma} & 0\\ 0 & 0\end{bmatrix}\boldsymbol{V}^{\mathrm{T}}$$

然后利用奇异值分解式计算 $\boldsymbol{A}$ 的广义逆 $\boldsymbol{A}^+$(参看 2.11 节的方法说明)。即

$$\boldsymbol{A}^+ = \boldsymbol{V}_1\boldsymbol{\Sigma}^{-1}\boldsymbol{U}_1^{\mathrm{T}}$$

最后利用广义逆 $\boldsymbol{A}^+$ 求超定方程组 $\boldsymbol{AX}=\boldsymbol{B}$ 的最小二乘解。即

$$\boldsymbol{X} = \boldsymbol{A}^+\boldsymbol{B}$$

本函数要调用求广义逆的函数 ginv()(参看 2.11 节的方法说明),求广义逆的函数要调用奇异值分解的函数 muav()(参看 2.10 节的方法说明)。

【函数语句与形参说明】

```
int gmiv(double a[], int m, int n, double b[], double x[],
    double aa[], double eps, double u[], double v[], int ka)
```

形参与函数类型	参数意义
double　a[m][n]	存放超定方程组的系数矩阵 $\boldsymbol{A}$。返回时其对角线依次给出奇异值,其余元素为 0
int　m	系数矩阵 $\boldsymbol{A}$ 的行数
int　n	系数矩阵 $\boldsymbol{A}$ 的列数
double　b[m]	存放超定方程组右端的常数向量
double　x[n]	返回超定方程组的最小二乘解
double　aa[n][m]	返回系数矩阵 $\boldsymbol{A}$ 的广义逆 $\boldsymbol{A}^+$
double　eps	奇异值分解中的控制精度要求
double　u[m][m]	返回系数矩阵 $\boldsymbol{A}$ 的奇异值分解式中的左奇异向量 $\boldsymbol{U}$
double　v[n][n]	返回系数矩阵 $\boldsymbol{A}$ 的奇异值分解式中的右奇异向量 $\boldsymbol{V}^{\mathrm{T}}$
int　ka	$\mathrm{ka}=\max(m,n)+1$
int　gmiv()	函数返回标志值。若返回的标志值小于 0,则表示程序工作失败;若返回的标志值大于 0,则表示正常返回

【函数程序】

```
//线性最小二乘问题的广义逆法.cpp
#include <iostream>
#include <cmath>
#include "求矩阵广义逆的奇异值分解法.cpp"
using namespace  std;
//a[m][n]      超定方程组的系数矩阵 A。返回时其对角线依次给出奇异值,其余元素为 0
//m            方程个数,也是系数矩阵的行数
//n            未知数个数,也是系数矩阵的列数。要求 m>=n
//b[m]         存放超定方程组右端的常数向量
//x[n]         返回超定方程组的最小二乘解
//aa[n][m]     返回系数矩阵 A 的广义逆 A+
//eps          奇异值分解中的控制精度要求
//u[m][m]      返回 A 的奇异值分解式中的左奇异向量 U
```

```
//v[n][n]        返回 A 的奇异值分解式中的右奇异向量 V+
//ka             ka =max(m,n) +1
//函数返回标志值。若值小于 0 则表示失败;若值大于 0 则表示正常
int gmiv(double a[], int m, int n, double b[], double x[],
         double aa[], double eps, double u[], double v[], int ka)
{
    int i,j;
    i=ginv(a,m,n,aa,eps,u,v,ka);
    if (i<0) return(-1);
    for (i=0; i<=n-1; i++)
    {
        x[i]=0.0;
        for (j=0; j<=m-1; j++)  x[i]=x[i]+aa[i*m+j]*b[j];
    }
    return(1);
}
```

【例】 求下列超定方程组的最小二乘解,并求系数矩阵的广义逆:

$$\begin{cases} x_0 + x_1 - x_2 = 2 \\ 2x_0 + x_1 = -3 \\ x_0 - x_1 = 1 \\ -x_0 + 2x_1 + x_2 = 4 \end{cases}$$

取 $\varepsilon=0.000\ 001$。

主函数程序如下:

```
#include <iostream>
#include <cmath>
#include <iomanip>
#include "线性最小二乘问题的广义逆法.cpp"
using namespace  std;
int main()
{
    int i,j,m,n,ka;
    double x[3],aa[3][4],u[4][4],v[3][3];
    double a[4][3]={ {1.0,1.0,-1.0},{2.0,1.0,0.0},
                     {1.0,-1.0,0.0},{-1.0,2.0,1.0}};
    double b[4]={2.0,-3.0,1.0,4.0};
    double eps;
    m=4; n=3; ka=5; eps=0.000001;
    i=gmiv(&a[0][0],m,n,b,x,&aa[0][0],eps,&u[0][0],&v[0][0],ka);
    if (i>0)
    {
        cout <<"最小二乘解 :" <<endl;
        for (i=0; i<=2; i++)
            cout <<"x(" <<i <<")=" <<x[i] <<endl;
```

```
        cout <<"广义逆 A+:\n";
        for (i=0; i<=2; i++)
        {
            for (j=0; j<=3; j++)
                cout <<setw(15) <<aa[i][j];
            cout <<endl;
        }
    }
    return 0;
}
```

运行结果为

```
最小二乘解 :
x(0) = -1.19048
x(1) = 0.952381
x(2) = -0.666667
广义逆 A+ :
      -0.047619       0.380952       0.238095      -0.047619
       0.238095      0.0952381      -0.190476       0.238095
      -0.666667       0.333333       0.333333       0.333333
```

4.12 求解病态方程组

【功能】

求解病态线性代数方程组 $\boldsymbol{AX}=\boldsymbol{B}$。

【方法说明】

设线性代数方程组 $\boldsymbol{AX}=\boldsymbol{B}$ 是病态的。其求解的步骤如下。

(1) 用全选主元高斯消去法求解,得到一组近似解 $\boldsymbol{X}^{(1)}=(x_0^{(1)},x_1^{(1)},\cdots,x_{n-1}^{(1)})^{\mathrm{T}}$。

(2) 计算剩余向量

$$\boldsymbol{R}=\boldsymbol{B}-\boldsymbol{X}^{(1)}$$

(3) 用全选主元高斯消去法求解线性代数方程组

$$\boldsymbol{AE}=\boldsymbol{R}$$

解出 $\boldsymbol{E}=(e_0,e_1,\cdots,e_{n-1})^{\mathrm{T}}$。

(4) 计算

$$\boldsymbol{X}^{(2)}=\boldsymbol{X}^{(1)}+\boldsymbol{E}$$

(5) 令 $\boldsymbol{X}^{(1)}=\boldsymbol{X}^{(2)}$,转步骤(2)重复这个过程。直到满足条件

$$\max_{0\leqslant i\leqslant n-1}\frac{|x_i^{(2)}-x_i^{(1)}|}{1+|x_i^{(2)}|}<\varepsilon$$

为止。其中 ε 为给定的精度要求。

本函数要调用全选主元高斯消去法求解线性代数方程组的函数 gauss()(参看 4.1 节方法说明)。

【函数语句与形参说明】

```
int bingt(double a[], int n, double b[], double eps, double x[])
```

形参与函数类型	参数意义
double a[n][n]	存放方程组的系数矩阵
int n	方程组的阶数
double b[n]	方程组右端的常数向量
double eps	控制精度要求
double x[n]	返回方程组的解向量。若系数矩阵奇异则返回0向量
int bingt()	若系数矩阵奇异或校正达到10次还不满足精度要求，则显示错误信息，并返回0标志值；正常则返回非0标志值

【函数程序】

```
//病态方程组.cpp
#include <cmath>
#include <iostream>
#include "gauss消去法.cpp"
using namespace std;
//a[n][n]        系数矩阵
//n              方程组的阶数
//b[n]           常数向量
//eps            控制精度要求
//x[n]           返回解向量。若系数矩阵奇异,返回0向量
//若系数矩阵奇异或校正达到10次还不满足精度要求,则显示错误信息,并返回0标志值
//正常则返回非0标志值
int bingt(double a[], int n, double b[], double eps, double x[])
{
    int i,j,k;
    double q, qq;
    double *p, *r, *e;
    p=new double[n*n];
    r=new double[n];
    e=new double[n];
    k=0;
    for (i=0; i<=n-1; i++)
    for (j=0; j<=n-1; j++)  p[i*n+j]=a[i*n+j];
    for (i=0; i<=n-1; i++)  x[i]=b[i];
    i=gauss(p,x,n);
    if (i==0)
    {
        delete[] p; delete[] r; delete[] e; return 0;
    }
    q=1.0+eps;
    while (q>=eps)
    {
```

```
        if (k==10)
        {
            cout <<"校正达到 10 次!\n";
            delete[] p; delete[] r; delete[] e; return 0;
        }
        k=k+1;
        for (i=0; i<=n-1; i++)
        {
            e[i]=0;
            for (j=0; j<=n-1; j++) e[i]=e[i]+a[i*n+j]*x[j];
        }
        for ( i=0; i<=n-1; i++)   r[i]=b[i]-e[i];
        for ( i=0; i<=n-1; i++)
        for ( j=0; j<=n-1; j++)   p[i*n+j]=a[i*n+j];
        i =gauss(p,r,n);
        if ( i ==0 )
        {
            delete[] p; delete[] r; delete[] e;   return 0;
        }
        q=0.0;
        for ( i=0; i<=n-1; i++)
        {
            qq=fabs(r[i])/(1.0+fabs(x[i]+r[i]));
            if (qq>q) q=qq;
        }
        for ( i=0; i<=n-1; i++) x[i]=x[i]+r[i];
    }
    cout <<"校正次数为"  <<k <<endl;
    delete[] p; delete[] r; delete[] e; return 1;
}
```

【例】 求解 5 阶 Hilbert 方程组。其中常数向量为[1,0,0,0,1]。取 $\varepsilon=0.000\,000\,01$。主函数程序如下：

```
#define N  5
#include <cmath>
#include <iostream>
#include <iomanip>
#include "病态方程组.cpp"
using namespace std;
int main()
{
    int i, j;
    double a[N][N];
    double r[N], x[N], b[N]={1.0, 0.0, 0.0, 0.0, 1.0};
    for (i=0; i<N; i++)
```

```
        for (j=0; j<N; j++)  a[i][j]=1.0/(1.0+i+j);
    cout <<"系数矩阵:\n";
    for (i=0; i<N; i++)
    {
        for (j=0; j<N; j++)  cout <<setw(10) <<a[i][j];
        cout <<endl;
    }
    cout <<"常数向量:\n";
    for (i=0; i<N; i++)  cout <<b[i] <<"    ";
    cout <<endl;
    cout <<"解向量:\n";
    bingt(&a[0][0],N,b,0.00000001 ,x);
    for (i=0; i<N; i++)
          cout <<"x(" <<i <<")=" <<x[i] <<endl;
    cout <<"残向量:\n";
    for (i=0; i<N; i++)
    {
        r[i]=0;
        for (j=0; j<N; j++)  r[i]=r[i]+a[i][j] * x[j];
        r[i]=b[i]-r[i];
        cout <<"r(" <<i <<")=" <<r[i] <<endl;
    }
    return 0;
}
```

运行结果为

```
系数矩阵:
         1       0.5  0.333333      0.25       0.2
       0.5  0.333333      0.25       0.2  0.166667
  0.333333      0.25       0.2  0.166667  0.142857
      0.25       0.2  0.166667  0.142857     0.125
       0.2  0.166667  0.142857     0.125  0.111111
常数向量:
1    0    0    0    1
解向量:
校正次数为1
x(0)=655
x(1)=-12900
x(2)=57750
x(3)=-89600
x(4)=44730
残向量:
r(0)=1.81899e-012
r(1)=3.63798e-012
r(2)=1.81899e-012
r(3)=9.09495e-013
r(4)=9.09495e-013
```

需要指出的是，当采用高精度计算工具求解较低阶病态方程组时，直接用全选主元高斯消去法就能得到较精确的解向量，因此在本例中只校正了一次。

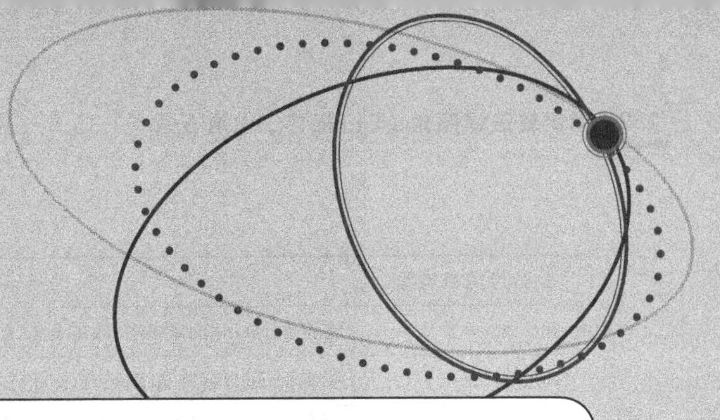

第 5 章

非线性方程与方程组的求解

5.1 求非线性方程实根的对分法

【功能】

用对分法搜索方程 $f(x)=0$ 在区间 $[a,b]$ 内的实根。

【方法说明】

从区间左端点 $x=a$ 开始，以 h 为步长，逐步往后进行搜索。

对于在搜索过程中遇到的每一个子区间 $[x_k,x_{k+1}]$（其中 $x_{k+1}=x_k+h$）做如下处理：

若 $f(x_k)=0$，则 x_k 为一个实根，且从 $x_k+h/2$ 开始往后再搜索；

若 $f(x_{k+1})=0$，则 x_{k+1} 为一个实根，且从 $x_{k+1}+h/2$ 开始往后再搜索；

若 $f(x_k)f(x_{k+1})>0$，则说明在当前子区间内无实根或 h 选得过大，放弃本子区间，从 x_{k+1} 开始往后再搜索；

若 $f(x_k)f(x_{k+1})<0$，则说明在当前子区间内有实根，此时利用对分法，直到求得一个实根为止，然后从 x_{k+1} 开始往后再搜索。

上述过程一直进行到区间右端点 b 为止。

特别要注意，在根的搜索过程中，要合理选择步长，尽量避免根的丢失。

【函数语句与形参说明】

```
int dhrt(double a, double b, double h, double eps, double x[],
                                   int m, double (* f)(double))
```

形参与函数类型	参数意义
double a	求根区间的左端点
double b	求根区间的右端点
double h	搜索求根时采用的步长
double eps	控制精度要求
double x[m]	返回在区间 $[a,b]$ 内的实根。实根个数由函数值返回

续表

形参与函数类型	参数意义
int m	在区间[a,b]内实根个数的预估值
double (*f)()	指向计算方程左端函数 $f(x)$值的函数名(由用户自编)
int dhrt()	函数返回在区间[a,b]内实际搜索到的实根个数。若此值等于 m,则有可能没有搜索完

计算方程左端函数 $f(x)$值的函数形式为

```
double  f(double x)
{ double  z;
  z=f(x)的表达式;
  return(z);
}
```

【函数程序】

```
//方程求根对分法.cpp
#include <cmath>
#include <iostream>
using namespace std;
//a         求根区间的左端点
//b         求根区间的右端点
//h         搜索求根所采用的步长
//eps       控制精度要求
//x[m]      存放返回的实根。实根个数由函数值返回
//m         实根个数的预估值
//f         方程左端函数 f(x)的函数名
//函数返回搜索到的实根个数。若此值等于 m,则可能没有搜索完
int dhrt(double a, double b, double h, double eps, double x[],
                                      int m, double (* f)(double))
{
    int n,js;
    double z,y,z1,y1,z0,y0;
    if (a>b)
    {
        z =a; a =b; b =z;
    }
    n=0; z=a; y=(* f)(z);
    while ((z<=b+h/2.0)&&(n!=m))
    {
        if (fabs(y)<eps)
        {
            n=n+1; x[n-1]=z;
            z=z+h/2.0; y=(* f)(z);
```

```
        }
        else
        {
            z1=z+h; y1=(*f)(z1);
            if (fabs(y1)<eps)
            {
                n=n+1; x[n-1]=z1;
                z=z1+h/2.0; y=(*f)(z);
            }
            else if (y*y1>0.0)
            {
                y=y1; z=z1;
            }
            else
            {
                js=0;
                while (js==0)
                {
                    if (fabs(z1-z)<eps)
                    {
                        n=n+1; x[n-1]=(z1+z)/2.0;
                        z=z1+h/2.0; y=(*f)(z);
                        js=1;
                    }
                    else
                    {
                        z0=(z1+z)/2.0; y0=(*f)(z0);
                        if (fabs(y0)<eps)
                        {
                            x[n]=z0; n=n+1; js=1;
                            z=z0+h/2.0; y=(*f)(z);
                        }
                        else if ((y*y0)<0.0)
                        {
                            z1=z0; y1=y0;
                        }
                        else { z=z0; y=y0;}
                    }
                }
            }
        }
    }
    return(n);
}
```

【例】 求方程

$$f(x)=x^6-5x^5+3x^4+x^3-7x^2+7x-20=0$$

在区间[−2,5]内的所有实根。取步长 $h=0.2$，控制精度要求为 $\varepsilon=0.000\ 001$。

由于本方程为6次代数方程，最多有6个实根，因此取 $m=6$。

主函数程序与计算方程左端函数 $f(x)$ 值的函数程序如下：

```
//方程求根对分法例
#include <cmath>
#include <iostream>
#include "方程求根对分法.cpp"
using namespace std;
int main()
{
    int i,n;
    int m=6;
    double x[6];
    double dhrtf(double);
    n=dhrt(-2.0,5.0,0.2,0.000001,x,m,dhrtf);
    cout <<"根的个数 =" <<n <<endl;
    for (i=0; i<=n-1; i++)
        cout <<"x(" <<i <<") =" <<x[i] <<endl;
    return 0;
}
//f(x)
double dhrtf(double x)
{
    double z;
    z=(((((x-5.0)*x+3.0)*x+1.0)*x-7.0)*x+7.0)*x-20.0;
    return(z);
}
```

运行结果为

```
根的个数=2
x(0)=-1.40246
x(1)=  4.33376
```

5.2 求非线性方程一个实根的牛顿迭代法

【功能】

用牛顿迭代法求方程 $f(x)=0$ 的一个实根。

【方法说明】

设方程 $f(x)=0$ 满足下列条件：

(1) $f(x)$在区间$[a,b]$上的 $f'(x)$ 与 $f''(x)$ 均存在，且 $f'(x)$ 与 $f''(x)$ 的符号在区间$[a,b]$上均各自保持不变；

(2) $f(a)f(b)<0$;

(3) $f(x_0)f''(x_0)>0, x_0, x\in[a,b]$。

则方程 $f(x)=0$ 在区间$[a,b]$上有且只有一个实根,由牛顿迭代公式

$$x_{n+1} = x_n - \frac{f(x_n)}{f'(x_n)}$$

计算得到的根的近似值序列收敛于方程 $f(x)=0$ 的根。

结束迭代过程的条件为

$$|f(x_{n+1})|<\varepsilon \quad 与 \quad |x_{n+1}-x_n|<\varepsilon$$

同时成立。其中,ε 为预先给定的精度要求。

【函数语句与形参说明】

```
int newt(double * x, double eps, double (* f)(double), double (* df)(double))
```

形参与函数类型	参数意义
double * x	指向迭代初值。返回时指向迭代终值
double eps	控制精度要求
double (* f)()	指向计算 $f(x)$值的函数名(由用户自编)
double (* df)()	指向计算 $f'(x)$值的函数名(由用户自编)
int newt()	函数返回迭代次数。若返回-1,则表示出现 $f'(x)=0$ 的情况。程序最多迭代次数为 500

计算 $f(x)$与 $f'(x)$值的函数形式为

```
double  f(double x)
{
    double y;
    y = f(x)的表达式;
    return(y);
}
double  df(double x)
{
    double dy;
    dy = f'(x) 的表达式;
    return(dy);
}
```

【函数程序】

```
//方程求根 newton 法.cpp
#include <iostream>
#include <cmath>
using namespace std;
//x          存放方程根的初值。返回迭代终值
```

```
//eps      控制精度要求
//f        方程左端函数 f(x)的函数名
//df       方程左端函数 f(x)一阶导函数名
//函数返回迭代次数。若返回 -1,则表示出现 df/dx=0 的情况。程序最多迭代次数为 500
int newt(double *x, double eps, double (*f)(double), double (*df)(double))
{
    int k, interation;
    double y, dy, d, p, x0, x1;
    interation =500;                                //最大迭代次数
    k =0; x0 = *x;
    y = (*f)(x0); dy = (*df)(x0);
    d=eps+1.0;
    while ((d>=eps)&&(k!=interation))
    {
        if (fabs(dy)+1.0==1.0)                      //出现 df(x)/dx=0
        {
            cout <<"dy ==0 !";  return(-1);
        }
      x1 =x0 -y/dy;                                 //迭代
      y = (*f)(x1); dy = (*df)(x1);
      d=fabs(x1-x0); p=fabs(y);
      if (p>d) d=p;
      x0 =x1; k =k +1;
    }
    *x =x0;
    return(k);
}
```

【例】 用牛顿迭代法求方程

$$f(x) = x^3 - x^2 - 1 = 0$$

在 $x_0=1.5$ 附近的一个实根。取 $\varepsilon=0.000\,001$。其中

$$f'(x) = 3x^2 - 2x$$

主函数程序以及计算 $f(x)$与 $f'(x)$值的函数程序如下：

```
//方程求根 newton 法例
#include <cmath>
#include <iostream>
#include "方程求根 newton 法.cpp"
using namespace std;
int main()
{
    int k;
    double x,eps;
    double newtf(double x), newtdf(double x);
    eps=0.000001;  x=1.5;
    k=newt(&x,eps,newtf,newtdf);
```

```
    if (k>=0)
    {
        cout <<"迭代次数 =" <<k <<endl;
        cout <<"迭代终值 x =" <<x <<endl;
    }
    return 0;
}
//f(x)
double newtf(double x)
{
    return(x*x*(x-1.0)-1.0);
}
//df(x)/dx
double newtdf(double x)
{
    return(3.0*x*x -2.0*x);
}
```

运行结果为

```
迭代次数=4
迭代终值 x=1.46557
```

5.3 求非线性方程一个实根的埃特金迭代法

【功能】

用埃特金(Aitken)迭代法求非线性方程 $x=\varphi(x)$ 的一个实根。

【方法说明】

设非线性方程为

$$x = \varphi(x)$$

取初值 x_0。埃特金迭代法迭代一次的过程如下。

预报

$$u = \varphi(x_n)$$

再预报

$$v = \varphi(u)$$

校正

$$x_{n+1} = v - \frac{(v-u)^2}{v-2u+x_n}$$

结束迭代过程的条件为

$$|v-u| < \varepsilon$$

此时 v 即为非线性方程的一个实根。其中,ε 为预先给定的精度要求。

埃特金迭代法具有良好的收敛性。一方面，埃特金迭代法的收敛速度比较快；另一方面，一个简单迭代法不收敛的迭代公式经埃特金迭代法处理后一般就会收敛。

【函数语句与形参说明】

```
int atkn(double *x, double eps, double (*f)(double))
```

形参与函数类型	参数意义
double *x	指向迭代初值。返回时指向迭代终值
double eps	控制精度要求
double (*f)()	指向计算 $\varphi(x)$值的函数名（由用户自编）
int atkn()	函数返回迭代次数。程序最多迭代次数为500

计算 $\varphi(x)$值的函数形式为

```
double  f(double x)
{ double  y;
  y=φ(x)的表达式;
  return(y);
}
```

【函数程序】

```
//方程求根aitken迭代法.cpp
#include <cmath>
#include <iostream>
using namespace std;
//x        存放方程根的初值。返回迭代终值
//eps      控制精度要求
//f        简单迭代公式右端函数φ(x)的函数名
//函数返回迭代次数。程序最多迭代次数为500
int atkn(double *x, double eps, double (*f)(double))
{
    int flag, k, interation;
    double u, v, x0;
    interation =500;                          //最大迭代次数
    k =0; x0 = *x; flag =0;
    while ((flag==0)&&(k!=interation))
    {
        k =k +1;
        u =(*f)(x0); v =(*f)(u);
        if (fabs(u-v)<eps)
        {
            x0 =v; flag =1;
        }
```

```
        else
            x0 =v- (v-u) * (v-u)/(v-2.0 * u+x0);
    }
    * x =x0;
    return(k);
}
```

【例】 用埃特金迭代法求方程

$$x = 6 - x^2$$

在 $x_0=0.0$ 附近的一个实根。取 $\varepsilon=0.000\ 000\ 1$。

主函数程序以及计算 $\varphi(x)$ 值的函数程序如下：

```
//方程求根 aitken 迭代法例
#include <cmath>
#include <iostream>
#include "方程求根 aitken 迭代法.cpp"
using namespace std;
int main()
{
    int k;
    double x,eps,atknf(double);
    eps =0.0000001;  x =0.0;
    k =atkn(&x,eps,atknf);
    cout <<"迭代次数 =" <<k <<endl;
    cout <<"迭代终值 x =" <<x <<endl;
    return 0;
}
//φ(x)
double atknf(double x)
{
    return(6.0-x * x);
}
```

运行结果为

```
迭代次数=8
迭代终值 x=2
```

5.4 求非线性方程一个实根的试位法

【功能】

利用试位法求非线性方程 $f(x)=0$ 在给定区间 $[a, b]$ 内的一个实根。

【方法说明】

试位法也称割线法。

设 $f(a)f(b)<0$,则在区间$[a,b]$内有实根。

用直线(即弦)连接点$(a,f(a))$和$(b,f(b))$。弦的方程是

$$y(x)=\left[\frac{f(b)-f(a)}{b-a}\right]x+\left[f(a)-\frac{f(b)-f(a)}{b-a}a\right]$$

令 $y(x)=0$,解出的 x 值作为方程根的估值,得到

$$x_{\text{new}}=\frac{af(b)-bf(a)}{f(b)-f(a)}$$

有了估值 x_{new}后,检验乘积 $f(a)f(x_{\text{new}})$的符号。如果这个乘积小于0,则置 $b=x_{\text{new}}$,否则置 $a=x_{\text{new}}$。如果这个乘积的值是0(或小于指定的公差 eps),则 x_{new}就是要求的根。

【函数语句与形参说明】

```
int fals(double a, double b, double eps, double (*f)(double), double *x)
```

形参与函数类型	参数意义
double a	求根区间的左端点
double b	求根区间的右端点
double eps	控制精度要求
double (*f)()	指向计算方程左端函数 $f(x)$值的函数名(由用户自编)
double *x	存放方程根的初值。返回迭代终值
int fals()	函数返回迭代次数。若为-1则表示 $f(a)f(b)>0$

计算方程左端函数 $f(x)$值的函数形式为

```
double  f(double x)
{ double  z;
  z=f(x)的表达式;
  return(z);
}
```

【函数程序】

```
//方程求根试位法.cpp
#include <iostream>
#include <cmath>
using namespace std;
//a          求根区间的左端点
//b          求根区间的右端点
//eps        控制精度要求
//f          方程左端函数 f(x)的函数名
//x          存放方程根的初值。返回迭代终值
//函数返回迭代次数。若为-1 则表示 f(a)f(b)>0
int fals(double a, double b, double eps, double (*f)(double), double *x)
{
```

```
    int m;
    double fa, fb, y;
    m =0;
    fa = (* f) (a);  fb = (* f) (b);
    if (fa * fb >0)  return(-1);
    do
    {
        m =m +1;
        * x = (a * fb -b * fa)/(fb -fa);
        y = (* f) (* x);
        if (y * fa <0) { b = * x; fb =y; }
        else  { a = * x; fa =y; }
    } while (fabs(y) >=eps);
    return(m);
}
```

【例】 用试位法求方程

$$x^3 - 2x^2 + x - 2 = 0$$

在区间[1,3]内的一个实根。取 ε=0.000 001。

主函数以及计算 $f(x)$ 值的函数程序如下：

```
//方程求根试位法例
#include <iostream>
#include <cmath>
#include "方程求根试位法.cpp"
using namespace std;
int main ()                                                //主函数
{
    int k;
    double x, func(double);
    k =fals(1.0, 3.0, 0.000001, func, &x);                 //执行试位法
    cout <<"迭代次数 =" <<k <<endl;
    cout <<"一个实根 x =" <<x <<endl;
    return 0;
}
//f(x)
double func(double x)                                      //计算方程左端函数 f(x)值
{
    double y;
    y =x * x * x -2 * x * x +x -2;
    return y;
}
```

运行结果为

```
迭代次数=24
一个实根 x=2
```

5.5 求非线性方程一个实根的连分式法

【功能】

利用连分式法求非线性方程 $f(x)=0$ 的一个实根。

【方法说明】

设

$$y = f(x)$$

其反函数为

$$x = F(y)$$

将 $F(y)$ 表示成函数连分式，即

$$x = F(y) = b_0 + \cfrac{y - y_0}{b_1 + \cfrac{y - y_1}{b_2 + \cdots + \cfrac{y - y_{j-2}}{b_{j-1} + \cfrac{y - y_{j-1}}{b_j + \cdots}}}}$$

其中，参数 $b_0, b_1, \cdots, b_k, \cdots$ 可以由各数据点 $(y_k, x_k)(k=0,1,\cdots)$ 来确定。如果在上式中令 $y=0$，则可以计算出方程 $f(x)=0$ 根 α，即

$$\alpha = F(0) = b_0 - \cfrac{y_0}{b_1 - \cfrac{y_1}{b_2 - \cdots - \cfrac{y_{j-2}}{b_{j-1} - \cfrac{y_{j-1}}{b_j - \cdots}}}}$$

由此可以得到求解非线性方程 $f(x)=0$ 的迭代公式如下：

$$x_{k+1} = b_0 - \cfrac{y_0}{b_1 - \cfrac{y_1}{b_2 - \cdots - \cfrac{y_{k-2}}{b_{k-1} - \cfrac{y_{k-1}}{b_k}}}}$$

其中，$y_j = f(x_j)(j=0,1,\cdots,k-1)$，而 $b_j(j=0,1,\cdots,k-1)$ 可以依次根据数据点 (y_j, x_j) 递推确定。这个迭代过程一直进行到 $y_n = f(x_n) = 0$ 为止，实际上只要满足一定精度要求就可以了。

由上所述，可以得到求解非线性方程 $f(x)=0$ 的步骤如下。

取三个初值 x_0，x_1 和 x_2，并分别计算出

$$y_0 = f(x_0), \quad y_1 = f(x_1), \quad y_2 = f(x_2)$$

然后根据三个数据点 (y_0, x_0)，(y_1, x_1)，(y_2, x_2) 确定函数连分式

$$\varphi(y) = b_0 + \cfrac{y - y_0}{b_1 + \cfrac{y - y_1}{b_2}}$$

中的参数 b_0, b_1, b_2。

对于 $k=3,4,\cdots$ 做如下迭代。

(1) 计算新的迭代值，即

$$x_k = b_0 - \cfrac{y_0}{b_1 - \cfrac{y_1}{b_2 - \cdots - \cfrac{y_{k-2}}{b_{k-1}}}}$$

(2) 计算非线性方程 $f(x)=0$ 的左端函数 $f(x)$ 在 x_k 点的函数值，即

$$y_k = f(x_k)$$

此时，如果 $|y_k|<\varepsilon$，则迭代结束，x_k 即为方程根的近似值。

(3) 根据新的数据点 (y_k,x_k)，用递推计算公式

$$\begin{cases} u = x_k \\ u = \dfrac{y_k - y_j}{u - b_j} \quad j = 0,1,\cdots,k-1 \\ b_k = u \end{cases}$$

递推计算出一个新的 b_k，使连分式插值函数再增加一节，即

$$\varphi(y) = b_0 + \cfrac{y - y_0}{b_1 + \cfrac{y - y_1}{b_2 + \cdots + \cfrac{y - y_{k-2}}{b_{k-1} + \cfrac{y - y_{k-1}}{b_k}}}}$$

然后转(1)继续迭代。

上述过程一直做到 $|y_k|<\varepsilon$ 为止。

在实际迭代过程中，一般做到 7 节连分式为止，如果此时还不满足精度要求，则用最后得到的迭代值作为初值 x_0 重新开始迭代。

另外，在给定一个初值的 x_0 情况下，另一个初值可以由下式给出：

$$x_1 = x_0 + 0.01$$

【函数语句与形参说明】

```
int pqroot(double * xx,double eps,double (* f)(double))
```

形参与函数类型	参数意义
double xx	方程根初值。返回迭代终值
double eps	控制精度要求
double (* f)()	指向计算 $f(x)$ 值的函数名(由用户自编)
double pqroot()	函数返回迭代次数。一次迭代最多做到 7 节连分式。本函数最多迭代 20 次

计算 $f(x)$ 值的函数形式为

```
double  f(double x)
{ double  y;
  y=f(x)的表达式;
  return(y);
```

```
}
```

【函数程序】

```
//方程求根连分式法.cpp
#include <cmath>
#include <iostream>
using namespace std;

//计算函数连分式值
double funpqv(double x[],double b[],int n,double t)
{
    int k;
    double u;
    u=b[n];
    for (k=n-1; k>=0; k--)
    {
        if (fabs(u)+1.0==1.0)
            u=1.0e+35*(t-x[k])/fabs(t-x[k]);
        else
            u=b[k]+(t-x[k])/u;
    }
    return(u);
}

//计算连分式新的一节 b[j]
void funpqj(double x[],double y[],double b[],int j)
{
    int k,flag=0;
    double u;
    u=y[j];
    for (k=0; (k<j)&&(flag==0); k++)
    {
        if ((u-b[k])+1.0==1.0) flag=1;
        else
            u=(x[j] -x[k])/(u-b[k]);
    }
    if (flag==1) u=1.0e+35;
    b[j]=u;
    return;
}

//xx       方程根初值。返回迭代终值
//eps      控制精度要求
//f        方程左端函数 f(x)的函数名
```

```
//函数返回迭代次数。一次迭代最多做到 7 节连分式。本函数最多迭代 20 次
int pqroot(double * xx,double eps,double (* f)(double))
{
    int j,k,flag;
    double * x, * y, * b,x0;
    b=new double[10];
    x=new double[10];
    y=new double[10];
    k=0; x0= * xx; flag=0;
    while ((k<20)&&(flag==0))
    {
        k=k+1;
        j=0;
        x[0]=x0;   y[0]=(* f)(x[0]);
        b[0]=x[0];                          //计算 b[0]
        j=1;
        x[1]=x0+0.1;   y[1]=(* f)(x[1]);
        while (j<=7)
        {
            funpqj(y,x,b,j);                //计算 b[j]
            x[j+1]=funpqv(y,b,j,0.0);       //计算 x[j+1]
            y[j+1]=(* f)(x[j+1]);           //计算 y[j+1]
            x0=x[j+1];
            if (fabs(y[j+1])>=eps) j=j+1;
            else
            {
                cout <<"最后一次迭代连分式节数=" <<j <<endl;
                j=10;
            }
        }
        if (j==10) flag=1;
    }
    * xx =x0;
    delete[] b; delete[] x; delete[] y;
    return(k);
}
```

【例】 用连分式法求方程

$$f(x) = x^3 - x^2 - 1 = 0$$

在 $x_0=1.0$ 附近的一个实根。取 $\varepsilon=0.000\ 000\ 1$。

主函数程序以及计算 $f(x)$ 值的函数程序如下：

```
//方程求根连分式法例
#include <cmath>
#include <iostream>
#include "方程求根连分式法.cpp"
```

```
using namespace std;
int main()
{
    int k;
    double x,eps,pqrootf(double);
    eps=0.0000001; x=1.0;
    k=pqroot(&x,eps,pqrootf);
    cout <<"迭代次数=" <<k <<endl;
    cout <<"方程根为 x=" <<x <<endl;
    cout <<endl;
    cout <<"检验精度: f(x)=" <<pqrootf(x) <<endl;                    //检验精度
    return 0;
}
//f(x)
double pqrootf(double x)
{
    double y;
    y=x*x*(x-1.0)-1.0;
    return(y);
}
```

运行结果为

```
最后一次迭代连分式节数=5
迭代次数=1
方程根为 x=1.46557
检验精度: f(x)=5.24525e-011
```

5.6 求实系数代数方程全部根的 QR 方法

【功能】

用 QR 方法求实系数 n 次多项式方程

$$P_n(x) = a_n x^n + a_{n-1} x^{n-1} + \cdots + a_1 x + a_0 = 0$$

的全部根(包括实根与复根)。

【方法说明】

令

$$b_k = a_k / a_n, \quad k = n-1, \cdots, 1, 0$$

则可以将一般实系数 n 次多项式方程 $P_n(x)=0$ 化为 n 次首一多项式方程

$$Q_n(x) = x^n + b_{n-1} x^{n-1} + \cdots + b_1 x + b_0 = 0$$

由线性代数的知识可知，$Q_n(x)$可以看成是某个实矩阵的特征多项式，即

$$Q_n(\lambda) = \lambda^n + b_{n-1} \lambda^{n-1} + \cdots + b_1 \lambda + b_0 = 0$$

因此，求方程的全部根的问题就变成了求矩阵的全部特征值的问题。可以验证，上述特征

多项式可以与下面的矩阵对应

$$B=\begin{bmatrix} -b_{n-1} & -b_{n-2} & -b_{n-3} & \cdots & -b_1 & -b_0 \\ 1 & 0 & 0 & \cdots & 0 & 0 \\ 0 & 1 & 0 & \cdots & 0 & 0 \\ \vdots & \vdots & \vdots & \ddots & \vdots & \vdots \\ 0 & 0 & 0 & \cdots & 0 & 0 \\ 0 & 0 & 0 & \cdots & 1 & 0 \end{bmatrix}$$

矩阵 $\boldsymbol{B}$ 已经是一个上 H 矩阵,可以直接用 QR 方法求出全部特征值。

有关 QR 方法求上 H 矩阵全部特征值参看 3.4 节的方法说明。

【函数语句与形参说明】

```
int qrrt(double a[], int n, double xr[], double xi[], double eps)
```

形参与函数类型	参数意义
double a[n+1]	存放 n 次多项式方程的 $n+1$ 个系数 $a_0, a_1, \cdots, a_n$
int n	多项式方程的次数
double xr[n],xi[n]	分别返回 n 个根的实部与虚部
double eps	QR 方法中的控制精度要求
int qrrt()	函数返回标志值。若返回的标志值小于 0,则表示在 QR 方法中没有满足精度要求;若返回的标志值大于 0,则表示正常返回

【函数程序】

```
//多项式方程求根 QR 方法.cpp
#include <cmath>
#include <iostream>
#include "求上 H 矩阵特征值的 QR 方法.cpp"
using namespace std;
//a[n+1]      存放 n 次多项式的 n+1 个系数
//n           多项式次数
//xr[n]       返回 n 个根的实部
//xi[n]       返回 n 个根的虚部
//eps         控制精度要求
//函数返回在求上 H 矩阵特征值时返回的标志值。若标志值大于 0 则正常
int qrrt(double a[], int n, double xr[], double xi[], double eps)
{
    int i,j;
    double *q;
    q =new double[n*n];
    for (j=0; j<=n-1; j++) q[j]=-a[n-j-1]/a[n];
    for (j=n; j<=n*n-1; j++) q[j]=0.0;
    for (i=0; i<=n-2; i++) q[(i+1)*n+i]=1.0;
```

```
        i=hhqr(q,n,xr,xi,eps);
        delete[] q; return(i);
    }
```

【例】 用 QR 方法求 6 次多项式方程

$$P_6(x) = 1.5x^6 - 7.5x^5 + 4.5x^4 + 1.5x^3 - 10.5x^2 + 10.5x - 30 = 0$$

的全部根。取 ε=0.000 001。

主函数程序如下：

```
//多项式方程求根 QR 方法例
#include <cmath>
#include <iostream>
#include "多项式方程求根 QR 方法.cpp"
using namespace std;
int main()
{
    int i, n;
    double xr[6],xi[6],eps;
    double a[7]={-30.0,10.5,-10.5,1.5,4.5,-7.5,1.5};
    eps=0.000001;  n=6;
    i=qrrt(a,n,xr,xi,eps);
    if (i>0)
    { for (i=0; i<=5; i++)
        cout <<"x(" <<i <<") =" <<xr[i] <<"   J " <<xi[i] <<endl;
    }
    return 0;
}
```

运行结果为

```
x(0) = 4.33376    J 0
x(1) = -1.40246    J 0
x(2) = 1.18397    J -0.936099
x(3) = 1.18397    J 0.936099
x(4) = -0.149622    J -1.19251
x(5) = -0.149622    J 1.19251
```

5.7 求代数方程全部根的牛顿下山法

【功能】

用牛顿下山法求代数方程

$$f(z) = a_n z^n + a_{n-1} z^{n-1} + \cdots + a_1 z + a_0 = 0$$

的全部根。其中多项式系数 $a_0, a_1, \cdots, a_n$ 可以是实数，也可以是复数。

【方法说明】

牛顿下山法的迭代公式为

$$z_{k+1} = z_k - t\frac{f(z_k)}{f'(z_k)}$$

选取合适的 t,以保证

$$|f(z_{k+1})|^2 < |f(z_k)|^2$$

迭代过程一直做到

$$|f(z_k)|^2 < \varepsilon$$

为止。

迭代公式在鞍点或接近重根点时,可能因 $f'(z)\approx 0$ 而 $|f(z_k)|^2 \neq 0$ 而失败。在本函数中,采用撒网络的方法。即选取合适的 d 与 c,用

$$x_{k+1} = x_k + d\cos(c)$$
$$y_{k+1} = y_k + d\sin(c)$$

计算,使

$$|f(z_{k+1})|^2 < |f(z_k)|^2$$

而冲过鞍点或使

$$|f(z_k)|^2 < \varepsilon$$

而求得一个根。

每当求得一个根 z^* 后,在 $f(z)$ 中劈去因子 $z-z^*$,再求另一个根。

继续上述过程直到求出全部根为止。

在实际计算时,每求一个根都要做变换 $z=\sqrt[n-1]{|a_0|}z'$,使得当 $a_n=1$ 时,$|a_0|=1$,保证寻根在单位圆内进行。

【函数语句与形参说明】

```
int srrt(complex a[], int n, complex xx[])
```

形参与函数类型	参数意义
complex　a[n+1]	存放 n 次多项式方程的复系数 $a_0,a_1,\cdots,a_n$。当多项式系数为实数时要化为复数
int　n	多项式方程的次数
complex xx[n]	返回 n 个复根
int　srrt()	函数返回标志值。若返回的标志值小于 0,则表示多项式为零次多项式;若返回的标志值大于 0,则表示正常返回

【函数程序】

```
//代数方程牛顿下山法.cpp
#include "复数运算类.h"
#include <cmath>
#include <iostream>
using namespace std;
//a[n+1]      存放 n 次多项式的 n+1 个复系数
//n           多项式方程的次数
```

```
//xx[n]       返回 n 个复根
//函数返回标志值。若返回的标志值小于 0 则表示多项式为零次多项式,否则正常返回
int srrt(complex a[], int n, complex xx[])
{
    int m,i,jt,k,is,it,flag;
    complex  xy, xy1, dxy, uv, uv1;
    double t,p,q,w,dd,dc,c, g,pq,g1;
    m=n;
    while ((m>0)&&(a[m].cfabs()+1.0==1.0)) m=m-1;
    if (m<=0)
    {
        cout <<"零次多项式!" <<endl;
        return(-1);
    }
    for (i=0; i<=m; i++)  a[i]=a[i]/a[m];     //归一化
    for (i=0; i<=m/2; i++)
    {
        xy=a[i]; a[i]=a[m-i]; a[m-i]=xy;
    }
    k=m; is=0; w=1.0;
    jt=1;
    while (jt==1)
    {
        pq=a[k].cfabs();
        while (pq<1.0e-12)
        {
            xx[k-1] =complex(0.0, 0.0); k=k-1;
            if (k==1)
            {
                xx[0] =complex (0.0,0.0)-a[1]*complex(w,0.0)/a[0];
                return(1);
            }
            pq=a[k].cfabs();
        }
        q=log(pq); q=q/(1.0*k); q=exp(q);
        p=q; w=w*p;
        for (i=1; i<=k; i++)
        {
            a[i]=a[i]/complex(q,0.0);
            q=q*p;
        }
        xy =complex(0.0001,0.2);
        xy1 =xy;
        dxy =complex(1.0,0.0);
        g=1.0e+37;
```

```
140:
    uv =a[0];
    for (i=1; i<=k; i++) uv =uv * xy1 +a[i];
    g1 = (uv.cfabs()) * (uv.cfabs());
    if (g1>=g)
    {
        if (is!=0)
        {
            flag =0;
            while (flag==0)
            {
                c =c +dc;
                dxy =complex(dd * cos(c), dd * sin(c));
                xy1 =xy +dxy;
                if (c<=6.29) { flag =1; it =0;}
                else
                {
                    dd =dd/1.67;
                    if (dd<=1.0e-007) { flag =1; it =1;}
                    else  c =0.0;
                }
            }
            if (it==0) goto 140;
        }
        else
        {
            it =1;
            while (it==1)
            {
                t =t/1.67; it =0;
                xy1 =xy -dxy * complex(t,0.0);
                if (k>=30)
                {
                    p =xy1.cfabs();
                    q =exp(75.0/k);
                    if (p>=q)  it =1;
                }
            }
            if (t>=1.0e-03) goto 140;
            if (g>1.0e-18)
            {
                is =1;
                dd =dxy.cfabs();
                if (dd>1.0)  dd =1.0;
                dc =6.28/(4.5 * k);  c =0.0;
```

```
                    flag =0;
                    while (flag==0)
                    {
                        c =c +dc;
                        dxy =complex(dd * cos(c), dd * sin(c));
                        xy1 =xy +dxy;
                        if (c<=6.29) { flag =1; it =0;}
                        else
                        {
                            dd =dd/1.67;
                            if (dd<=1.0e-007) { flag =1; it =1;}
                            else  c =0.0;
                        }
                    }
                    if (it==0) goto 140;
                }
            }
            for (i=1; i<=k; i++) a[i]=a[i] +a[i-1] * xy;
            xx[k-1] =xy * complex(w,0.0);
            k =k -1;
            if (k==1)
                xx[0] =complex(0.0,0.0)-a[1] * complex(w,0.0)/a[0];
        }
        else
        {
            g=g1; is =0;
            xy =xy1;
            if (g<=1.0e-22)
            {
                for (i=1; i<=k; i++) a[i]=a[i] +a[i-1] * xy;
                xx[k-1] =xy * complex(w,0.0);
                k =k -1;
                if (k==1)
                    xx[0] =complex(0.0,0.0)-a[1] * complex(w,0.0)/a[0];
            }
            else
            {
                uv1 =a[0] * complex(1.0 * k, 0.0);
                for (i=2; i<=k; i++)
                    uv1 =uv1 * xy +complex(k-i+1.0,0.0) * a[i-1];
                p =(uv1.cfabs()) * (uv1.cfabs());
                if (p<=1.0e-20)
                {
                    is =1;
                    dd =dxy.cfabs();
```

```
        if (dd>1.0)  dd =1.0;
        dc =6.28/(4.5 * k);  c =0.0;
        flag =0;
        while (flag==0)
        {
            c =c +dc;
            dxy =complex(dd * cos(c), dd * sin(c));
            xy1 =xy +dxy;
            if (c<=6.29) { flag =1; it =0;}
            else
            {
                dd =dd/1.67;
                if (dd<=1.0e-007) { flag =1; it =1;}
                else  c =0.0;
            }
        }
        if (it==0) goto 140;
        for (i=1; i<=k; i++)  a[i]=a[i] +a[i-1] * xy;
        xx[k-1] =xy * complex(w,0.0);
        k =k -1;
        if (k==1)
          xx[0] =complex(0.0,0.0)-a[1] * complex(w,0.0)/a[0];
    }
    else
    {
        dxy =uv/uv1;
        t=1.0+4.0/k;
        it =1;
        while (it==1)
        {
            t =t/1.67; it =0;
            xy1 =xy -dxy * complex(t,0.0);
            if (k>=30)
            {
                p =xy1.cfabs();
                q =exp(75.0/k);
                if (p>=q)  it =1;
            }
        }
        if (t>=1.0e-03) goto 140;
        if (g>1.0e-18)
        {
            is =1;
            dd =dxy.cfabs();
            if (dd>1.0)  dd =1.0;
```

```
                    dc =6.28/(4.5 * k);  c =0.0;
                    flag =0;
                    while (flag==0)
                    {
                        c =c +dc;
                        dxy =complex(dd * cos(c), dd * sin(c));
                        xy1 =xy +dxy;
                        if (c<=6.29) { flag =1; it =0;}
                        else
                        {
                            dd =dd/1.67;
                            if (dd<=1.0e-007) { flag =1; it =1;}
                            else  c =0.0;
                        }
                    }
                    if (it==0) goto l40;
                }
                for (i=1; i<=k; i++)  a[i]=a[i] +a[i-1] * xy;
                xx[k-1] =xy * complex(w,0.0);
                k =k -1;
                if (k==1)
                  xx[0] =complex(0.0,0.0)-a[1] * complex(w,0.0)/a[0];
            }
        }
    }
    if (k==1) jt=0;
    else jt=1;
  }
  return(1);
}
```

【例】

1. 用牛顿下山法求实系数代数方程

$$f(z)=z^6-5z^5+3z^4+z^3-7z^2+7z-20=0$$

的全部根。

主函数程序如下:

```
//实系数代数方程例
#include <cmath>
#include <iostream>
#include "复系数多项式运算类.h"
#include "代数方程牛顿下山法.cpp"
using namespace std;
int main()
{
    int i;
```

```
    complex z[6];
    complex b[7],a[7]=                      //要将多项式系数化为复数(即虚部全为 0)
                     { complex(-20.0,0.0),complex(7.0,0.0),complex(-7.0,0.0),
      complex(1.0,0.0),complex(3.0,0.0),complex(-5.0,0.0),complex(1.0,0.0)};
    com_poly p;                             //复系数多项式类
    for (i=0; i<7; i++)  b[i] =a[i];
    p =com_poly(6,a);                       //6 次复系数多项式系数在数组 a 中
    i=srrt(b,6,z);
    if (i>0)
    {
        for (i=0; i<=5; i++)
        {
            cout <<"z(" <<i <<") ="; z[i].prt(); cout <<endl;
        }
        cout <<"检验:" <<endl;
        for (i=0; i<=5; i++)
        {
            cout <<"f(" <<i <<") =";
            p.poly_value(z[i]).prt(); cout <<endl;
        }
    }
    return 0;
}
```

运行结果为

```
z(0) = (4.33376, -9.08873e-012)
z(1) = (1.18398, -0.936099)
z(2) = (-0.149622, 1.19251)
z(3) = (-0.149622, -1.19251)
z(4) = (-1.40246, -2.45137e-013)
z(5) = (1.18398, 0.936099)
检验:
f(0) = (1.82216e-008, -1.21156e-008)
f(1) = (-9.57932e-010, 3.16109e-010)
f(2) = (1.37856e-010, 3.44038e-010)
f(3) = (1.3307e-010, 2.15039e-010)
f(4) = (2.3153e-011, 3.18323e-011)
f(5) = (-5.79092e-013, 3.00204e-013)
```

2. 用牛顿下山法求复系数代数方程

$$f(z) = z^5 + (3+\mathrm{j}3)z^4 - \mathrm{j}0.01z^3 + (4.9-\mathrm{j}19)z^2 + 21.33z + (0.1-\mathrm{j}100) = 0$$

的全部根。

主函数程序如下：

```
//复系数代数方程例
#include <cmath>
#include <iostream>
#include "复系数多项式运算类.h"
#include "代数方程牛顿下山法.cpp"
using namespace std;
int main()
```

```
{
    int i;
    complex z[5];
    complex b[6],a[6]=
      {complex(0.1,-100),complex(21.33,0.0),complex(4.9,-19.0),
          complex(0.0,-0.01),complex(3.0,3.0),complex(1.0,0.0)};
    for (i=0; i<=5; i++) b[i] =a[i];
    com_poly p;
    p =com_poly(5,a);
    i=srrt(b,5,z);
    if (i>0)
    {
        for (i=0; i<=4; i++)
        {
            cout <<"z(" <<i <<") ="; z[i].prt(); cout <<endl;
        }
        cout <<"检验:" <<endl;
        for (i=0; i<=4; i++)
        {
            cout <<"f(" <<i <<") =";
            p.poly_value(z[i]).prt(); cout <<endl;
        }
    }
    return 0;
}
```

运行结果为

```
z(0) = (-3.08774, 0.108698)
z(1) = (2.10012, 0.985421)
z(2) = (-2.38367, -3.4378)
z(3) = (0.402097, -2.16833)
z(4) = (-0.0308049, 1.51201)
检验:
f(0) = (-2.20648e-009, 2.1776e-009)
f(1) = (-3.86904e-009, 1.46642e-009)
f(2) = (-4.14045e-009, 2.0294e-009)
f(3) = (-1.15188e-009, -8.108e-010)
f(4) = (-6.78805e-010, -3.07821e-010)
```

5.8 求非线性方程组一组实根的梯度法

【功能】

用梯度法(即最速下降法)求非线性方程组

$$f_k(x_0, x_1, \cdots, x_{n-1}) = 0, \quad k = 0,1,\cdots,n-1$$

的一组实数解。

【方法说明】

设非线性方程组为

$$f_k(x_0,x_1,\cdots,x_{n-1})=0,\quad k=0,1,\cdots,n-1$$

并定义目标函数为

$$F=F(x_0,x_1,\cdots,x_{n-1})=\sum_{k=0}^{n-1}f_k^2$$

则梯度法的计算过程如下。

(1) 选取一组初值 $x_0,x_1,\cdots,x_{n-1}$。

(2) 计算目标函数值

$$F=F(x_0,x_1,\cdots,x_{n-1})=\sum_{k=0}^{n-1}f_k^2$$

(3) 若 $F<\varepsilon$,则 $\boldsymbol{X}=(x_0,x_1,\cdots,x_{n-1})^{\mathrm{T}}$ 即为方程组的一组实根,过程结束;否则继续。

(4) 计算目标函数在$(x_0,x_1,\cdots,x_{n-1})$点的偏导数

$$\frac{\partial F}{\partial x_k}=2\sum_{j=0}^{n-1}f_j\frac{\partial f_j}{\partial x_k},\quad k=0,1,\cdots,n-1$$

然后再计算

$$D=\sum_{j=0}^{n-1}\left(\frac{\partial F}{\partial x_j}\right)^2$$

(5) 计算

$$x_k-\lambda\frac{\partial F}{\partial x_k}\Rightarrow x_k,\quad k=0,1,\cdots,n-1$$

其中 $\lambda=F/D$。

重复(2)~(5),直到满足精度要求为止。

在上述过程中,如果 $D=\sum_{j=0}^{n-1}\left(\frac{\partial F}{\partial x_j}\right)^2=0$,则说明遇到了目标函数的局部极值点,此时可改变初值再试一试。

【函数语句与形参说明】

```
int snse(int n,double eps,double x[],double (*f)(double [],double [],int))
```

形参与函数类型	参数意义
int n	方程个数,也是未知数个数
double eps	控制精度要求
double x[n]	存放一组初值 $x_0,x_1,\cdots,x_{n-1}$。返回一组实根
double (*f)()	指向计算目标函数值与偏导数值的函数名(由用户自编)
int snse()	函数返回实际迭代次数。若小于0则表示因 $D=0$ 而失败。本函数最大迭代次数为1000

计算目标函数值与偏导数值的函数形式为

```
double  f(double x[],double y[],int n)
{ double  z;
   z = Σ(k=0..n-1) f²k 的表达式;          //目标函数值
```

$y[0] = 2\sum_{j=0}^{n-1} f_j \frac{\partial f_j}{\partial x_0}$ 的表达式；　//各偏导数

…

$y[n-1] = 2\sum_{j=0}^{n-1} f_j \frac{\partial f_j}{\partial x_{n-1}}$ 的表达式；

```
  return(z);                      //返回目标函数值
}
```

【函数程序】

```
//非线性方程组梯度法.cpp
#include <cmath>
#include <iostream>
using namespace std;
//n          方程个数,也是未知数个数
//eps        控制精度要求
//x[n]       存放一组初值。返回一组实数解
//f          计算目标函数值以及目标函数 n 个偏导数的函数名
//函数返回实际迭代次数。若小于 0 则表示因 D=0 而失败。本函数最大迭代次数为 1000
int snse(int n,double eps,double x[],double (*f)(double [],double [],int))
{
    int i,k,flag,interation;
    double y,*yy,d,s;
    interation =1000;                    //最大迭代次数
    yy=new double[n];
    k=0;  flag=0;
    while ((k<interation)&&(flag==0))
    {
        y =(*f)(x,yy,n);                 //计算目标函数值 F 以及目标函数的 n 个偏导数
        if (y<eps)  flag =1;
        else
        {
            k =k +1;
            d=0.0;
            for (i=0; i<=n-1; i++) d=d+yy[i]*yy[i];   //计算 D
            if (d+1.0==1.0)
            {
                delete[] yy;  return(-1);
            }
            s=y/d;
            for (i=0; i<=n-1; i++)
                x[i]=x[i]-s*yy[i];   //计算新的校正值 X
        }
    }
    delete[] yy;
    return(k);
}
```

【例】 用梯度法求下列非线性方程组的一组实根：

$$\begin{cases} f_0 = x_0 - 5x_1^2 + 7x_2^2 + 12 = 0 \\ f_1 = 3x_0 x_1 + x_0 x_2 - 11x_0 = 0 \\ f_2 = 2x_1 x_2 + 40x_0 = 0 \end{cases}$$

取初值为(1.5,6.5,−5.0)，精度要求为 ε=0.000 001。

主函数程序以及计算目标函数值与偏导数值的函数程序如下：

```
//非线性方程组梯度法例
#include <cmath>
#include <iostream>
#include "非线性方程组梯度法.cpp"
using namespace std;
int main()
{
    int i,k;
    double eps, snsef(double [], double [], int);
    double x[3]={1.5,6.5,-5.0};
    eps=0.000001;
    k =snse(3,eps,x,snsef);
    cout <<"迭代次数 =" <<k <<endl;
    for (i=0; i<=2; i++)
          cout <<"x(" <<i <<")=" <<x[i] <<endl;
    return 0;
}

double snsef(double x[],double y[],int n)
{ double z,f1,f2,f3,df1,df2,df3;
  n=n;
  f1=x[0]-5.0*x[1]*x[1]+7.0*x[2]*x[2]+12.0;
  f2=3.0*x[0]*x[1]+x[0]*x[2]-11.0*x[0];
  f3=2.0*x[1]*x[2]+40.0*x[0];
  z=f1*f1+f2*f2+f3*f3;
  df1=1.0; df2=3.0*x[1]+x[2]-11.0; df3=40.0;
  y[0]=2.0*(f1*df1+f2*df2+f3*df3);
  df1=-10.0*x[1]; df2=3.0*x[0]; df3=2.0*x[2];
  y[1]=2.0*(f1*df1+f2*df2+f3*df3);
  df1=14.0*x[2]; df2=x[0]; df3=2.0*x[1];
  y[2]=2.0*(f1*df1+f2*df2+f3*df3);
  return(z);
}
```

运行结果为

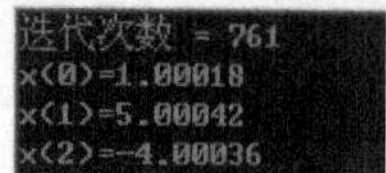
```
迭代次数 = 761
x(0)=1.00018
x(1)=5.00042
x(2)=-4.00036
```

5.9 求非线性方程组一组实根的拟牛顿法

【功能】

用拟牛顿法求非线性方程组

$$f_i(x_0,x_1,\cdots,x_{n-1})=0,\quad i=0,1,\cdots,n-1$$

的一组实数解。

【方法说明】

设非线性方程组为

$$\begin{cases} f_0(x_0,x_1,\cdots,x_{n-1})=0 \\ f_1(x_0,x_1,\cdots,x_{n-1})=0 \\ \vdots \\ f_{n-1}(x_0,x_1,\cdots,x_{n-1})=0 \end{cases}$$

简记为

$$f_i(\boldsymbol{X})=0,\quad i=0,1,\cdots,n-1$$

其中

$$\boldsymbol{X}=(x_0,x_1,\cdots,x_{n-1})^{\mathrm{T}}$$

假设

$$\boldsymbol{X}^{(k)}=(x_0^{(k)},x_1^{(k)},\cdots,x_{n-1}^{(k)})^{\mathrm{T}}$$

为非线性方程组的第 k 次迭代近似值。则计算第 $k+1$ 次迭代值的牛顿迭代公式为

$$\boldsymbol{X}^{(k+1)}=\boldsymbol{X}^{(k)}-\boldsymbol{F}(\boldsymbol{X}^{(k)})^{-1}f(\boldsymbol{X}^{(k)}) \tag{1}$$

其中

$$f_i^{(k)}=f_i(x_0^{(k)},x_1^{(k)},\cdots,x_{n-1}^{(k)}),\quad i=0,1,\cdots,n-1$$

$$f(\boldsymbol{X}^{(k)})=(f_0^{(k)},f_1^{(k)},\cdots,f_{n-1}^{(k)})^{\mathrm{T}}$$

$\boldsymbol{F}(\boldsymbol{X}^{(k)})$为雅可比矩阵，即

$$\boldsymbol{F}(\boldsymbol{X}^{(k)})=\begin{bmatrix} \dfrac{\partial f_0(X)}{\partial x_0} & \dfrac{\partial f_0(X)}{\partial x_1} & \cdots & \dfrac{\partial f_0(X)}{\partial x_{n-1}} \\ \dfrac{\partial f_1(X)}{\partial x_0} & \dfrac{\partial f_1(X)}{\partial x_1} & \cdots & \dfrac{\partial f_1(X)}{\partial x_{n-1}} \\ \vdots & \vdots & \ddots & \vdots \\ \dfrac{\partial f_{n-1}(X)}{\partial x_0} & \dfrac{\partial f_{n-1}(X)}{\partial x_1} & \cdots & \dfrac{\partial f_{n-1}(X)}{\partial x_{n-1}} \end{bmatrix}$$

若令

$$\boldsymbol{\delta}^{(k)}=(\delta_0^{(k)},\delta_1^{(k)},\cdots,\delta_{n-1}^{(k)})^{\mathrm{T}}=\boldsymbol{F}(\boldsymbol{X}^{(k)})^{-1}f(\boldsymbol{X}^{(k)})$$

则有

$$F(X^{(k)})\boldsymbol{\delta}^{(k)}=f(X^{(k)}) \tag{2}$$

此时,牛顿迭代法中的每一次迭代可以分成以下两步。

(1) 由方程组 $F(X^{(k)})\boldsymbol{\delta}^{(k)}=f(X^{(k)})$解出

$$\boldsymbol{\delta}^{(k)}=(\delta_0^{(k)},\delta_1^{(k)},\cdots,\delta_{n-1}^{(k)})^{\mathrm{T}}$$

(2) 计算第 $k+1$ 次的迭代值,即

$$X^{(k+1)}=X^{(k)}-\boldsymbol{\delta}^{(k)} \tag{3}$$

在上述方法中,要用到雅可比矩阵,而在雅可比矩阵中包含偏导数的计算。在实际使用时,为了避免计算偏导数,可以用差商来代替雅可比矩阵中的各偏导数。这就是拟牛顿法。具体方法如下。

将雅可比矩阵中的偏导数用差商代替,即

$$\frac{\partial f_i(X^{(k)})}{\partial x_j}=\frac{f_i(X_j^{(k)})-f_i(X^{(k)})}{h}$$

其中 h 足够小,并且

$$f_i(X_j^{(k)})=f_i(x_0^{(k)},\cdots,x_{j-1}^{(k)},x_j^{(k)}+h,x_{j+1}^{(k)},\cdots,x_{n-1}^{(k)})$$

则方程组(2)变为

$$\sum_{j=0}^{n-1}\frac{f_i(X_j^{(k)})}{h}\delta_j^{(k)}=\frac{1}{h}\left(h+\sum_{s=0}^{n-1}\delta_s^{(k)}\right)f_i(X^{(k)}),\quad i=0,1,\cdots,n-1$$

经化简后得到

$$\sum_{j=0}^{n-1}f_j(X_j^{(k)})\frac{\delta_j^{(k)}}{h+\sum\limits_{s=0}^{n-1}\delta_s^{(k)}}=f_i(X^{(k)}),\quad i=0,1,\cdots,n-1$$

若令

$$z_j^{(k)}=\frac{\delta_j^{(k)}}{h+\sum\limits_{s=0}^{n-1}\delta_s^{(k)}}$$

则有

$$\sum_{j=0}^{n-1}f_j(X_j^{(k)})z_j^{(k)}=f_i(X^{(k)}),\quad i=0,1,\cdots,n-1$$

综上所述,求解非线性方程组的拟牛顿法的计算过程如下。

首先取初值

$$X=(x_0,x_1,\cdots,x_{n-1})^{\mathrm{T}}$$

及

$$h>0,0<t<1$$

然后做以下迭代:

(1) 计算

$$f_i(X)\Rightarrow B(i),\quad i=0,1,\cdots,n-1$$

(2) 进行判断

若 $\max\limits_{0\leqslant i\leqslant n-1}|B(i)|<\varepsilon$,则 X 即为解,迭代过程结束;否则继续。

(3) 计算

$$f_i(X_j)\Rightarrow A(i,j),\quad i,j=0,1,\cdots n-1$$

其中

$$X_j = (x_0, \cdots, x_{j-1}, x_j + h, x_{j+1}, \cdots, x_{n-1})^{\mathrm{T}}$$

(4) 由线性代数方程组

$$AZ = B$$

解出

$$Z = (z_0, z_1, \cdots, z_{n-1})^{\mathrm{T}}$$

(5) 计算

$$\beta = 1 - \sum_{j=0}^{n-1} z_j$$

(6) 计算新的迭代值

$$x_i - (hz_i/\beta) \Rightarrow x_i, \quad i = 0, 1, \cdots, n-1$$

(7) $t * h \Rightarrow h$，转(1)继续迭代。

在用拟牛顿法求解非线性方程组时，可能会出现以下几种情况而导致求解失败。

(1) 迭代次数太多，可能不收敛。

(2) 非线性方程组的各方程中，左边函数值 $f_i(\boldsymbol{X})$ 太大而造成运算溢出。

(3) 线性代数方程组 $\boldsymbol{AZ}=\boldsymbol{B}$ 奇异。

(4) 计算出的 β 值为 0，即 $\sum_{j=0}^{n-1} z_j = 1$。

在遇到求解失败时，可以采取以下措施试一试。

(1) 放宽控制精度的要求。

(2) 适当改变 h 与 t 的初值。

(3) 改变 X 的初值。

(4) 改变非线性方程组中各方程的顺序。

在本函数中要调用全选主元高斯消去法求解线性代数方程组的函数 gauss()，参看 4.1 节的方法说明。

【函数语句与形参说明】

```
int netn(int n, double eps, double h, double x[],
                void (* f)(double x[],double y[],int n))
```

形参与函数类型	参 数 意 义
int n	方程组中方程个数，也是未知数个数
double eps	控制精度要求
double h	增量初值。在本函数中要被破坏
double x[n]	存放初值($x_0^{(0)}, x_1^{(0)}, \cdots, x_{n-1}^{(0)}$)。返回方程组的一组实数解 ($x_0, x_1, \cdots, x_{n-1}$)
void (* f)()	指向计算方程组左端函数值 $f_i(\boldsymbol{X})$ 的函数(由用户自编)
int netn()	函数返回实际迭代次数。若迭代次数小于 0，则表示因 $\boldsymbol{AZ}=\boldsymbol{B}$ 奇异或 beta=0 而失败。本函数最大迭代次数为 1000

计算方程组左端函数值 $f_i(\boldsymbol{X})$ 的函数形式为

```
double  ff(double x[],double y[],int n)
{ y[0]=f0(x0,x1,…,xn-1)的表达式;
  ⋮
  y[n-1]=fn-1(x0,x1,…,xn-1)的表达式;
  return;
}
```

【函数程序】

```
//非线性方程组拟牛顿法.cpp
#include <iostream>
#include <cmath>
#include "gauss 消去法.cpp"
using namespace std;
//n          非方程组阶数
//eps        控制精度要求
//h          增量初值,h>0。返回时将被破坏
//x[n]       存放初值。返回方程组实数解
//f          计算方程组各方程左端函数值的函数名
//函数返回实际迭代次数。若迭代次数小于 0 则表示因 AZ=B 奇异或 beta=0 而失败
//本函数最大迭代次数为 1000
int netn(int n, double eps, double h, double x[],
                          void (* f)(double x[],double y[],int n))
{
    int i,j,k,interation;
    double t,ep,z,beta,d, * y, * a, * b;
    interation =1000;                              //最大迭代次数
    t =0.1;                                        //控制 h 大小
    y =new double[n];
    a =new double[n * n];
    b =new double[n];
    k =0; ep=1.0+eps;
    while (ep>=eps)
    {
        (* f)(x,b,n);
        ep=0.0;
        for (i=0; i<=n-1; i++)
        {
            z=fabs(b[i]);
            if (z>ep) ep=z;
        }
        if (ep>=eps)
        {
            k =k +1;
            if (k==interation)                     //达到最大迭代次数未收敛
```

```
            {
                delete[] y; delete[] b; delete[] a; return(k);
            }
            for (j=0; j<=n-1; j++)
            {
                z=x[j]; x[j]=x[j]+h;
                (*f)(x,y,n);
                for (i=0; i<=n-1; i++) a[i*n+j]=y[i];
                x[j]=z;
            }
            if (gauss(a,b,n)==0)                //AZ=B 奇异
            {
                delete[] y; delete[] b; delete[] a; return(-1);
            }
            beta=1.0;
            for (i=0; i<=n-1; i++) beta=beta-b[i];
            if (fabs(beta)+1.0==1.0)            //beta=0
            {
                delete[] y; delete[] b; delete[] a; return(-1);
            }
            d=h/beta;
            for (i=0; i<=n-1; i++) x[i]=x[i]-d*b[i];
            h=t*h;
        }
    }
    delete[] y; delete[] b; delete[] a; return(k);
}
```

【例】 用拟牛顿法求非线性方程组

$$\begin{cases} f_0 = x_0^2 + x_1^2 + x_2^2 - 1.0 = 0 \\ f_1 = 2x_0^2 + x_1^2 - 4x_2 = 0 \\ f_2 = 3x_0^2 - 4x_1 + x_2^2 = 0 \end{cases}$$

的一组实数解。取初值 $\boldsymbol{X}=(1.0,1.0,1.0)^{\mathrm{T}}$，$h=0.1$，精度要求为 $\varepsilon=0.0000001$。

主函数程序以及计算方程组左端函数值 $f_i(\boldsymbol{X})$ 的函数程序如下：

```
//非线性方程组拟牛顿法例
#include <iostream>
#include <cmath>
#include "非线性方程组拟牛顿法.cpp"
using namespace std;
int main()
{
    int i, k;
    void netnf(double [],double [],int);
    double eps, h;
```

```
    double x[3]={1.0,1.0,1.0};
    h=0.1; eps=0.0000001;
    k =netn(3,eps,h,x,netnf);
    cout <<"迭代次数 =" <<k <<endl;
    for (i=0; i<=2; i++)  cout <<"x(" <<i <<") =" <<x[i] <<endl;
    return 0;
}
//方程组
void netnf(double x[], double y[], int n)
{ y[0]=x[0] * x[0]+x[1] * x[1]+x[2] * x[2]-1.0;
  y[1]=2.0 * x[0] * x[0]+x[1] * x[1]-4.0 * x[2];
  y[2]=3.0 * x[0] * x[0]-4.0 * x[1]+x[2] * x[2];
  n=n;
  return;
}
```

运行结果为

```
迭代次数 = 5
x(0) = 0.785197
x(1) = 0.496611
x(2) = 0.369923
```

5.10 求非线性方程组最小二乘解的广义逆法

【功能】

利用广义逆求解无约束条件下的优化问题

$$f_i(x_0,x_1,\cdots,x_{n-1})=0,\quad i=0,1,\cdots,m-1,m\geqslant n$$

当 $m=n$ 时，即为求解非线性方程组。

【方法说明】

设非线性方程组为

$$f_i(x_0,x_1,\cdots,x_{n-1})=0,\quad i=0,1,\cdots,m-1,m\geqslant n$$

其雅可比矩阵为

$$\boldsymbol{A}=\begin{bmatrix}\dfrac{\partial f_0}{\partial x_0} & \dfrac{\partial f_0}{\partial x_1} & \cdots & \dfrac{\partial f_0}{\partial x_{n-1}}\\ \dfrac{\partial f_1}{\partial x_0} & \dfrac{\partial f_1}{\partial x_1} & \cdots & \dfrac{\partial f_1}{\partial x_{n-1}}\\ \vdots & \vdots & \ddots & \vdots\\ \dfrac{\partial f_{m-1}}{\partial x_0} & \dfrac{\partial f_{m-1}}{\partial x_1} & \cdots & \dfrac{\partial f_{m-1}}{\partial x_{n-1}}\end{bmatrix}$$

计算非线性方程组最小二乘解的迭代公式为

$$X^{(k+1)}=X^{(k)}-\alpha_k Z^{(k)}$$

其中 $Z^{(k)}$ 为线性代数方程组 $\boldsymbol{A}^{(k)}Z^{(k)}=\boldsymbol{F}^{(k)}$ 的线性最小二乘解，即

$$Z^{(k)} = (\boldsymbol{A}^{(k)})^{-1}\boldsymbol{F}^{(k)}$$

式中 $\boldsymbol{A}^{(k)}$ 为 k 次迭代值 $X^{(k)}$ 的雅可比矩阵;$\boldsymbol{F}^{(k)}$ 为 k 次迭代值的左端函数值,即

$$\boldsymbol{F}^{(k)} = (f_0^{(k)}, f_1^{(k)}, \cdots, f_{m-1}^{(k)})^{\mathrm{T}}$$

$$f_i^{(k)} = f_i(x_0^{(k)}, x_1^{(k)}, \cdots, x_{n-1}^{(k)}), \quad i = 0,1,\cdots,m-1$$

α_k 为使 α 的一元函数 $\sum_{i=0}^{m-1}(f_i^{(k)})^2$ 达到极小值的点。在本函数中用有理极值法计算 α_k。

在本函数中要调用广义逆求解线性最小二乘问题的函数 gmiv();在函数 gmiv()中又要调用求广义逆的函数 ginv();在函数 ginv()中又要调用奇异值分解的函数 muav()。

【函数语句与形参说明】

```
int ngin(int m, int n, double eps1, double eps2, double x[],
void (* f)(int,int,double[],double[]), void (* s)(int,int,double[],double[]))
```

形参与函数类型	参数意义
int m	非线性方程组中方程个数
int n	非线性方程组中未知数个数。$m \geqslant n$
double eps1	控制最小二乘解的精度要求
double eps2	用于奇异值分解中的控制精度要求
double x[n]	存放非线性方程组解的初始近似值 $\boldsymbol{X}(0)$,要求各分量不全为0。返回最小二乘解,当 $m=n$ 时,即为非线性方程组的一组解
void (* f)()	指向计算非线性方程组中各方程左端函数值 $f_i(x_0, x_1, \cdots, x_{n-1})(i=0,1,\cdots,m-1)$的函数名(由用户自编)
void (* s)()	指向计算雅可比矩阵的函数名(由用户自编)
int ngin()	函数返回迭代次数。本函数最大迭代次数为100。若迭代次数小于0则表示奇异值分解失败

计算非线性方程组中各方程左端函数值 $f_i(x_0, x_1, \cdots, x_{n-1})(i=0,1,\cdots,m-1)$的函数形式为

```
void  f(int m,int n,double x[],double d[])
{ d[0]=f0(x0,x1,…,xn-1)的表达式;
   ⋮
  d[m-1]=fm-1(x0,x1,…,xn-1)的表达式;
  return;
}
```

计算雅可比矩阵的函数形式为

```
void  s(int m,int n,double x[],double p[])
{ int  用到的整型变量表列;
  double  用到的双精度型变量表列;
  p[i][j]=∂fi/∂xj (i=0,1,…,m-1;j=0,1,…,n-1)的表达式;
  return;
}
```

【函数程序】

```
//非线性方程组最小二乘解.cpp
#include <cmath>
#include <iostream>
#include "线性最小二乘问题的广义逆法.cpp"
using namespace std;
//m        非线性方程组中方程个数
//n        非线性方程组中未知数个数。m>=n
//eps1     控制最小二乘解的精度要求
//eps2     奇异值分解中的控制精度要求
//x[n]     存放初始近似值。返回最小二乘解,当 m=n 时即为非线性方程组的解
//f        指向计算非线性方程组各方程左端函数值的函数名
//s        计算雅可比矩阵的函数名
//函数返回迭代次数。本函数最大迭代次数为 100。若迭代次数小于 0 则表示奇异值分解失败
int ngin(int m, int n, double eps1, double eps2, double x[],
void (*f)(int,int,double[],double[]), void (*s)(int,int,double[],double[]))
{
    int i,j,k,l,kk,jt,interation,ka;
    double y[10],b[10],alpha,z,h2,y1,y2,y3,y0,h1;
    double *p, *d, *pp, *dx, *u, *v, *w;
    p =new double[m*n];
    d =new double[m];
    pp =new double[n*m];
    dx =new double[n];
    u =new double[m*m];
    v =new double[n*n];
    w =new double[m+1];
    interation =100;                                //最大迭代次数
    ka =m +1;
    l=0; alpha=1.0;
    while (l<interation)
    {
        (*f)(m,n,x,d);                              //计算非线性方程组各方程左端函数值
        (*s)(m,n,x,p);                              //计算雅可比矩阵
        jt=gmiv(p,m,n,d,dx,pp,eps2,u,v,ka);         //求广义逆
        if (jt<0)
        {
            delete[] p; delete[] d; delete[] pp; delete[] w;
            delete[] dx; delete[] u; delete[] v;
            return(-1);
        }
        j=0; jt=1; h2=0.0;
```

```
while (jt==1)
{
    jt=0;
    if (j<=2) z=alpha+0.01*j;
    else z=h2;
    for (i=0; i<=n-1; i++) w[i]=x[i]-z*dx[i];
    (*f)(m,n,w,d);                        //计算非线性方程组各方程左端函数值
    y1=0.0;
    for (i=0; i<=m-1; i++) y1=y1+d[i]*d[i];
    for (i=0; i<=n-1; i++)  w[i]=x[i]-(z+0.00001)*dx[i];
    (*f)(m,n,w,d);                        //计算非线性方程组各方程左端函数值
    y2=0.0;
    for (i=0; i<=m-1; i++) y2=y2+d[i]*d[i];
    y0=(y2-y1)/0.00001;
    if (fabs(y0)>1.0e-10)
    {
        h1=y0; h2=z;
        if (j==0) { y[0]=h1; b[0]=h2;}
        else
        {
            y[j]=h1; kk=0; k=0;
            while ((kk==0)&&(k<=j-1))
            {
                y3=h2-b[k];
                if (fabs(y3)+1.0==1.0) kk=1;
                else h2=(h1-y[k])/y3;
                k=k+1;
            }
            b[j]=h2;
            if (kk!=0) b[j]=1.0e+35;
            h2=0.0;
            for (k=j-1; k>=0; k--) h2=-y[k]/(b[k+1]+h2);
            h2=h2+b[0];
        }
        j=j+1;
        if (j<=7) jt=1;
        else z=h2;
    }
}
alpha=z; y1=0.0; y2=0.0;
for (i=0; i<=n-1; i++)
{
    dx[i]=-alpha*dx[i];
    x[i]=x[i]+dx[i];
    y1=y1+fabs(dx[i]);
```

```
            y2=y2+fabs(x[i]);
        }
        if (y1<eps1 * y2)
        {
            delete[] p; delete[] d; delete[] pp; delete[] w;
            delete[] dx; delete[] u; delete[] v;
            return(l);
        }
        l =l +1;
    }
    delete[] p; delete[] d; delete[] pp; delete[] w;
    delete[] dx; delete[] u; delete[] v;
    return(l);
}
```

【例】

1. 求解非线性方程组

$$\begin{cases} x_0^2 + 10x_0x_1 + 4x_1^2 + 0.7401006 = 0 \\ x_0^2 - 3x_0x_1 + 2x_1^2 - 1.0201228 = 0 \end{cases}$$

的最小二乘解。其中 $m=2, n=2$。取初值(0.5，−1.0)，eps1=0.000 001，eps2=0.000 001。

主函数程序以及计算非线性方程组中各方程左端函数值 $f_i(x_0, x_1, \cdots, x_{n-1})(i=0, 1, \cdots, m-1)$的函数程序与计算雅可比矩阵的函数程序如下：

```
//非线性方程组最小二乘解例 1
#include <cmath>
#include <iostream>
#include "非线性方程组最小二乘解.cpp"
using namespace std;
int main()
{
    int m,n,i;
    double eps1,eps2;
    void nginf(int,int,double [],double []);
    void ngins(int,int,double [],double []);
    double x[2]={0.5,-1.0};
    m=2; n=2;  eps1=0.000001; eps2=0.000001;
    i=ngin(m,n,eps1,eps2,x,nginf,ngins);
    if (i>0)
    {
        cout <<"迭代次数 =" <<i <<endl;
        for (i=0; i<=1; i++)  cout <<"x(" <<i <<") =" <<x[i] <<endl;
    }
    return 0;
}
//计算非线性方程组各方程左端函数值
```

```
void nginf(int m, int n, double x[], double d[])
{
    m=m; n=n;
    d[0]=x[0] * x[0]+10.0 * x[0] * x[1]+4.0 * x[1] * x[1]+0.7401006;
    d[1]=x[0] * x[0]-3.0 * x[0] * x[1]+2.0 * x[1] * x[1]-1.0201228;
  return;
}
//计算雅可比矩阵
void ngins(int m, int n, double x[], double p[])
{
    m=m;
    p[0 * n+0] =2.0 * x[0]+10.0 * x[1];          //p[0][0]
    p[0 * n+1] =10.0 * x[0]+8.0 * x[1];          //p[0][1]
    p[1 * n+0] =2.0 * x[0]-3.0 * x[1];           //p[1][0]
    p[1 * n+1] =-3.0 * x[0]+4.0 * x[1];          //p[1][1]
    return;
}
```

运行结果为

迭代次数 = 4
x(0) = 0.376547
x(1) = -0.437953

2. 求非线性方程组

$$\begin{cases} x_0^2 + 7x_0x_1 + 3x_1^2 + 0.5 = 0 \\ x_0^2 - 2x_0x_1 + x_1^2 - 1 = 0 \\ x_0 + x_1 + 1 = 0 \end{cases}$$

的最小二乘解。其中 $m=3, n=2$。取初值 $(1.0, -1.0)$，eps1=eps2=0.000 001。

主函数程序以及计算非线性方程组中各方程左端函数值 $f_i(x_0, x_1, \cdots, x_{n-1})(i=0, 1, \cdots, m-1)$ 的函数程序与计算雅可比矩阵的函数程序如下：

```
//非线性方程组最小二乘解例 2
#include <cmath>
#include <iostream>
#include "非线性方程组最小二乘解.cpp"
using namespace std;
int main()
{
    int m,n,i;
    double eps1,eps2;
    void nginf(int,int,double [],double []);
    void ngins(int,int,double [],double []);
    double x[2]={1.0,-1.0};
    m=3; n=2; eps1=0.000001; eps2=0.000001;
    i =ngin(m,n,eps1,eps2,x,nginf,ngins);
    if (i>0)
```

```
    {
        cout <<"迭代次数 =" <<i <<endl;
        for (i=0; i<=1; i++)  cout <<"x(" <<i <<") =" <<x[i] <<endl;
    }
    return 0;
}
//计算非线性方程组各方程左端函数值
void nginf(int m, int n, double x[], double d[])
{
    m=m; n=n;
    d[0] =x[0] * x[0]+7.0 * x[0] * x[1]+3.0 * x[1] * x[1]+0.5;
    d[1] =x[0] * x[0]-2.0 * x[0] * x[1]+x[1] * x[1]-1.0;
    d[2] =x[0]+x[1]+1.0;
    return;
}
//计算雅可比矩阵
void ngins(int m, int n, double x[], double p[])
{
    m=m;
    p[0 * n+0] =2.0 * x[0]+7.0 * x[1];          //p[0][0]
    p[0 * n+1] =7.0 * x[0]+6.0 * x[1];          //p[0][1]
    p[1 * n+0] =2.0 * x[0]-2.0 * x[1];          //p[1][0]
    p[1 * n+1] =-2.0 * x[0]+2.0 * x[1];         //p[1][1]
    p[2 * n+0] =1.0;                            //p[2][0]
    p[2 * n+1] =1.0;                            //p[2][1]
    return;
}
```

运行结果为

```
迭代次数 = 4
x(0) = 0.378947
x(1) = -0.692576
```

5.11 求非线性方程一个实根的蒙特卡罗法

【功能】

用蒙特卡罗法求非线性方程 $f(x)=0$ 的一个实根。

【方法说明】

设实函数方程为

$$f(x) = 0$$

蒙特卡罗法求一个实根的过程如下。

选取一个初值 x，并计算 $F_0=f(x)$。再选取一个 b，其中 $b>0$。

在区间$[-b,b]$上反复产生均匀分布的随机数 r，对于每一个 r，计算 $F_1=f(x+r)$，直到发现一个 r 使 $|F_1|<|F_0|$ 为止，此时 $x+r\Rightarrow x, F_1\Rightarrow F_0$。如果连续产生了 m 个随机数 r 还不满足 $|F_1|<|F_0|$，则将 b 减半再进行操作。

重复上述过程，直到 $|F_0|<\varepsilon$ 为止，此时的 x 即为非线性方程 $f(x)=0$ 的一个实根。

在使用本方法时，如果遇到迭代不收敛，则可以适当调整 b 和 m 的值。

在本函数中要调用产生 0～1 均匀分布的一个随机数的函数 rnd1()。

【函数语句与形参说明】

```
double metcalo(double z, double b,int m, double eps, double (*f)(double))
```

形参与函数类型	参数意义
double z	存放根的初值
double b	均匀分布随机数的端点初值
int m	控制调节 b 的参数
double eps	控制精度要求
double (*f)()	指向计算方程左端函数值 $f(x)$ 的函数名(由用户自编)
double metcalo()	函数返回根的终值。若程序显示"b 调整了 100 次！迭代不收敛！"，则需调整 b 和 m 的值再试

计算方程左端函数值 $f(x)$ 的函数形式为

```
double  f(double x)
{ double  y;
  y=f(x)的表达式;
  return(y);
}
```

【函数程序】

```
//蒙特卡罗法求实根.cpp
#include <cmath>
#include <iostream>
#include "产生随机数类.h"
using namespace std;
//z         根的初值
//b         均匀分布随机数的端点初值
//m         控制调节 b 的参数
//eps       控制精度要求
//f         指向计算方程左端函数值的函数名
//函数返回根的终值
//若程序显示"b 调整了 100 次！迭代不收敛！",则需调整 b 和 m 的值再试
double metcalo(double z, double b,int m, double eps, double (*f)(double))
{
```

```
    RND r(1.0);
    int flag, k;
    double x, z1, zz, zz1;
    k=0;  flag =0;
    zz =(* f)(z);
    while (flag <=100)
    {
        k =k +1;
        x =-b+2.0 * b * (r.rnd1());
        z1 =z +x;
        zz1 =(* f)(z1);
        if (fabs(zz1)>=fabs(zz))
        {
            if (k ==m)
            {
                k =0; flag =flag +1; b =b/2.0;
            }
        }
        else
        {
            k =0;
            z =z1; zz =zz1;
            if (fabs(zz)<eps)  return(z);
        }
    }
    cout <<"b 调整了 100 次! 迭代不收敛!" <<endl;
    return(z);
}
```

【例】 用蒙特卡罗法求实函数方程

$$f(x) = e^{-x^3} - \frac{\sin x}{\cos x} + 800 = 0$$

在区间(0,π/2)内的一个实根。取初值 $x=0.5, b=1.0, m=10, \varepsilon=0.000\ 01$。

主函数程序以及计算方程左端函数值 $f(x)$ 的函数程序如下:

```
//蒙特卡罗法求实根例
#include <cmath>
#include <iostream>
#include "蒙特卡罗法求实根.cpp"
using namespace std;
int main()
{
    int m;
    double b,eps;
    double z, x, mtclf(double);
    b=1.0; m=10; eps=0.00001;
```

```
    x =0.5;
    z =metcalo(x,b,m,eps,mtclf);
    cout <<"z =" <<z <<endl;
    cout <<"检验 : f(z) =" <<mtclf(z) <<endl;
    return 0;
}
//实函数方程
double mtclf(double x)
{
    double  y;
    y =exp(-x * x * x) -sin(x)/cos(x) +800.0;
    return(y);
}
```

运行结果为

```
z = 1.56955
检验 : f(z) = -1.74983e-006
```

5.12 求实函数或复函数方程一个复根的蒙特卡罗法

【功能】

用蒙特卡罗法求实函数或复函数方程 $f(z)=0$ 的一个复根。

【方法说明】

设非线性方程为

$$f(z)=0$$

其中左端函数 $f(z)$ 的模函数记为 $\| f(z) \|$。

蒙特卡罗法求一个复根的过程如下。

选取一个初值 $z=x+\mathrm{j}y$,其中 $\mathrm{j}=\sqrt{-1}$。并计算 $F_0=\| f(z) \|$。再选取一个 b,其中 $b>0$。

在区间$[-b,b]$上反复产生均匀分布的随机数 r_x 与 r_y,对于每一对(r_x,r_y),计算

$$F_1=\| f(x+r_x+\mathrm{j}(y+r_y)) \|$$

直到发现一对(r_x,r_y)使$|F_1|<|F_0|$为止,此时

$$x+r_x+\mathrm{j}(y+r_y)\Rightarrow z,\quad F_1\Rightarrow F_0$$

如果连续产生了 m 对随机数(r_x,r_y)还不满足$|F_1|<|F_0|$,则将 b 减半再进行操作。

重复上述过程,直到$|F_0|<\varepsilon$ 为止,此时的 z 即为方程 $f(z)=0$ 的一个复根。

在使用本方法时,如果遇到迭代不收敛,则可以适当调整 b 和 m 的值。

本方法可用于求只包含两个未知量的非线性方程组

$$\begin{cases} f_1(x,y)=0 \\ f_2(x,y)=0 \end{cases}$$

的一组实根。此时将 x 当作实部,y 当作虚部。

在本函数中要调用产生 0～1 均匀分布的一个随机数的函数 rnd1()。

【函数语句与形参说明】

```
complex mtcl(complex z, double b,int m, double eps, complex (*f)(complex))
```

形参与函数类型	参 数 意 义
complex z	存放复根初值
double b	均匀分布随机数的端点初值
int m	控制调节 b 的参数
double eps	控制精度要求
complex (*f)()	指向计算 $f(z)$的函数名(由用户自编)
complex mtcl()	函数返回根的终值。若程序显示“b 调整了 100 次！迭代不收敛！”，则需调整 b 和 m 的值再试

计算 $f(z)$的函数形式为

```
complex  f(complex z)           //对于实函数方程要将系数化为复数
{ complex  y;
  y=f(z)的表达式;
  return(y);
}
```

【函数程序】

```
//蒙特卡罗法求复根.cpp
#include <cmath>
#include <iostream>
#include "复数运算类.h"
#include "产生随机数类.h"
using namespace std;
//z          根的初值
//b          均匀分布随机数的端点初值
//m          控制调节 b 的参数
//eps        控制精度要求
//f          指向计算方程左端函数值的函数名
//函数返回根的终值
//若程序显示"b 调整了 100 次!迭代不收敛!",则需调整 b 和 m 的值再试
complex mtcl(complex z, double b,int m, double eps, complex (*f)(complex))
{
    RND r(1.0);
    int flag, k;
    double x1,y1;
    complex z1, zz, zz1;
    k=0; flag =0;
```

```
    zz = (* f)(z);
    while (flag<=100)
    {
        k =k +1;
        x1 =-b+2.0 * b * (r.rnd1());          //产生随机数对
        y1 =-b+2.0 * b * (r.rnd1());
        z1 =z +complex(x1,y1);
        zz1 = (* f)(z1);
        if (zz1.cfabs()>=zz.cfabs())
        {
            if (k ==m)
            {
                k =0; flag =flag +1; b =b/2.0;
            }
        }
        else
        {
            k =0;
            z =z1; zz =zz1;
            if (zz.cfabs()<eps)  return(z);
        }
    }
    cout <<"b 调整了 100 次!迭代不收敛!" <<endl;
    return(z);
}
```

【例】

(1) 求实函数方程

$$f(z) = z^2 - 6z + 13 = 0$$

的一个复根。取初值 $z=0.5+j0.5, b=1.0, m=10, \varepsilon=0.00001$。

主函数程序以及计算 $f(z)$ 的函数程序如下：

```
//实函数方程求复根例
#include <cmath>
#include <iostream>
#include "蒙特卡罗法求复根.cpp"
using namespace std;
int main()
{
    int m;
    double b,eps;
    complex z, x, mtclf(complex);
    x=complex(0.5,0.5);
    b=1.0; m=10; eps=0.00001;
    z =mtcl(x,b,m,eps,mtclf);
    cout <<"z ="; z.prt(); cout <<endl;
```

```
    cout <<"检验: f(z) ="; mtclf(z).prt(); cout <<endl;
    return 0;
}
//实函数方程
complex mtclf(complex x)                    //系数要化为复数
{
    complex z;
    z =x * x -complex(6.0,0.0) * x +complex(13.0,0.0);
    return(z);
}
```

运行结果为

```
z = (3, 2)
检验: f(z) = (-9.19216e-006, -2.95788e-006)
```

(2) 求复函数方程

$$f(z) = z^2 + (1 + \mathrm{j})z - 2 + \mathrm{j}2 = 0$$

的一个复根。取初值 $z=0.5+\mathrm{j}0.5, b=1.0, m=10, \varepsilon=0.000\,01$。

主函数程序以及计算 $f(z)$的函数程序如下:

```
//复函数方程求复根例
#include <cmath>
#include <iostream>
#include "蒙特卡罗法求复根.cpp"
using namespace std;
int main()
{
    int m;
    double b,eps;
    complex z, x, mtclf(complex);
    x=complex(0.5,0.5);
    b=1.0; m=10; eps=0.00001;
    z =mtcl(x,b,m,eps,mtclf);
    cout <<"z ="; z.prt(); cout <<endl;
    cout <<"检验: f(z) ="; mtclf(z).prt(); cout <<endl;
    return 0;
}
//复函数方程
complex mtclf(complex x)
{
    complex z;
    z =x * x +x * complex(1.0,1.0) +complex(-2.0,2.0);
    return(z);
}
```

运行结果为

5.13 求非线性方程组一组实根的蒙特卡罗法

【功能】

用蒙特卡罗法求非线性方程组

$$f_i(x_0, x_1, \cdots, x_{n-1}) = 0, \quad i = 0, 1, \cdots, n-1$$

的一组复根。

【方法说明】

设非线性方程组为

$$f_i(x_0, x_1, \cdots, x_{n-1}) = 0, \quad i = 0, 1, \cdots, n-1$$

定义模函数为

$$\| F \| = \sqrt{\sum_{i=0}^{n-1} f_i^2}$$

蒙特卡罗法求一组复根的过程如下。

选取一个初值 $\boldsymbol{X}=(x_0, x_1, \cdots, x_{n-1})^{\mathrm{T}}$。并计算模函数值 $F_0 = \| F \|$。再选取一个 b,其中 $b>0$。

在区间$[-b,b]$上反复产生均匀分布的随机数$(r_0, r_1, \cdots, r_{n-1})$,对于每一组随机数$(r_0, r_1, \cdots, r_{n-1})$,计算$(x_0+r_0, x_1+r_1, \cdots, x_{n-1}+r_{n-1})^{\mathrm{T}}$ 的模函数 F_1,直到发现一组使$|F_1|<|F_0|$为止,此时

$$x_i + r_i \Rightarrow x_i, \quad i = 0, 1, \cdots, n-1$$
$$F_1 \Rightarrow F_0$$

如果连续产生了 m 组随机数还不满足$|F_1|<|F_0|$,则将 b 减半再进行操作。

重复上述过程,直到$|F_0|<\varepsilon$ 为止,此时的 $\boldsymbol{X}=(x_0, x_1, \cdots, x_{n-1})^{\mathrm{T}}$ 即为非线性方程组的一组实根。

在使用本方法时,如果遇到迭代不收敛,则可以适当调整 b 和 m 的值。

在本函数中要调用产生 0～1 均匀分布的一个随机数的函数 rnd1()。

【函数语句与形参说明】

```
void nmtc(double x[], int n, double b, int m, double eps,
double (* f)(double [], int))
```

形参与函数类型	参数意义
double x[n]	存放一组实根初值。返回一组实根的终值
int n	方程个数,也是未知数的个数
double b	均匀分布随机数的端点初值

续表

形参与函数类型	参数意义
int　m	控制调节 b 的参数
double　eps	控制精度要求
double　(*f)()	指向计算模函数 $\|F\|$ 的函数名(由用户自编)
void　nmtc()	若程序显示“b 调整了 100 次！迭代不收敛！”，则需调整 b 和 m 的值再试

计算模函数 $\|F\|$ 的函数形式为

```
double  f(double x[],int n)
{ double  z;
  z = √(∑_{i=0}^{n-1} f_i²) 的表达式;
  return(z);
}
```

【函数程序】

```
//蒙特卡罗法求解非线性方程组.cpp
#include <iostream>
#include <cmath>
#include "产生随机数类.h"
using namespace std;
//x[n]         存放实数解初值
//n            方程组阶数
//b            均匀分布随机数的端点初值
//m            控制调节 b 的参数
//eps          控制精度要求
//f            指向计算方程组模函数值的函数名
//若程序显示“b 调整了 100 次!迭代不收敛!”,则需调整 b 和 m 的值再试
void nmtc(double x[], int n, double b, int m, double eps,
                   double (*f)(double [], int))
{
    int k,i,flag;
    double *y,z,z1;
    RND  r(1.0);
    y =new double[n];
    k=0;  flag =0;
    z= (*f)(x,n);
    while (flag <=100)
    {
        k =k +1;
        for (i=0; i<=n-1; i++)     //产生一组随机数
            y[i]=-b+2.0*b*(r.rnd1()) +x[i];
```

```
        z1=(*f)(y,n);
        if (z1>=z)
        {
            if (k==m)
            {
                flag=flag+1; k=0; b=b/2.0;
            }
        }
        else
        {
            k=0;
            for (i=0; i<=n-1; i++) x[i]=y[i];
            z=z1;
            if (z<eps)  {delete[] y; return;}
        }
    }
    cout <<"b 调整了 100 次!迭代不收敛!" <<endl;
    delete[] y; return;
}
```

【例】 用蒙特卡罗法求非线性方程组

$$\begin{cases}3x_0+x_1+2x_2^2-3=0\\-3x_0+5x_1^2+2x_0x_2-1=0\\25x_0x_1+20x_2+12=0\end{cases}$$

的一组实根。取初值 $\boldsymbol{X}=(0,0,0)^{\mathrm{T}}, b=2.0, m=50, \varepsilon=0.000\,001$。

主函数程序以及计算模函数 $\|F\|$ 的函数程序如下：

```
//蒙特卡罗法求解非线性方程组例
#include <iostream>
#include <cmath>
#include "蒙特卡罗法求解非线性方程组.cpp"
using namespace std;
int main()
{
    int i,n,m;
    double nmtcf(double [],int);
    double b,eps,x[3]={0.0,0.0,0.0};
    b=2.0; m=50; n=3; eps=0.000001;
    nmtc(x,n,b,m,eps,nmtcf);
    for (i=0; i<=2; i++)
        cout <<"x(" <<i <<") =" <<x[i] <<endl;
    cout <<"验证: |F| =" <<nmtcf(x,n) <<endl;
    return 0;
}
//计算方程组模
```

```
double nmtcf(double x[], int n)
{
    double f,f1,f2,f3;
    n=n;
    f1=3.0*x[0]+x[1]+2.0*x[2]*x[2]-3.0;
    f2=-3.0*x[0]+5.0*x[1]*x[1]+2.0*x[0]*x[2]-1.0;
    f3=25.0*x[0]*x[1]+20.0*x[2]+12.0;
    f=sqrt(f1*f1+f2*f2+f3*f3);
    return(f);
}
```

运行结果为

```
x(0) = 0.290052
x(1) = 0.687431
x(2) = -0.849239
验证: |F| = 3.32745e-007
```

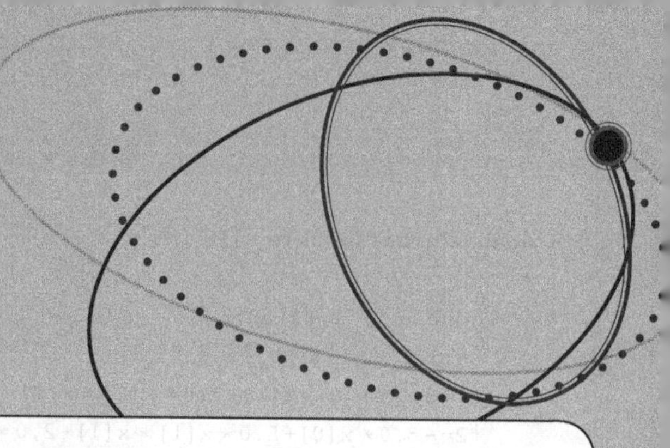

第6章 插值与逼近

6.1 拉格朗日插值

【功能】

给定 n 个结点 $x_i(i=0,1,\cdots,n-1)$上的函数值 $y_i=f(x_i)$，用拉格朗日(Lagrange)插值公式计算指定插值点 t 处的函数近似值 $z=f(t)$。

【方法说明】

为了避免龙格(Runge)现象对计算结果的影响，在给定的 n 个结点中自动选择 8 个结点进行插值，且使指定插值点 t 位于它们的中间。即选取满足条件 $x_k<x_{k+1}<x_{k+2}<x_{k+3}<t<x_{k+4}<x_{k+5}<x_{k+6}<x_{k+7}$ 的 8 个结点，用 7 次拉格朗日插值多项式计算插值点 t 处的函数近似值 $z=f(t)$，即

$$z=\sum_{i=k}^{k+7}y_i\prod_{\substack{j=k\\j\neq i}}^{k+7}\frac{t-x_j}{x_i-x_j}$$

当插值点 t 靠近 n 个结点所在区间的某端时，选取的结点将少于 8 个；而当插值点 t 位于包含 n 个结点的区间外时，则仅取区间某端的 4 个结点进行插值。

【函数语句与形参说明】

```
double lagrange(double x[], double y[], int n, double t)
```

形参与函数类型	参数意义
double x[n]	存放 n 个给定结点的值。要求 $x_0<x_1<\cdots<x_{n-1}$
double y[n]	存放 n 个给定结点上的函数值 $y_0,y_1,\cdots,y_{n-1}$
int n	给定结点的个数
double t	指定插值点
double lagrange()	函数返回指定插值点 t 处的函数近似值 $z=f(t)$

【函数程序】

```
//Lagrange 插值.cpp
#include <cmath>
#include <iostream>
using namespace std;
//x[n]          存放 n 个给定的有序结点值
//y[n]          存放 n 个给定结点上的函数值
//n             给定结点的个数
//t             指定插值点
//函数返回指定插值点 t 处的函数近似值
double lagrange(double x[], double y[], int n, double t)
{
    int i,j,k,m;
    double z,s;
    z=0.0;
    if (n<1) return(z);
    if (n==1) { z=y[0];return(z);}
    if (n==2)
    {
        z=(y[0]*(t-x[1])-y[1]*(t-x[0]))/(x[0]-x[1]);
        return(z);
    }
    i=0;
    while ((x[i]<t)&&(i<n)) i=i+1;              //寻找插值点 t 所在的位置
    k=i-4;                                      //取插值区间左端点
    if (k<0) k=0;
    m=i+3;                                      //取插值区间右端点
    if (m>n-1) m=n-1;
    for (i=k;i<=m;i++)
    {
        s=1.0;
        for (j=k;j<=m;j++)
        if (j!=i) s=s*(t-x[j])/(x[i]-x[j]);
        z=z+s*y[i];
    }
    return(z);
}
```

【例】 设有列表函数如下：

k	0	1	2	3	4
x_k	0.10	0.15	0.25	0.40	0.50
y_k	0.904837	0.860708	0.778801	0.670320	0.606531

续表

k	5	6	7	8	9
x_k	0.57	0.70	0.85	0.93	1.00
y_k	0.565525	0.496585	0.427415	0.394554	0.367879

利用拉格朗日插值公式计算插值点 $t=0.63$ 处的函数近似值。

主函数程序如下：

```
//Lagrange 插值例
#include <cmath>
#include <iostream>
#include "Lagrange 插值.cpp"
using namespace std;
int main()
{
    double t,z;
    double x[10]={0.10,0.15,0.25,0.40,0.50,
                  0.57,0.70,0.85,0.93,1.00};
    double y[10]={0.904837,0.860708,0.778801,0.670320,0.606531,
                  0.565525,0.496585,0.427415,0.394554,0.367879};
    t=0.63; z=lagrange(x,y,10,t);
    cout <<"t =" <<t <<"     z =" <<z <<endl;
    return 0;
}
```

运行结果为

```
t=0.63   z =0.532591
```

6.2 连分式插值

【功能】

给定 n 个结点 $x_i(i=0,1,\cdots,n-1)$ 上的函数值 $y_i=f(x_i)$，用连分式插值法计算指定插值点 t 处的函数近似值 $z=f(t)$。

【方法说明】

设给定的结点为 $x_0<x_1<\cdots<x_{n-1}$，其相应的函数值为 $y_0,y_1,\cdots,y_{n-1}$，则可以构造一个 $n-1$ 节连分式

$$\varphi(x)=b_0+\cfrac{x-x_0}{b_1+\cfrac{x-x_1}{b_2+\cdots+\cfrac{x-x_{n-2}}{b_{n-1}}}}$$

计算 $b_j=\varphi_j(x_j)(j=0,1,\cdots,n-1)$ 的递推公式如下：

$$b_0 = \varphi_0(x_0) = f(x_0)$$

$$\begin{cases} \varphi_0(x_j) = f(x_j) \\ \varphi_{k+1}(x_j) = \dfrac{x_j - x_k}{\varphi_k(x_j) - b_k}, \quad k = 0,1,\cdots,j-1 \\ b_j = \varphi_j(x_j) \end{cases}$$

在实际进行递推计算时,考虑到各中间的 $\varphi_k(x_j)$ 值只被下一次使用。因此,可以将上述递推公式改写成如下形式:

$$\begin{cases} u = f(x_j) \\ u = \dfrac{x_j - x_k}{u - b_k}, \quad k = 0,1,\cdots,j-1 \\ b_j = u \end{cases}$$

其中 $b_0 = f(x_0)$。

在实际进行插值计算时,一般在指定插值点 t 的前后各取 4 个结点就够了。此时,计算 7 节连分式的值 $\varphi(t)$ 作为插值点 t 处的函数近似值。

【函数语句与形参说明】

```
double funpq(double x[],double y[],int n,double eps,double t)
```

形参与函数类型	参数意义
double x[n]	存放 n 个给定结点的值。要求 $x_0 < x_1 < \cdots < x_{n-1}$
double y[n]	存放 n 个给定结点上的函数值 $y_0, y_1, \cdots, y_{n-1}$
int n	给定结点的个数
double eps	控制精度要求
double t	指定插值点
double funpq()	函数返回指定插值点 t 处的函数近似值 $z = f(t)$

【函数程序】

```
//连分式逐步插值.cpp
#include <cmath>
#include <iostream>
using namespace std;
//计算函数连分式新一节
//x   存放结点值 x[0]~x[j]
//y   存放结点函数值 y[0]~y[j]
//b   存放连分式中的参数 b[0]~b[j-1],返回时新增加 b[j]
//j   连分式增加的节号。即本函数计算新增加的 b[j]
void funpqj(double x[],double y[],double b[],int j)
{
    int k,flag=0;
    double u;
```

```
        u=y[j];
        for (k=0; (k<j)&&(flag==0); k++)
        {
            if ((u-b[k])+1.0==1.0) flag=1;
            else
                u=(x[j] -x[k])/(u-b[k]);
        }
        if (flag==1) u=1.0e+35;
        b[j]=u;
        return;
    }
    //计算函数连分式值
    //x   存放 n 个结点值 x[0]~x[n-1]
    //b   存放连分式中的 n+1 个参数 b[0]~b[n]
    //n   连分式的节数(注意:常数项 b[0]为第 0 节)
    //t   自变量值
    //程序返回 t 处的函数连分式值
    double funpqv(double x[],double b[],int n,double t)
    {
        int k;
        double u;
        u=b[n];
        for (k=n-1; k>=0; k--)
        {
            if (fabs(u)+1.0==1.0)
                u=1.0e+35*(t-x[k])/fabs(t-x[k]);
            else
                u=b[k]+(t-x[k])/u;
        }
        return(u);
    }
    //连分式逐步插值
    //x[n]        存放结点值 x[0]~x[n-1]
    //y[n]        存放结点函数值 y[0]~y[n-1]
    //n           数据点个数。实际插值时最多取离插值点 t 最近的 8 个点
    //eps         控制精度要求
    //t           插值点值
    //返回插值点 t 处的连分式函数值
    double funpq(double x[],double y[],int n,double eps,double t)
    {
        int i,j,k,l,m;
        double p,q,u;
        double b[8],xx[8],yy[8];             //最多取离插值点 t 最近的 8 个点
        p=0.0;
        if (n<1) return(p);                  //结点个数不对,返回
```

```
    if (n==1) { p=y[0]; return(p);}     //只有一个结点,取值返回
    m=8;                                //最多取 8 个点
    if (m>n) m=n;
    if (t<=x[0]) k=1;                   //第一个结点离插值点最近
    else if (t>=x[n-1]) k=n;            //最后一个结点离插值点最近
    else
    {
        k=1; j=n;
        while ((k-j!=1)&&(k-j!=-1))     //二分法寻找离插值点最近的点
        {
            l=(k+j)/2;
            if (t<x[l-1]) j=l;
            else k=l;
        }
        if (fabs(t-x[l-1])>fabs(t-x[j-1])) k=j;
    }
    j=1; l=0;
    for (i=1;i<=m;i++)                  //从数据表中取 m 个结点
    {
        k=k+j * l;
        if ((k<1)||(k>n))
        {
            l=l+1; j=-j; k=k+j * l;
        }
        xx[i-1]=x[k-1]; yy[i-1]=y[k-1];
        l=l+1; j=-j;
    }
    j=0; b[0]=yy[0]; p=b[0];
    u=1.0+eps;
    while ((j<m-1)&&(u>=eps))
    {
        j=j+1;
        funpqj(xx,yy,b,j);              //计算新一节的 b[j]
        q=funpqv(xx,b,j,t);             //计算函数连分式在 t 处的函数值
        u=(fabs(q-p));
        p=q;
    }
    return(p);
}
```

【例】 设函数

$$f(x)=\frac{1}{1+25x^2}$$

的 10 个结点处的函数值如下：

x	-1.0	-0.8	-0.65	-0.4	-0.3
$f(x)$	0.0384615	0.0588236	0.0864865	0.2	0.307692
x	0.0	0.2	0.45	0.8	1.0
$f(x)$	1.0	0.5	0.164948	0.0588236	0.0384615

利用连分式插值法计算 $t=-0.85$ 与 $t=0.25$ 处的函数近似值。

主函数程序如下:

```
//连分式逐步插值例
#include <cmath>
#include <iostream>
#include "连分式逐步插值.cpp"
using namespace std;
int main()
{
    double t,z;
    double x[10]={-1.0,-0.8,-0.65,-0.4,-0.3,
                  0.0,0.2,0.45,0.8,1.0};
    double y[10]={0.0384615,0.0588236,0.0864865,0.2,0.307692,
                  1.0,0.5,0.164948,0.0588236,0.0384615};
    t=-0.85; z=funpq(x,y,10,0.0000001,t);
    cout <<"t =" <<t <<"      z =" <<z <<endl;
    t=0.25; z=funpq(x,y,10,0.0000001,t);
    cout <<"t =" <<t <<"      z =" <<z <<endl;
    return 0;
}
```

运行结果为

```
t =-0.850,   z =0.0524591
t = 0.250,   z =0.390244
```

6.3 埃尔米特插值

【功能】

给定 n 个结点 $x_i(i=0,1,\cdots,n-1)$ 上的函数值 $y_i=f(x_i)$ 以及一阶导数值 $y'_i=f'(x_i)$,用埃尔米特(Hermite)插值公式计算指定插值点 t 处的函数近似值 $z=f(t)$。

【方法说明】

设函数 $f(x)$ 在 n 个结点 $x_0<x_1<\cdots<x_{n-1}$ 上的函数值为 $y_0,y_1,\cdots,y_{n-1}$,一阶导数值为 $y'_0,y'_1,\cdots,y'_{n-1}$,则 $f(x)$ 可以用埃尔米特插值多项式

$$P_{2n-1}(x)=\sum_{i=0}^{n-1}[y_i+(x-x_i)(y'_i-2y_il'_i(x_i))]l_i^2(x)$$

近似代替。其中

$$l_i(x) = \prod_{\substack{j=0 \\ j \neq i}}^{n-1} \frac{x - x_j}{x_i - x_j}$$

$$l'_i(x_i) = \sum_{\substack{j=0 \\ j \neq i}}^{n-1} \frac{1}{x_i - x_j}$$

在实际进行插值计算时，为了减少计算工作量，用户可以适当地将远离插值点 t 结点抛弃。通常，只需取插值点 t 的前后 4 个结点就够了。

【函数语句与形参说明】

```
double hermite(double x[], double y[], double dy[], int n, double t)
```

形参与函数类型	参 数 意 义
double　x[n]	存放 n 个给定结点的值。要求 $x_0 < x_1 < \cdots < x_{n-1}$
double　y[n]	存放 n 个给定结点上的函数值 $y_0, y_1, \cdots, y_{n-1}$
double　dy[n]	存放 n 个给定结点上的一阶导数值 $y'_0, y'_1, \cdots, y'_{n-1}$
int　n	给定结点的个数
double　t	指定插值点
double　hermite()	函数返回指定插值点 t 处的函数近似值 $z = f(t)$

【函数程序】

```
//Hermite 插值.cpp
#include <cmath>
#include <iostream>
using namespace std;
//x[n]          存放 n 个给定结点的值
//y[n]          存放 n 个给定结点上的函数值
//dy[n]         存放 n 个给定结点上的一阶导数值
//n             给定结点的个数
//t             指定插值点
//函数返回指定插值点 t 处的函数近似值
double hermite(double x[], double y[], double dy[], int n, double t)
{
    int i,j;
    double z,p,q,s;
    z=0.0;
    for (i=1;i<=n;i++)
    {
        s=1.0;
        for (j=1;j<=n;j++)
          if (j!=i) s=s*(t-x[j-1])/(x[i-1]-x[j-1]);
```

```
        s=s*s;
        p=0.0;
        for (j=1;j<=n;j++)
          if (j!=i) p=p+1.0/(x[i-1]-x[j-1]);
        q=y[i-1]+(t-x[i-1])*(dy[i-1]-2.0*y[i-1]*p);
        z=z+q*s;
    }
    return(z);
}
```

【例】 设函数

$$f(x)=\mathrm{e}^{-x}$$

在10个结点上的函数值与一阶导数值如下：

x	0.1	0.15	0.3	0.45	0.55
$f(x)$	0.904837	0.860708	0.740818	0.637628	0.576950
$f'(x)$	−0.904837	−0.860708	−0.740818	−0.637628	−0.576950
x	0.6	0.7	0.85	0.9	1.0
$f(x)$	0.548812	0.496585	0.427415	0.406570	0.367879
$f'(x)$	−0.548812	−0.496585	−0.427415	−0.406570	−0.367879

利用埃尔米特插值法计算在插值点 $t=0.356$ 处的函数近似值 $f(t)$。

主函数程序如下：

```
//Hermite插值例
#include <cmath>
#include <iostream>
#include "Hermite插值.cpp"
using namespace std;
int main()
{
    int i;
    double t,z;
    double x[10]={0.1,0.15,0.3,0.45,0.55,0.6,0.7,0.85,0.9,1.0};
    double y[10]={0.904837,0.860708,0.740818,0.637628,0.576950,
                  0.548812,0.496585,0.427415,0.406570,0.367879};
    double dy[10];
    for (i=0;i<=9;i++) dy[i]=-y[i];
    t=0.356; z=hermite(x,y,dy,10,t);
    cout <<"t =" <<t <<"     z =" <<z <<endl;
    return 0;
}
```

运行结果为

```
t =0.356,   z =0.70048
```

6.4 埃特金逐步插值

【功能】

给定 n 个结点 $x_i(i=0,1,\cdots,n-1)$上的函数值 $y_i=f(x_i)$及精度要求,用埃特金逐步插值法计算指定插值点 t 处的函数近似值 $z=f(t)$。

【方法说明】

设给定的结点为 $x_0<x_1<\cdots<x_{n-1}$,其相应的函数值为 $y_0,y_1,\cdots,y_{n-1}$。

首先,从给定的 n 个结点中选取最靠近插值点 t 的 m 个结点 $x_0^*<x_1^*<\cdots<x_{m-1}^*$,相应的函数值为 $y_0^*,y_1^*,\cdots,y_{m-1}^*$,其中 $m\leqslant n$。在本函数程序中,m 的最大值为 10。

然后用这 m 个结点做埃特金逐步插值,步骤如下。

(1) $y_0^*\Rightarrow p_0,1\Rightarrow i$

(2) $y_i^*\Rightarrow z$

$$p_j+\frac{t-x_j^*}{x_j^*+x_i^*}(p_j-z)\Rightarrow z,\quad j=0,1,\cdots,i-1$$

(3) $z\Rightarrow p_i$

(4) 若 $i=m-1$ 或 $|p_i-p_{i-1}|<\varepsilon$,则结束插值,$p_i$ 即为 $f(t)$的近似值;否则,$i+1\Rightarrow i$,转(2)。

【函数语句与形参说明】

```
double aitken(double x[], double y[], int n, double eps, double t)
```

形参与函数类型	参数意义
double x[n]	存放 n 个给定结点的值。要求 $x_0<x_1<\cdots<x_{n-1}$
double y[n]	存放 n 个给定结点上的函数值 $y_0,y_1,\cdots,y_{n-1}$
int n	给定结点的个数
double eps	插值的精度要求
double t	指定插值点
double aitken()	函数返回指定插值点 t 处的函数近似值 $z=f(t)$

【函数程序】

```
//Aitken 逐步插值.cpp
#include <cmath>
#include <iostream>
using namespace std;
//x[n]          存放 n 个给定结点的值
//y[n]          存放 n 个给定结点上的函数值
```

```
//n           给定结点的个数
//eps         插值的精度要求
//t           指定插值点
//函数返回指定插值点 t 处的函数近似值
double aitken(double x[], double y[], int n, double eps, double t)
{
    int i,j,k,m,l;
    double z,xx[10],yy[10];
    z=0.0;
    if (n<1) return(z);
    if (n==1) { z=y[0]; return(z);}
    m=10;                                          //最多取前后 10 个点
    if (m>=n) m=n;
    if (t<=x[0]) k=1;                              //起始点
    else if (t>=x[n-1]) k=n;                       //起始点
    else
    {
        k=1; j=n;
        while ((k-j!=1)&&(k-j!=-1))
        {
            l=(k+j)/2;
            if (t<x[l-1]) j=l;
            else k=l;
        }
        if (fabs(t-x[l-1])>fabs(t-x[j-1])) k=j; //起始点
    }
    j=1; l=0;
    for (i=1;i<=m;i++)                             //从起始点开始轮流在前后取 m 个点
    {
        k=k+j*l;
        if ((k<1)||(k>n))
        { l=l+1; j=-j; k=k+j*l;}
        xx[i-1]=x[k-1]; yy[i-1]=y[k-1];
        l=l+1; j=-j;
    }
    i=0;
    do                                             //对 m 个点做 Aitken 逐步插值
    {
        i=i+1; z=yy[i];
        for (j=0;j<=i-1;j++)
            z=yy[j]+(t-xx[j])*(yy[j]-z)/(xx[j]-xx[i]);
        yy[i]=z;
    }while ((i!=m-1)&&(fabs(yy[i]-yy[i-1])>eps));
    return(z);
}
```

【例】 设函数 $f(x)$在 11 个结点上的函数值如下：

x	−1.0	−0.8	−0.65	−0.4	−0.3	0.0
$f(x)$	0.0384615	0.0588236	0.0864865	0.2	0.307692	1.0
x	0.2	0.4	0.6	0.8	1.0	
$f(x)$	0.5	0.2	0.1	0.0588236	0.0384615	

利用埃特金逐步插值法计算在插值点 $t=-0.75$ 与 $t=0.05$ 处的函数近似值。取 $\varepsilon=0.000\,001$。

主函数程序如下：

```
//Aitken 逐步插值例
#include <cmath>
#include <iostream>
#include "Aitken 逐步插值.cpp"
using namespace std;
int main()
{
    double t,z,eps;
    double x[11]={-1.0,-0.8,-0.65,-0.4,-0.3,
                      0.0,0.2,0.4,0.6,0.8,1.0};
    double y[11]={0.0384615,0.0588236,0.0864865,0.2,
          0.307692,1.0,0.5,0.2,0.1,0.0588236,0.0384615};
    eps=1.0e-6;
    t=-0.75; z=aitken(x,y,11,eps,t);
    cout <<"t =" <<t <<"     z =" <<z <<endl;
    t=0.05; z=aitken(x,y,11,eps,t);
    cout <<"t =" <<t <<"     z =" <<z <<endl;
    return 0;
}
```

运行结果为

```
t =-0.75   z =-0.00308891
t =  0.05  z =0.959859
```

6.5 光滑插值

【功能】

给定 n 个结点 $x_i(i=0,1,\cdots,n-1)$上的函数值 $y_i=f(x_i)$，用阿克玛(Akima)方法计算指定插值点 t 处的函数近似值 $z=f(t)$以及插值点所在子区间上的三次多项式。

【方法说明】

设给定的结点为 $x_0<x_1<\cdots<x_{n-1}$，其相应的函数值为 $y_0,y_1,\cdots,y_{n-1}$。

若在子区间$[x_k,x_{k+1}]$($k=0,1,\cdots,n-2$)上的两个端点处有以下4个条件：

$$\begin{cases} y_k = f(x_k) \\ y_{k+1} = f(x_{k+1}) \\ y'_k = g_k \\ y'_{k+1} = g_{k+1} \end{cases}$$

则在此区间上可以唯一确定一个三次多项式

$$s(x) = s_0 + s_1(x-x_k) + s_2(x-x_k)^2 + s_3(x-x_k)^3$$

并且用此三次多项式计算该子区间上的插值点t处的函数近似值。

根据阿克玛几何条件，g_k与g_{k+1}由下式计算：

$$g_k = \frac{|u_{k+1}-u_k|u_{k-1}+|u_{k-1}-u_{k-2}|u_k}{|u_{k+1}-u_k|+|u_{k-1}-u_{k-2}|}$$

$$g_{k+1} = \frac{|u_{k+2}-u_{k+1}|u_k+|u_k-u_{k-1}|u_{k+1}}{|u_{k+2}-u_{k+1}|+|u_k-u_{k-1}|}$$

其中

$$u_k = \frac{y_{k+1}-y_k}{x_{k+1}-x_k}$$

并且在端点处有

$$u_{-1} = 2u_0 - u_1, \quad u_{-2} = 2u_{-1} - u_0$$
$$u_{n-1} = 2u_{n-2} - u_{n-3}, \quad u_n = 2u_{n-1} - u_{n-2}$$

当$u_{k+1}=u_k$与$u_{k-1}=u_{k-2}$时

$$g_k = \frac{u_{k-1}+u_k}{2}$$

当$u_{k+2}=u_{k+1}$与$u_k=u_{k-1}$时

$$g_{k+1} = \frac{u_k+u_{k+1}}{2}$$

最后可以得到区间$[x_k,x_{k+1}]$($k=0,1,\cdots,n-2$)上的三次多项式的系数为

$$s_0 = y_k$$
$$s_1 = g_k$$
$$s_2 = \frac{3u_k-2g_k-g_{k+1}}{x_{k+1}-x_k}$$
$$s_3 = \frac{g_{k+1}+g_k-2u_k}{(x_{k+1}-x_k)^2}$$

插值点t($t\in[x_k,x_{k+1}]$)处的函数近似值为

$$s(t) = s_0 + s_1(t-x_k) + s_2(t-x_k)^2 + s_3(t-x_k)^3$$

【函数语句与形参说明】

```
double akima(double x[], double y[], int n, double t, double s[4])
```

形参与函数类型	参数意义
double x[n]	存放n个给定结点的值。要求$x_0<x_1<\cdots<x_{n-1}$

续表

形参与函数类型	参数意义
double　y[n]	存放 n 个给定结点上的函数值 $y_0, y_1, \cdots, y_{n-1}$
int　n	给定结点的个数
double　t	指定插值点
double　s[4]	其中 s_0, s_1, s_2, s_3 返回三次多项式的系数
double　akima()	函数返回指定插值点处的函数近似值

【函数程序】

```
//光滑插值.cpp
#include <cmath>
#include <iostream>
using namespace std;
//x[n]        存放 n 个给定结点的值
//y[n]        存放 n 个给定结点上的函数值
//n           给定结点的个数
//t           指定插值点
//s[4]        返回插值点所在子区间上的三次多项式系数
//函数返回指定插值点处的函数近似值
double akima(double x[], double y[], int n, double t, double s[4])
{
    int k,m,j;
    double u[5],p,q;
    s[0]=0.0; s[1]=0.0; s[2]=0.0; s[3]=0.0;
    if (n<1) return(0.0);
    if (n==1) { s[0]=y[0];  return(y[0]);}
    if (n==2)
    {
        s[0]=y[0]; s[1]=(y[1]-y[0])/(x[1]-x[0]);
        p=(y[0]*(t-x[1])-y[1]*(t-x[0]))/(x[0]-x[1]);
        return(p);
    }
    if (t<=x[1]) k=0;            //确定插值点 t 所在的子区间
    else if (t>=x[n-1]) k=n-2;
    else
    {
        k=1; m=n-1;
        while (((k-m)!=1)&&((k-m)!=-1))
        {
            j=(k+m)/2;
            if (t<=x[j]) m =j;
            else k =j;
```

```
        }
    }
    u[2]=(y[k+1]-y[k])/(x[k+1]-x[k]);
    if (n==3)
    {
        if (k==0)
        {
            u[3]=(y[2]-y[1])/(x[2]-x[1]);
            u[4]=2.0*u[3]-u[2];
            u[1]=2.0*u[2]-u[3];
            u[0]=2.0*u[1]-u[2];
        }
        else
        {
            u[1]=(y[1]-y[0])/(x[1]-x[0]);
            u[0]=2.0*u[1]-u[2];
            u[3]=2.0*u[2]-u[1];
            u[4]=2.0*u[3]-u[2];
        }
    }
    else
    {
        if (k<=1)
        {
            u[3]=(y[k+2]-y[k+1])/(x[k+2]-x[k+1]);
            if (k==1)
            {
                u[1]=(y[1]-y[0])/(x[1]-x[0]);
                u[0]=2.0*u[1]-u[2];
                if (n==4) u[4]=2.0*u[3]-u[2];
                else u[4]=(y[4]-y[3])/(x[4]-x[3]);
            }
            else
            {
                u[1]=2.0*u[2]-u[3];
                u[0]=2.0*u[1]-u[2];
                u[4]=(y[3]-y[2])/(x[3]-x[2]);
            }
        }
        else if (k>=(n-3))
        {
            u[1]=(y[k]-y[k-1])/(x[k]-x[k-1]);
            if (k==(n-3))
            {
                u[3]=(y[n-1]-y[n-2])/(x[n-1]-x[n-2]);
```

```
            u[4]=2.0*u[3]-u[2];
            if (n==4) u[0]=2.0*u[1]-u[2];
            else u[0]=(y[k-1]-y[k-2])/(x[k-1]-x[k-2]);
        }
        else
        {
            u[3]=2.0*u[2]-u[1];
            u[4]=2.0*u[3]-u[2];
            u[0]=(y[k-1]-y[k-2])/(x[k-1]-x[k-2]);
        }
    }
    else
    {
        u[1]=(y[k]-y[k-1])/(x[k]-x[k-1]);
        u[0]=(y[k-1]-y[k-2])/(x[k-1]-x[k-2]);
        u[3]=(y[k+2]-y[k+1])/(x[k+2]-x[k+1]);
        u[4]=(y[k+3]-y[k+2])/(x[k+3]-x[k+2]);
    }
  }
  s[0]=fabs(u[3]-u[2]);
  s[1]=fabs(u[0]-u[1]);
  if ((s[0]+1.0==1.0)&&(s[1]+1.0==1.0))
     p=(u[1]+u[2])/2.0;
  else p=(s[0]*u[1]+s[1]*u[2])/(s[0]+s[1]);
  s[0]=fabs(u[3]-u[4]);
  s[1]=fabs(u[2]-u[1]);
  if ((s[0]+1.0==1.0)&&(s[1]+1.0==1.0))
     q=(u[2]+u[3])/2.0;
  else q=(s[0]*u[2]+s[1]*u[3])/(s[0]+s[1]);
  s[0]=y[k];
  s[1]=p;
  s[3]=x[k+1]-x[k];
  s[2]=(3.0*u[2]-2.0*p-q)/s[3];
  s[3]=(q+p-2.0*u[2])/(s[3]*s[3]);
  p=t-x[k];
  p=s[0]+s[1]*p+s[2]*p*p+s[3]*p*p*p;
  return(p);
}
```

【例】 设函数 $f(x)$在 11 个结点上的函数值如下：

x	−1.0	−0.95	−0.75	−0.55	−0.3	0.0
$f(x)$	0.0384615	0.0424403	0.06639	0.116788	0.307692	1.0
x	0.2	0.45	0.6	0.8	1.0	
$f(x)$	0.5	0.164948	0.1	0.0588236	0.0384615	

(1) 利用光滑插值计算各子区间上的三次多项式。

注:只要将子区间中的任意一点(包括右端点但不包括左端点,因为左端点属于前一个子区间)作为插值点,利用本函数即可确定该子区间上的三次多项式。在本例的主函数中用右端点作为插值点。

(2) 利用光滑插值计算指定插值点 $t=-0.85$ 与 $t=0.15$ 处的函数近似值以及插值点所在子区间上的三次多项式

$$s(x)=s_0+s_1(x-x_k)+s_2(x-x_k)^2+s_3(x-x_k)^3$$

中的系数 s_0,s_1,s_2,s_3,其中 $t\in[x_k,x_{k+1}]$。

主函数程序如下:

```
//光滑插值例
#include <cmath>
#include <iostream>
#include "光滑插值.cpp"
using namespace std;
int main()
{
    int i, n;
    double t, z;
    double x[11]={-1.0,-0.95,-0.75,-0.55,-0.3,0.0,
                  0.2,0.45,0.6,0.8,1.0};
    double y[11]={0.0384615,0.0424403,0.06639,0.116788,
       0.307692,1.0,0.5,0.164948,0.1,0.0588236,0.0384615};
    double s[4];
    n=11;
    for (i=0; i<=10; i++)
    {
        t =x[i];
        z =akima(x,y,n,t,s);
        cout <<"t =" <<t <<"     z =f(t) =" <<z <<endl;
        cout <<"s0 =" <<s[0] <<endl;
        cout <<"s1 =" <<s[1] <<endl;
        cout <<"s2 =" <<s[2] <<endl;
        cout <<"s3 =" <<s[3] <<endl;
    }

    t=-0.85; z =akima(x,y,n,t,s);
        cout <<"t =" <<t <<"     z =f(t) =" <<z <<endl;
        cout <<"s0 =" <<s[0] <<endl;
        cout <<"s1 =" <<s[1] <<endl;
        cout <<"s2 =" <<s[2] <<endl;
        cout <<"s3 =" <<s[3] <<endl;
    t=0.15; z =akima(x,y,n,t,s);
        cout <<"t =" <<t <<"     z =f(t) =" <<z <<endl;
```

```
        cout <<"s0 =" <<s[0] <<endl;
        cout <<"s1 =" <<s[1] <<endl;
        cout <<"s2 =" <<s[2] <<endl;
        cout <<"s3 =" <<s[3] <<endl;
    return 0;
}
```

运行结果为

```
t = -1      z = f(t) = 0.0384615
s0 = 0.0384615
s1 = 0.0594897
s2 = 0.616246
s3 = -4.29042
t = -0.95      z = f(t) = 0.0424403
s0 = 0.0384615
s1 = 0.0594897
s2 = 0.616246
s3 = -4.29042
t = -0.75      z = f(t) = 0.06639
s0 = 0.0424403
s1 = 0.0889362
s2 = 0.259985
s3 = -0.529619
t = -0.55      z = f(t) = 0.116788
s0 = 0.06639
s1 = 0.129376
s2 = 1.02433
s3 = -2.05632
t = -0.3      z = f(t) = 0.307692
s0 = 0.116788
s1 = 0.292351
s2 = 3.17607
s3 = -5.16402
t = 0      z = f(t) = 1
s0 = 0.307692
s1 = 0.912129
s2 = 18.4554
s3 = -46.0117
```

```
t = 0.2      z = f(t) = 0.5
s0 = 1
s1 = -0.437798
s2 = -25.5004
s3 = 75.947
t = 0.45      z = f(t) = 0.164948
s0 = 0.5
s1 = -1.52432
s2 = -1.56175
s3 = 9.19282
t = 0.6      z = f(t) = 0.1
s0 = 0.164948
s1 = -0.581544
s2 = 0.622546
s3 = 2.45226
t = 0.8      z = f(t) = 0.0588236
s0 = 0.1
s1 = -0.229253
s2 = -0.123124
s3 = 1.1999
t = 1      z = f(t) = 0.0384615
s0 = 0.0588236
s1 = -0.134515
s2 = 0.066864
s3 = 0.483287
```

```
t = -0.85      z = f(t) = 0.0534042
s0 = 0.0424403
s1 = 0.0889362
s2 = 0.259985
s3 = -0.529619
t = 0.15      z = f(t) = 0.616892
s0 = 1
s1 = -0.437798
s2 = -25.5004
s3 = 75.947
```

由本例的运行结果发现，用第一个结点与第二个结点作为插值点时，其三次多项式是相同的，这是因为函数规定所有小于或等于第二个结点值的点均属于第一个子区间。同时，函数还规定小于最后一个结点值的点均属于最后一个子区间。

6.6 三次样条函数插值、微商与积分

【功能】

给定 n 个结点 $x_i(i=0,1,\cdots,n-1)$ 上的函数值 $y_i=f(x_i)$，利用三次样条函数计算各结点上的数值导数以及插值区间 $[x_0,x_{n-1}]$ 上的积分近似值 $s=\int_{x_0}^{x_{n-1}}f(x)\mathrm{d}x$，并对函数 $f(x)$ 进行成组插值与成组微商。

【方法说明】

设给定的结点为 $x_0<x_1<\cdots<x_{n-1}$，其相应的函数值为 $y_0,y_1,\cdots,y_{n-1}$。

(1) 计算 n 个结点处的一阶导数值 $y'_j(j=0,1,\cdots,n-1)$。

① 根据第一种边界条件

$$y'_0=f'(x_0),y'_{n-1}=f'(x_{n-1})$$

计算公式如下：

$$a_0=0$$

$$b_0=y'_0$$

$$h_j=x_{j+1}-x_j,\quad j=0,1,\cdots,n-2$$

$$\alpha_j=\frac{h_{j-1}}{h_{j-1}+h_j},\quad j=1,2,\cdots,n-2$$

$$\beta_j=\frac{3(1-\alpha_j)(y_j-y_{j-1})}{h_{j-1}}+\frac{3\alpha_j(y_{j+1}-y_j)}{h_j},\quad j=1,2,\cdots,n-2$$

$$a_j=\frac{-\alpha_j}{2+(1-\alpha_j)a_{j-1}},\quad j=1,2,\cdots,n-2$$

$$b_j=\frac{\beta_j-(1-\alpha_j)b_{j-1}}{2+(1-\alpha_j)a_{j-1}},\quad j=1,2,\cdots,n-2$$

$$y'_j=a_jy'_{j+1}+b_j,\quad j=n-2,n-3,\cdots,2,1$$

② 根据第二种边界条件

$$y''_0=f''(x_0) \text{ 与 } y''_{n-1}=f''(x_{n-1})$$

计算公式如下：

$$a_0=-0.5$$

$$b_0=\frac{3(y_1-y_0)}{2(x_1-x_0)}-\frac{y''_0(x_1-x_0)}{4}$$

$$h_j=x_{j+1}-x_j,\quad j=0,1,\cdots,n-2$$

$$\alpha_j=\frac{h_{j-1}}{h_{j-1}+h_j},\quad j=1,2,\cdots,n-2$$

$$\beta_j = \frac{3(1-\alpha_j)(y_j - y_{j-1})}{h_{j-1}} + \frac{3\alpha_j(y_{j+1} - y_j)}{h_j}, \quad j = 1,2,\cdots,n-2$$

$$a_j = \frac{-\alpha_j}{2 + (1-\alpha_j)a_{j-1}}, \quad j = 1,2,\cdots,n-2$$

$$b_j = \frac{\beta_j - (1-\alpha_j)b_{j-1}}{2 + (1-\alpha_j)a_{j-1}}, \quad j = 1,2,\cdots,n-2$$

$$y'_{n-1} = \frac{\dfrac{3(y_{n-1} - y_{n-2})}{h_{n-2}} + \dfrac{y''_{n-1}h_{n-2}}{2} - b_{n-2}}{2 + a_{n-2}}$$

$$y'_j = a_j y'_{j+1} + b_j, \quad j = n-2, n-3, \cdots, 1, 0$$

③ 根据第三种边界条件

$$y_0 = y_{n-1}, y'_0 = y'_{n-1}, y''_0 = y''_{n-1}$$

计算公式如下：

$$a_0 = 0$$

$$b_0 = 1$$

$$w_1 = 0$$

$$h_j = x_{j+1} - x_j, \quad j = 0,1,\cdots,n-2$$

$$h_{n-1} = h_0$$

$$y_0 - y_{-1} = y_{n-1} - y_{n-2}$$

$$\alpha_j = \frac{h_{j-1}}{h_{j-1} + h_j}, \quad j = 1,2,\cdots,n-2$$

$$\beta_j = \frac{3(1-\alpha_j)(y_j - y_{j-1})}{h_{j-1}} + \frac{3\alpha_j(y_{j+1} - y_j)}{h_j}, \quad j = 1,2,\cdots,n-2$$

$$a_j = \frac{-\alpha_{j-1}}{2 + (1-\alpha_{j-1})a_{j-1}}, \quad j = 1,2,\cdots,n-2$$

$$b_j = \frac{-(1-\alpha_{j-1})b_{j-1}}{2 + (1-\alpha_{j-1})a_{j-1}}, \quad j = 1,2,\cdots,n-2$$

$$w_j = \frac{\beta_{j-1} - (1-\alpha_{j-1})w_{j-1}}{2 + (1-\alpha_{j-1})a_{j-1}}, \quad j = 1,2,\cdots,n-2$$

$$p_{n-1} = 1$$

$$q_{n-1} = 0$$

$$p_j = a_j p_{j+1} + b_j, \quad j = n-2, n-3, \cdots, 1$$

$$q_j = a_j q_{j+1} + w_j, \quad j = n-2, n-3, \cdots, 1$$

$$y'_{n-2} = \frac{\beta_{n-2} - \alpha_{n-2}q_1 - (1-\alpha_{n-2})q_{n-2}}{2 + \alpha_{n-2}p_1 + (1-\alpha_{n-2})p_{n-2}}$$

$$y'_j = p_{j+1}y'_{n-2} + q_{j+1}, \quad j = 0,1,\cdots,n-3$$

$$y'_{n-1} = y'_0$$

(2) 计算 n 个结点上的二阶导数值 $y''_j(j=0,1,\cdots,n-1)$ 的公式：

$$y''_j = \frac{6(y_{j+1} - y_j)}{h_j^2} - \frac{2(2y'_j + y'_{j+1})}{h_j}, \quad j = 0,1,\cdots,n-2$$

$$y''_{n-1}=\frac{6(y_{n-2}-y_{n-1})}{h_{n-2}^2}+\frac{2(2y'_{n-1}+y'_{n-2})}{h_{n-2}}$$

(3) 利用各结点上的数值导数以及辛卜生(Simpson)公式,可以得到在插值区间$[x_0, x_{n-1}]$上的求积公式为

$$s=\int_{x_0}^{x_{n-1}}f(x)\mathrm{d}x=\frac{1}{2}\sum_{i=0}^{n-2}(x_{i+1}-x_i)(y_{i+1}+y_i)-\frac{1}{24}\sum_{i=0}^{n-2}(x_{i+1}-x_i)^3(y''_i+y''_{i+1})$$

(4) 利用各结点上的函数值 y_j、一阶导数值 $y'_j(j=0,1,\cdots,n-1)$计算插值点 t 处的函数、一阶导数与二阶导数的近似值,其中 $t\in[x_j,x_{j+1}]$。

$$y(t)=\left[\frac{3}{h_j^2}(x_{j+1}-t)^2-\frac{2}{h_j^3}(x_{j+1}-t)^3\right]y_j+\left[\frac{3}{h_j^2}(t-x_j)^2-\frac{2}{h_j^3}(t-x_j)^3\right]y_{j+1}$$
$$+h_j\left[\frac{1}{h_j^2}(x_{j+1}-t)^2-\frac{1}{h_j^3}(x_{j+1}-t)^3\right]y'_j-h_j\left[\frac{1}{h_j^2}(t-x_j)^2-\frac{1}{h_j^3}(t-x_j)^3\right]y'_{j+1}$$

$$y'(t)=\frac{6}{h_j}\left[\frac{1}{h_j^2}(x_{j+1}-t)^2-\frac{1}{h_j}(x_{j+1}-t)\right]y_j-\frac{6}{h_j}\left[\frac{1}{h_j^2}(t-x_j)^2-\frac{1}{h_j}(t-x_j)\right]y_{j+1}$$
$$+\left[\frac{3}{h_j^2}(x_{j+1}-t)^2-\frac{2}{h_j}(x_{j+1}-t)\right]y'_j+\left[\frac{3}{h_j^2}(t-x_j)^2-\frac{1}{h_j}(t-x_j)\right]y'_{j+1}$$

$$y''(t)=\frac{1}{h_j^2}\left[6-\frac{12}{h_j}(x_{j+1}-t)\right]y_j+\frac{1}{h_j^2}\left[6-\frac{12}{h_j}(t-x_j)\right]y_{j+1}$$
$$+\frac{1}{h_j}\left[2-\frac{6}{h_j}(x_{j+1}-t)\right]y'_j-\frac{1}{h_j}\left[2-\frac{6}{h_j}(t-x_j)\right]y'_{j+1}$$

【函数语句与形参说明】

```
double splin(int n, double x[], double y[], double dy[], double ddy[],
    int m, double t[], double z[], double dz[], double ddz[], int flag)
```

形参与函数类型	参数意义
int n	给定结点的个数
double x[n]	存放 n 个给定结点的值
double y[n]	存放 n 个给定结点上的函数值
double dy[n]	返回 n 个给定结点处的一阶导数值 $y'_k(k=0,\cdots,n-1)$
double ddy[n]	返回 n 个给定结点处的二阶导数值 $y''_k(k=0,\cdots,n-1)$
int m	指定插值点的个数
double t[m]	存放 m 个指定插值点的值。要求 $x_0<t(j)<x_{n-1}(j=0,\cdots,m-1)$
double z[m]	返回 m 个指定插值点处的函数值
double dz[m]	返回 m 个指定插值点处的一阶导数值
double ddz[m]	返回 m 个指定插值点处的二阶导数值
int flag	边界条件类型。flag 的值只能是 1,2,3
double splin()	函数返回积分值 $s=\int_{x_0}^{x_{n-1}}f(x)\mathrm{d}x$

【函数程序】

```
//三次样条函数插值微商与积分.cpp
#include <cmath>
#include <iostream>
using namespace std;
//n              给定结点的个数
//x[n]           存放 n 个给定结点的值
//y[n]           存放 n 个给定结点上的函数值
//               当 flag=3 时,要求 y[0]=y[n-1],dy[0]=dy[n-1],ddy[0]=ddy[n-1]
//dy[n]          返回 n 个给定结点上的一阶导数值
//               当 flag=1 时,要求 dy[0]与 dy[n-1]给定
//ddy[n]         返回 n 个给定结点上的二阶导数值
//               当 flag=2 时,要求 ddy[0]与 ddy[n-1]给定
//m              指定插值点的个数
//t[m]           存放 m 个指定插值点的值
//z[m]           返回 m 个指定插值点处的函数值
//dz[m]          返回 m 个指定插值点处的一阶导数值
//ddz[m]         返回 m 个指定插值点处的二阶导数值
//flag           边界条件类型
//函数返回积分值
double splin(int n, double x[], double y[], double dy[], double ddy[],
             int m, double t[], double z[], double dz[], double ddz[], int flag)
{
    int i,j;
    double h0,h1,alpha,beta,g,y0,y1,u, * s;
    s =new double[n];
//计算 n 个给定结点上的一阶导数值
    if (flag ==1)              //第一种边界类型
    {
        s[0]=dy[0]; dy[0]=0.0;
        h0=x[1]-x[0];
        for (j=1;j<=n-2;j++)
        {
            h1=x[j+1]-x[j];
            alpha=h0/(h0+h1);
            beta=(1.0-alpha) * (y[j]-y[j-1])/h0;
            beta=3.0 * (beta+alpha * (y[j+1]-y[j])/h1);
            dy[j]=-alpha/(2.0+(1.0-alpha) * dy[j-1]);
            s[j]=(beta-(1.0-alpha) * s[j-1]);
            s[j]=s[j]/(2.0+(1.0-alpha) * dy[j-1]);
            h0=h1;
        }
        for (j=n-2;j>=0;j--)
            dy[j]=dy[j] * dy[j+1]+s[j];
```

```
    }
    else if (flag ==2)          //第二种边界类型
    {
        dy[0]=-0.5;
        h0=x[1]-x[0];
        s[0]=3.0*(y[1]-y[0])/(2.0*h0)-ddy[0]*h0/4.0;
        for (j=1;j<=n-2;j++)
        {
            h1=x[j+1]-x[j];
            alpha=h0/(h0+h1);
            beta=(1.0-alpha)*(y[j]-y[j-1])/h0;
            beta=3.0*(beta+alpha*(y[j+1]-y[j])/h1);
            dy[j]=-alpha/(2.0+(1.0-alpha)*dy[j-1]);
            s[j]=(beta-(1.0-alpha)*s[j-1]);
            s[j]=s[j]/(2.0+(1.0-alpha)*dy[j-1]);
            h0=h1;
        }
        dy[n-1]=(3.0*(y[n-1]-y[n-2])/h1+ddy[n-1]*h1/
                2.0-s[n-2])/(2.0+dy[n-2]);
        for (j=n-2;j>=0;j--)
            dy[j]=dy[j]*dy[j+1]+s[j];
    }
    else if (flag ==3)          //第三种边界类型
    {
        h0=x[n-1]-x[n-2];
        y0=y[n-1]-y[n-2];
        dy[0]=0.0; ddy[0]=0.0; ddy[n-1]=0.0;
        s[0]=1.0; s[n-1]=1.0;
        for (j=1;j<=n-1;j++)
        {
            h1=h0; y1=y0;
            h0=x[j]-x[j-1];
            y0=y[j]-y[j-1];
            alpha=h1/(h1+h0);
            beta=3.0*((1.0-alpha)*y1/h1+alpha*y0/h0);
            if (j<n-1)
            {
                u=2.0+(1.0-alpha)*dy[j-1];
                dy[j]=-alpha/u;
                s[j]=(alpha-1.0)*s[j-1]/u;
                ddy[j]=(beta-(1.0-alpha)*ddy[j-1])/u;
            }
        }
        for (j=n-2;j>=1;j--)
        {
```

```
            s[j]=dy[j] * s[j+1]+s[j];
            ddy[j]=dy[j] * ddy[j+1]+ddy[j];
        }
        dy[n-2]=(beta-alpha * ddy[1]-(1.0-alpha) * ddy[n-2])/
                (alpha * s[1]+(1.0-alpha) * s[n-2]+2.0);
        for (j=2;j<=n-1;j++)
            dy[j-2]=s[j-1] * dy[n-2]+ddy[j-1];
        dy[n-1]=dy[0];
    }
    else
    {
        cout <<"没有这种边界类型!" <<endl;
        delete[] s; return(0.0);
    }
//计算 n 个给定结点上的二阶导数值
    for (j=0;j<=n-2;j++) s[j]=x[j+1]-x[j];
    for (j=0;j<=n-2;j++)
    {
        h1=s[j] * s[j];
        ddy[j]=6.0 * (y[j+1]-y[j])/h1-2.0 * (2.0 * dy[j]+dy[j+1])/s[j];
    }
    h1=s[n-2] * s[n-2];
    ddy[n-1]=6. * (y[n-2]-y[n-1])/h1+2. * (2. * dy[n-1]+dy[n-2])/s[n-2];
    //计算插值区间上的积分
    g=0.0;
    for (i=0;i<=n-2;i++)
    {
        h1=0.5 * s[i] * (y[i]+y[i+1]);
        h1=h1-s[i] * s[i] * s[i] * (ddy[i]+ddy[i+1])/24.0;
        g=g+h1;
    }
    //计算 m 个指定插值点处的函数值,一阶导数值以及二阶导数值
    for (j=0;j<=m-1;j++)
    {
        if (t[j]>=x[n-1]) i=n-2;
        else
        {
            i=0;
            while (t[j]>x[i+1]) i=i+1;
        }
        h1=(x[i+1]-t[j])/s[i];
        h0=h1 * h1;
        z[j]=(3.0 * h0-2.0 * h0 * h1) * y[i];
        z[j]=z[j]+s[i] * (h0-h0 * h1) * dy[i];
        dz[j]=6.0 * (h0-h1) * y[i]/s[i];
```

```
            dz[j]=dz[j]+(3.0*h0-2.0*h1)*dy[i];
            ddz[j]=(6.0-12.0*h1)*y[i]/(s[i]*s[i]);
            ddz[j]=ddz[j]+(2.0-6.0*h1)*dy[i]/s[i];
            h1=(t[j]-x[i])/s[i];
            h0=h1*h1;
            z[j]=z[j]+(3.0*h0-2.0*h0*h1)*y[i+1];
            z[j]=z[j]-s[i]*(h0-h0*h1)*dy[i+1];
            dz[j]=dz[j]-6.0*(h0-h1)*y[i+1]/s[i];
            dz[j]=dz[j]+(3.0*h0-2.0*h1)*dy[i+1];
            ddz[j]=ddz[j]+(6.0-12.0*h1)*y[i+1]/(s[i]*s[i]);
            ddz[j]=ddz[j]-(2.0-6.0*h1)*dy[i+1]/s[i];
        }
        delete[] s;
        return(g);
    }
```

【例】

(1) 第一种边界条件。

设某直升飞机旋转机翼外形曲线上的部分坐标值如下：

x	0.52	8.0	17.95	28.65	50.65	104.6
y	5.287 94	13.84	20.2	24.9	31.1	36.5
x	156.6	260.7	364.4	468.0	507.0	520.0
y	36.6	31.0	20.9	7.8	1.5	0.2

且两端点上的一阶导数值为

$$y'_0 = 1.86548, y'_{n-1} = -0.046115$$

计算各结点处的一阶与二阶导数值，在区间[0.52,520.0]上的积分值，并计算在8个插值点4.0,14.0,30.0,60.0,130.0,230.0,450.0,515.0处的函数值、一阶导数值与二阶导数值。

主函数程序如下：

```
//第一种边界条件例
#include <cmath>
#include <iostream>
#include <iomanip>
#include "三次样条函数插值微商与积分.cpp"
using namespace std;
int main()
{
    int n,m,i;
    double s;
    double dy[12],ddy[12],z[8],dz[8],ddz[8];
    double x[12]={0.52,8.0,17.95,28.65,50.65,104.6,
```

```
                    156.6,260.7,364.4,468.0,507.0,520.0};
    double y[12]={5.28794,13.84,20.2,24.9,31.1,36.5,
                      36.6,31.0,20.9,7.8,1.5,0.2};
    double t[8]={4.0,14.0,30.0,60.0,130.0,230.0,
                    450.0,515.0};
    dy[0]=1.86548; dy[11]=-0.046115;
    n=12; m=8;
    s =splin(n, x, y, dy, ddy, m, t, z, dz, ddz, 1);
    cout <<setw(15) <<"x[i]" <<setw(15) <<"y[i]" <<setw(15)
         <<"dy[i]" <<setw(15) <<"ddy[i]" <<endl;
    for (i=0;i<=11;i++)
        cout <<setw(15) <<x[i] <<setw(15) <<y[i] <<setw(15)
             <<dy[i] <<setw(15) <<ddy[i] <<endl;
    cout <<"s =" <<s <<endl;
    cout <<setw(15) <<"t[i]" <<setw(15) <<"z[i]" <<setw(15)
         <<"dz[i]" <<setw(15) <<"ddz[i]" <<endl;
    for (i=0;i<=7;i++)
        cout <<setw(15) <<t[i] <<setw(15) <<z[i] <<setw(15)
             <<dz[i] <<setw(15) <<ddz[i] <<endl;
    return 0;
}
```

运行结果为

```
           x[i]           y[i]          dy[i]         ddy[i]
           0.52        5.28794        1.86548      -0.279319
              8          13.84       0.743662     -0.0206327
          17.95           20.2       0.532912     -0.0217292
          28.65           24.9       0.368185    -0.00906092
          50.65           31.1       0.208755    -0.00543268
          104.6           36.5      0.0293142    -0.00121944
          156.6           36.6     -0.0211538   -0.000721641
          260.7             31     -0.0815142    -0.00043802
          364.4           20.9      -0.106449   -4.28883e-005
            468            7.8      -0.164223    -0.00107244
            507            1.5      -0.135256     0.00255796
            520            0.2      -0.046115       0.011156
s = 12904.4
           t[i]           z[i]          dz[i]         ddz[i]
              4        10.3314        1.10286      -0.158967
             14        17.9266       0.617882     -0.0212939
             30        25.3889       0.356103    -0.00883827
             60         32.825       0.161373    -0.00470249
            130        36.8774     0.00142856   -0.000976284
            230        33.2829     -0.0667831   -0.000521662
            450        10.5919      -0.146529   -0.000893563
            515       0.556246     -0.0936277     0.00784907
```

(2) 第二种边界条件。

设某直升飞机旋转机翼外形曲线上的部分坐标值如下：

x	0.52	8.0	17.95	28.65	50.65	104.6
y	5.287 94	13.84	20.2	24.9	31.1	36.5
x	156.6	260.7	364.4	468.0	507.0	520.0
y	36.6	31.0	20.9	7.8	1.5	0.2

且两端点上的二阶导数值为

$$y''_0 = -0.279319, y''_{n-1} = 0.0111560$$

计算各结点处的一阶与二阶导数值，在区间[0.52,520.0]上的积分值，并计算在8个插值点4.0,14.0,30.0,60.0,130.0,230.0,450.0,515.0处的函数值、一阶导数值与二阶导数值。

主函数程序如下：

```
//第二种边界条件例
#include <cmath>
#include <iostream>
#include <iomanip>
#include "三次样条函数插值微商与积分.cpp"
using namespace std;
int main()
{
    int n,m,i;
    double s;
    double dy[12],ddy[12],z[8],dz[8],ddz[8];
    double x[12]={0.52,8.0,17.95,28.65,50.65,104.6,
                  156.6,260.7,364.4,468.0,507.0,520.0};
    double y[12]={5.28794,13.84,20.2,24.9,31.1,36.5,
                   36.6,31.0,20.9,7.8,1.5,0.2};
    double t[8]={4.0,14.0,30.0,60.0,130.0,230.0,
                  450.0,515.0};
    ddy[0]=-0.279319; ddy[11]=0.011156;
    n=12; m=8;
    s =splin(n, x, y, dy, ddy, m, t, z, dz, ddz, 2);
    cout <<setw(15) <<"x[i]" <<setw(15) <<"y[i]" <<setw(15)
        <<"dy[i]" <<setw(15) <<"ddy[i]" <<endl;
    for (i=0;i<=11;i++)
        cout <<setw(15) <<x[i] <<setw(15) <<y[i] <<setw(15)
            <<dy[i] <<setw(15) <<ddy[i] <<endl;
    cout <<"s =" <<s <<endl;
    cout <<setw(15) <<"t[i]" <<setw(15) <<"z[i]" <<setw(15)
        <<"dz[i]" <<setw(15) <<"ddz[i]" <<endl;
    for (i=0;i<=7;i++)
        cout <<setw(15) <<t[i] <<setw(15) <<z[i] <<setw(15)
            <<dz[i] <<setw(15) <<ddz[i] <<endl;
    return 0;
}
```

运行结果为

```
          x[i]           y[i]          dy[i]         ddy[i]
          0.52        5.28794        1.86548      -0.279319
             8          13.84       0.743662     -0.0206326
         17.95           20.2       0.532912     -0.0217292
         28.65           24.9       0.368185    -0.00906091
         50.65           31.1       0.208755    -0.00543268
         104.6           36.5      0.0293142    -0.00121944
         156.6           36.6     -0.0211538   -0.000721641
         260.7             31     -0.0815142    -0.00043802
         364.4           20.9      -0.106449   -4.28882e-005
           468            7.8      -0.164223    -0.00107244
           507            1.5      -0.135256     0.00255796
           520            0.2     -0.0461151       0.011156
s = 12904.4
          t[i]           z[i]          dz[i]         ddz[i]
             4        10.3314        1.10286      -0.158968
            14        17.9266       0.617882     -0.0212939
            30        25.3889       0.356103    -0.00883827
            60         32.825       0.161373    -0.00470249
           130        36.8774     0.00142856   -0.000976284
           230        33.2829     -0.0667831   -0.000521662
           450        10.5919      -0.146529   -0.000893563
           515       0.556247     -0.0936277     0.00784906
```

(3) 第三种边界条件。

给定间隔为 10°的 $\sin x$ 函数表,利用三次样条插值计算间隔为 5°的 $\sin x$ 函数表,并计算其一阶、二阶导数值以及在一个周期内的积分值。

在本例中,$n=37$,$m=36$。

主函数程序如下:

```
//第三种边界条件例
#include <cmath>
#include <iostream>
#include <iomanip>
#include "三次样条函数插值微商与积分.cpp"
using namespace std;
int main()
{
    int n,m,i,j;
    double u,s;
    double x[37],y[37],dy[37],ddy[37];
    double t[36],z[36],dz[36],ddz[36];
    for (i=0;i<=36;i++)
    {
        x[i]=i * 6.2831852/36.0; y[i]=sin(x[i]);
    }
    for (i=0;i<=35;i++)  t[i]=(0.5+i) * 6.2831852/36.0;
    n=37; m=36;
    s =splin(n, x, y, dy, ddy, m, t, z, dz, ddz, 3);
    cout <<setw(15) <<"x[i]" <<setw(15) <<"y[i]=sin(x)" <<setw(15)
        <<"dy[i]" <<setw(15) <<"ddy[i]" <<endl;
    cout <<setw(15) <<x[0] <<setw(15) <<y[0] <<setw(15)
        <<dy[0] <<setw(15) <<ddy[0] <<endl;
    for (i=0;i<=35;i++)
    {
```

```
        u=t[i] * 36.0/0.62831852;       //弧度化为度
        cout <<setw(15) <<u <<setw(15) <<z[i] <<setw(15)
            <<dz[i] <<setw(15) <<ddz[i] <<endl;
        u=x[i+1] * 36.0/0.62831852;     //弧度化为度
        j=i+1;
        cout <<setw(15) <<u <<setw(15) <<y[j] <<setw(15)
            <<dy[j] <<setw(15) <<ddy[j] <<endl;
    }
    cout <<"s =" <<s <<endl;
    return 0;
}
```

运行结果为

```
         x[i]   y[i]=sin(x)          dy[i]          ddy[i]
            0             0       0.999995     5.3726e-008
            5     0.0871555       0.996197      -0.0870447
           10      0.173648       0.984803       -0.174089
           15      0.258818       0.965928       -0.258489
           20       0.34202       0.939688       -0.342889
           25      0.422617        0.90631        -0.42208
           30           0.5       0.866021       -0.501271
           35      0.573575       0.819154       -0.572846
           40      0.642788        0.76604       -0.644421
           45      0.707105       0.707108       -0.706206
           50      0.766044       0.642784       -0.767991
           55       0.81915       0.573578       -0.818108
           60      0.866025       0.499997       -0.868226
```

（中间数据略）

```
          300     -0.866025       0.499997        0.868226
          305      -0.81915       0.573578        0.818109
          310     -0.766045       0.642784        0.767991
          315     -0.707105       0.707108        0.706206
          320     -0.642788        0.76604        0.644421
          325     -0.573575       0.819154        0.572846
          330          -0.5       0.866021        0.501271
          335     -0.422617        0.90631         0.42208
          340      -0.34202       0.939688        0.342889
          345     -0.258819       0.965928        0.258489
          350     -0.173648       0.984803         0.17409
          355    -0.0871556       0.996197       0.0870448
          360  -1.0718e-007       0.999995     5.3726e-008
s = 5.63438e-015
```

6.7 二元插值

【功能】

给定矩形域上 $n \times m$ 个结点 (x_k, y_j) $(k=0,1,\cdots,n-1; j=0,1,\cdots,m-1)$ 上的函数值为 $z_{kj}=z(x_k, y_j)$，利用二元插值公式计算指定插值点 (u,v) 处的函数值 $w=z(u,v)$。

【方法说明】

设给定矩形域上的 $n \times m$ 个结点在两个方向上的坐标分别为

$$x_0 < x_1 < \cdots < x_{n-1} \qquad 与 \qquad y_0 < y_1 < \cdots < y_{n-1}$$

相应的函数值为

$$z_{kj} = z(x_k, y_j), k = 0,1,\cdots,n-1; \quad j = 0,1,\cdots,m-1$$

在 X 方向与 Y 方向上，以插值点 (u,v) 为中心，前后各取 4 个坐标，分别为

$$x_p < x_{p+1} < x_{p+2} < x_{p+3} < u < x_{p+4} < x_{p+5} < x_{p+6} < x_{p+7}$$

$$y_q < y_{q+1} < y_{q+2} < y_{q+3} < v < y_{q+4} < y_{q+5} < y_{q+6} < y_{q+7}$$

然后用二元插值公式

$$z(x,y) = \sum_{i=p}^{p+7} \sum_{j=q}^{q+7} \left(\prod_{\substack{k=p \\ k\neq i}}^{p+7} \frac{x - x_k}{x_i - x_k} \right) \left(\prod_{\substack{l=q \\ k\neq j}}^{q+7} \frac{y - y_l}{y_j - y_l} \right) z_{ij}$$

计算插值点 (u,v) 处的函数近似值。

【函数语句与形参说明】

```
double slgrg(double x[],double y[],double z[],int n,int m,double u,double v)
```

形参与函数类型	参数意义
double x[n]	存放 $n\times m$ 个给定结点 X 方向上的 n 个坐标
double y[m]	存放 $n\times m$ 个给定结点 Y 方向上的 m 个坐标
double z[n][m]	存放 $n\times m$ 个给定结点上的函数值
int n	给定结点在 X 方向上的坐标个数
int m	给定结点在 Y 方向上的坐标个数
double u	指定插值点的 X 坐标
double v	指定插值点的 Y 坐标
double slgrg()	函数返回指定插值点 (u,v) 处的函数近似值

【函数程序】

```
//二元插值.cpp
#include <cmath>
#include <iostream>
using namespace std;
//x[n]          存放 n*m个给定结点 X 方向上的 n 个坐标
//y[m]          存放 n*m个给定结点 Y 方向上的 m 个坐标
//z[n][m]       存放 n*m个给定结点上的函数值
//n             给定结点在 X 方向上的坐标个数
//m             给定结点在 Y 方向上的坐标个数
//u,v           指定插值点的 X 坐标与 Y 坐标
//函数返回指定插值点(u,v)处的函数近似值
double slgrg(double x[],double y[],double z[],int n,int m,double u,double v)
{
    int ip,ipp,i,j,l,iq,iqq,k;
    double h,w,b[10];
    if (u<=x[0]) { ip=1; ipp=4;}
    else if (u>=x[n-1]) { ip=n-3; ipp=n;}
```

```
else     //X方向取u前后4个坐标
{
    i=1; j=n;
    while (((i-j)!=1)&&((i-j)!=-1))
    {
        l=(i+j)/2;
        if (u<x[l-1]) j=l;
        else i=l;
    }
    ip=i-3; ipp=i+4;
}
if (ip<1) ip=1;
if (ipp>n) ipp=n;
if (v<=y[0]) { iq=1; iqq=4;}
else if (v>=y[m-1]) { iq=m-3; iqq=m;}
else     //Y方向取v前后4个坐标
{
    i=1; j=m;
    while (((i-j)!=1)&&((i-j)!=-1))
    {
        l=(i+j)/2;
        if (v<y[l-1]) j=l;
        else i=l;
    }
    iq=i-3; iqq=i+4;
}
if (iq<1) iq=1;
if (iqq>m) iqq=m;
for (i=ip-1;i<=ipp-1;i++)
{
    b[i-ip+1]=0.0;
    for (j=iq-1;j<=iqq-1;j++)
    {
        h=z[m*i+j];
        for (k=iq-1;k<=iqq-1;k++)
          if (k!=j) h=h*(v-y[k])/(y[j]-y[k]);
        b[i-ip+1]=b[i-ip+1]+h;
    }
}
w=0.0;
for (i=ip-1;i<=ipp-1;i++)
{
    h=b[i-ip+1];
    for (j=ip-1;j<=ipp-1;j++)
      if (j!=i) h=h*(u-x[j])/(x[i]-x[j]);
```

```
        w=w+h;
    }
    return(w);
}
```

【例】 设二元函数为

$$z(x,y)=\mathrm{e}^{-(x-y)}$$

取以下 11×11 个结点：

$$x_i=0.1i,\quad i=0,1,\cdots,10$$
$$y_j=0.1j,\quad j=0,1,\cdots,10$$

其函数值为

$$z_{ij}=\mathrm{e}^{-(x_i-y_j)},\quad i=0,1,\cdots,10;j=0,1,\cdots,10$$

利用二元插值法计算插值点(0.35,0.65)以及(0.45,0.55)处的函数近似值。

主函数程序如下：

```
//二元插值例
#include <cmath>
#include <iostream>
#include "二元插值.cpp"
using namespace std;
int main()
{
    int i,j;
    double u,v,w;
    double x[11],y[11],z[11][11];
    for (i=0;i<=10;i++)
    { x[i]=0.1*i; y[i]=x[i];}
    for (i=0;i<=10;i++)
    for (j=0;j<=10;j++)
      z[i][j]=exp(-(x[i]-y[j]));
    u=0.35; v=0.65;
    w=slgrg(x,y,&z[0][0],11,11,u,v);
    cout <<"x =" <<u <<",    y =" <<v <<"      z(x,y) =" <<w <<endl;
    u=0.45; v=0.55;
    w=slgrg(x,y,&z[0][0],11,11,u,v);
    cout <<"x =" <<u <<",    y =" <<v <<"      z(x,y) =" <<w <<endl;
    return 0;
}
```

运行结果为

```
x=  0.35,  y=  0.65    z(x,y)=1.34986
x=  0.45,  y=  0.55    z(x,y)=1.10517
```

6.8 最小二乘曲线拟合

【功能】

用最小二乘法求给定数据点的拟合多项式。

【方法说明】

设给定 $n+1$ 个数据点

$$(x_k, y_k), \quad k=0,1,\cdots,n$$

求一个 m 次的最小二乘拟合多项式

$$P_m(x) = a_0 + a_1 x + a_2 x^2 + \cdots + a_m x^m = \sum_{j=0}^{m} a_j x^j$$

其中 $m \leqslant n$，一般 m 远小于 n。

首先构造一组次数不超过 m 的在给定点上正交的多项式函数系 $\{Q_j(x)\ (j=0,1,\cdots,m)\}$，则可以用 $\{Q_j(x)\ (j=0,1,\cdots,m)\}$ 作为基函数做最小二乘曲线拟合，即

$$P_m(x) = q_0 Q_0(x) + q_1 Q_1(x) + q_2 Q_2(x) + \cdots + q_m Q_m(x)$$

其中系数 $q_j(j=0,1,\cdots,m)$ 为

$$q_j = \frac{\sum_{k=0}^{n} y_k Q_j(x_k)}{\sum_{k=0}^{n} Q_j^2(x_k)}, \quad j=0,1,\cdots,m$$

构造给定点上的正交多项式 $Q_j(x)\ (j=0,1,\cdots,m)$ 的递推公式如下：

$$\begin{cases} Q_0(x) = 1 \\ Q_1(x) = (x - \alpha_0) \\ Q_{j+1}(x) = (x-\alpha_j)Q_j(x) - \beta_j Q_{j-1}(x), j=1,2,\cdots,m-1 \end{cases}$$

其中

$$\alpha_j = \frac{\sum_{k=0}^{n} x_k Q_j^2(x_k)}{d_j}, \quad j=0,1,\cdots,m-1$$

$$\beta_j = \frac{d_j}{d_{j-1}}, \quad j=1,2,\cdots,m-1$$

而

$$d_j = \sum_{k=0}^{n} Q_j^2(x_k), \quad j=0,1,\cdots,m-1$$

具体计算步骤如下。

(1) 构造 $Q_0(x)$。设 $Q_0(x)=b_0$，显然 $b_0=1$。然后分别计算下列量：

$$d_0 = n+1$$

$$q_0 = \frac{\sum_{k=0}^{n} y_k}{d_0}$$

$$\alpha_0 = \frac{\sum_{k=0}^{n} x_k}{d_0}$$

最后将 $q_0 Q_0(x)$ 项展开后累加到拟合多项式中，即有

$$q_0 b_0 \Rightarrow a_0$$

(2) 构造 $Q_1(x)$。设 $Q_1(x)=t_0+t_1x$,显然 $t_0=-\alpha_0,t_1=1$。然后分别计算下列量:

$$d_1=\sum_{k=0}^{n}Q_1^2(x_k)$$

$$q_1=\frac{\sum_{k=0}^{n}y_kQ_1(x_k)}{d_1}$$

$$\alpha_1=\frac{\sum_{k=0}^{n}x_kQ_1^2(x_k)}{d_1}$$

$$\beta_1=\frac{d_1}{d_0}$$

最后将 $q_1Q_1(x)$项展开后累加到拟合多项式中,即有

$$a_0+q_1t_0\Rightarrow a_0$$

$$q_1t_1\Rightarrow a_1$$

(3) 对于 $j=2,3,\cdots,m$,逐步递推 $Q_j(x)$。

根据递推公式有

$$\begin{aligned}Q_j(x)&=(x-\alpha_{j-1})Q_{j-1}(x)-\beta_{j-1}Q_{j-2}(x)\\&=(x-\alpha_{j-1})(t_{j-1}x^{j-1}+\cdots+t_1x+t_0)-\beta_{j-1}(b_{j-2}x^{j-2}+\cdots+b_1x+b_0)\end{aligned}$$

假设

$$Q_j(x)=s_jx^j+s_{j-1}x^{j-1}+\cdots+s_1x+s_0$$

则可以得到计算 $s_k(k=0,1,\cdots,j)$的公式如下:

$$\begin{cases}s_j=t_{j-1}\\s_{j-1}=-\alpha_{j-1}t_{j-1}+t_{j-2}\\s_k=-\alpha_{j-1}t_k+t_{k-1}-\beta_{j-1}b_k,k=j-2,\cdots,2,1\\s_0=-\alpha_{j-1}t_0-\beta_{j-1}b_0\end{cases}$$

然后分别计算下列量:

$$d_j=\sum_{k=0}^{n}Q_j^2(x_k)$$

$$q_j=\frac{\sum_{k=0}^{n}y_kQ_j(x_k)}{d_j}$$

$$\alpha_j=\frac{\sum_{k=0}^{n}x_kQ_j^2(x_k)}{d_j}$$

$$\beta_j=\frac{d_j}{d_{j-1}}$$

再将 $q_jQ_j(x)$项展开后累加到拟合多项式中,即有

$$a_k+q_js_k\Rightarrow a_k,\quad k=j-1,\cdots,1,0$$

$$q_js_j\Rightarrow a_j$$

最后,为了便于循环使用向量 $\boldsymbol{B}$、$\boldsymbol{T}$ 与 $\boldsymbol{S}$,应将向量 $\boldsymbol{T}$ 传送给 $\boldsymbol{B}$,向量 $\boldsymbol{S}$ 传送给 $\boldsymbol{T}$,即

$$t_k \Rightarrow b_k, \quad k = j-1, \cdots, 1, 0$$

$$s_k \Rightarrow t_k, \quad k = j, \cdots, 1, 0$$

【函数语句与形参说明】

```
void pir1(double x[], double y[], int n, double a[], int m, double dt[])
```

形参与函数类型	参 数 意 义
double x[n]	存放 n 个给定数据点的 X 坐标
double y[n]	存放 n 个给定数据点的 Y 坐标
int n	给定数据点的个数
double a[m]	返回 $m-1$ 次拟合多项式的 m 个系数
int m	拟合多项式的项数,即拟合多项式的最高次为 $m-1$。要求 $m \leqslant n$ 且 $m \leqslant 20$。若 $m > n$ 或 $m > 20$,则本函数自动按 $m=\min\{n,20\}$ 处理
double dt[3]	dt[0]返回拟合多项式与各数据点误差的平方和;dt[1] 返回拟合多项式与各数据点误差的绝对值之和;dt[2] 返回拟合多项式与各数据点误差绝对值的最大值
void pir1()	过程

【函数程序】

```
//最小二乘曲线拟合.cpp
#include <iostream>
#include <cmath>
using namespace std;
//x[n]        存放给定数据点的 X 坐标
//y[n]        存放给定数据点的 Y 坐标
//n           给定数据点的个数
//a[m]        返回 m-1 次拟合多项式的系数
//m           拟合多项式的项数。要求 m<=min(n,20)
//dt[3]       分别返回误差平方和,误差绝对值之和与误差绝对值的最大值
void pir1(double x[], double y[], int n, double a[], int m, double dt[])
{
    int i,j,k;
    double p,c,g,q,d1,d2,s[20],t[20],b[20];
    for (i=0; i<=m-1; i++) a[i]=0.0;
    if (m>n) m=n;
    if (m>20) m=20;
    b[0]=1.0; d1=1.0*n; p=0.0; c=0.0;
    for (i=0; i<=n-1; i++)
    { p=p+x[i]; c=c+y[i];}
    c=c/d1; p=p/d1;
    a[0]=c*b[0];
    if (m>1)
```

```
{
    t[1]=1.0; t[0]=-p;
    d2=0.0; c=0.0; g=0.0;
    for (i=0; i<=n-1; i++)
    {
        q=x[i]-p; d2=d2+q * q;
        c=c+y[i] * q;
        g=g+x[i] * q * q;
    }
    c=c/d2; p=g/d2; q=d2/d1;
    d1=d2;
    a[1]=c * t[1]; a[0]=c * t[0]+a[0];
}
for (j=2; j<=m-1; j++)
{
    s[j]=t[j-1];
    s[j-1]=-p * t[j-1]+t[j-2];
    if (j>=3)
      for (k=j-2; k>=1; k--)
        s[k]=-p * t[k]+t[k-1]-q * b[k];
    s[0]=-p * t[0]-q * b[0];
    d2=0.0; c=0.0; g=0.0;
    for (i=0; i<=n-1; i++)
    {
        q=s[j];
        for (k=j-1; k>=0; k--)  q=q * x[i]+s[k];
        d2=d2+q * q; c=c+y[i] * q;
        g=g+x[i] * q * q;
    }
    c=c/d2; p=g/d2; q=d2/d1;
    d1=d2;
    a[j]=c * s[j]; t[j]=s[j];
    for (k=j-1; k>=0; k--)
    {
        a[k]=c * s[k]+a[k];
        b[k]=t[k]; t[k]=s[k];
    }
}
dt[0]=0.0; dt[1]=0.0; dt[2]=0.0;
for (i=0; i<=n-1; i++)
{
    q=a[m-1];
    for (k=m-2; k>=0; k--) q=a[k]+q * x[i];
    p=q-y[i];
    if (fabs(p)>dt[2]) dt[2]=fabs(p);
```

```
        dt[0]=dt[0]+p*p;
        dt[1]=dt[1]+fabs(p);
    }
    return;
}
```

【例】 设给定函数

$$f(x) = x - e^{-x}$$

从 $x_0=0$ 开始，取步长 $h=0.1$ 的 20 个数据点，求 5 次最小二乘拟合多项式

$$P_5(x) = a_0 + a_1 x + a_2 x^2 + \cdots + a_5 x^5$$

主函数程序如下：

```
//最小二乘曲线拟合例
#include <iostream>
#include <cmath>
#include "最小二乘曲线拟合.cpp"
using namespace std;
int main()
{
    int i;
    double x[20],y[20],a[6],dt[3];
    for (i=0; i<=19; i++)
    {
        x[i]=0.1*i; y[i]=x[i]-exp(-x[i]);
    }
    pir1(x,y,20,a,6,dt);
    cout <<"拟合多项式系数: " <<endl;
    for (i=0; i<=5; i++)
      cout <<"a(" <<i <<") =" <<a[i] <<endl;
    cout <<"误差平方和 =" <<dt[0] <<endl;
    cout <<"误差绝对值和 =" <<dt[1] <<endl;
    cout <<"误差绝对值最大值 =" <<dt[2] <<endl;
    return 0;
}
```

运行结果为

```
拟合多项式系数:
a(0) = -0.999988
a(1) = 1.99945
a(2) = -0.496552
a(3) = 0.158582
a(4) = -0.0327266
a(5) = 0.00334429
误差平方和 = 1.80174e-009
误差绝对值和 = 0.000168505
误差绝对值最大值 = 1.5394e-005
```

6.9 切比雪夫曲线拟合

【功能】

给定 n 个数据点，求切比雪夫(Chebyshev)意义下的最佳拟合多项式。

【方法说明】

设给定 n 个数据点

$$(x_i, y_i), \quad i = 0,1,\cdots,n-1$$

其中 $x_0 < x_1 < \cdots < x_{n-1}$。求 $m-1$ 次($m<n$ 且 $m \leqslant 20$)多项式

$$P_{m-1}(x) = a_0 + a_1 x + a_2 x^2 + \cdots + a_{m-1} x^{m-1}$$

使得在 n 个给定点上的偏差最大值为最小。即

$$\max_{0 \leqslant i \leqslant n-1} | P_{m-1}(x_i) - y_i | = \min$$

其计算步骤如下。

从给定的 n 个点中选取 $m+1$ 个不同点 $u_0, u_1, \cdots, u_m$ 组成初始参考点集。

设在初始点集 $u_0, u_1, \cdots, u_m$ 上，参考多项式 $\phi(x)$ 的偏差为 h，即参考多项式 $\phi(x)$ 在初始点集上的取值为

$$\phi(u_i) = f(u_i) + (-1)^i h, \quad i = 0,1,\cdots,m$$

且 $\phi(u_i)$ 的各阶差商是 h 的线性函数。

由于 $\phi(x)$ 为 $m-1$ 次多项式，其 m 阶差商等于 0，由此可以求出 h。再根据 $\phi(u_i)$ 的各阶差商，由牛顿插值公式可以求出 $\phi(x)$：

$$\phi(x) = a_0 + a_1 x + a_2 x^2 + \cdots + a_{m-1} x^{m-1}$$

令

$$\text{hh} = \max_{0 \leqslant i \leqslant n-1} | \phi(x_i) - y_i |$$

若 hh$=h$，则 $\phi(x)$ 即为所求的拟合多项式。

若 hh$>h$，则用达到偏差最大值的点 x_j 代替点集 $\{u_i\}(i=0,1,\cdots,m)$ 中离 x_j 最近且具有与

$$\phi(x_j) - y_j$$

的符号相同的点，从而构成一个新的参考点集。用这个参考点集重复以上过程，直到最大逼近误差等于参考偏差为止。

【函数语句与形参说明】

```
double chir(double x[], double y[], int n, double a[], int m)
```

形参与函数类型	参数意义
double x[n]	存放 n 个给定数据点的 X 坐标
double y[n]	存放 n 个给定数据点的 Y 坐标

续表

形参与函数类型	参数意义
int n	给定数据点的个数
double a[m]	返回 $m-1$ 次拟合多项式的 m 个系数;最后一个元素为 $a[m]$
int m	拟合多项式的项数,即拟合多项式的最高次为 $m-1$。要求 $m \leqslant n$ 且 $m \leqslant 20$。若 $m>n$ 或 $m>20$,则本函数自动按 $m=\min(n-1,20)$ 处理
double chir()	函数返回拟合多项式 $P_{m-1}(x)$ 的偏差最大值。若为负值,则说明在迭代过程中参考偏差不再增大,其绝对值为当前选择的参考偏差

【函数程序】

```
//切比雪夫曲线拟合.cpp
#include <iostream>
#include <cmath>
using namespace std;
//x[n]        存放给定数据点的 X 坐标
//y[n]        存放给定数据点的 Y 坐标
//n           给定数据点的个数
//a[m]        返回 m-1 次拟合多项式的系数
//m           拟合多项式的项数。要求 m<=min(n,20)
//函数返回拟合多项式的偏差最大值
double chir(double x[], double y[], int n, double a[], int m)
{
    int m1,i,j,l,ii,k,im,ix[21];
    double h[21],ha,hh,y1,y2,h1,h2,d,hm;
    double b[21];
    for (i=0; i<m; i++) b[i]=0.0;
    if (m>n) m=n;
    if (m>20) m=20;
    m1-m+1;
    ha=0.0;
    ix[0]=0; ix[m]=n-1;
    l=(n-1)/m; j=l;
    for (i=1; i<=m-1; i++)
    { ix[i]=j; j=j+l;}
    while (1==1)
    {
        hh=1.0;
        for (i=0; i<=m; i++)
        { b[i]=y[ix[i]]; h[i]=-hh; hh=-hh;}
        for (j=1; j<=m; j++)
        {
            ii=m1; y2=b[ii-1]; h2=h[ii-1];
            for (i=j; i<=m; i++)
```

```
    {
        d=x[ix[ii-1]]-x[ix[m1-i-1]];
        y1=b[m-i+j-1];
        h1=h[m-i+j-1];
        b[ii-1]=(y2-y1)/d;
        h[ii-1]=(h2-h1)/d;
        ii=m-i+j; y2=y1; h2=h1;
    }
}
hh=-b[m]/h[m];
for (i=0; i<=m; i++) b[i]=b[i]+h[i]*hh;
for (j=1; j<=m-1; j++)
{
    ii=m-j; d=x[ix[ii-1]];
    y2=b[ii-1];
    for (k=m1-j; k<=m; k++)
    {
        y1=b[k-1]; b[ii-1]=y2-d*y1;
        y2=y1; ii=k;
    }
}
hm=fabs(hh);
if (hm<=ha)
{
    for (i=0; i<m; i++) a[i] =b[i];
    return(-hm);
}
b[m]=hm; ha=hm; im=ix[0]; h1=hh;
j=0;
for (i=0; i<=n-1; i++)
{
    if (i==ix[j]) { if (j<m) j=j+1;}
    else
    {
        h2=b[m-1];
        for (k=m-2; k>=0; k--)  h2=h2*x[i]+b[k];
        h2=h2-y[i];
        if (fabs(h2)>hm)
        { hm=fabs(h2); h1=h2; im=i;}
    }
}
if (im==ix[0])
{
    for (i=0; i<m; i++)  a[i] =b[i];
    return(b[m]);
```

```
            }
            i=0;l=1;
            while (l==1)
            {
                l=0;
                if (im>=ix[i])
                {
                    i=i+1;
                    if (i<=m) l=1;
                }
            }
            if (i>m) i=m;
            if (i==(i/2)*2) h2=-hh;
            else h2=hh;
            if (h1*h2>=0.0) ix[i]=im;
            else
            {
                if (im<ix[0])
                {
                    for (j=m-1; j>=0; j--)  ix[j+1]=ix[j];
                    ix[0]=im;
                }
                else
                {
                    if (im>ix[m])
                    {
                        for (j=1; j<=m; j++)  ix[j-1]=ix[j];
                        ix[m]=im;
                    }
                    else ix[i-1]=im;
                }
            }
        }
    }
```

【例】 取函数 $f(x)=\arctan$ 在区间$[-1,1]$上的 101 个点

$$x_i=-1.0+0.02i,\quad i=0,1,\cdots,100$$

其相应的函数值为 $y_i=f(x_i)$。根据此 101 个数据点构造切比雪夫意义下的 5 次拟合多项式

$$P_5(x)=a_0+a_1x+a_2x^2+a_3x^3+a_4x^4+a_5x^5$$

主函数程序如下：

```
//切比雪夫曲线拟合例
#include <iostream>
#include <cmath>
```

```
#include "切比雪夫曲线拟合.cpp"
using namespace std;
int main()
{
    int i;
    double x[101],y[101],a[6], p;
    for (i=0; i<=100; i++)
    {
        x[i]=-1.0+0.02*i;  y[i]=atan(x[i]);
    }
    p =chir(x,y,101,a,6);
    cout <<"拟合多项式系数 :" <<endl;
    for (i=0; i<6; i++)
        cout <<"a(" <<i <<") =" <<a[i] <<endl;
    cout <<"偏差最大值 =" <<p <<endl;
    return 0;
}
```

运行结果为

```
拟合多项式系数 :
a(0) = -1.11022e-016
a(1) = 0.995364
a(2) = 0
a(3) = -0.288716
a(4) = -2.77556e-017
a(5) = 0.0793575
偏差最大值 = 0.000607072
```

6.10 最佳一致逼近的里米兹方法

【功能】

用里米兹(Remez)方法求给定函数的最佳一致逼近多项式。

【方法说明】

若函数 $f(x)$在区间$[a,b]$上的 $n-1$ 次最佳一致逼近多项式为

$$P_{n-1}(x)=p_0+p_1x+p_2x^2+\cdots+p_{n-1}x^{n-1}$$

则存在 $n+1$ 个点的交错点组$\{x_i\}$满足

$$f(x_i)-P_{n-1}(x_i)=(-1)^i\mu,\quad i=0,1,\cdots,n$$

或

$$f(x_i)-P_{n-1}(x_i)=(-1)^{i+1}\mu,\quad i=0,1,\cdots,n$$

其中

$$\mu=\max_{x\in[a,b]}|f(x)-P_{n-1}(x)|$$

求函数 $f(x)$在区间$[a,b]$上的 $n-1$ 次最佳一致逼近多项式

$$P_{n-1}(x)=p_0+p_1x+p_2x^2+\cdots+p_{n-1}x^{n-1}$$

的里米兹方法如下。

(1) 在区间$[a,b]$上取n次切比雪夫多项式的交错点组

$$x_k = \frac{1}{2}\left[b + a + (b - a)\cos\frac{(n-k)\pi}{n}\right], \quad k = 0,1,\cdots,n$$

作为初始点集。

(2) 由点集$\{x_0,x_1,\cdots,x_n\}$求出多项式的一组系数$p_{n-1},\cdots,p_1,p_0$及μ,得到了一个初始的$n-1$次逼近多项式$P_{n-1}(x)$。

(3) 找出使函数$|f(x)-P_{n-1}(x)|$在区间$[a,b]$上取最大值的点$\hat{x}$,并且按以下原则,用$\hat{x}$替换原点集$\{x_0,x_1,\cdots,x_n\}$中的某一点。

① 如果$\hat{x}$在a与x_0之间,并且$f(x_0)-P_{n-1}(x_0)$与$f(\hat{x})-P_{n-1}(\hat{x})$同号,则用$\hat{x}$代替$x_0$,构成一个新的点集

$$\{\hat{x},x_1,\cdots,x_n\}$$

否则新点集为

$$\{\hat{x},x_0,x_1,\cdots,x_{n-1}\}$$

② 如果$\hat{x}$在x_n与b之间,并且$f(x_n)-P_{n-1}(x_n)$与$f(\hat{x})-P_{n-1}(\hat{x})$同号,则用$\hat{x}$代替$x_n$,构成一个新的点集

$$\{x_0,x_1,\cdots,\hat{x}\}$$

否则新点集为

$$\{x_1,\cdots,x_n,\hat{x}\}$$

③ 如果$\hat{x}$在x_k与x_{k+1}之间,并且$f(x_k)-P_{n-1}(x_k)$与$f(\hat{x})-P_{n-1}(\hat{x})$同号,则用$\hat{x}$代替$x_k$,否则用$\hat{x}$代替$x_{k+1}$,构成新点集。

(4) 将(3)中获得的新点集代替旧点集,并求得新的$p_{n-1},\cdots,p_1,p_0$及μ。如果此时的μ与上次求得的μ已接近相等,则停止迭代,由本次计算得到的$p_{n-1},\cdots,p_1,p_0$所构成的$P_{n-1}(x)$即为近似的n次最佳一致逼近多项式;否则转(3)继续计算。

【函数语句与形参说明】

```
double remz(double a, double b, double p[], int n, double eps,
            double (*f)(double))
```

形参与函数类型	参数意义
double a	区间左端点值
double b	区间右端点值
double p[n]	返回$n-1$次最佳一致逼近多项式$P_{n-1}(x)$的n个系数
int n	$n-1$次最佳一致逼近多项式的项数,即最佳一致逼近多项式的最高次为$n-1$。要求$n \leqslant 20$。若$n>20$,则本函数自动取$n=20$
double eps	控制精度要求,一般为10^{-35}～10^{-10}
double (*f)()	指向计算函数$f(x)$值的函数名(由用户自编)
double remz()	函数返回$P_{n-1}(x)$的偏差绝对值μ

计算函数 $f(x)$ 值的函数形式为

```
double f(double x)
{ double y;
  y=f(x)的表达式;
  return(y);
}
```

【函数程序】

```
//Remez算法.cpp
#include <cmath>
#include <iostream>
using namespace std;
//a        区间左端点值
//b        区间右端点值
//p[n]     返回 n-1 次最佳一致逼近多项式的系数
//n        n-1 次最佳一致逼近多项式的项数
//eps      控制精度要求
//f        指向计算函数 f(x)值的函数名
//函数返回偏差绝对值。
double remz(double a, double b, double p[], int n, double eps, double (*f)(double))
{
    int i,j,k,m;
    double x[21],g[21],pp[21],d,t,u,s,xx,x0,h,yy;
    if (n>20) n=20;
    m =n+1; d=1.0e+35;
    for (k=0; k<=n; k++)       //初始点集
    {
        t=cos((n-k)*3.1415926/(1.0*n));
        x[k]=(b+a+(b-a)*t)/2.0;
    }
    while (1==1)
    {
        u=1.0;
        for (i=0; i<=m-1; i++)
        {
            pp[i]=(*f)(x[i]);  g[i]=-u; u=-u;
        }
        for (j=0; j<=n-1; j++)
        {
            k=m; s=pp[k-1]; xx=g[k-1];
            for (i=j; i<=n-1; i++)
            {
                t=pp[n-i+j-1]; x0=g[n-i+j-1];
                pp[k-1]=(s-t)/(x[k-1]-x[m-i-2]);
```

```
            g[k-1]=(xx-x0)/(x[k-1]-x[m-i-2]);
            k=n-i+j; s=t; xx=x0;
        }
    }
    u=-pp[m-1]/g[m-1];
    for (i=0; i<=m-1; i++) pp[i]=pp[i]+g[i] * u;
    for (j=1; j<=n-1; j++)
    {
        k=n-j; h=x[k-1]; s=pp[k-1];
        for (i=m-j; i<=n; i++)
        {
            t=pp[i-1]; pp[k-1]=s-h * t;  s=t; k=i;
        }
    }
    pp[m-1]=fabs(u); u=pp[m-1];
    if (fabs(u-d)<=eps)
    {
        for (i=0; i<n; i++)  p[i] =pp[i];
        return(u);
    }
    d=u; h=0.1 * (b-a)/(1.0 * n);
    xx=a; x0=a;
    while (x0<=b)
    {
        s=(* f)(x0); t=pp[n-1];
        for (i=n-2; i>=0; i--)  t=t * x0+pp[i];
        s=fabs(s-t);
        if (s>u) { u=s; xx=x0;}
        x0=x0+h;
    }
    s=(* f)(xx); t=pp[n-1];
    for (i=n-2; i>=0; i--) t=t * xx+pp[i];
    yy=s-t; i=1; j=n+1;
    while ((j-i)!=1)
    {
        k=(i+j)/2;
        if (xx<x[k-1]) j=k;
        else i=k;
    }
    if (xx<x[0])
    {
        s=(* f)(x[0]); t=pp[n-1];
        for (k=n-2; k>=0; k--) t=t * x[0]+pp[k];
        s=s-t;
        if (s * yy>0.0) x[0]=xx;
```

```
            else
            {
                for (k=n-1; k>=0; k--)  x[k+1]=x[k];
                x[0]=xx;
            }
        }
        else
        {
            if (xx>x[n])
            {
                s=(*f)(x[n]); t=pp[n-1];
                for (k=n-2; k>=0; k--)  t=t*x[n]+pp[k];
                s=s-t;
                if (s*yy>0.0) x[n]=xx;
                else
                {
                    for (k=0; k<=n-1; k++) x[k]=x[k+1];
                    x[n]=xx;
                }
            }
            else
            {
                i=i-1; j=j-1;
                s=(*f)(x[i]); t=pp[n-1];
                for (k=n-2; k>=0; k--) t=t*x[i]+pp[k];
                s=s-t;
                if (s*yy>0.0) x[i]=xx;
                else x[j]=xx;
            }
        }
    }
}
```

【例】 求函数 $f(x)=e^x$ 在区间$[-1,1]$上的三次最佳一致逼近多项式及其偏差的绝对值。
其中 $a=-1.0, b=1.0, n=4$。取 $eps=10^{-10}$。

主函数程序以及计算 $f(x)$的函数程序如下：

```
//Remez 算法例
#include <cmath>
#include <iostream>
#include "Remez 算法.cpp"
using namespace std;
int main()
{
    int i;
```

```
    double a,b,eps,p[4], u;
    double remzf(double);
    a=-1.0; b=1.0; eps=1.0e-10;
    u =remz(a,b,p,4,eps,remzf);
    cout <<"最佳一致逼近多项式系数 :" <<endl;
    for (i=0; i<=3; i++)
      cout <<"p(" <<i <<") =" <<p[i] <<endl;
    cout <<"偏差绝对值 =" <<u <<endl;
    return 0;
}

double remzf(double x)
{
    return(exp(x));
}
```

运行结果为

```
最佳一致逼近多项式系数 :
p(0) = 0.994594
p(1) = 0.995683
p(2) = 0.542974
p(3) = 0.179518
偏差绝对值 = 0.00551304
```

6.11 矩形域的最小二乘曲面拟合

【功能】

用最小二乘法求矩形域上 $n\times m$ 个数据点的拟合曲面。

【方法说明】

设已知矩形区域内 $n\times m$ 个网点 $(x_i,y_j)(i=0,1,\cdots,n-1;j=0,1,\cdots,m-1)$ 上的函数值 z_{ij}，求最小二乘拟合多项式

$$f(x,y)=\sum_{i=0}^{p-1}\sum_{j=0}^{q-1}a_{ij}x^iy^j$$

首先，固定 y，对 x 构造 m 个最小二乘拟合多项式

$$g_j(x)=\sum_{k=0}^{p-1}\lambda_{kj}\varphi_k(x),\quad j=0,1,\cdots,m-1$$

其中 $\varphi_k(x)(k=0,1,\cdots,p-1)$ 为互相正交的多项式，并由以下递推公式构造：

$$\varphi_0(x)=1$$
$$\varphi_1(x)=x-\alpha_0$$
$$\varphi_{k+1}(x)=(x-\alpha_k)\varphi_k(x)-\beta_k\varphi_{k-1}(x),\quad k=1,2,\cdots,p-2$$

若令

$$d_k=\sum_{i=0}^{n-1}\varphi_k^2(x_i),\quad k=0,1,\cdots,p-1$$

则有

$$\alpha_k = \sum_{i=0}^{n-1} x_i \varphi_k^2(x_i)/d_k, \quad k = 0,1,\cdots,p-1$$

$$\beta_k = d_k/d_{k-1}, \quad k = 1,2,\cdots,p-1$$

根据最小二乘原理可得

$$\lambda_{kj} = \sum_{i=0}^{n-1} z_{ij}\varphi_k(x_i)/d_k, \quad j = 0,1,\cdots,m-1; k = 0,1,\cdots,p-1$$

然后再构造 y 的最小二乘拟合多项式

$$h_k(y) = \sum_{l=0}^{q-1} \mu_{kl}\psi_l(y), \quad k = 0,1,\cdots,p-1$$

其中 $\psi_l(y)(l=0,1,\cdots,q-1)$为互相正交的多项式,并由以下递推公式构造:

$$\psi_0(y) = 1$$

$$\psi_1(y) = y - \alpha'_0$$

$$\psi_{l+1}(y) = (y-\alpha'_l)\psi_l(y) - \beta'_l\psi_{l-1}(y), \quad l = 1,2,\cdots,p-2$$

若令

$$\delta_l = \sum_{j=0}^{m-1} \psi_l^2(y_j), \quad l = 0,1,\cdots,q-1$$

则有

$$\alpha'_l = \sum_{i=0}^{m-1} y_i\psi_l^2(y_i)/\delta_l, \quad l = 0,1,\cdots,q-1$$

$$\beta'_l = \delta_l/\delta_{l-1}, \quad l = 1,2,\cdots,q-1$$

根据最小二乘原理可得

$$\mu_{kl} = \sum_{i=0}^{n-1} \lambda_{kj}\psi_l(y_j)/\delta_l, \quad k = 0,1,\cdots,p-1; l = 0,1,\cdots,q-1$$

最后可得二元函数的拟合多项式为

$$f(x,y) = \sum_{k=0}^{p-1}\sum_{l=0}^{q-1} \mu_{kl}\varphi_k(x)\psi_l(y)$$

转换成标准的多项式形式为

$$f(x,y) = \sum_{i=0}^{p-1}\sum_{j=0}^{q-1} a_{ij}x^i y^j$$

【函数语句与形参说明】

```
void pir2(double x[], double y[], double z[], int n, int m,
        double a[], int p, int q, double dt[])
```

形参与函数类型	参数意义
double　x[n]	存放给定数据点的 n 个 X 坐标
double　y[m]	存放给定数据点的 m 个 Y 坐标
double　z[n][m]	存放矩形区域内 $n\times m$ 个网点上的函数值

续表

形参与函数类型	参数意义
int n	X坐标个数
int m	Y坐标个数
double a[p][q]	返回二元拟合多项式 $f(x,y)=\sum_{i=0}^{p-1}\sum_{j=0}^{q-1}a_{ij}x^iy^j$ 的各系数
int p	拟合多项式中 x 的最高次数加1。要求 $p\leqslant n$ 且 $p\leqslant 20$，若不满足这个条件，本函数自动取 $p=\min(n,20)$
int q	拟合多项式中 y 的最高次数加1。要求 $q\leqslant m$ 且 $p\leqslant 20$，若不满足这个条件，本函数自动取 $p=\min(m,20)$
Double dt[3]	dt[0]返回拟合多项式与数据点误差的平方和；dt[1]返回拟合多项式与数据点误差的绝对值之和；dt[2]返回拟合多项式与数据点误差绝对值的最大值
void pir2()	过程

【函数程序】

```
//最小二乘曲面拟合.cpp
#include <iostream>
#include <cmath>
using namespace std;
//x[n]        存放给定数据点的X坐标
//y[n]        存放给定数据点的Y坐标
//z[n][m]     存放给定n*m个网点上的函数值
//n           X坐标个数
//m           Y坐标个数
//a[p][q]     返回二元拟合多项式的系数
//p           拟合多项式中x的最高次为p-1。要求p<=min(n,20)
//q           拟合多项式中y的最高次为q-1。要求q<=min(n,20)
//dt[3]       分别返回误差平方和，误差绝对值之和与误差绝对值的最大值
void pir2(double x[], double y[], double z[], int n, int m,
          double a[], int p, int q, double dt[])
{
    int i,j,k,l,kk;
    double apx[20],apy[20],bx[20],by[20],u[20][20];
    double t[20],t1[20],t2[20],d1,d2,g,g1,g2;
    double x2,dd,y1,x1, *v;
    v =new double[20 * m];
    for (i=0; i<=p-1; i++)
    {
        l=i * q;
        for (j=0; j<=q-1; j++) a[l+j]=0.0;
    }
```

```
if (p>n) p=n;
if (p>20) p=20;
if (q>m) q=m;
if (q>20) q=20;
d1=1.0 * n; apx[0]=0.0;
for (i=0; i<=n-1; i++)  apx[0]=apx[0]+x[i];
apx[0]=apx[0]/d1;
for (j=0; j<=m-1; j++)
{
    v[j]=0.0;
    for (i=0; i<=n-1; i++)  v[j]=v[j]+z[i * m+j];
    v[j]=v[j]/d1;
}
if (p>1)
{
    d2=0.0; apx[1]=0.0;
    for (i=0; i<=n-1; i++)
    {
        g=x[i]-apx[0];
        d2=d2+g * g;
        apx[1]=apx[1]+x[i] * g * g;
    }
    apx[1]=apx[1]/d2;
    bx[1]=d2/d1;
    for (j=0; j<=m-1; j++)
    {
        v[m+j]=0.0;
        for (i=0; i<=n-1; i++)
        {
            g=x[i]-apx[0];
            v[m+j]=v[m+j]+z[i * m+j] * g;
        }
        v[m+j]=v[m+j]/d2;
    }
    d1=d2;
}
for (k=2; k<=p-1; k++)
{
    d2=0.0; apx[k]=0.0;
    for (j=0; j<=m-1; j++) v[k * m+j]=0.0;
    for (i=0; i<=n-1; i++)
    {
        g1=1.0; g2=x[i]-apx[0];
        for (j=2; j<=k; j++)
        {
```

```
                g=(x[i]-apx[j-1])*g2-bx[j-1]*g1;
                g1=g2; g2=g;
            }
            d2=d2+g*g;
            apx[k]=apx[k]+x[i]*g*g;
            for (j=0; j<=m-1; j++) v[k*m+j]=v[k*m+j]+z[i*m+j]*g;
        }
        for (j=0; j<=m-1; j++) v[k*m+j]=v[k*m+j]/d2;
        apx[k]=apx[k]/d2;
        bx[k]=d2/d1;
        d1=d2;
    }
    d1=m; apy[0]=0.0;
    for (i=0; i<=m-1; i++) apy[0]=apy[0]+y[i];
    apy[0]=apy[0]/d1;
    for (j=0; j<=p-1; j++)
    {
        u[j][0]=0.0;
        for (i=0; i<=m-1; i++)  u[j][0]=u[j][0]+v[j*m+i];
        u[j][0]=u[j][0]/d1;
    }
    if (q>1)
    {
        d2=0.0; apy[1]=0.0;
        for (i=0; i<=m-1; i++)
        {
            g=y[i]-apy[0];
            d2=d2+g*g;
            apy[1]=apy[1]+y[i]*g*g;
        }
        apy[1]=apy[1]/d2;
        by[1]=d2/d1;
        for (j=0; j<=p-1; j++)
        {
            u[j][1]=0.0;
            for (i=0; i<=m-1; i++)
            {
                g=y[i]-apy[0];
                u[j][1]=u[j][1]+v[j*m+i]*g;
            }
            u[j][1]=u[j][1]/d2;
        }
        d1=d2;
    }
    for (k=2; k<=q-1; k++)
```

```
{
    d2=0.0; apy[k]=0.0;
    for (j=0; j<=p-1; j++) u[j][k]=0.0;
    for (i=0; i<=m-1; i++)
    {
        g1=1.0;
        g2=y[i]-apy[0];
        for (j=2; j<=k; j++)
        {
            g=(y[i]-apy[j-1])*g2-by[j-1]*g1;
            g1=g2; g2=g;
        }
        d2=d2+g*g;
        apy[k]=apy[k]+y[i]*g*g;
        for (j=0; j<=p-1; j++) u[j][k]=u[j][k]+v[j*m+i]*g;
    }
    for (j=0; j<=p-1; j++) u[j][k]=u[j][k]/d2;
    apy[k]=apy[k]/d2;
    by[k]=d2/d1;
    d1=d2;
}
v[0]=1.0; v[m]=-apy[0]; v[m+1]=1.0;
for (i=0; i<=p-1; i++)
for (j=0; j<=q-1; j++) a[i*q+j]=0.0;
for (i=2; i<=q-1; i++)
{
    v[i*m+i]=v[(i-1)*m+(i-1)];
    v[i*m+i-1]=-apy[i-1]*v[(i-1)*m+i-1]+v[(i-1)*m+i-2];
    if (i>=3)
    for (k=i-2; k>=1; k--)
      v[i*m+k]=-apy[i-1]*v[(i-1)*m+k]+
              v[(i-1)*m+k-1]-by[i-1]*v[(i-2)*m+k];
    v[i*m]=-apy[i-1]*v[(i-1)*m]-by[i-1]*v[(i-2)*m];
}
for (i=0; i<=p-1; i++)
{
    if (i==0) { t[0]=1.0; t1[0]=1.0;}
    else
    {
        if (i==1)
        {
            t[0]=-apx[0]; t[1]=1.0;
            t2[0]=t[0]; t2[1]=t[1];
        }
        else
```

```
                {
                    t[i]=t2[i-1];
                    t[i-1]=-apx[i-1]*t2[i-1]+t2[i-2];
                    if (i>=3)
                    for (k=i-2; k>=1; k--)
                      t[k]=-apx[i-1]*t2[k]+t2[k-1]
                          -bx[i-1]*t1[k];
                    t[0]=-apx[i-1]*t2[0]-bx[i-1]*t1[0];
                    t2[i]=t[i];
                    for (k=i-1; k>=0; k--)
                    { t1[k]=t2[k]; t2[k]=t[k];}
                }
            }
            for (j=0; j<=q-1; j++)
            for (k=i; k>=0; k--)
            for (l=j; l>=0; l--)
               a[k*q+l]=a[k*q+l]+u[i][j]*t[k]*v[j*m+l];
        }
        dt[0]=0.0; dt[1]=0.0; dt[2]=0.0;
        for (i=0; i<=n-1; i++)
        {
            x1=x[i];
            for (j=0; j<=m-1; j++)
            {
                y1=y[j];
                x2=1.0; dd=0.0;
                for (k=0; k<=p-1; k++)
                {
                    g=a[k*q+q-1];
                    for (kk=q-2; kk>=0; kk--) g=g*y1+a[k*q+kk];
                    g=g*x2; dd=dd+g; x2=x2*x1;
                }
                dd=dd-z[i*m+j];
                if (fabs(dd)>dt[2]) dt[2]=fabs(dd);
                dt[0]=dt[0]+dd*dd;
                dt[1]=dt[1]+fabs(dd);
            }
        }
        delete[] v;
        return;
    }
```

【例】 设二元函数为

$$z(x,y)=e^{x^2-y^2}$$

取矩形区域内 11×21 个网点

$$x_i = 0.2i, \quad i = 0,1,\cdots,10$$

$$y_j = 0.1j, \quad j = 0,1,\cdots,20$$

上的函数值 z_{ij}。由这些数据点构造一个最小二乘拟合多项式

$$f(x,y) = \sum_{i=0}^{5}\sum_{j=0}^{4} a_{ij}x^i y^j$$

并分别计算此拟合多项式与数据点误差的平方和 dt[0]、绝对值之和 dt[1]、绝对值的最大值 dt[2]。

主函数程序如下：

```
//最小二乘曲面拟合例
#include <iostream>
#include <iomanip>
#include <cmath>
#include "最小二乘曲面拟合.cpp"
using namespace std;
int main()
{
    int i,j;
    double x[11],y[21],z[11][21],a[6][5],dt[3];
    for (i=0; i<=10; i++) x[i]=0.2 * i;
    for (i=0; i<=20; i++) y[i]=0.1 * i;
    for (i=0; i<=10; i++)
    for (j=0; j<=20; j++)
        z[i][j]=exp(x[i] * x[i]-y[j] * y[j]);
    pir2(x,y,&z[0][0],11,21,&a[0][0],6,5,dt);
    cout <<"二元拟合多项式系数矩阵 : " <<endl;
    for (i=0; i<=5; i++)
    {
        for (j=0; j<=4; j++)
            cout <<setw(14) <<a[i][j];
        cout <<endl;
    }
    cout <<"误差平方和 =" <<dt[0] <<endl;
    cout <<"误差绝对值和 =" <<dt[1] <<endl;
    cout <<"误差绝对值最大值 =" <<dt[2] <<endl;
    return 0;
}
```

运行结果为

```
二元拟合多项式系数矩阵 :
      0.888696      0.096095      -1.38677      0.903053     -0.171411
       8.59716      0.929614      -13.4154       8.73604      -1.65821
      -45.7529      -4.94728       71.3951       -46.492       8.82477
       85.1474       9.20702      -132.868       86.5229      -16.4231
      -62.8532      -6.79634       98.0792      -63.8686       12.1231
         16.99       1.83714      -26.5121       17.2645      -3.27702
误差平方和 = 5.80139
误差绝对值和 = 25.3761
误差绝对值最大值 = 0.555972
```

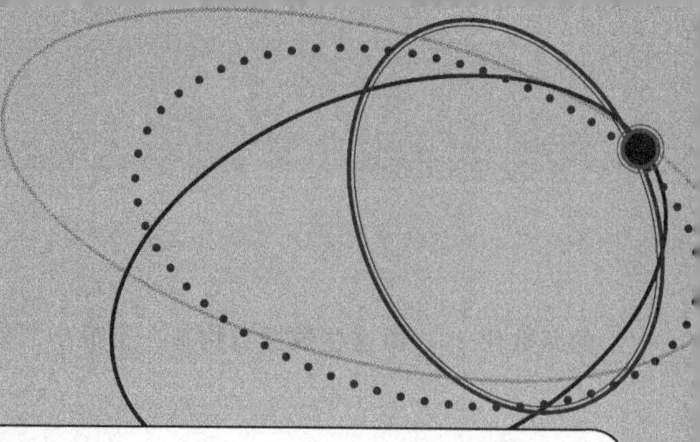

第7章 数值积分

7.1 变步长梯形求积法

【功能】

用变步长梯形求积法计算定积分 $T=\int_a^b f(x)\mathrm{d}x$。

【方法说明】

变步长梯形求积法的基本过程如下。

(1) 利用梯形公式计算积分值。这相当于将积分区间一等分,即

$$n=1,h=b-a$$

则有

$$T_n=\frac{h}{2}\sum_{k=0}^{n-1}[f(x_k)+f(x_{k+1})]$$

即实际上为

$$T_1=\frac{b-a}{2}[f(a)+f(b)]$$

(2) 将每一个求积小区间再二等分一次(即由原来的 n 等分变成 $2n$ 等分),则有

$$\begin{aligned}T_{2n}&=\frac{h}{2}\sum_{k=0}^{n-1}\left[\frac{f(x_k)+f(x_{k+0.5})}{2}+\frac{f(x_{k+0.5})+f(x_{k+1})}{2}\right]\\&=\frac{h}{4}\sum_{k=0}^{n-1}[f(x_k)+f(x_{k+1})]+\frac{h}{2}\sum_{k=0}^{n-1}f(x_{k+0.5})\\&=\frac{1}{2}T_n+\frac{h}{2}\sum_{k=0}^{n-1}f(x_{k+0.5})\end{aligned}$$

(3) 判断二等分前后两次的积分值之差的绝对值是否小于预先所规定的精度要求,即

$$|T_{2n}-T_n|<\varepsilon$$

若不等式成立,即表示已经满足精度要求,二等分后的积分值 T_{2n} 就是最后结果,即

$$\int_a^b f(x)\mathrm{d}x\approx T_{2n}$$

若不等式不成立，则保存当前的等分数、积分值与步长，即

$$2n \Rightarrow n, T_{2n} \Rightarrow T_n, \frac{h}{2} \Rightarrow h$$

转(2)继续做二等分处理。

【函数语句与形参说明】

```
double ffts(double a, double b, double eps, double (* f)(double))
```

形参与函数类型	参数意义
double a	积分下限
double b	积分上限。要求 $b>a$
double eps	积分精度要求
double (* f)()	指向计算被积函数 $f(x)$值的函数名(由用户自编)
double ffts()	函数返回一个积分值

计算被积函数 $f(x)$值的函数形式为

```
double  f(double  x)
{ double  y;
  y=被积函数 f(x)的表达式;
  return(y);
}
```

【函数程序】

```
//梯形求积法.cpp
#include <cmath>
#include <iostream>
using namespace std;
//a            积分下限
//b            积分上限。要求 b>a
//eps          积分精度要求
//f            指向计算被积函数 f(x)值的函数名
//函数返回积分值
double ffts(double a, double b, double eps, double (* f)(double))
{
    int n,k;
    double fa,fb,h,t1,p,s,x,t;
    fa=(* f)(a); fb=(* f)(b);
    n=1; h=b-a;
    t1=h* (fa+fb)/2.0;
    p=eps+1.0;
    while (p>=eps)
    {
```

```
        s=0.0;
        for (k=0;k<=n-1;k++)
        {
            x=a+(k+0.5)*h;  s=s+(*f)(x);
        }
        t=(t1+h*s)/2.0;
        p=fabs(t1-t);
        t1=t; n=n+n; h=h/2.0;
    }
    return(t);
}
```

【例】 用变步长梯形求积法计算定积分

$$T=\int_0^1 e^{-x^2}dx$$

取 $\varepsilon=0.000\,001$。

主函数程序以及计算被积函数 $f(x)$ 值的函数程序如下：

```
//梯形求积法例
#include <cmath>
#include <iostream>
#include "梯形求积法.cpp"
using namespace std;
int main()
{
    double a,b,eps,t,fftsf(double);
    a=0.0; b=1.0; eps=0.000001;
    t=ffts(a,b,eps,fftsf);
    cout <<"t =" <<t <<endl;
    return 0;
}
//计算被积函数值
double fftsf(double x)
{
    return(exp(-x*x));
}
```

运行结果为

```
t =0.746824
```

7.2 变步长辛卜生求积法

【功能】

用变步长辛卜生(Simpson)求积法计算定积分 $S=\int_a^b f(x)dx$。

【方法说明】

假设利用变步长梯形求积法已经将积分区间 n 等分，其积分值为

$$T_n = \frac{h}{2}\sum_{k=0}^{n-1}[f(x_k) + f(x_{k+1})]$$

现在将其中的每一个小区间再二等分一次（即总共为 $2n$ 等分），根据变步长梯形求积法的递推公式得到其积分值为

$$T_{2n} = \frac{1}{2}T_n + \frac{h}{2}\sum_{k=0}^{n-1}f(x_{k+0.5})$$

将二等分前后的梯形求积结果，就可以得到 n 等分下的复化辛卜生公式的求积结果，即

$$S_n = \frac{4T_{2n} - T_n}{3}$$

上式表明，将 n 等分时的复化梯形公式得到的结果 T_n 与 $2n$ 等分时的复化梯形公式得到的结果 T_{2n} 进行线性组合，就可以得到 n 等分时的复化辛卜生公式得到的结果 S_n。因此，可以进一步得到再二等分一次后的辛卜生求积的结果为

$$S_{2n} = \frac{4T_{4n} - T_{2n}}{3}$$

由此可以看出，变步长辛卜生求积法的基本公式还是梯形公式，利用变步长梯形求积法，将二等分前后的结果做线性组合就可以得到辛卜生求积结果。

【函数语句与形参说明】

```
double simp(double a, double b, double eps, double (*f)(double))
```

形参与函数类型	参数意义
double　a	积分下限
double　b	积分上限。要求 $b>a$
double　eps	积分精度要求
double　(*f)()	指向计算被积函数 $f(x)$ 值的函数名（由用户自编）
double　simp()	函数返回一个积分值

计算被积函数 $f(x)$ 值的函数形式为

```
double  f(double  x)
{ double  y;
  y=被积函数 f(x)的表达式;
  return(y);
}
```

【函数程序】

```
//Simpson求积法.cpp
#include <cmath>
```

```
#include <iostream>
using namespace std;
//a          积分下限
//b          积分上限。要求 b>a
//eps        积分精度要求
//f          指向计算被积函数 f(x)值的函数名
//函数返回积分值
double simp(double a, double b, double eps, double (*f)(double))
{
    int n,k;
    double h,t1,t2,s1,s2,ep,p,x;
    n=1; h=b-a;
    t1=h*((*f)(a)+(*f)(b))/2.0;
    s1=t1;
    ep=eps+1.0;
    while (ep>=eps)
    {
        p=0.0;
        for (k=0;k<=n-1;k++)
        {
            x=a+(k+0.5)*h;  p=p+(*f)(x);
        }
        t2=(t1+h*p)/2.0;
        s2=(4.0*t2-t1)/3.0;
        ep=fabs(s2-s1);
        t1=t2; s1=s2; n=n+n; h=h/2.0;
    }
    return(s2);
}
```

【例】 用变步长辛卜生求积法计算定积分

$$S=\int_0^1 \frac{\ln(1+x)}{1+x^2}\mathrm{d}x$$

取 $\varepsilon=0.000\,001$。

主函数程序以及计算被积函数 $f(x)$值的函数程序如下：

```
//Simpson 求积法例
#include <cmath>
#include <iostream>
#include "Simpson 求积法.cpp"
using namespace std;
int main()
{
    double a,b,eps,t,simpf(double);
    a=0.0; b=1.0; eps=0.000001;
    t=simp(a,b,eps,simpf);
```

```
    cout <<"t =" <<t <<endl;
    return 0;
}
//计算被积函数值
double simpf(double x)
{
    double y;
    y=log(1.0+x)/(1.0+x * x);
    return(y);
}
```

运行结果为

```
t =0.272198
```

7.3　自适应梯形求积法

【功能】

用自适应梯形求积法计算被积函数 $f(x)$ 在积分区间内有强峰的定积分 $T = \int_a^b f(x)\mathrm{d}x$。

【方法说明】

自适应梯形求积法的过程如下。

首先将积分区间$[a,b]$分割成两个相等的子区间(称为 1 级子区间)$\Delta_0^{(1)}$ 和 $\Delta_1^{(1)}$,并在每一个子区间上分别用梯形公式计算积分近似值,设其结果为 $t_0^{(1)}$ 和 $t_1^{(1)}$。

然后将子区间 $\Delta_0^{(1)}$ 再分割成两个相等的子区间(称为 2 级子区间)$\Delta_0^{(2)}$ 和 $\Delta_1^{(2)}$,并在每一个子区间上也分别用梯形公式计算积分近似值,设其结果分别为 $t_0^{(2)}$ 和 $t_1^{(2)}$。如果不等式

$$|t_0^{(1)} - (t_0^{(2)} + t_1^{(2)})| < \varepsilon/1.4$$

成立,则保留 $t_0^{(2)}$ 和 $t_1^{(2)}$。再将子区间 $\Delta_1^{(1)}$ 也分割成两个相等的 2 级子区间 $\Delta_2^{(2)}$ 和 $\Delta_3^{(2)}$,并在每一个子区间上也分别用梯形公式计算积分近似值,设其结果分别为 $t_2^{(2)}$ 和 $t_3^{(2)}$。如果不等式

$$|t_1^{(1)} - (t_2^{(2)} + t_3^{(2)})| < \varepsilon/1.4$$

成立,则保留 $t_2^{(2)}$ 和 $t_3^{(2)}$。最后可得到满足精度要求的积分近似值为

$$t = t_0^{(2)} + t_1^{(2)} + t_2^{(2)} + t_3^{(2)}$$

如果在上述不等式中有一个不成立,则将对应的 2 级子区间再分割成两个相等的 3 级子区间。在考虑 3 级子区间时,其精度要求变为 $\varepsilon/1.4^2$。

同样,3 级子区间中不满足精度要求的子区间又可以分割成两个相等的 4 级子区间,其精度要求为 $\varepsilon/1.4^3$。依次类推,这个过程一直进行到在所考虑的所有子区间上都满足精度要求为止。

本算法为递归算法。

【函数语句与形参说明】

```
double fpts(double a, double b, double eps, double (*f)(double))
```

形参与函数类型	参数意义
double a	积分下限
double b	积分上限。要求 $b>a$
double eps	积分精度要求
double (*f)()	指向计算被积函数 $f(x)$值的函数名（由用户自编）
double fpts()	函数返回一个积分值

计算被积函数 $f(x)$值的函数形式为

```
double  f(double  x)
{ double  y;
  y=被积函数 f(x)的表达式;
  return(y);
}
```

【函数程序】

```
//自适应梯形求积法.cpp
#include <cmath>
#include <iostream>
using namespace std;
//递归函数
void ppp(double x0, double x1, double h, double f0, double f1, double t0,
           double eps, double *t, double (*ff)(double))
{
    double x,f,t1,t2,p,g,eps1;
    x=x0+h/2.0; f=(*ff)(x);
    t1=h*(f0+f)/4.0; t2=h*(f+f1)/4.0;
    p=fabs(t0-(t1+t2));
    if ((p<eps)||(h<eps))
    {
        *t = *t+(t1+t2); return;
    }
    else
    {
        g=h/2.0; eps1=eps/1.4;
        ppp(x0,x,g,f0,f,t1,eps1,t,ff);
        ppp(x,x1,g,f,f1,t2,eps1,t,ff);
        return;
    }
```

```
}
//a           积分下限
//b           积分上限。要求 b>a
//eps         积分精度要求
//f           指向计算被积函数 f(x)值的函数名
//函数返回积分值
double fpts(double a, double b, double eps, double (* f)(double))
{
    double h,t,f0,f1,t0;
    h=b-a; t=0.0;
    f0=(* f)(a); f1=(* f)(b);
    t0=h* (f0+f1)/2.0;
    ppp(a,b,h,f0,f1,t0,eps,&t,f);
    return(t);
}
```

【例】 用自适应梯形求积法计算定积分

$$S=\int_{-1}^{1}\frac{1}{1+25x^2}\mathrm{d}x$$

取 $\varepsilon=0.000\,001$。

主函数程序以及计算被积函数 $f(x)$值的函数程序如下：

```
//自适应梯形求积法例
#include <cmath>
#include <iostream>
#include "自适应梯形求积法.cpp"
using namespace std;
int main()
{
    double a,b,eps,t,fptsf(double);
    a=-1.0; b=1.0; eps=0.000001;
    t=fpts(a,b,eps,fptsf);
    cout <<"t =" <<t <<endl;
    return 0;
}
//计算被积函数值
double fptsf(double x)
{
    double y;
    y=1.0/(1.0+25.0 * x * x);
    return(y);
}
```

运行结果为

```
t =0.549363
```

7.4 龙贝格求积法

【功能】

用龙贝格(Romberg)求积法计算定积分 $T=\int_a^b f(x)\mathrm{d}x$。

【方法说明】

$2m$ 阶牛顿-柯特斯(Newton-Cotes)公式为

$$T_{m+1}(h)=\frac{4^m T_m\left(\frac{h}{2}\right)-T_m(h)}{4^m-1}$$

其中，$T_m(h)$ 为步长为 h 时利用 $2m-2$ 阶牛顿-柯特斯公式计算得到的结果，$T_m\left(\frac{h}{2}\right)$ 为将步长 h 减半后用 $2m-2$ 阶牛顿-柯特斯公式计算得到的结果。并且，$T_1(h)$ 为步长为 h 时的梯形公式计算得到的结果，$T_1\left(\frac{h}{2}\right)$ 为步长 h 减半后的梯形公式计算得到的结果。

上述数值积分的方法称为龙贝格求积法。

根据龙贝格求积法构造出来的序列 $T_1(h),T_2(h),\cdots,T_m(h),\cdots$，其收敛速度比变步长求积法更快。这是因为在龙贝格求积法中同时采用了提高阶数与减小步长这两种提高精度的措施。在实际应用中，一般只做到龙贝格公式为止，然后二等分后再继续做下去。龙贝格求积法又称为数值积分逐次分半加速收敛法。

在实际进行计算时，龙贝格求积法按下表所示的计算格式进行，直到

$$|T_{m+1}(h)-T_m(h)|<\varepsilon$$

为止。在本函数中，最多可以计算到 $m=10$，如果此时还不满足精度要求，则就取 T_{10} 作为最后结果。

龙贝格求积法的计算格式

梯形法则	2 阶公式	4 阶公式	6 阶公式	8 阶公式
$T_1(h)$				
$T_1\left(\frac{h}{2}\right)$	$T_2(h)$			
$T_1\left(\frac{h}{2^2}\right)$	$T_2\left(\frac{h}{2}\right)$	$T_3(h)$		
$T_1\left(\frac{h}{2^3}\right)$	$T_2\left(\frac{h}{2^2}\right)$	$T_3\left(\frac{h}{2}\right)$	$T_4(h)$	
$T_1\left(\frac{h}{2^4}\right)$	$T_2\left(\frac{h}{2^3}\right)$	$T_3\left(\frac{h}{2^2}\right)$	$T_4\left(\frac{h}{2}\right)$	$T_5(h)$
⋮	⋮	⋮	⋮	⋮
$O(h^2)$	$O(h^4)$	$O(h^6)$	$O(h^8)$	$O(h^{10})$

【函数语句与形参说明】

```
double romb(double a, double b, double eps, double (* f)(double))
```

形参与函数类型	参数意义
double a	积分下限
double b	积分上限。要求 $b>a$
double eps	积分精度要求
double (* f)()	指向计算被积函数 $f(x)$值的函数名(由用户自编)
double romb()	函数返回一个积分值

计算被积函数 $f(x)$值的函数形式为

```
double  f(double  x)
{ double  y;
  y=被积函数 f(x)的表达式;
  return(y);
}
```

【函数程序】

```
//Romberg 求积法.cpp
#include <cmath>
#include <iostream>
using namespace std;
//a          积分下限
//b          积分上限。要求 b>a
//eps        积分精度要求
//f          指向计算被积函数 f(x)值的函数名
//函数返回积分值
double romb(double a, double b, double eps, double (* f)(double))
{
    int m,n,i,k;
    double y[10],h,ep,p,x,s,q;
    h=b-a;
    y[0]=h* ((* f)(a)+(* f)(b))/2.0;
    m=1; n=1; ep=eps+1.0;
    while ((ep>=eps)&&(m<=9))
    {
        p=0.0;
        for (i=0;i<=n-1;i++)
        {
            x=a+(i+0.5)*h;  p=p+(* f)(x);
        }
        p=(y[0]+h*p)/2.0;
```

```
        s=1.0;
        for (k=1;k<=m;k++)
        {
            s=4.0*s;
            q=(s*p-y[k-1])/(s-1.0);
            y[k-1]=p; p=q;
        }
        ep=fabs(q-y[m-1]);
        m=m+1; y[m-1]=q; n=n+n; h=h/2.0;
    }
    return(q);
}
```

【例】 用龙贝格求积法计算定积分

$$T=\int_0^1 \frac{x}{4+x^2}\mathrm{d}x$$

取 $\varepsilon=0.000\,001$。

主函数程序以及计算被积函数 $f(x)$值的函数程序如下：

```
//Romberg求积法例
#include <cmath>
#include <iostream>
#include "Romberg求积法.cpp"
using namespace std;
int main()
{
    double a,b,eps,t,rombf(double);
    a=0.0; b=1.0; eps=0.000001;
    t =romb(a,b,eps,rombf);
    cout <<"t =" <<t <<endl;
    return 0;
}
//计算被积函数值
double rombf(double x)
{
    return(x/(4.0+x*x));
}
```

运行结果为

```
t =0.111572
```

7.5 计算一维积分的连分式法

【功能】

用连分式法计算定积分 $S=\int_a^b f(x)\mathrm{d}x$。

【方法说明】

设定积分为

$$S=\int_a^b f(x)\mathrm{d}x$$

利用变步长梯形求积法,可以得到一系列的积分近似值

$$s_j=S(h_j)=T_n$$

其中 $n=2^j(j=0,1,2,\cdots)$,$h_j=\dfrac{b-a}{n}$。

由此可以看出,积分近似值系列实际上可以构成一个步长为 h 的函数 $S(h)$,选取不同的步长 h,可以得到不同的积分近似值。根据函数连分式的概念,函数 $S(h)$ 可以表示成函数连分式,即

$$S(h)=b_0+\cfrac{h-h_0}{b_1+\cfrac{h-h_1}{b_2+\cdots+\cfrac{h-h_{j-1}}{b_j+\cdots}}}$$

其中参数 $b_0,b_1,\cdots,b_j,\cdots$可以由一系列的积分近似值数据点$(h_j,s_j)(j=0,1,\cdots)$确定。

根据定积分的概念,当步长 h 趋于零时,由上计算的数值将趋于积分的准确值,即

$$S=S(0)=b_0-\cfrac{h_0}{b_1-\cfrac{h_1}{b_2-\cdots-\cfrac{h_{j-1}}{b_j-\cdots}}}$$

如果取 j 节连分式,则可以得到积分的近似值。

综上所述,用连分式方法计算一维积分的基本步骤如下。

首先用梯形公式计算初值,即

$$n=2^0=1(\text{即 } j=0),h_0=b-a$$

以及

$$s_0=\frac{h_0}{2}[f(a)+f(b)]$$

从而得到

$$b_0=s_0,S^{(0)}=s_0$$

然后对于 $j=1,2,\cdots$进行以下操作。

(1) 利用变步长梯形求积法计算 s_j,即

$$s_j=\frac{1}{2}s_{j-1}+\frac{h_{j-1}}{2}\sum_{k=0}^{n-1}f[a+(k+0.5)h_{j-1}]$$

并计算

$$h_j=0.5h_{j-1},2n\Rightarrow n$$

(2) 根据新的积分近似值点(h_j,s_j),用递推计算公式

$$\begin{cases}u=s_j\\ u=\dfrac{h_j-h_k}{u-b_k},k=0,1,\cdots,j-1\\ b_j=u\end{cases}$$

递推计算出一个新的 b_j，使连分式插值函数再增加一节，即

$$b_0+\cfrac{h-h_0}{b_1+\cfrac{h-h_1}{b_2+\cdots+\cfrac{h-h_{j-2}}{b_{j-1}+\cfrac{h-h_{j-1}}{b_j}}}}$$

(3) 计算近似积分的新校正值，即

$$S^{(j)}=b_0-\cfrac{h_0}{b_1-\cfrac{h_1}{b_2-\cdots-\cfrac{h_{j-2}}{b_{j-1}-\cfrac{h_{j-1}}{b_j}}}}$$

以上过程一直做到满足精度要求，即满足

$$|S^{(j)}-S^{(j-1)}|<\varepsilon$$

为止。在实际进行计算过程中，一般做到 7 节连分式为止，如果此时还不满足精度要求，则从最后得到的 h_j 与 s_j 开始重新进行计算。

【函数语句与形参说明】

```
double pqinteg(double a0,double b0,double eps,double (* f)(double))
```

形参与函数类型	参数意义
double a0	积分下限
double b0	积分上限。要求 $b0>a0$
double eps	积分精度要求
double (*f)()	指向计算被积函数 $f(x)$ 值的函数名(由用户自编)
double pqinteg()	函数返回一个积分值。函数显示"最后一次迭代连分式节数="以及"迭代次数="；若显示"迭代次数=20"，则返回的迭代终值有可能没有满足精度要求；若显示的迭代次数小于 20，则表示正常返回

计算被积函数 $f(x)$ 值的函数形式为

```
double  f(double x)
{ double  y;
  y=被积函数 f(x)的表达式;
  return(y);
}
```

【函数程序】

```
//连分式求积法.cpp
#include <cmath>
#include <iostream>
using namespace std;
//计算函数连分式值
```

```
double funpqv(double x[],double b[],int n,double t)
{
    int k;
    double u;
    u=b[n];
    for (k=n-1; k>=0; k--)
    {
        if (fabs(u)+1.0==1.0)
            u=1.0e+35*(t-x[k])/fabs(t-x[k]);
        else
            u=b[k]+(t-x[k])/u;
    }
    return(u);
}
//计算连分式新的一节 b[j]
void funpqj(double x[],double y[],double b[],int j)
{
    int k,flag=0;
    double u;
    u=y[j];
    for (k=0; (k<j)&&(flag==0); k++)
    {
        if ((u-b[k])+1.0==1.0) flag=1;
        else
            u=(x[j]-x[k])/(u-b[k]);
    }
    if (flag==1) u=1.0e+35;
    b[j]=u;
    return;
}
//a0          积分下限
//b0          积分上限。要求 b0>a0
//eps         积分精度要求
//f           指向计算被积函数 f(x)值的函数名
//函数返回积分值
double pqinteg(double a0,double b0,double eps,double (*f)(double))
{
    int k,j,il,flag,n;
    double *h,*g,*b,h0,g0,d,s0,s1,x;
    b=new double[10];
    h=new double[10];
    g=new double[10];
    il=0; n=1; h0=(b0-a0)/n; flag=0;
    g0=h0*((*f)(a0)+(*f)(b0))/2.0;          //梯形公式计算初值
    while ((il<20)&&(flag==0))
```

```
    {
        il=il+1;
        h[0]=h0; g[0]=g0;
        b[0]=g[0];                              //计算 b[0]
        j=1; s1=g[0];
        while (j<=7)
        {
            d=0.0;
            for (k=0; k<=n-1; k++)
            {
                x=a0+(k+0.5)*h[j-1];
                d=d+(*f)(x);
            }
            g[j]=(g[j-1]+h[j-1]*d)/2.0;     //变步长梯形求积法计算新近似值 g[j]
            h[j]=h[j-1]/2.0; n=2*n;
            funpqj(h,g,b,j);                    //计算 b[j]
            s0=s1;
            s1=funpqv(h,b,j,0.0);               //连分式法计算积分近似值 s1
            if (fabs(s1-s0)>=eps)  j=j+1;
            else
            {
                cout <<"最后一次迭代连分式节数=" <<j <<endl;
                j=10;
            }
        }
        h0=h[j-1]; g0=g[j-1];
        if (j==10) flag=1;
    }
    cout <<"迭代次数=" <<il <<endl;
    delete[] b; delete[] h; delete[] g;
    return(s1);
}
```

【例】 用连分式法计算定积分

$$S=\int_{0}^{4.3} e^{-x^2}\,dx$$

取 $\varepsilon=0.0000001$。

主函数程序以及计算被积函数 $f(x)$ 值的函数程序如下：

```
//连分式求积法例
#include <cmath>
#include <iostream>
#include "连分式求积法.cpp"
using namespace std;
int main()
{
```

```
    double d,eps,pqintegf(double);
    eps=0.0000001;
    d=pqinteg(0.0,4.3,eps,pqintegf);
    cout <<"积分值 s=" <<d <<endl;
    return 0;
}
//计算被积函数值
double pqintegf(double x)
{
    return(exp(-x * x));
}
```

运行结果为

```
最后一次迭代连分式节数=7
迭代次数=1
积分值 s=0.886227
```

7.6 高振荡函数求积法

【功能】

用分部积分法计算高振荡函数的积分

$$\int_a^b f(x)\sin mx\,\mathrm{d}x \text{ 与 } \int_a^b f(x)\cos mx\,\mathrm{d}x$$

【方法说明】

考虑积分

$$I_1(m) = \int_a^b f(x)\cos mx\,\mathrm{d}x$$

与

$$I_2(m) = \int_a^b f(x)\sin mx\,\mathrm{d}x$$

当 m 充分大时，这两个积分均为高振荡积分。

令

$$I(m) = \int_a^b f(x)\mathrm{e}^{\mathrm{j}mx}\,\mathrm{d}x$$

其中 $\mathrm{j}=\sqrt{-1}$。根据欧拉公式

$$\mathrm{e}^{\mathrm{j}mx} = \cos mx + \mathrm{j}\sin mx$$

则有

$$I(m) = I_1(m) + \mathrm{j}I_2(m)$$

反复利用分部积分法，可以得到

$$I(m)= \int_a^b f(x)\mathrm{e}^{\mathrm{j}mx}\,\mathrm{d}x$$

$$=-\sum_{k=0}^{n-1}\left(\frac{\mathrm{j}}{m}\right)^{k+1}f^{(k)}(x)\mathrm{e}^{\mathrm{j}mx}\Big|_a^b+\left(\frac{\mathrm{j}}{m}\right)^n\int_a^b f^{(n)}(x)\mathrm{e}^{\mathrm{j}mx}\mathrm{d}x$$

对于上式右端的第二项有估计式

$$\left|\left(\frac{\mathrm{j}}{m}\right)^n\int_a^b f^{(n)}(x)\mathrm{e}^{\mathrm{j}mx}\mathrm{d}x\right|\leqslant\frac{b-a}{m^n}M_n$$

其中

$$M_n=\max_{a\leqslant x\leqslant b}|f^{(n)}(x)|,b>a$$

由此可知，当 n 充分大时，$\frac{M_n}{m^n}$将接近于零。因此得到积分 $I(m)$的近似值为

$$\begin{aligned}I(m)&=\int_a^b f(x)\mathrm{e}^{\mathrm{j}mx}\mathrm{d}x\\&\approx-\sum_{k=0}^{n-1}\left(\frac{\mathrm{j}}{m}\right)^{k+1}f^{(k)}(x)\mathrm{e}^{\mathrm{j}mx}\Big|_a^b\\&=-\sum_{k=0}^{n-1}\left(\frac{\mathrm{j}}{m}\right)^{k+1}[f^{(k)}(b)\mathrm{e}^{\mathrm{j}mb}-f^{(k)}(a)\mathrm{e}^{\mathrm{j}ma}]\\&=-\sum_{k=0}^{n-1}\left(\frac{\mathrm{j}}{m}\right)^{k+1}[(f^{(k)}(b)\cos mb-f^{(k)}(a)\cos ma)+\mathrm{j}(f^{(k)}(b)\sin mb-f^{(k)}(a)\sin ma)]\end{aligned}$$

分离出实部和虚部就得到

$$\begin{aligned}I_1(m)&=\int_a^b f(x)\cos mx\,\mathrm{d}x\\&\approx\sum_{k=0}^{n-1}\frac{1}{m^{k+1}}\left[f^{(k)}(b)\sin\left(\frac{k\pi}{2}+mb\right)-f^{(k)}(a)\sin\left(\frac{k\pi}{2}+ma\right)\right]\end{aligned}$$

与

$$\begin{aligned}I_2(m)&=\int_a^b f(x)\sin mx\,\mathrm{d}x\\&\approx\sum_{k=0}^{n-1}\frac{-1}{m^{k+1}}\left[f^{(k)}(b)\cos\left(\frac{k\pi}{2}+mb\right)-f^{(k)}(a)\cos\left(\frac{k\pi}{2}+ma\right)\right]\end{aligned}$$

当积分区间为[0,2π]时，则变为

$$\begin{aligned}I_1(m)&=\int_0^{2\pi}f(x)\cos mx\,\mathrm{d}x\\&\approx\sum_{k=1}^{\left[\frac{n}{2}\right]}(-1)^{k+1}\frac{f^{(2k-1)}(2\pi)-f^{(2k-1)}(0)}{m^{2k}}\end{aligned}$$

与

$$\begin{aligned}I_2(m)&=\int_0^{2\pi}f(x)\sin mx\,\mathrm{d}x\\&\approx\sum_{k=1}^{\left[\frac{n-1}{2}\right]}(-1)^{k+1}\frac{f^{(2k)}(2\pi)-f^{(2k)}(0)}{m^{2k+1}}\end{aligned}$$

【函数语句与形参说明】

```
void part(double a,double b,int m,int n,double fa[],double fb[],double s[2])
```

形参与函数类型	参数意义
double a	积分下限
double b	积分上限。要求 $b>a$
int m	被积函数中振荡函数的角频率
int n	给定积分区间两端点上 $f(x)$的导数最高阶数+1
double fa[n]	存放 $f(x)$在积分区间端点 $x=a$ 处的各阶导数值。即 $\mathrm{fa}(k)=f^{(k)}(a), k=0,1,\cdots,n-1$
double fb[n]	存放 $f(x)$在积分区间端点 $x=b$ 处的各阶导数值。即 $\mathrm{fb}(k)=f^{(k)}(b), k=0,1,\cdots,n-1$
double s[2]	s[0] 返回积分值 $\int_a^b f(x)\cos mx\,\mathrm{d}x$；s[1] 返回积分值 $\int_a^b f(x)\sin mx\,\mathrm{d}x$
void part()	过程

【函数程序】

```
//高振荡函数求积法.cpp
#include <cmath>
#include <iostream>
using namespace std;
//a          积分下限
//b          积分上限。要求 b>a
//m          被积函数中振荡函数的角频率
//n          积分区间两端点上 f(x)导数最高阶+1
//fa[n]      存放在积分区间左端点 x=a 处的 f(x)0~n-1 阶导数值
//fb[n]      存放在积分区间左端点 x=b 处的 f(x)0~n-1 阶导数值
//s[2]       s[0]与 s[1]分别返回被积函数为 f(x)cosmx 与 f(x)sinmx 的两个积分值
void part(double a, double b, int m, int n, double fa[], double fb[], double s[2])
{
    int mm,k,j;
    double sa[4],sb[4],ca[4],cb[4],sma,smb,cma,cmb;
    sma=sin(m*a); smb=sin(m*b);
    cma=cos(m*a); cmb=cos(m*b);
    sa[0]=sma; sa[1]=cma; sa[2]=-sma; sa[3]=-cma;
    sb[0]=smb; sb[1]=cmb; sb[2]=-smb; sb[3]=-cmb;
    ca[0]=cma; ca[1]=-sma; ca[2]=-cma; ca[3]=sma;
    cb[0]=cmb; cb[1]=-smb; cb[2]=-cmb; cb[3]=smb;
    s[0]=0.0; s[1]=0.0;
    mm=1;
    for (k=0;k<=n-1;k++)
    {
        j=k;
        while (j>=4) j=j-4;
        mm=mm*m;
```

```
        s[0]=s[0]+(fb[k]*sb[j]-fa[k]*sa[j])/(1.0*mm);
        s[1]=s[1]+(fb[k]*cb[j]-fa[k]*ca[j])/(1.0*mm);
    }
    s[1]=-s[1];
    return;
}
```

【例】 用分部积分法计算下列高振荡积分

$$s_1 = \int_0^{2\pi} x\cos x\cos 30x\,dx$$

$$s_2 = \int_0^{2\pi} x\cos x\sin 30x\,dx$$

其中 $a=0.0, b=6.283\ 183\ 2, m=30$。

取 $n=4, f(x)=x\cos x$，　　$f'(x)=\cos x-x\sin x$

$f''(x)=-2\sin x-x\cos x$，　　$f'''(x)=-3\cos x+x\sin x$

则有

$$\text{fa}(0)=f^{(0)}(0)=0.0,\quad \text{fa}(1)=f^{(1)}(0)=1.0$$

$$\text{fa}(2)=f^{(2)}(0)=0.0,\quad \text{fa}(3)=f^{(3)}(0)=-3.0$$

$$\text{fb}(0)=f^{(0)}(2\pi)=6.283\ 185\ 2,\quad \text{fb}(1)=f^{(1)}(2\pi)=1.0$$

$$\text{fb}(2)=f^{(2)}(2\pi)=-6.283\ 185\ 2,\quad \text{fb}(3)=f^{(3)}(2\pi)=-3.0$$

主函数程序如下：

```
//高振荡函数求积法例
#include <cmath>
#include <iostream>
#include "高振荡函数求积法.cpp"
using namespace std;
int main()
{
    int n,m;
    double a,b;
    double s[2],fa[4]={0.0,1.0,0.0,-3.0};
    double fb[4]={6.2831852,1.0,-6.2831852,-3.0};
    a=0.0; b=6.2831852;
    m=30; n=4;
    part(a,b,m,n,fa,fb,s);
    cout <<"s(0) =" <<s[0] <<endl;
    cout <<"s(1) =" <<s[1] <<endl;
    return 0;
}
```

运行结果为

```
s(0) =-6.74177e-007
s(1) =-0.209672
```

7.7 勒让德-高斯求积法

【功能】

用变步长勒让德-高斯(Legendre-Gauss)求积法计算定积分 $G=\int_a^b f(x)\mathrm{d}x$。

【方法说明】

对积分变量 x 做变换

$$x=\frac{b-a}{2}t+\frac{b+a}{2}$$

将原积分化为在区间[-1,1]上的积分,即

$$\begin{aligned}G&=\int_a^b f(x)\mathrm{d}x\\&=\frac{b-a}{2}\int_{-1}^{1}f\left(\frac{b-a}{2}t+\frac{b+a}{2}\right)\mathrm{d}t\\&=\frac{b-a}{2}\int_{-1}^{1}\varphi(t)\mathrm{d}t\end{aligned}$$

根据插值求积公式有

$$\int_{-1}^{1}\varphi(t)\mathrm{d}t=\sum_{k=0}^{n-1}\lambda_k\varphi(t_k)$$

其中 $t_k(k=0,1,\cdots,n-1)$为在区间[-1,1]上的 n 个求积结点,且

$$\lambda_k=\int_{-1}^{1}A_k(t)\mathrm{d}t$$

$$A_k(t)=\prod_{\substack{j=0\\j\neq k}}^{n-1}\frac{t-t_j}{t_k-t_j}$$

如果 n 个结点 $t_k(k=0,1,\cdots,n-1)$取定义在区间[-1,1]上的 n 阶勒让德(Legendre)多项式

$$P_n(t)=\frac{1}{2^n n!}\frac{\mathrm{d}^n}{\mathrm{d}t^n}[(t^2-1)^n],\ -1\leqslant t\leqslant 1$$

在区间[-1,1]上的 n 个零点,其插值求积公式

$$\int_{-1}^{1}\varphi(t)\mathrm{d}t=\sum_{k=0}^{n-1}\lambda_k\varphi(t_k)$$

具有 $2n-1$ 次代数精度。上述插值求积公式称为在区间[-1,1]上的勒让德-高斯求积公式。

在本函数中,取 $n=5$,5 阶勒让德多项式 $P_5(t)$在区间[-1,1]上的 5 个零点为

$$t_0=-0.906\ 179\ 845\ 9,t_1=-0.538\ 469\ 310\ 1,t_2=0.0$$

$$t_3=0.538\ 469\ 310\ 1,t_4=0.906\ 179\ 845\ 9$$

对应的求积系数为

$$\lambda_0=0.236\ 926\ 885\ 1,\lambda_1=0.478\ 628\ 670\ 5,\lambda_2=0.568\ 888\ 888\ 9$$

$$\lambda_3 = 0.478\ 628\ 670\ 5, \lambda_4 = 0.236\ 926\ 885\ 1$$

本函数采用变步长的方法。

【函数语句与形参说明】

```
double lrgs(double a, double b, double eps, double (*f)(double))
```

形参与函数类型	参数意义
double a	积分下限
double b	积分上限。要求 $b>a$
double eps	积分精度要求
double (*f)()	指向计算被积函数 $f(x)$值的函数名(由用户自编)
double lrgs()	函数返回一个积分值

计算被积函数 $f(x)$值的函数形式为

```
double  f(double  x)
{ double  y;
  y=被积函数 f(x)的表达式;
  return(y);
}
```

【函数程序】

```
//勒让德_高斯求积法.cpp
#include <cmath>
#include <iostream>
using namespace std;
//a            积分下限
//b            积分上限。要求 b>a
//eps          积分精度要求
//f            指向计算被积函数 f(x)值的函数名
//函数返回积分值
double lrgs(double a, double b, double eps, double (*f)(double))
{
    int m,i,j;
    double s,p,ep,h,aa,bb,w,x,g;
    double t[5]={-0.9061798459,-0.5384693101,0.0,
                           0.5384693101,0.9061798459};
    double c[5]={0.2369268851,0.4786286705,0.5688888889,
                          0.4786286705,0.2369268851};
    m=1;
    h=b-a; s=fabs(0.001*h);
    p=1.0e+35; ep=eps+1.0;
    while ((ep>=eps)&&(fabs(h)>s))
```

```
    {
        g=0.0;
        for (i=1;i<=m;i++)
        {
            aa=a+(i-1.0)*h; bb=a+i*h;
            w=0.0;
            for (j=0;j<=4;j++)
            {
                x=((bb-aa)*t[j]+(bb+aa))/2.0;
                w=w+(*f)(x)*c[j];
            }
            g=g+w;
        }
        g=g*h/2.0;
        ep=fabs(g-p)/(1.0+fabs(g));
        p=g; m=m+1; h=(b-a)/m;
    }
    return(g);
}
```

【例】 用勒让德-高斯求积法计算定积分

$$G=\int_{2.5}^{8.4}(x^2+\sin x)\mathrm{d}x$$

取 $\varepsilon=0.000\,001$。

主函数程序以及计算被积函数 $f(x)$ 值的函数程序如下：

```
//勒让德_高斯求积法例
#include <cmath>
#include <iostream>
#include "勒让德_高斯求积法.cpp"
using namespace std;
int main()
{
    double a,b,eps,g,lrgsf(double);
    a=2.5; b=8.4; eps=0.000001;
    g=lrgs(a,b,eps,lrgsf);
    cout <<"g =" <<g <<endl;
    return 0;
}
//计算被积函数值
double lrgsf(double x)
{
    double y;
    y=x*x+sin(x);
    return(y);
}
```

运行结果为

```
g =192.078
```

7.8 拉盖尔-高斯求积法

【功能】

用拉盖尔-高斯(Laguerre-Gauss)求积公式计算半无限区间[0,∞)上的积分

$$G = \int_0^{\infty} f(x)\mathrm{d}x$$

【方法说明】

设半无限区间[0,∞)上的积分

$$G = \int_0^{\infty} f(x)\mathrm{d}x$$

n 点拉盖尔-高斯求积公式为

$$G = \sum_{k=0}^{n-1} \lambda_k f(x_k)$$

其中 $x_k(k=0,1,\cdots,n-1)$取定义在区间[0,∞)上的 n 阶拉盖尔多项式

$$L_n(x) = \mathrm{e}^x \frac{\mathrm{d}^n}{\mathrm{d}x^n}(x^n \mathrm{e}^{-x}),0 \leqslant x < \infty$$

的 n 个零点;λ_k 为求积系数。

在本函数中,取 $n=5$。5 阶拉盖尔多项式 $L_5(x)$在区间[0,∞)上的 5 个零点为

$$x_0 = 0.263\ 559\ 90,\quad x_1 = 1.413\ 402\ 90,\quad x_2 = 3.596\ 426\ 00$$

$$x_3 = 7.085\ 809\ 90,\quad x_4 = 12.640\ 800\ 00$$

对应的求积系数为

$$\lambda_0 = 0.679\ 094\ 105\ 4,\lambda_1 = 1.638\ 487\ 956,\lambda_2 = 2.769\ 426\ 772$$

$$\lambda_3 = 4.315\ 944\ 000,\lambda_4 = 7.104\ 896\ 230$$

本方法特别适用于计算如下形式的积分:

$$\int_0^{\infty} \mathrm{e}^{-x} g(x)\mathrm{d}x$$

【函数语句与形参说明】

```
double lags(double (* f)(double))
```

形参与函数类型	参数意义
double (* f)()	指向计算被积函数 $f(x)$值的函数名(由用户自编)
double lags()	函数返回一个积分值

计算被积函数 $f(x)$值的函数形式为

```
double  f(double  x)
{ double  y;
  y=被积函数 f(x)的表达式;
  return(y);
}
```

【函数程序】

```
//拉盖尔_高斯求积法.cpp
#include <cmath>
#include <iostream>
using namespace std;
//f          指向计算被积函数 f(x)值的函数名
//函数返回积分值
double lags(double (* f)(double))
{
    int i;
    double x,g;
    double t[5]={0.26355990,1.41340290,
          3.59642600,7.08580990,12.64080000};
    double c[5]={0.6790941054,1.638487956,
           2.769426772,4.315944000,7.104896230};
    g=0.0;
    for (i=0; i<=4; i++)
    {
        x=t[i]; g=g+c[i] * (* f)(x);
    }
    return(g);
}
```

【例】 计算半无限区间的积分

$$G=\int_0^{\infty} x\mathrm{e}^{-x}\mathrm{d}x$$

主函数程序以及计算被积函数 $f(x)$ 值的函数程序如下：

```
//拉盖尔_高斯求积法例
#include <cmath>
#include <iostream>
#include "拉盖尔_高斯求积法.cpp"
using namespace std;
int main()
{
    double lagsf(double);
    cout <<"g =" <<lags(lagsf) <<endl;
    return 0;
}
```

```
//计算被积函数值
double lagsf(double x)
{
    return(x * exp(-x));
}
```

运行结果为

```
g =0.999995
```

7.9 埃尔米特-高斯求积法

【功能】

用埃尔米特-高斯(Hermite-Gauss)求积公式计算无限区间$(-\infty,\infty)$上的积分

$$G=\int_{-\infty}^{\infty} f(x)\,\mathrm{d}x$$

【方法说明】

设无限区间$(-\infty,\infty)$上的积分

$$G=\int_{-\infty}^{\infty} f(x)\,\mathrm{d}x$$

n点埃尔米特-高斯求积公式为

$$G=\sum_{k=0}^{n-1}\lambda_k f(x_k)$$

其中$x_k(k=0,1,\cdots,n-1)$取定义在区间$(-\infty,\infty)$上的n阶埃尔米特多项式

$$H_n(x)=(-1)^n \mathrm{e}^{x^2}\frac{\mathrm{d}^n}{\mathrm{d}x^n}(\mathrm{e}^{-x^2}),\ -\infty<x<\infty$$

的n个零点;λ_k为求积系数。

在本函数中,取$n=5$。5阶埃尔米特多项式$H_n(x)$在区间$(-\infty,\infty)$上的5个零点为

$$x_0=-2.020\,182\,00,x_1=-0.958\,571\,90,\quad x_2=0.0$$
$$x_3=0.958\,571\,90,\quad x_4=2.020\,182\,00$$

对应的求积系数为

$$\lambda_k=1.181\,469\,599,\lambda_1=0.986\,579\,141\,7,\lambda_2=0.945\,308\,923\,7$$
$$\lambda_3=0.986\,579\,141\,7,\lambda_4=1.181\,469\,599$$

本方法特别适用于计算如下形式的积分:

$$\int_{-\infty}^{\infty}\mathrm{e}^{-x^2}g(x)\,\mathrm{d}x$$

【函数语句与形参说明】

```
double hmgs(double (* f)(double))
```

形参与函数类型	参数意义
double　(*f)()	指向计算被积函数 $f(x)$ 值的函数名(由用户自编)
double　hmgs()	函数返回一个积分值

计算被积函数 $f(x)$ 值的函数形式为

```
double  f(double  x)
{ double  y;
  y=被积函数 f(x)的表达式;
  return(y);
}
```

【函数程序】

```
//埃尔米特_高斯求积法.cpp
#include <cmath>
#include <iostream>
using namespace std;
//f          指向计算被积函数 f(x)值的函数名
//函数返回积分值
double hmgs(double (*f)(double))
{
    int i;
    double x,g;
    double t[5]={-2.02018200,-0.95857190,
                 0.0,0.95857190,2.02018200};
    double c[5]={1.181469599,0.9865791417,
         0.9453089237,0.9865791417,1.181469599};
    g=0.0;
    for (i=0; i<=4; i++)
    {
        x=t[i]; g=g+c[i]*(*f)(x);
    }
    return(g);
}
```

【例】 计算无限区间积分

$$G=\int_{-\infty}^{\infty} x^2 e^{-x^2}\,dx$$

主函数程序以及计算被积函数 $f(x)$ 值的函数程序如下：

```
//埃尔米特_高斯求积法例
#include <cmath>
#include <iostream>
#include "埃尔米特_高斯求积法.cpp"
using namespace std;
```

```
int main()
{
    double hmgsf(double);
    cout <<"g =" <<hmgs(hmgsf)<<endl;
    return 0;
}
//计算被积函数值
double hmgsf(double x)
{
    double y;
    y=x*x*exp(-x*x);
    return(y);
}
```

运行结果为

```
g =0.886223
```

7.10 切比雪夫求积法

【功能】

用变步长切比雪夫(Chebyshev)求积公式计算定积分 $S=\int_a^b f(x)\mathrm{d}x$。

【方法说明】

对积分变量 x 做变换

$$x=\frac{b-a}{2}t+\frac{b+a}{2}$$

将原积分化为在区间[−1,1]上的积分,即

$$\begin{aligned}S&=\int_a^b f(x)\mathrm{d}x\\&=\frac{b-a}{2}\int_{-1}^{1}f\left(\frac{b-a}{2}t+\frac{b+a}{2}\right)\mathrm{d}t\\&=\frac{b-a}{2}\int_{-1}^{1}\varphi(t)\mathrm{d}t\end{aligned}$$

切比雪夫求积公式为

$$\int_{-1}^{1}\varphi(t)\mathrm{d}t=\frac{2}{n}\sum_{k=0}^{n-1}\varphi(t_k)$$

当 $n=5$ 时,有

$$t_0=-0.832\,497\,5,\quad t_1=-0.374\,541\,4$$
$$t_2=0.0,\quad t_2=0.374\,541\,4$$
$$t_4=0.832\,497\,5$$

本函数采用变步长的方法。

【函数语句与形参说明】

```
double cbsv(double a, double b, double eps, double (* f)(double))
```

形参与函数类型	参数意义
double a	积分下限
double b	积分上限。要求 $b>a$
double eps	积分精度要求
double (* f)()	指向计算被积函数 $f(x)$值的函数名(由用户自编)
double cbsv()	函数返回一个积分值

计算被积函数 $f(x)$值的函数形式为

```
double  f(double  x)
{ double  y;
  y=被积函数 f(x)的表达式;
  return(y);
}
```

【函数程序】

```
//切比雪夫求积法.cpp
#include <cmath>
#include <iostream>
using namespace std;
//a          积分下限
//b          积分上限。要求 b>a
//eps        积分精度要求
//f          指向计算被积函数 f(x)值的函数名
//函数返回积分值
double cbsv(double a, double b, double eps, double (* f)(double))
{
    int m,i,j;
    double h,d,p,ep,g,aa,bb,s,x;
    double t[5]={-0.8324975,-0.3745414,0.0,
                  0.3745414,0.8324975};
    m=1;
    h=b-a; d=fabs(0.001*h);
    p=1.0e+35; ep=1.0+eps;
    while ((ep>=eps)&&(fabs(h)>d))
    {
        g=0.0;
        for (i=1;i<=m;i++)
        {
```

```
                aa=a+(i-1.0)*h; bb=a+i*h;
                s=0.0;
                for (j=0;j<=4;j++)
                {
                    x=((bb-aa)*t[j]+(bb+aa))/2.0;
                    s=s+(*f)(x);
                }
                g=g+s;
            }
            g=g*h/5.0;
            ep=fabs(g-p)/(1.0+fabs(g));
            p=g; m=m+1; h=(b-a)/m;
        }
        return(g);
    }
```

【例】 用切比雪夫求积法计算定积分

$$S=\int_{2.5}^{8.4}(x^2+\sin x)\mathrm{d}x$$

取 $\varepsilon=0.000\,001$。

主函数程序以及计算被积函数 $f(x)$ 值的函数程序如下：

```
//切比雪夫求积法例
#include <cmath>
#include <iostream>
#include "切比雪夫求积法.cpp"
using namespace std;
int main()
{
    double a,b,eps,s,cbsvf(double);
    a=2.5; b=8.4; eps=0.000001;
    s=cbsv(a,b,eps,cbsvf);
    cout <<"s =" <<s <<endl;
    return 0;
}
//计算被积函数值
double cbsvf(double x)
{
    double y;
    y=x*x+sin(x);
    return(y);
}
```

运行结果为

```
s =192.078
```

7.11 计算一维积分的蒙特卡罗法

【功能】

用蒙特卡罗(Monte Carlo)法计算定积分 $S=\int_a^b f(x)\mathrm{d}x$。

【方法说明】

设定积分为

$$S=\int_a^b f(x)\mathrm{d}x$$

取0～1均匀分布的随机数序列 $r_k(k=0,1,\cdots,m-1)$,并令

$$x_k=a+(b-a)r_k,\quad k=0,1,\cdots,m-1$$

只要 m 足够大,则有

$$S=\int_a^b f(x)\mathrm{d}x \approx \frac{b-a}{m}\sum_{k=0}^{m-1}f(x_k)$$

在本函数中取 $m=65\ 536$。

本函数要调用产生0～1均匀分布随机数的函数rnd1()。

【函数语句与形参说明】

```
double mtcl(double a, double b, double (* f)(double))
```

形参与函数类型	参数意义
double a	积分下限
double b	积分上限。要求 $b>a$
double (* f)()	指向计算被积函数 $f(x)$ 值的函数名(由用户自编)
double mtcl()	函数返回一个积分值

计算被积函数 $f(x)$ 值的函数形式为

```
double  f(double  x)
{ double  y;
  y=被积函数 f(x)的表达式;
  return(y);
}
```

【函数程序】

```
//Monte_Carlo 求积法.cpp
#include <cmath>
```

```
#include <iostream>
#include "产生随机数类.h"
using namespace std;
//a              积分下限
//b              积分上限。要求 b>a
//f              指向计算被积函数 f(x)值的函数名
//函数返回积分值
double mtcl(double a, double b, double (*f)(double))
{
    int m;
    double d,x,s;
    RND r(1.0);
    s=0.0; d=65536.0;
    for (m=0; m<=65535; m++)
    {
        x=a+(b-a)*r.rnd1();
        s=s+(*f)(x);
    }
    s=s*(b-a)/d;
    return(s);
}
```

【例】 用蒙特卡罗法计算定积分

$$S=\int_{2.5}^{8.4}(x^2+\sin x)\mathrm{d}x$$

主函数程序以及计算被积函数值 $f(x)$ 的函数程序如下：

```
//Monte_Carlo 求积法例
#include <cmath>
#include <iostream>
#include "Monte_Carlo 求积法.cpp"
using namespace std;
int main()
{
    double mtclf(double);
    cout <<"s =" <<mtcl(2.5,8.4,mtclf) <<endl;
    return 0;
}
//计算被积函数值
double mtclf(double x)
{
    double y;
    y=x*x+sin(x);
    return(y);
}
```

运行结果为

```
s =192.075
```

7.12 变步长辛卜生二重积分法

【功能】

用变步长辛卜生方法计算二重积分

$$S = \int_a^b \mathrm{d}x \int_{y_0(x)}^{y_1(x)} f(x,y)\mathrm{d}y$$

【方法说明】

首先将二重积分化为两个单积分，即

$$g(x) = \int_{y_0(x)}^{y_1(x)} f(x,y)\mathrm{d}y$$

$$S = \int_a^b g(x)\mathrm{d}x$$

然后对每个单积分采用变步长辛卜生法则。其计算步骤如下。

(1) 固定一个 x，设为 $\bar{x}$。

① 用梯形公式计算

$$t_1 = [y_1(\bar{x}) - y_0(\bar{x})][f(\bar{x}, y_0(\bar{x})) + f(\bar{x}, y_1(\bar{x}))]/2$$

② 将区间分半，每一个子区间长度为

$$h_k = [y_1(\bar{x}) - y_0(\bar{x})]/2^k, \quad k = 1,2,\cdots$$

用辛卜生公式计算

$$t_{k+1} = \frac{1}{2}t_k + h_k \sum_{i=1}^{n} f(\bar{x}, y_0(\bar{x}) + (2i-1)h_k)$$

$$g_k = (4t_{k+1} - t_k)/3$$

其中 $n=2^{k-1}$。

重复②，直到 $|g_k - g_{k-1}| < \varepsilon(1+|g_k|)$ 为止，此时即有 $g(\bar{x}) = g_k$。

(2) 利用(1)中所计算得到的一系列 $g(\bar{x})$ 值计算二重积分的近似值 S。

① 用梯形公式计算

$$u_1 = (b-a)[g(b) + g(a)]/2$$

② 将区间二等分，每一个子区间长度为

$$h'_k = (b-a)/2^k, \quad k = 1,2,\cdots$$

用辛卜生公式计算

$$u_{k+1} = \frac{1}{2}u_k + h'_k \sum_{i=1}^{n} g(a + (2i-1)h'_k)$$

$$s_k = (4u_{k+1} - u_k)/3$$

其中 $n=2^{k-1}$。

重复②，直到 $|s_k - s_{k-1}| < \varepsilon(1+|s_k|)$ 为止，此时即有 $S \approx s_k$。

【函数语句与形参说明】

```
double sim2(double a, double b, double eps,
        void (* s)(double ,double []), double (* f)(double,double))
```

形参与函数类型	参 数 意 义
double a	积分下限
double b	积分上限。要求 $b>a$
double eps	积分精度要求
void (* s)()	指向计算上下限 $y_1(x)$ 与 $y_0(x)$（要求 $y_1(x)>y_0(x)$）的函数名（由用户自编）
double (* f)()	指向计算被积函数 $f(x,y)$ 值的函数名（由用户自编）
double sim2()	函数返回一个积分值

计算上下限 $y_1(x)$ 与 $y_0(x)$（要求 $y_1(x)>y_0(x)$）的函数形式为

```
void  s(double x[],double y[2])
{ y[0]=下限 y0(x)的表达式;
  y[1]=上限 y1(x)的表达式;
  return;
}
```

计算被积函数 $f(x,y)$ 值的函数形式为

```
double  f(double x,double y)
{ double  z;
  z=被积函数 f(x,y)的表达式;
  return(z);
}
```

【函数程序】

```
//计算二重积分的 Simpson 法.cpp
#include <cmath>
#include <iostream>
using namespace std;
//固定一个 x,用变步长 Simpson 法计算一个对 y 的积分近似值
double simp1(double x, double eps,
          void (* s)(double ,double []), double (* f)(double,double))
{
    int n,i;
    double y[2],h,t1,yy,t2,g,ep,g0;
    n=1;
    (* s)(x,y);                                    //计算积分上下限 y[1]与 y[0]
    h=0.5 * (y[1]-y[0]);
    t1=h * ((* f)(x,y[0])+(* f)(x,y[1]));
```

```
    ep=1.0+eps; g0 =t1;
    while ((ep>eps)&&(h>eps)||(n<16))    //变步长 Simpson 求积法
    {
        yy=y[0]-h;
        t2=0.5 * t1;
        for (i=1;i<=n;i++)
        {
            yy=yy+2.0 * h;
            t2=t2+h * ( * f)(x,yy);
        }
        g=(4.0 * t2-t1)/3.0;
        ep=fabs(g-g0)/(1.0+fabs(g));
        n=n+n; g0=g; t1=t2; h=0.5 * h;
    }
    return(g0);
}
//a          积分下限
//b          积分上限。要求 b>a
//eps        积分精度要求
//s          指向计算上下限的函数名
//f          指向计算被积函数 f(x,y)值的函数名
//函数返回积分值
double sim2(double a, double b, double eps,
            void ( * s)(double ,double []), double ( * f)(double,double))
{
    int n,j;
    double h,s1,s2,t1,x,t2,g,ss,s0,ep;
    n=1; h=0.5 * (b-a);
    s1=simp1(a,eps,s,f);                   //固定 x =a
    s2=simp1(b,eps,s,f);                   //固定 x =b
    t1=h * (s1+s2);
    s0=t1; ep=1.0+eps;
    while ((ep>eps)&&(h>eps)||(n<16))    //变步长 Simpson 求积法
    {
        x=a-h; t2=0.5 * t1;
        for (j=1;j<=n;j++)
        {
            x=x+2.0 * h;
            g=simp1(x,eps,s,f);            //固定 x =x +h
            t2=t2+h * g;
        }
        ss=(4.0 * t2-t1)/3.0;
        ep=fabs(ss-s0)/(1.0+fabs(ss));
        n=n+n; s0=ss; t1=t2; h=h * 0.5;
    }
```

```
    return(s0);
}
```

【例】 用变步长辛卜生求积法计算二重积分

$$S = \int_0^1 \mathrm{d}x \int_{-\sqrt{1-x^2}}^{\sqrt{1-x^2}} \mathrm{e}^{x^2+y^2}\,\mathrm{d}y$$

取 $\varepsilon = 0.000\,000\,1$。

主函数程序以及计算上、下限值 $y_1(x)$、$y_0(x)$的函数程序与计算被积函数 $f(x,y)$值的函数程序如下：

```
//计算二重积分的 Simpson 法例
#include <cmath>
#include <iostream>
#include "计算二重积分的 Simpson 法.cpp"
using namespace std;
int main()
{
    double a,b,eps,s,sim2f(double,double);
    void  sim2s(double,double []);
    a=0.0; b=1.0; eps=0.0000001;
    s=sim2(a,b,eps,sim2s,sim2f);
    cout <<"s =" <<s <<endl;
    return 0;
}
//计算上下限 y1(x)与 y0(x)
void sim2s(double x, double y[2])
{
    y[1]=sqrt(1.0-x*x);
    y[0]=-y[1];
    return;
}
//计算被积函数值 f(x,y)
double sim2f(double x, double y)
{
    double z;
    z=exp(x*x+y*y);
    return(z);
}
```

运行结果为

```
s =2.69907
```

7.13　计算二重积分的连分式法

【功能】

用连分式计算二重积分

$$S=\int_a^b \mathrm{d}x\int_{y_0(x)}^{y_1(x)} f(x,y)\mathrm{d}y$$

【方法说明】

首先将二重积分化为两个单积分，即

$$s(x)=\int_{y_0(x)}^{y_1(x)} f(x,y)\mathrm{d}y$$

$$S=\int_a^b s(x)\mathrm{d}x$$

然后利用连分式法计算每个单积分。

计算二重积分的步骤如下。

(1) 固定一个 x，设为 $\bar{x}$。用连分式法计算单积分

$$s(\bar{x})=\int_{y_0(\bar{x})}^{y_1(\bar{x})} f(\bar{x},y)\mathrm{d}y$$

(2) 利用(1)中所计算得到的一系列 $s(\bar{x})$值，再利用连分式法计算二重积分的近似值 S。

【函数语句与形参说明】

```
double pqg2(double a, double b, double eps,
        void (* s)(double ,double []), double (* f)(double,double))
```

形参与函数类型	参数意义
double　a	积分下限
double　b	积分上限。要求 $b>a$
double　eps	积分精度要求
void　(* s)()	指向计算上下限 $y_1(x)$与 $y_0(x)$(要求 $y_1(x)>y_0(x)$)的函数名(由用户自编)
double　(* f)()	指向计算被积函数 $f(x,y)$值的函数名(由用户自编)
double　pqg2()	函数返回一个积分值

计算上下限 $y_1(x)$与 $y_0(x)$(要求 $y_1(x)>y_0(x)$)的函数形式为

```
void  s(double  x[],double y[2])
{ y[0]=下限 y0(x)的表达式;
  y[1]=上限 y1(x)的表达式;
  return;
}
```

计算被积函数 $f(x,y)$值的函数形式为

```
double  f(double  x,double  y)
{ double  z;
  z=被积函数 f(x,y)的表达式;
  return(z);
}
```

【函数程序】

```
//计算二重积分的连分式法.cpp
#include <cmath>
#include <iostream>
using namespace std;
//计算函数连分式值
double funpqv(double x[],double b[],int n,double t)
{
    int k;
    double u;
    u=b[n];
    for (k=n-1; k>=0; k--)
    {
        if (fabs(u)+1.0==1.0)
            u=1.0e+35*(t-x[k])/fabs(t-x[k]);
        else
            u=b[k]+(t-x[k])/u;
    }
    return(u);
}
//计算连分式新的一节 b[j]
void funpqj(double x[],double y[],double b[],int j)
{
    int k,flag=0;
    double u;
    u=y[j];
    for (k=0; (k<j)&&(flag==0); k++)
    {
        if ((u-b[k])+1.0==1.0) flag=1;
        else
            u=(x[j] -x[k])/(u-b[k]);
    }
    if (flag==1) u=1.0e+35;
    b[j]=u;
    return;
}
```

```
//固定一个 x,用连分式法计算一个对 y 的积分近似值
double pqg1(double x, double eps,
            void (* s)(double ,double []), double (* f)(double,double))
{
    int m,n,k,j,flag;
    double h[10],g[10],b[10],h0,g0,y[2],s0,s1,d,yy;
    m=0; n=1;
    (* s)(x,y);                                    //计算上下限 y[1]与 y[0]
    h0 =y[1]-y[0];   flag=0;
    g0=h0 * ((* f)(x,y[0])+(* f)(x,y[1]))/2.0;  //梯形公式计算初值
    while ((m<10)&&(flag==0))
    {
        m=m+1;
        h[0]=h0; g[0]=g0;
        b[0]=g[0];                                 //计算 b[0]
        j=1; s1=g[0];
        while (j<=7)
        {
            d=0.0;
            for (k=0; k<=n-1; k++)
            {
                yy=y[0]+(k+0.5) * h[j-1];
                d=d+(* f)(x,yy);
            }
            g[j]=(g[j-1]+h[j-1] * d)/2.0;          //变步长梯形求积法计算新近似值 g[j]
            h[j]=h[j-1]/2.0; n=2 * n;
            funpqj(h,g,b,j);                       //计算 b[j]
            s0=s1;
            s1=funpqv(h,b,j,0.0);                  //连分式法计算积分近似值 s1
            if (fabs(s1-s0)>=eps)  j=j+1;
            else  j=10;
        }
        h0=h[j-1]; g0=g[j-1];
        if (j==10) flag=1;
    }
    return(s1);
}
//a          积分下限
//b          积分上限。要求 b>a
//eps        积分精度要求
//s          指向计算上下限的函数名
//f          指向计算被积函数 f(x,y)值的函数名
//函数返回积分值
double pqg2(double a, double b, double eps,
            void (* s)(double ,double []), double (* f)(double,double))
```

```
{
    int k,j,m,flag,n;
    double h[10],g[10],bb[10],h0,g0,d,s0,s1,x;
    m=0; n=1;
    h0 =b -a;  flag=0;
    s0=pqg1(a,eps,s,f);                    //固定 x=a
    s1=pqg1(b,eps,s,f);                    //固定 x=b
    g0=h0 * (s1+s0)/2.0;                   //梯形公式计算初值
    while ((m<10)&&(flag==0))
    {
        m=m+1;
        h[0]=h0; g[0]=g0;
        bb[0]=g[0];                        //计算 b[0]
        j=1; s1=g[0];
        while (j<=7)
        {
            d=0.0;
            for (k=0; k<=n-1; k++)
            {
                x =a + (k+0.5) * h[j-1];   //固定一个 x
                d =d +pqg1(x,eps,s,f);
            }
            g[j]=(g[j-1]+h[j-1] * d)/2.0;  //变步长梯形求积法计算新近似值 g[j]
            h[j]=h[j-1]/2.0; n=2 * n;
            funpqj(h,g,bb,j);              //计算 b[j]
            s0=s1;
            s1=funpqv(h,bb,j,0.0);         //连分式法计算积分近似值 s1
            if (fabs(s1-s0)>=eps)  j=j+1;
            else  j=10;
        }
        h0=h[j-1]; g0=g[j-1];
        if (j==10) flag=1;
    }
    return(s1);
}
```

【例】 用连分式法计算二重积分

$$S=\int_0^1 \mathrm{d}x\int_{-\sqrt{1-x^2}}^{\sqrt{1-x^2}} \mathrm{e}^{x^2+y^2}\,\mathrm{d}y$$

取 eps＝0.000 01。

主函数程序以及计算上、下限值 $y_1(x)$、$y_0(x)$ 的函数程序与计算被积函数 $f(x,y)$ 值的函数程序如下：

```
//计算二重积分的连分式法例
#include <cmath>
```

```
#include <iostream>
#include "计算二重积分的连分式法.cpp"
using namespace std;
int main()
{
    double a,b,eps,s,pqg2f(double,double);
    void  pqg2s(double,double []);
    a=0.0; b=1.0; eps=0.00001;
    s=pqg2(a,b,eps,pqg2s,pqg2f);
    cout <<"s =" <<s <<endl;
    return 0;
}
//计算上下限 y1(x)与 y0(x)
void pqg2s(double x, double y[2])
{
    y[1]=sqrt(1.0-x * x);
    y[0]=-y[1];
    return;
}
//计算被积函数值 f(x,y)
double pqg2f(double x, double y)
{
    double z;
    z=exp(x * x+y * y);
    return(z);
}
```

运行结果为

```
s =2.69907
```

7.14 计算多重积分的高斯方法

【功能】

用高斯方法计算 n 重积分

$$S=\int_{c_0}^{d_0}\mathrm{d}x_0\int_{c_1(x_0)}^{d_1(x_0)}\mathrm{d}x_1\int_{c_2(x_0,x_1)}^{d_1(x_0,x_1)}\mathrm{d}x_2\cdots\int_{c_{n-1}(x_0,x_1,\cdots,x_{n-2})}^{d_{n-1}(x_0,x_1,\cdots,x_{n-2})}f(x_0,x_1,\cdots,x_{n-1})\mathrm{d}x_{n-1}$$

【方法说明】

在计算 n 重积分时，分别将 $0,1,\cdots,n-1$ 层区间分为各自相等的 $js_0,js_1,\cdots,js_{n-1}$ 个子区间。首先求出各层积分区间上的第一个子区间中第一组高斯型点 $\bar{x}_0,\bar{x}_1,\cdots,\bar{x}_{n-1}$；然后固定 $\bar{x}_0,\bar{x}_1,\cdots,\bar{x}_{n-2}$，按高斯方法计算最内层(即第 $n-1$ 层)的积分，再从内到外计算各层积分值。最后就得到所要求的 n 重积分的近似值。

在本函数中，每个子区间上取 5 个高斯点。

【函数语句与形参说明】

```
double gaus_int(int n, int js[], void (* s)(int,int,double [],double []),
                        double (* f)(int,double []))
```

形参与函数类型	参 数 意 义
int n	积分重数
int js[n]	js[k]表示第 k 层积分区间所划分的子区间个数
void (* s)()	指向计算各层积分上、下限(要求所有的上限＞下限)的函数名(由用户自编)
double (* f)()	指向计算被积函数值 $f(x_0,x_1,\cdots,x_{n-1})$的函数名(由用户自编)
double gaus_int()	函数返回积分值

计算各层积分上、下限(要求所有的上限＞下限)的函数形式为

```
void  s(int j,int n,double x[],double y[2])
{ switch(j)
    { cass 0:y[0]=c0 的表达式;
              y[1]=d0 的表达式;
              break;
      cass 1:y[0]=c1(x0)的表达式;
              y[1]=d1(x0)的表达式;
              break;
      ⋮
      cass n-1: y[0]=cn-1(x0,x1,…,xn-1)的表达式;
                 y[1]=dn-1(x0,x1,…,xn-1)的表达式;
                 break;
    }
  return;
}
```

计算被积函数 $f(x_0,x_1,\cdots,x_{n-1})$值的函数形式为

```
double  f(int n,double x[])
{ double  z;
  z=f(x0,x1,…,xn-1)的表达式;
  return(z);
}
```

【函数程序】

```
//计算多重积分的高斯法.cpp
#include <cmath>
#include <iostream>
using namespace std;
```

```
//n           积分重数
//js[n]       js[k]表示第 k 层积分区间所划分的子区间个数
//s           指向计算各层积分上下限(要求所有的上限>下限)的函数名
//f           指向计算被积函数 f(X)值的函数名
//函数返回积分值
double gaus_int(int n, int js[], void (*s)(int,int,double [],double []),
                                            double (*f)(int,double []))
{
    int m,j,k,q,l,*is;
    double y[2],p,*x,*a,*b;
    double t[5]={-0.9061798459,-0.5384693101,0.0,
                     0.5384693101,0.9061798459};
    double c[5]={0.2369268851,0.4786286705,0.5688888889,
                     0.4786286705,0.2369268851};
    is=new int[2*(n+1)];
    x=new double[n];
    a=new double[2*(n+1)];
    b=new double[n+1];
    m=1; l=1;
    a[n]=1.0; a[2*n+1]=1.0;
    while (l==1)
    {
        for (j=m;j<=n;j++)
        {
            (*s)(j-1,n,x,y);             //计算 j-1 层积分区间的上下限 y[1]与 y[0]
            a[j-1]=0.5*(y[1]-y[0])/js[j-1];
            b[j-1]=a[j-1]+y[0];
            x[j-1]=a[j-1]*t[0]+b[j-1];//高斯点
            a[n+j]=0.0;
            is[n+j]=1;                   //这是 j-1 层积分的第 1 个子区间
            is[j-1]=1;                   //的第 1 个高斯点
        }
        j=n; q=1;                        //从最内层积分开始
        while (q==1)
        {
            k=is[j-1];                   //取 j-1 层积分区间当前子区间上的高斯点序号
            if (j==n) p=(*f)(n,x);       //计算高斯点上的被积函数值
            else p=1.0;
            a[n+j]=a[n+j+1]*a[j]*p*c[k-1]+a[n+j];
            is[j-1]=is[j-1]+1;           //置 j-1 层当前子区间的下一个高斯点序号
            if (is[j-1]>5)               //j-1 层积分区间当前子区间上的高斯点全部计算完
            {
                if (is[n+j]>=js[j-1])    //j-1 层积分区间的所有子区间考虑完
                {
                    j=j-1; q=1;          //考虑前一层的积分区间
```

```
                    if (j==0)                              //已到最外层
                    {
                        p=a[n+1] * a[0];
                        delete[] is; delete[] x; delete[] a; delete[] b;
                        return(p);
                    }
                }
                else                                       //j-1 层积分区间还有子区间
                {
                    is[n+j]=is[n+j]+1;                     //置 j-1 层积分区间的下一个子区间
                    b[j-1]=b[j-1]+a[j-1] * 2.0;
                    is[j-1]=1; k=is[j-1];                  //这是 j-1 层当前子区间的第 1 个
                    x[j-1]=a[j-1] * t[k-1]+b[j-1];//高斯点
                    if (j==n) q=1;                         //这是最内层
                    else q=0;                              //这不是最内层
                }
            }
            else   //计算 j-1 层积分区间当前子区间上的下一个高斯点
            {
                k=is[j-1];
                x[j-1]=a[j-1] * t[k-1]+b[j-1];
                if (j==n) q=1;                             //这是最内层
                else q=0;                                  //这不是最内层
            }
        }
        m=j+1;
    }
    return(0.0);
}
```

【例】 用高斯求积法计算三重积分

$$S = \int_0^1 \mathrm{d}x \int_0^{\sqrt{1-x^2}} \mathrm{d}y \int_{\sqrt{x^2+y^2}}^{\sqrt{2-x^2-y^2}} z^2 \mathrm{d}z$$

其中 $n=3$。

若将变量 x,y,z 分别用 x_0,x_1,x_2 表示，则有

$$c_0 = 0.0, d_0 = 1.0$$

$$c_1(x_0) = 0.0, d_1(x_0) = \sqrt{1-x_0^2}$$

$$c_2(x_0,x_1) = \sqrt{x_0^2+x_1^2}, d_2(x_0,x_1) = \sqrt{2-x_0^2-x_1^2}$$

$$f(x_0,x_1,x_2) = x_2^2$$

设将每一层的积分区间均分为 4 个子区间，即 $js_0=js_1=js_2=4$。

主函数程序以及计算各层积分上、下限的函数程序与计算被积函数值的函数程序如下：

```
//计算多重积分的高斯法例
#include <cmath>
```

```
#include <iostream>
#include "计算多重积分的高斯法.cpp"
using namespace std;
int main()
{
    int js[3]={4,4,4};
    void gauss(int,int,double [],double []);
    double s,gausf(int,double []);
    s=gaus_int(3,js,gauss,gausf);
    cout <<"s =" <<s <<endl;
    return 0;
}
//计算各层积分上下限
void gauss(int j, int n, double x[], double y[2])
{
    double q;
    n=n;
    switch (j)
    {
      case 0: { y[0]=0.0; y[1]=1.0; break;}
      case 1: { y[0]=0.0; y[1]=sqrt(1.0-x[0] * x[0]); break;}
      case 2: { q=x[0] * x[0]+x[1] * x[1]; y[0]=sqrt(q);
                y[1]=sqrt(2.0-q); break;
              }
      default: { }
    }
    return;
}
//计算被积函数值
double gausf(int n, double x[])
{
    double z;
    n=n;
    z=x[2] * x[2];
    return(z);
}
```

运行结果为

```
s =0.382944
```

7.15 计算多重积分的蒙特卡罗法

【功能】

用蒙特卡罗法计算多重积分

$$S=\int_{a_0}^{b_0}\int_{a_1}^{b_1}\cdots\int_{a_{n-1}}^{b_{n-1}} f(x_0,x_1,\cdots,x_{n-1})\mathrm{d}x_0\mathrm{d}x_1\cdots\mathrm{d}x_{n-1}$$

【方法说明】

取 0～1 均匀分布的随机数点列

$$(t_0^{(k)},t_1^{(k)},\cdots,t_{n-1}^{(k)}),\quad k=0,1,\cdots,m-1$$

并令

$$x_j^{(k)}=a_j+(b_j-a_j)t_j^{(k)},\quad j=0,1,\cdots,n-1$$

只要 m 足够大，则有

$$S=\frac{1}{m}\Big[\sum_{k=0}^{m-1}f(x_0^{(k)},x_1^{(k)},\cdots,x_{n-1}^{(k)})\Big]\prod_{j=0}^{n-1}(b_j-a_j)$$

在本函数中，取 m=65 536。

本函数要调用产生 0～1 均匀分布随机数的函数 rnd1()。

【函数语句与形参说明】

```
double mtml(int n, double a[], double b[], double (* f)(int,double []))
```

形参与函数类型	参数意义
int　n	积分的重数
double　a[n]	存放各层积分的下限值
double　b[n]	存放各层积分的上限值
double　(*f)()	指向计算被积函数 $f(x_0,x_1,\cdots,x_{n-1})$ 值的函数名(由用户自编)
double　mtml()	函数返回积分值

计算被积函数值 $f(x_0,x_1,\cdots,x_{n-1})$ 的函数形式为

```
double  f(int n,double  x[])
{ double  z;
  z=f(x0,x1,…,xn-1)的表达式;
  return(z);
}
```

【函数程序】

```
//计算多重积分的 Monte_Carlo 法.cpp
#include <cmath>
#include <iostream>
#include "产生随机数类.h"
using namespace std;
//n           积分重数
//a[n]        各层积分的下限
//b[n]        各层积分的上限
//f           指向计算被积函数 f(X)值的函数名
//函数返回积分值
```

```
double mtml(int n, double a[], double b[], double (* f)(int,double []))
{
    int m,i;
    double s,d, * x;
    RND r(1.0);
    x=new double[n];
    d=65536.0; s=0.0;
    for (m=0; m<=65535; m++)
    {
        for (i=0; i<=n-1; i++)
            x[i]=a[i]+(b[i]-a[i]) * r.rnd1();
        s=s+(* f)(n,x)/d;
    }
    for (i=0; i<=n-1; i++) s=s * (b[i]-a[i]);
    delete[] x; return(s);
}
```

【例】 用蒙特卡罗法计算三重积分

$$S=\int_1^2\int_1^2\int_1^2(x_0^2+x_1^2+x_2^2)\mathrm{d}x_0\,\mathrm{d}x_1\,\mathrm{d}x_2$$

主函数程序以及计算被积函数值的函数程序如下：

```
//计算多重积分的 Monte_Carlo 法例
#include <cmath>
#include <iostream>
#include "计算多重积分的 Monte_Carlo 法.cpp"
using namespace std;
int main()
{
    double a[3]={ 1.0,1.0,1.0};
    double b[3]={ 2.0,2.0,2.0};
    double  mtmlf(int,double []);
    cout <<"s =" <<mtml(3,a,b,mtmlf) <<endl;
    return 0;
}
//计算被积函数值
double mtmlf(int n, double x[])
{
    int i;
    double f;
    f=0.0;
    for (i=0; i<=n-1; i++) f=f+x[i] * x[i];
    return(f);
}
```

运行结果为

```
s =6.99993
```

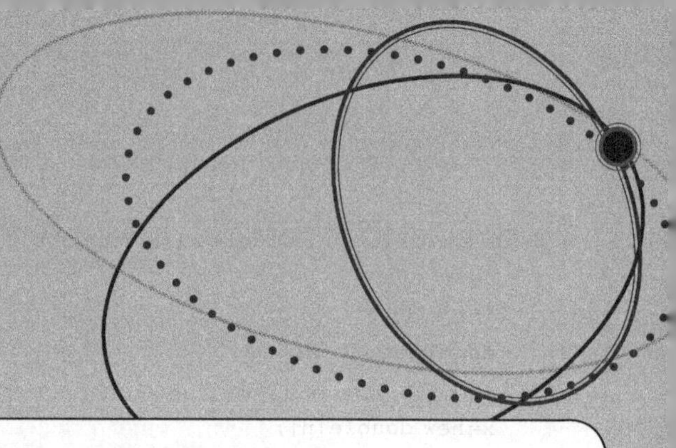

第 8 章

常微分方程组的求解

8.1 积分一步的变步长欧拉方法

【功能】

用变步长欧拉(Euler)方法对一阶微分方程组积分一步。

【方法说明】

设一阶微分方程组以及初值为

$$\begin{cases} y'_0 = f_0(t, y_0, y_1, \cdots, y_{n-1}), & y_0(t_0) = y_{00} \\ y'_1 = f_1(t, y_0, y_1, \cdots, y_{n-1}), & y_1(t_0) = y_{10} \\ \vdots \\ y'_{n-1} = f_{n-1}(t, y_0, y_1, \cdots, y_{n-1}), & y_{n-1}(t_0) = y_{n-1,0} \end{cases}$$

已知 $t=t_{j-1}$ 点上的函数值 $y_{i,j-1}(i=0,1,\cdots,n-1)$，求 $t_j=t_{j-1}+h$ 点处的函数值 y_{ij} $(i=0,1,\cdots,n-1)$。

改进的欧拉公式为

$$\begin{cases} p_i = y_{i,j-1} + hf_i(t_{j-1}, y_{0,j-1}, \cdots, y_{n-1,j-1}), & i=0,1,\cdots,n-1 \\ q_i = y_{i,j-1} + hf_i(t_j, p_0, \cdots, p_{n-1}), & i=0,1,\cdots,n-1 \\ y_{ij} = \dfrac{1}{2}(p_i + q_i), & i=0,1,\cdots,n-1 \end{cases}$$

本函数采用变步长的方法。

根据改进的欧拉公式，以 h 为步长，由 $y_{i,j-1}(i=0,1,\cdots,n-1)$ 计算 $y_{ij}^{(h)}$；再以 $h/2$ 为步长，由 $y_{i,j-1}(i=0,1,\cdots,n-1)$ 跨两步计算 $y_{ij}^{(h/2)}$。此时，若

$$\max_{0 \leqslant i \leqslant n-1} |y_{ij}^{(h/2)} - y_{ij}^{(h)}| < \varepsilon$$

则停止计算，取 $y_{ij}^{(h/2)}$ 作为 $y_{ij}(i=0,1,\cdots,n-1)$；否则，将步长折半再进行计算。

上述过程一直做到满足条件

$$\max_{0 \leqslant i \leqslant n-1} |y_{ij}^{(h/2^m)} - y_{ij}^{(h/2^{m-1})}| < \varepsilon$$

为止。最后可取 $y_{ij} = y_{ij}^{(h/2^m)}(i=0,1,\cdots,n-1)$。其中 ε 为预先给定的精度要求。

【函数语句与形参说明】

```
void euler(double t, double h, int n, double y[], double eps,
                    void (*f)(double,double [],int,double []))
```

形参与函数类型	参数意义
double t	对微分方程进行积分的起始点 t_0
double h	积分的步长
int n	微分方程组中方程个数，也是未知函数的个数
double y[n]	存放 n 个未知函数在起始点 t 处的函数值 $y_j(t)(j=0,1,\cdots,n-1)$。返回 $t+h$ 点处的 n 个未知函数值 $y_j(t+h)(j=0,1,\cdots,n-1)$
double eps	积分的精度要求
void (*f)()	指向计算微分方程组中各方程右端函数值的函数名(由用户自编)
void euler()	过程

计算微分方程组中各方程右端函数值的函数形式为

```
void  f(double t,double y[],int n,double d[])
{ d[0]=f0(t,y0,y1,…,yn-1)的表达式;
   ⋮
  d[n-1]=fn-1(t,y0,y1,…,yn-1)的表达式;
  return;
}
```

【函数程序】

```
//变步长 Euler 方法.cpp
#include <iostream>
#include <cmath>
using namespace std;
//t          积分的起始点
//h          积分的步长
//n          微分方程组中方程个数,也是未知函数个数
//y[n]       存放 n 个未知函数在起始点 t 处的函数值
//           返回 n 个未知函数在 t+h 处的函数值
//eps        控制精度要求
//f          指向计算微分方程组中各方程右端函数值的函数名
void euler(double t, double h, int n, double y[], double eps,
                    void (*f)(double,double [],int,double []))
{
    int i,j,m;
    double hh,p,x,q,*a,*b,*c,*d;
    a=new double[n];
    b=new double[n];
```

```
        c=new double[n];
        d=new double[n];
        hh=h; m=1; p=1.0+eps;
        for (i=0; i<=n-1; i++) a[i]=y[i];
        while (p>=eps)
        {
            for (i=0; i<=n-1; i++)
            {
                b[i]=y[i]; y[i]=a[i];
            }
            for (j=0; j<=m-1; j++)
            {
                for (i=0; i<=n-1; i++) c[i]=y[i];
                x=t+j*hh;
                (*f)(x,y,n,d);
                for (i=0; i<=n-1; i++)  y[i]=c[i]+hh*d[i];
                x=t+(j+1)*hh;
                (*f)(x,y,n,d);
                for (i=0; i<=n-1; i++)  d[i]=c[i]+hh*d[i];
                for (i=0; i<=n-1; i++)  y[i]=(y[i]+d[i])/2.0;
            }
            p=0.0;
            for (i=0; i<=n-1; i++)
            {
                q=fabs(y[i]-b[i]);
                if (q>p) p=q;
            }
            hh=hh/2.0; m=m+m;
        }
        delete[] a; delete[] b; delete[] c; delete[] d;
        return;
    }
```

【例】 设一阶微分方程组与初值为

$$\begin{cases} y'_0 = y_1, & y_0(0) = -1.0 \\ y'_1 = -y_0, & y_1(0) = 0.0 \\ y'_2 = -y_2, & y_2(0) = 1.0 \end{cases}$$

用改进欧拉公式计算当步长 $h=0.01$ 时，各积分点

$$t_j = jh, \quad j = 0, 1, \cdots, 10$$

上的未知函数的近似值 y_{0j}, y_{1j}, y_{2j} $(j=0,1,\cdots,10)$。取 $\varepsilon=0.000\,000\,1$。

主函数程序以及计算微分方程组中各方程右端函数值的函数程序如下：

```
//变步长 Euler 方法例
#include <iostream>
#include <cmath>
```

```
#include <iomanip>
#include "变步长 Euler 方法.cpp"
using namespace std;
int main()
{
    int i,j;
    void eulerf(double,double [],int,double []);
    double t,h,eps,y[3];
    y[0]=-1.0; y[1]=0.0; y[2]=1.0;
    t=0.0; h=0.01; eps=0.0000001;
    cout <<"t =" <<t;
    for (i=0; i<=2; i++)
        cout <<"  y(" <<i <<") =" <<setw(10) <<y[i];
    cout <<endl;
    for (j=1; j<=10; j++)
    {
        euler(t,h,3,y,eps,eulerf);
        t=t+h;
        cout <<"t =" <<t;
        for (i=0; i<=2; i++)
            cout <<"  y(" <<i <<") =" <<setw(10) <<y[i];
        cout <<endl;
    }
    return 0;
}
//计算微分方程组中各方程右端函数值
void eulerf(double t, double y[], int n, double d[])
{
    t=t; n=n;
    d[0]=y[1]; d[1]=-y[0]; d[2]=-y[2];
    return;
}
```

运行结果为

```
t = 0  y(0) =        -1  y(1) =         0  y(2) =         1
t = 0.01  y(0) =  -0.99995  y(1) = 0.00999984  y(2) =   0.99005
t = 0.02  y(0) =   -0.9998  y(1) =  0.0199987  y(2) =  0.980199
t = 0.03  y(0) =  -0.99955  y(1) =  0.0299955  y(2) =  0.970446
t = 0.04  y(0) =   -0.9992  y(1) =  0.0399894  y(2) =  0.960789
t = 0.05  y(0) =  -0.99875  y(1) =  0.0499792  y(2) =  0.951229
t = 0.06  y(0) = -0.998201  y(1) =  0.0599641  y(2) =  0.941765
t = 0.07  y(0) = -0.997551  y(1) =  0.0699429  y(2) =  0.932394
t = 0.08  y(0) = -0.996802  y(1) =  0.0799148  y(2) =  0.923116
t = 0.09  y(0) = -0.995953  y(1) =  0.0898786  y(2) =  0.913931
t = 0.1  y(0) = -0.995004  y(1) =  0.0998335  y(2) =  0.904838
```

本问题的解析解为

$$\begin{cases} y_0 = -\cos t \\ y_1 = \sin t \\ y_2 = e^{-t} \end{cases}$$

8.2 积分一步的变步长龙格-库塔方法

【功能】

用变步长四阶龙格-库塔(Runge-Kutta)方法对一阶微分方程组积分一步。

【方法说明】

设一阶微分方程组以及初值为

$$\begin{cases} y'_0 = f_0(t, y_0, y_1, \cdots, y_{n-1}), & y_0(t_0) = y_{00} \\ y'_1 = f_1(t, y_0, y_1, \cdots, y_{n-1}), & y_1(t_0) = y_{10} \\ \vdots \\ y'_{n-1} = f_{n-1}(t, y_0, y_1, \cdots, y_{n-1}), & y_{n-1}(t_0) = y_{n-1,0} \end{cases}$$

从 t_j 积分一步到 $t_{j+1} = t_j + h$ 的四阶龙格-库塔方法的计算公式如下：

$$k_{0i} = f_i(t_j, y_{0j}, y_{1j}, \cdots, y_{n-1,j}), \quad i = 0,1,\cdots,n-1$$

$$k_{1i} = f_i\left(t_j + \frac{h}{2}, y_{0j} + \frac{h}{2}k_{00}, \cdots, y_{n-1,j} + \frac{h}{2}k_{0,n-1}\right), \quad i = 0,1,\cdots,n-1$$

$$k_{2i} = f_i\left(t_j + \frac{h}{2}, y_{0j} + \frac{h}{2}k_{10}, \cdots, y_{n-1,j} + \frac{h}{2}k_{1,n-1}\right), \quad i = 0,1,\cdots,n-1$$

$$k_{3i} = f_i(t_j + h, y_{0j} + hk_{20}, \cdots, y_{n-1,j} + hk_{2,n-1}), \quad i = 0,1,\cdots,n-1$$

$$y_{i,j+1} = y_{ij} + \frac{h}{6}(k_{0i} + 2k_{1i} + 2k_{2i} + k_{3i}), \quad i = 0,1,\cdots,n-1$$

本函数采用的变步长方法与8.1节基本相同。

【函数语句与形参说明】

```
void runge_kutta(double t, double h, int n, double y[], double eps,
                 void (* f)(double, double [], int, double []))
```

形参与函数类型	参数意义
double t	对微分方程进行积分的起始点 t_0
double h	积分步长
int n	微分方程组中方程个数，也是未知函数的个数
double y[n]	存放 n 个未知函数在起始点 t 处的函数值 $y_j(t)$ $(j=0,1,\cdots,n-1)$。返回 $t+h$ 点处的 n 个未知函数值 $y_j(t+h)(j=0,1,\cdots,n-1)$
double eps	积分的精度要求
void (*f)()	指向计算微分方程组中各方程右端函数值的函数名(由用户自编)
void runge_kutta ()	过程

计算微分方程组中各方程右端函数值的函数形式为

```
void  f(double t,double y[],int n,double d[])
```

```
{ d[0]=)f₀(t,y₀,y₁,…,yn-1))的表达式;
  ⋮
  d[n-1]=fn-1(t,y₀,y₁,…,yn-1)的表达式;
  return;
}
```

【函数程序】

```
//变步长 Runge_Kutta 方法.cpp
#include <iostream>
#include <cmath>
using namespace std;
//t          积分的起始点
//h          积分的步长
//n          一阶微分方程组中方程个数,也是未知函数的个数
//y[n]       存放 n 个未知函数在起始点 t 处的函数值
//           返回 n 个未知函数在 t+h 处的函数值
//eps        控制精度要求
//f          指向计算微分方程组中各方程右端函数值的函数名
void runge_kutta(double t, double h, int n, double y[], double eps,
                 void (*f)(double, double [], int, double []))
{
    int m,i,j,k;
    double hh,p,dt,x,tt,q,a[4],*g,*b,*c,*d,*e;
    g=new double[n];
    b=new double[n];
    c=new double[n];
    d=new double[n];
    e=new double[n];
    hh=h; m=1; p=1.0+eps; x=t;
    for (i=0; i<=n-1; i++) c[i]=y[i];
    while (p>=eps)
    {
        a[0]=hh/2.0; a[1]=a[0]; a[2]=hh; a[3]=hh;
        for (i=0; i<=n-1; i++)
        {
            g[i]=y[i]; y[i]=c[i];
        }
        dt=h/m; t=x;
        for (j=0; j<=m-1; j++)
        {
            (*f)(t,y,n,d);
            for (i=0; i<=n-1; i++)
            {
                b[i]=y[i]; e[i]=y[i];
```

```
            }
            for (k=0; k<=2; k++)
            {
                for (i=0; i<=n-1; i++)
                {
                    y[i]=e[i]+a[k]*d[i];
                    b[i]=b[i]+a[k+1]*d[i]/3.0;
                }
                tt=t+a[k];
                (*f)(tt,y,n,d);
            }
            for (i=0; i<=n-1; i++) y[i]=b[i]+hh*d[i]/6.0;
            t=t+dt;
        }
        p=0.0;
        for (i=0; i<=n-1; i++)
        {
            q=fabs(y[i]-g[i]);
            if (q>p) p=q;
        }
        hh=hh/2.0; m=m+m;
    }
    delete[] g; delete[] b; delete[] c; delete[] d; delete[] e;
    return;
}
```

【例】 设一阶微分方程组与初值为

$$\begin{cases} y'_0 = y_1, & y_0(0)=0.0 \\ y'_1 = -y_0, & y_1(0)=1.0 \end{cases}$$

用变步长四阶龙格-库塔法计算当步长 $h=0.1$ 时，各积分点

$$t_j = jh, \quad j=0,1,\cdots,10$$

上的未知函数的近似值 $y_{0j}, y_{1j}(j=0,1,\cdots,10)$。取 $\varepsilon=0.000\,000\,1$。

主函数程序以及计算微分方程组中各方程右端函数值的函数程序如下：

```
//变步长 Runge_Kutta 方法例
#include <iostream>
#include <cmath>
#include <iomanip>
#include "变步长 Runge_Kutta 方法.cpp"
using namespace std;
int main()
{
    int i, j;
    void  rktf(double,double [],int,double []);
    double t,h,eps,y[2];
```

```
    y[0]=0.0; y[1]=1.0;
    t=0.0; h=0.1; eps=0.0000001;
    cout <<"t =" <<t;
    for (i=0; i<=1; i++)
        cout <<"  y(" <<i <<") =" <<setw(10) <<y[i];
    cout <<endl;
    for (j=1; j<=10; j++)
    {
        runge_kutta(t,h,2,y,eps,rktf);
        t=t+h;
        cout <<"t =" <<t;
        for (i=0; i<=1; i++)
            cout <<"  y(" <<i <<") =" <<setw(10) <<y[i];
        cout <<endl;
    }
    return 0;
}
//计算微分方程组中各方程右端函数值
void rktf(double t, double y[], int n, double d[])
{
    t=t; n=n;
    d[0]=y[1]; d[1]=-y[0];
    return;
}
```

运行结果为

```
t = 0  y(0) =          0  y(1) =          1
t = 0.1  y(0) =  0.0998334  y(1) =   0.995004
t = 0.2  y(0) =   0.198669  y(1) =   0.980067
t = 0.3  y(0) =    0.29552  y(1) =   0.955336
t = 0.4  y(0) =   0.389418  y(1) =   0.921061
t = 0.5  y(0) =   0.479426  y(1) =   0.877583
t = 0.6  y(0) =   0.564642  y(1) =   0.825336
t = 0.7  y(0) =   0.644218  y(1) =   0.764842
t = 0.8  y(0) =   0.717356  y(1) =   0.696707
t = 0.9  y(0) =   0.783327  y(1) =    0.62161
t = 1  y(0) =   0.841471  y(1) =   0.540302
```

本问题的解析解为

$$\begin{cases} y_0 = \sin t \\ y_1 = \cos t \end{cases}$$

8.3 积分一步的变步长基尔方法

【功能】

用变步长基尔(Gill)方法对一阶微分方程组积分一步。

【方法说明】

设一阶微分方程组以及初值为

$$\begin{cases} y'_0=f_0(t,y_0,y_1,\cdots,y_{n-1}), & y_0(t_0)=y_{00} \\ y'_1=f_1(t,y_0,y_1,\cdots,y_{n-1}), & y_1(t_0)=y_{10} \\ \vdots \\ y'_{n-1}=f_{n-1}(t,y_0,y_1,\cdots,y_{n-1}), & y_{n-1}(t_0)=y_{n-1,0} \end{cases}$$

从 t 点积分到 $t+h$ 点的基尔公式如下：

$$\begin{cases} k_{0i}=hf_i(t,y_0^{(0)},y_1^{(0)},\cdots,y_{n-1}^{(0)}) \\ k_{1i}=hf_i\left(t+\dfrac{h}{2},y_0^{(1)},y_1^{(1)},\cdots,y_{n-1}^{(1)}\right) \\ k_{2i}=hf_i\left(t+\dfrac{h}{2},y_0^{(2)},y_1^{(2)},\cdots,y_{n-1}^{(2)}\right) \\ k_{3i}=hf_i(t+h,y_0^{(3)},y_1^{(3)},\cdots,y_{n-1}^{(3)}) \end{cases},\quad i=0,1,\cdots,n-1$$

其中

$$\begin{cases} y_i^{(1)}=y_i^{(0)}+\dfrac{1}{2}(k_{0i}-2q_i^{(0)}) \\ y_i^{(2)}=y_i^{(1)}+\left(1-\sqrt{\dfrac{1}{2}}\right)(k_{1i}-2q_i^{(1)}) \\ y_i^{(3)}=y_i^{(2)}+\left(1+\sqrt{\dfrac{1}{2}}\right)(k_{2i}-2q_i^{(2)}) \\ y_i^{(4)}=y_i^{(3)}+\dfrac{1}{6}(k_{3i}-2q_i^{(3)}) \end{cases},\quad i=0,1,\cdots,n-1$$

式中

$$\begin{cases} q_i^{(1)}=q_i^{(0)}+3\left[\dfrac{1}{2}(k_{0i}-2q_i^{(0)})\right]-\dfrac{1}{2}k_{0i} \\ q_i^{(2)}=q_i^{(1)}+3\left[\left(1-\sqrt{\dfrac{1}{2}}\right)(k_{1i}-2q_i^{(1)})\right]-\left(1-\sqrt{\dfrac{1}{2}}\right)k_{1i} \\ q_i^{(3)}=q_i^{(2)}+3\left[\left(1+\sqrt{\dfrac{1}{2}}\right)(k_{2i}-2q_i^{(2)})\right]-\left(1+\sqrt{\dfrac{1}{2}}\right)k_{2i} \\ q_i^{(4)}=q_i^{(3)}+3\left[\dfrac{1}{6}(k_{4i}-2q_i^{(3)})\right]-\dfrac{1}{2}k_{3i} \end{cases},\quad i=0,1,\cdots,n-1$$

其中：$y_i^{(0)}$ 为 t 点的未知函数值 $y_i(t)$；$y_i^{(4)}$ 为积分一步后，$t+h$ 点的未知函数值 $y_i(t+h)$；$q_i^{(0)}$ 在起始时赋值为 0，以后每积分一步，将 $q_i^{(4)}$ 作为下一步的 $q_i^{(0)}$。

这种方法具有抵消每一步中所积累的舍入误差的作用，可以提高精度。

本函数采用的变步长方法与 8.1 节基本相同。

【函数语句与形参说明】

```
void gill(double t, double h, int n, double y[], double eps, double q[],
          void (* f)(double, double [], int, double []))
```

形参与函数类型	参数意义
double t	对微分方程进行积分的起始点 t_0
double h	积分的步长
int n	微分方程组中方程个数，也是未知函数的个数
double y[n]	存放 n 个未知函数在起始点 t 处的函数值 $y_j(t)(j=0,1,\cdots,n-1)$。返回 $t+h$ 点处的 n 个未知函数值 $y_j(t+h)(j=0,1,\cdots,n-1)$
double eps	积分的精度要求
double q[n]	在主函数第一次调用本函数时，应赋值以 0，即 $q[i]=0(i=0,1,\cdots,n-1)$，以后每调用一次本函数(即每积分一步)，将由本函数的返回值以便循环使用
void (*f)()	指向计算微分方程组中各方程右端函数值的函数名(由用户自编)
void gill()	过程

计算微分方程组中各方程右端函数值的函数形式为

```
void  f(double t,double y[],int n,double d[])
{ d[0]=f₀(t,y₀,y₁,…,yₙ₋₁)的表达式;
   ⋮
  d[n-1]=fₙ₋₁(t,y₀,y₁,…,yₙ₋₁)的表达式;
  return;
}
```

【函数程序】

```
//变步长 Gill 方法.cpp
#include <iostream>
#include <cmath>
using namespace std;
//t            积分的起始点
//h            积分的步长
//n            一阶微分方程组中方程个数,也是未知函数个数
//y[n]         存放 n 个未知函数在起始点 t 处的函数值
//             返回 n 个未知函数在 t+h 处的函数值
//eps          控制精度要求
//q[n]         当第一次调用本函数时 q[k]=0(k=0,1,…,n-1)
//             以后每次调用时将使用上一次调用后的返回值
//f            指向计算微分方程组中各方程右端函数值的函数名
void gill(double t, double h, int n, double y[], double eps, double q[],
                void (*f)(double, double [], int, double []))
{
    int i,j,k,m,ii;
    double x,p,hh,r,s,t0,dt,qq,*d,*u,*v,*g;
    double a[4]={0.5,0.29289321881,
                        1.7071067812,0.166666667};
    double b[4]={2.0,1.0,1.0,2.0};
```

```
    double c[4],e[4]={0.5,0.5,1.0,1.0};
    d=new double[n];
    u=new double[n];
    v=new double[n];
    g=new double[n];
    for (i=0; i<=2; i++) c[i]=a[i];
    c[3]=0.5;
    x=t; p=1.0+eps; hh=h; m=1;
    for (j=0; j<=n-1; j++) u[j]=y[j];
    while (p>=eps)
    {
        for (j=0; j<=n-1; j++)
        {
            v[j]=y[j]; y[j]=u[j]; g[j]=q[j];
        }
        dt=h/m; t=x;
        for (k=0; k<=m-1; k++)
        {
            (*f)(t,y,n,d);
            for (ii=0; ii<=3; ii++)
            {
                for (j=0; j<=n-1; j++) d[j]=d[j]*hh;
                for (j=0; j<=n-1; j++)
                {
                    r=(a[ii]*(d[j]-b[ii]*g[j])+y[j])-y[j];
                    y[j]=y[j]+r;
                    s=g[j]+3.0*r;
                    g[j]=s-c[ii]*d[j];
                }
                t0=t+e[ii]*hh;
                (*f)(t0,y,n,d);
            }
            t=t+dt;
        }
        p=0.0;
        for (j=0; j<=n-1; j++)
        {
            qq=fabs(y[j]-v[j]);
            if (qq>p) p=qq;
        }
        hh=hh/2.0; m=m+m;
    }
    for (j=0; j<=n-1; j++) q[j]=g[j];
    delete[] g; delete[] d; delete[] u; delete[] v;
    return;
}
```

【例】 设一阶微分方程组与初值为

$$\begin{cases} y'_0 = y_1, & y_0(0) = 0.0 \\ y'_1 = -y_0, & y_1(0) = 1.0 \\ y'_2 = -y_2, & y_2(0) = 1.0 \end{cases}$$

用变步长基尔方法计算当步长 $h=0.1$ 时，各积分点

$$t_j = jh, \quad j=0,1,\cdots,10$$

上的未知函数的近似值 $y_{0j}, y_{1j}, y_{2j} (j=0,1,\cdots,10)$。取 $\varepsilon=0.000\,000\,1$。

主函数程序以及计算微分方程组中各方程右端函数值的函数程序如下：

```
//变步长 Gill 方法例
#include <iostream>
#include <cmath>
#include <iomanip>
#include "变步长 Gill 方法.cpp"
using namespace std;
int main()
{
    int i,j;
    void  gillf(double,double [],int,double []);
    double t,h,eps;
    double q[3]={0.0,0.0,0.0};
    double y[3]={0.0,1.0,1.0};
    t=0.0; h=0.1; eps=0.0000001;
    cout <<"t =" <<t;
    for (i=0; i<=2; i++)
        cout <<"  y(" <<i <<") =" <<setw(10) <<y[i];
    cout <<endl;
    for (j=1; j<=10; j++)
    {
        gill(t,h,3,y,eps,q,gillf);
        t=t+h;
        cout <<"t =" <<t;
        for (i=0; i<=2; i++)
            cout <<"  y(" <<i <<") =" <<setw(10) <<y[i];
        cout <<endl;
    }
    return 0;
}
//计算微分方程组中各方程右端函数值
void gillf(double t, double y[], int n, double d[])
{
    t=t; n=n;
    d[0]=y[1]; d[1]=-y[0]; d[2]=-y[2];
    return;
}
```

运行结果为

```
t = 0  y(0) =          0  y(1) =          1  y(2) =          1
t = 0.1  y(0) =  0.0998334  y(1) =  0.995004  y(2) =  0.904837
t = 0.2  y(0) =   0.198669  y(1) =  0.980067  y(2) =  0.818731
t = 0.3  y(0) =    0.29552  y(1) =  0.955336  y(2) =  0.740818
t = 0.4  y(0) =   0.389418  y(1) =  0.921061  y(2) =   0.67032
t = 0.5  y(0) =   0.479426  y(1) =  0.877583  y(2) =  0.606531
t = 0.6  y(0) =   0.564642  y(1) =  0.825336  y(2) =  0.548812
t = 0.7  y(0) =   0.644218  y(1) =  0.764842  y(2) =  0.496585
t = 0.8  y(0) =   0.717356  y(1) =  0.696707  y(2) =  0.449329
t = 0.9  y(0) =   0.783327  y(1) =   0.62161  y(2) =   0.40657
t = 1  y(0) =  0.841471  y(1) =  0.540302  y(2) =  0.367879
```

本问题的解析解为

$$\begin{cases} y_0 = \sin t \\ y_1 = \cos t \\ y_2 = e^{-t} \end{cases}$$

8.4 积分一步的变步长默森方法

【功能】

用变步长默森(Merson)方法对一阶微分方程组积分一步。

【方法说明】

设一阶微分方程组以及初值为

$$\begin{cases} y'_0 = f_0(t, y_0, y_1, \cdots, y_{n-1}), & y_0(t_0) = y_{00} \\ y'_1 = f_1(t, y_0, y_1, \cdots, y_{n-1}), & y_1(t_0) = y_{10} \\ \vdots \\ y'_{n-1} = f_{n-1}(t, y_0, y_1, \cdots, y_{n-1}), & y_{n-1}(t_0) = y_{n-1,0} \end{cases}$$

从 t_j 积分一步到 $t_{j+1}=t_j+h$ 的默森方法的计算公式如下：

$$y_i^{(1)} = y_i^{(0)} + \frac{h}{3} f_i(t_j, y_0^{(0)}, y_1^{(0)}, \cdots, y_{n-1}^{(0)})$$

$$y_i^{(2)} = y_i^{(1)} + \frac{h}{6}\left[f_i\left(t_j + \frac{h}{3}, y_0^{(1)}, y_1^{(1)}, \cdots, y_{n-1}^{(1)}\right) - f_i(t_j, y_0^{(0)}, y_1^{(0)}, \cdots, y_{n-1}^{(0)})\right]$$

$$y_i^{(3)} = y_i^{(2)} + \frac{3}{8}h\left[f_i\left(t_j + \frac{h}{3}, y_0^{(2)}, y_1^{(2)}, \cdots, y_{n-1}^{(2)}\right) - \frac{4}{9}\left(f_i\left(t_j + \frac{h}{3}, y_0^{(1)}, y_1^{(1)}, \cdots, y_{n-1}^{(1)}\right) + \frac{1}{4} f_i(t_j, y_0^{(0)}, y_1^{(0)}, \cdots, y_{n-1}^{(0)})\right)\right]$$

$$y_i^{(4)} = y_i^{(3)} + 2h\left[f_i\left(t_j + \frac{h}{2}, y_0^{(3)}, y_1^{(3)}, \cdots, y_{n-1}^{(3)}\right) - \frac{15}{16}\left(f_i\left(t_j + \frac{h}{3}, y_0^{(2)}, y_1^{(2)}, \cdots, y_{n-1}^{(2)}\right) - \frac{1}{5} f_i(t_j, y_0^{(0)}, y_1^{(0)}, \cdots, y_{n-1}^{(0)})\right)\right]$$

$$y_i^{(5)} = y_i^{(4)} + \frac{h}{6}\left[f_i(t_j + h, y_0^{(4)}, y_1^{(4)}, \cdots, y_{n-1}^{(4)}) - 8\left(f_i\left(t_j + \frac{h}{2}, y_0^{(3)}, y_1^{(3)}, \cdots, y_{n-1}^{(3)}\right) - \frac{9}{8}\left(f_i\left(t_j + \frac{h}{3}, y_0^{(2)}, y_1^{(2)}, \cdots, y_{n-1}^{(2)}\right) - \frac{2}{9} f_i(t_j, y_0^{(0)}, y_1^{(0)}, \cdots, y_{n-1}^{(0)})\right)\right)\right]$$

$$i = 0, 1, \cdots, n-1$$

其中

$$y_i^{(0)} = y_i(t_j),\quad i = 0,1,\cdots,n-1$$
$$y_i^{(5)} = y_i(t_j + h),\quad i = 0,1,\cdots,n-1$$

本函数采用的变步长方法与 8.1 节基本相同。

【函数语句与形参说明】

```
void merson(double t, double h, int n, double y[], double eps,
                    void (* f)(double,double [],int,double []))
```

形参与函数类型	参数意义
double　t	对微分方程进行积分的起始点 t_0
double　h	积分的步长
int　n	微分方程组中方程个数，也是未知函数的个数
double　y[n]	存放 n 个未知函数在起始点 t 处的函数值 $y_j(t)(j=0,1,\cdots,n-1)$。返回 $t+h$ 点处的 n 个未知函数值 $y_j(t+h)(j=0,1,\cdots,n-1)$
double　eps	控制积分一步的精度要求
int　k	积分步数(包括起始点这一步)
double　z[n][k]	返回 k 个积分点(包括起始点)上的未知函数值
void　(* f)()	指向计算微分方程组中各方程右端函数值的函数名(由用户自编)
void　merson()	过程

计算微分方程组中各方程右端函数值的函数形式为

```
void  f(double t,double y[],int n,double d[])
{ d[0]=f0(t,y0,y1,…,yn-1)的表达式;
   ⋮
  d[n-1]=fn-1(t,y0,y1,…,yn-1)的表达式;
  return;
}
```

【函数程序】

```
//变步长 Merson 方法.cpp
#include <iostream>
#include <cmath>
using namespace std;
//t          积分的起始点
//h          积分的步长
//n          一阶微分方程组中方程个数,也是未知函数个数
//y[n]       存放 n 个未知函数在起始点 t 处的函数值
//           返回 n 个未知函数在 t+h 处的函数值
//eps        控制精度要求
```

```
//f             指向计算微分方程组中各方程右端函数值的函数名
void merson(double t, double h, int n, double y[], double eps,
                        void (* f)(double,double [],int,double []))
{
    int j,m,nn;
    double x,hh,p,dt,t0,q, * a, * b, * c, * d, * u, * v;
    a=new double[n];
    b=new double[n];
    c=new double[n];
    d=new double[n];
    u=new double[n];
    v=new double[n];
    x=t; nn=1; hh=h;
    for (j=0; j<=n-1; j++) u[j]=y[j];
    p=1.0+eps;
    while (p>=eps)
    {
        for (j=0; j<=n-1; j++)
        {
            v[j]=y[j]; y[j]=u[j];
        }
        dt=h/nn; t=x;
        for (m=0; m<=nn-1; m++)
        {
            (* f)(t,y,n,d);
            for (j=0; j<=n-1; j++)
            {
                a[j]=d[j]; y[j]=y[j]+hh * d[j]/3.0;
            }
            t0=t+hh/3.0;
            (* f)(t0,y,n,d);
            for (j=0; j<=n-1; j++)
            {
                b[j]=d[j]; y[j]=y[j]+hh * (d[j]-a[j])/6.0;
            }
            (* f)(t0,y,n,d);
            for (j=0; j<=n-1; j++)
            {
                b[j]=d[j];
                q=(d[j]-4.0 * (b[j]+a[j]/4.0)/9.0)/8.0;
                y[j]=y[j]+3.0 * hh * q;
            }
            t0=t+hh/2.0;
            (* f)(t0,y,n,d);
            for (j=0; j<=n-1; j++)
```

```
            {
                c[j]=d[j];
                q=d[j]-15.0*(b[j]-a[j]/5.0)/16.0;
                y[j]=y[j]+2.0*hh*q;
            }
            t0=t+hh;
            (*f)(t0,y,n,d);
            for (j=0; j<=n-1; j++)
            {
                q=c[j]-9.0*(b[j]-2.0*a[j]/9.0)/8.0;
                q=d[j]-8.0*q;
                y[j]=y[j]+hh*q/6.0;
            }
            t=t+dt;
        }
        p=0.0;
        for (j=0; j<=n-1; j++)
        {
            q=fabs(y[j]-v[j]);
            if (q>p) p=q;
        }
        hh=hh/2.0; nn=nn+nn;
    }
    delete[] a; delete[] b; delete[] c; delete[] d; delete[] u; delete[] v;
    return;
}
```

【例】 设一阶微分方程组与初值为

$$\begin{cases} y'_0=60[0.06+t(t-0.6)]y_1, & y_0(0)=0.0 \\ y'_1=-60[0.06+t(t-0.6)]y_0, & y_1(0)=1.0 \end{cases}$$

用默森方法计算当步长 $h=0.01$ 时，各积分点

$$t_j=jh,\quad j=0,1,\cdots,30$$

上的未知函数的近似值 $y_{0j},y_{1j}(j=0,1,\cdots,30)$。取 $\varepsilon=0.0000001$。

主函数程序以及计算微分方程组中各方程右端函数值的函数程序如下：

```
//变步长 Merson 方法例
#include <iostream>
#include <cmath>
#include <iomanip>
#include "变步长 Merson 方法.cpp"
using namespace std;
int main()
{
    int i,j;
    void mrsnf(double,double [],int,double []);
```

```
    double t,h,eps,y[2];
    y[0]=0.0; y[1]=1.0;
    t=0.0; h=0.01; eps=0.0000001;
    cout <<"t =" <<t;
    for (i=0; i<=1; i++)
        cout <<"  y(" <<i <<") =" <<setw(10) <<y[i];
    cout <<endl;
    for (j=1; j<=30; j++)
    {
        merson(t,h,2,y,eps,mrsnf);
        t=t+h;
        cout <<"t =" <<t;
        for (i=0; i<=1; i++)
            cout <<"  y(" <<i <<") =" <<setw(10) <<y[i];
        cout <<endl;
    }
    return 0;
}
//计算微分方程组中各方程右端函数值
void mrsnf(double t, double y[], int n, double d[])
{
    double q;
    n=n;
    q=60.0*(0.06+t*(t-0.6));
    d[0]=q*y[1]; d[1]=-q*y[0];
    return;
}
```

运行结果为

```
t = 0  y(0) =          0  y(1) =          1
t = 0.01  y(0) =  0.0342133  y(1) =   0.999415
t = 0.02  y(0) =  0.0649143  y(1) =   0.997891
t = 0.03  y(0) =  0.0922088  y(1) =    0.99574
t = 0.04  y(0) =   0.116217  y(1) =   0.993224
t = 0.05  y(0) =   0.137067  y(1) =   0.990562
t = 0.06  y(0) =   0.154894  y(1) =   0.987931
t = 0.07  y(0) =   0.169833  y(1) =   0.985473
t = 0.08  y(0) =    0.18202  y(1) =   0.983295
t = 0.09  y(0) =   0.191588  y(1) =   0.981475
t = 0.1  y(0) =   0.198669  y(1) =   0.980066
t = 0.11  y(0) =   0.203391  y(1) =   0.979097
t = 0.12  y(0) =   0.205877  y(1) =   0.978578
t = 0.13  y(0) =   0.206249  y(1) =   0.978499
t = 0.14  y(0) =   0.204624  y(1) =    0.97884
t = 0.15  y(0) =   0.201119  y(1) =   0.979567
t = 0.16  y(0) =   0.195846  y(1) =   0.980635
t = 0.17  y(0) =   0.188918  y(1) =   0.981993
t = 0.18  y(0) =   0.180446  y(1) =   0.983585
t = 0.19  y(0) =   0.170542  y(1) =    0.98535
t = 0.2  y(0) =   0.159318  y(1) =   0.987227
t = 0.21  y(0) =   0.146887  y(1) =   0.989153
t = 0.22  y(0) =   0.133361  y(1) =   0.991067
t = 0.23  y(0) =   0.118858  y(1) =   0.992911
t = 0.24  y(0) =   0.103494  y(1) =    0.99463
t = 0.25  y(0) =  0.0873884  y(1) =   0.996174
t = 0.26  y(0) =  0.0706611  y(1) =     0.9975
t = 0.27  y(0) =  0.0534345  y(1) =   0.998571
t = 0.28  y(0) =  0.0358323  y(1) =   0.999358
t = 0.29  y(0) =   0.017979  y(1) =   0.999838
t = 0.3  y(0) = -6.99369e-008  y(1) =          1
```

本问题的解析解为

$$\begin{cases} y_0 = \sin[20t(t-0.3)(t-0.6)] \\ y_1 = \cos[20t(t-0.3)(t-0.6)] \end{cases}$$

8.5 积分一步的连分式法

【功能】

用连分式法对一阶微分方程组积分一步。

【方法说明】

设常微分方程初值问题为

$$\begin{cases} y' = f(t, y) \\ y(t_0) = y_0 \end{cases}$$

并且已知在 t_m 点的解函数值 $y_m = y(t_m)$，现要求在 t_{m+1} 点的解函数值 $y_{m+1} = y(t_{m+1})$。

利用连分式求微分方程初值问题数值解的基本方法如下。

首先用变步长龙格-库塔法（例如四阶龙格-库塔公式）计算由 t_m 跨不同步数到 t_{m+1} 点时解函数值 $y(t_{m+1})$ 的各近似值。即由 t_m 跨 $n=2^k(k=0,1,2,\cdots)$ 步到 t_{m+1}，其中每一小步的步长为

$$h_k = \frac{t_{m+1} - t_m}{2^k}, \quad k=0,1,2,\cdots$$

由此可以用龙格-库塔公式计算出在跨不同步数时 t_{m+1} 点解函数值 $y_{m+1} = y(t_{m+1})$ 的各近似值为

$$y_{m+1}^{(0)}, y_{m+1}^{(1)}, y_{m+1}^{(2)}, \cdots$$

其中 $y_{m+1}^{(k)}(k=0,1,2,\cdots)$ 表示从 t_m 跨 $n=2^k(k=0,1,2,\cdots)$ 步到 t_{m+1} 时采用龙格-库塔公式计算得到的 $y(t_{m+1})$ 的近似值。如果将 $y(t_{m+1})$ 的近似值看成是 h 的一个函数 $G(h)$，则 $y_{m+1}^{(k)}$ 是当步长 h 为 $h_k = \dfrac{t_{m+1} - t_m}{2^k}$ 时 $G(h)$ 的函数值，即

$$y_{m+1}^{(k)} = G(h_k)$$

显然，当 h 越小时，函数值 $G(h)$ 越接近于准确值 $y(t_{m+1})$。

根据函数连分式的概念，可以将函数 $G(h)$ 用函数连分式表示，即

$$G(h) = b_0 + \cfrac{h - h_0}{b_1 + \cfrac{h - h_1}{b_2 + \cdots + \cfrac{h - h_{k-1}}{b_k + \cdots}}}$$

其中参数 $b_0, b_1, \cdots, b_k, \cdots$ 可以由解函数的一系列近似值数据点 $(h_k, y_{m+1}^{(k)})(k=0,1,\cdots)$ 来确定，而 $y_{m+1}^{(k)}$ 可以由龙格-库塔公式计算得到，$h_k = \dfrac{t_{m+1} - t_m}{2^k}$。

当步长 h 趋于零时，由上式计算的数值将趋于解函数的准确值 $y(t_{m+1})$，即

$$y(t_{m+1}) = G(0) = b_0 - \cfrac{h_0}{b_1 - \cfrac{h_1}{b_2 - \cdots - \cfrac{h_{k-1}}{b_k - \cdots}}}$$

如果取上式中的 k 节连分式，则可以得到解函数的近似值，即

$$G^{(k)}=b_0-\cfrac{h_0}{b_1-\cfrac{h_1}{b_2-\cdots-\cfrac{h_{k-1}}{b_k}}}$$

综上所述，用连分式方法对常微分方程初值问题积分一步的基本步骤如下。

首先用龙格-库塔公式计算由 t_m 跨一步到 t_{m+1} 时的 $y(t_{m+1})$ 的近似值 $y_{m+1}^{(0)}$，即

$$h_0=t_{m+1}-t_m$$

从而得到

$$b_0=y_{m+1}^{(0)},G^{(0)}=y_{m+1}^{(0)}$$

然后对于 $k=1,2,\cdots$，令

$$h_k=\frac{h_{k-1}}{2}$$

并进行以下操作。

(1) 以 h_k 为步长，用龙格-库塔公式计算由 t_m 跨 $n=2^k$ 步到 t_{m+1} 时的 $y(t_{m+1})$ 的第 k 次近似值 $y_{m+1}^{(k)}$。

(2) 根据第 k 次的近似值点 $(h_k,y_{m+1}^{(k)})$，用递推计算公式

$$\begin{cases}u=y_{m+1}^{(k)}\\u=\dfrac{h_k-h_j}{u-b_j}, \quad j=0,1,\cdots,k-1\\b_k=u\end{cases}$$

递推计算出一个新的 b_k，使连分式插值函数再增加一节，即

$$b_0+\cfrac{h-h_0}{b_1+\cfrac{h-h_1}{b_2+\cdots+\cfrac{h-h_{k-2}}{b_{k-1}+\cfrac{h-h_{k-1}}{b_k}}}}$$

(3) 令 $h=0$，计算出第 k 次的校正值，即

$$G^{(k)}=b_0-\cfrac{h_0}{b_1-\cfrac{h_1}{b_2-\cdots-\cfrac{h_{k-2}}{b_{k-1}-\cfrac{h_{k-1}}{b_k}}}}$$

以上过程一直做到满足精度要求，即满足

$$|G^{(k)}-G^{(k-1)}|<\varepsilon$$

为止。在实际进行计算过程中，一般做到7节连分式为止，如果此时还不满足精度要求，则从最后得到的 $y_{m+1}^{(k)}$ 开始重新进行计算。

同样的道理，也可以用连分式法求解一阶微分方程组的初值问题：

$$\begin{cases}y'_0=f_0(t,y_0,y_1,\cdots,y_{n-1}), & y_0(t_0)=y_{00}\\y'_1=f_1(t,y_0,y_1,\cdots,y_{n-1}), & y_1(t_0)=y_{10}\\\vdots\\y'_{n-1}=f_{n-1}(t,y_0,y_1,\cdots,y_{n-1}), & y_{n-1}(t_0)=y_{n-1,0}\end{cases}$$

【函数语句与形参说明】

```
void pqeuler(double t,double h,int n,double y[],double eps,
        void (*f)(double,double [],int,double []))
```

形参与函数类型	参数意义
double　t	对微分方程进行积分的起始点 t_0
double　h	积分的步长
int　n	微分方程组中方程个数，也是未知函数的个数
double　y[n]	存放 n 个未知函数在起始点 t 处的函数值 $y_j(t)(j=0,1,\cdots,n-1)$。返回 $t+h$ 点处的 n 个未知函数值 $y_j(t+h)(j=0,1,\cdots,n-1)$
double　eps	积分一步的精度要求
void　(*f)()	指向计算微分方程组中各方程右端函数值的函数名(由用户自编)
void　pqeuler()	函数显示"最后一次迭代连分式节数="以及"迭代次数="；若显示"迭代次数=20"，则返回的迭代终值有可能没有满足精度要求；若显示的迭代次数小于 20，则表示正常返回

计算微分方程组中各方程右端函数值的函数形式为

```
void  f(double t,double y[],int n,double d[])
{ d[0]=f0(t,y0,y1,…,yn-1)的表达式;
  ⋮
  d[n-1]=fn-1(t,y0,y1,…,yn-1)的表达式;
  return;
}
```

【函数程序】

```
//求解一阶初值连分式法.cpp
#include <iostream>
#include <cmath>
using namespace std;

//计算函数连分式值
double funpqv(double x[],double b[],int n,double t)
{
    int k;
    double u;
    u=b[n];
    for (k=n-1; k>=0; k--)
    {
        if (fabs(u)+1.0==1.0)
            u=1.0e+35*(t-x[k])/fabs(t-x[k]);
        else
```

```
            u=b[k]+(t-x[k])/u;
        }
        return(u);
}
```

```
//计算连分式新的一节 b[j]
void funpqj(double x[],double y[],double b[],int j)
{
    int k,flag=0;
    double u;
    u=y[j];
    for (k=0; (k<j)&&(flag==0); k++)
    {
        if ((u-b[k])+1.0==1.0) flag=1;
        else
            u=(x[j]-x[k])/(u-b[k]);
    }
    if (flag==1) u=1.0e+35;
    b[j]=u;
    return;
}
```

```
//改进欧拉公式以 h 为步长积分 m 步
void euler1(double t, double h, int n, double y[], int m,
          void (*f)(double,double [],int,double []))
{
    int i,j;
    double x, *c, *d;
    c=new double[n];
    d=new double[n];
    for (j=0; j<=m-1; j++)
    {
        for (i=0; i<=n-1; i++) c[i]=y[i];
        x=t+j*h;
        (*f)(x,y,n,d);
        for (i=0; i<=n-1; i++)  y[i]=c[i]+h*d[i];
        x=t+(j+1)*h;
        (*f)(x,y,n,d);
        for (i=0; i<=n-1; i++)  d[i]=c[i]+h*d[i];
        for (i=0; i<=n-1; i++)  y[i]=(y[i]+d[i])/2.0;
    }
    delete[] c; delete[] d;
    return;
}
```

```
//t         积分的起始点
//h         积分的步长
//n         一阶微分方程组中方程个数,也是未知函数个数
//y[n]      存放 n 个未知函数在起始点 t 处的函数值
//          返回 n 个未知函数在 t+h 处的函数值
//eps       控制精度要求
//f         指向计算微分方程组中各方程右端函数值的函数名
void pqeuler(double t,double h,int n,double y[],double eps,
             void (* f)(double,double [],int,double []))
{
    int i,j,il,flag,m;
    double * hh, * g, * b,h0, * g0, * yy,d, * s0, * s1;
    s0=new double[n];
    s1=new double[n];
    g0=new double[n];
    yy=new double[n];
    b=new double[n * 10];
    hh=new double[10];
    g=new double[n * 10];
    for (i=0; i<n; i++)  yy[i]=y[i];
    il=0; flag=0;
    m=1; h0=h;
    euler1(t,h0,n,yy,m,f);                      //Euler 方法计算初值 g[i][0]
    for (i=0; i<n; i++)  g0[i]=yy[i];
    while ((il<20)&&(flag==0))
    {
        il=il+1;
        hh[0]=h0;
        for (i=0; i<n; i++)                     //计算 b[i][0]
        {
            g[i * 10+0]=g0[i];
            b[i * 10+0]=g[i * 10+0];
        }
        j=1;
        for (i=0; i<n; i++)  s1[i]=g[i * n+0];
        while (j<=7)
        {
            for(i=0; i<n; i++)  yy[i]=y[i];
            m=m+m; hh[j]=hh[j-1]/2.0;
            euler1(t,hh[j],n,yy,m,f);           //Euler 方法计算新近似值 g[i][j]
            for (i=0; i<n; i++)  g[i * 10+j]=yy[i];
            for (i=0; i<n; i++)
            {
                funpqj(hh,&g[i * 10],&b[i * 10],j); //计算 b[i][j]
            }
```

```
            for (i=0; i<n; i++)  s0[i]=s1[i];
            for (i=0; i<n; i++)
            {
                s1[i]=funpqv(hh,&b[i*10],j,0.0); //连分式法计算积分近似值 s1[i]
            }
            d=0.0;
            for (i=0; i<n; i++)
            {
                if (fabs(s1[i]-s0[i])>d)  d=fabs(s1[i]-s0[i]);
            }
            if (d>=eps)  j=j+1;
            else  j =10;
        }
        h0=hh[j-1];
        for (i=0; i<n; i++)   g0[i]=g[i*10+j-1];
        if (j==10) flag=1;
    }
    for (i=0; i<n; i++)  y[i]=s1[i];
    delete[] b; delete[] hh; delete[] g;
    delete[] s0; delete[] s1; delete[] g0; delete[] yy;
    return;
}
```

【例】 设一阶微分方程组与初值为

$$\begin{cases} y'_0 = -y_1, & y_0(0)=1.0 \\ y'_1 = y_0, & y_1(0)=0.0 \end{cases}$$

用连分式法计算当步长 $h=0.1$ 时，各积分点

$$t_j = jh, \quad j=0,1,\cdots,10$$

上的未知函数的近似值 $y_{0j}, y_{1j}(j=0,1,\cdots,10)$。取 $\varepsilon=0.000\,000\,1$。

主函数程序以及计算微分方程组中各方程右端函数值的函数程序如下：

```
//求解一阶初值连分式法例
#include <iostream>
#include <cmath>
#include <iomanip>
#include "求解一阶初值连分式法.cpp"
using namespace std;
int main()
{
    int i,j;
    double t,h,eps,y[2];
    void  pqeulerf(double, double [], int, double []);
    t=0.0; h=0.1; eps=0.0000001;
    y[0]=1.0; y[1]=0.0;
    cout <<"t =" <<t;
```

```
    for (i=0; i<=1; i++)
        cout <<"  y(" <<i <<") =" <<setw(10) <<y[i];
    cout <<endl;
    for (j=1; j<=10; j++)
    {
        pqeuler(t,h,2,y,eps,pqeulerf);
        t=t+h;
        cout <<"t =" <<t;
        for (i=0; i<=1; i++)
            cout <<"  y(" <<i <<") =" <<setw(10) <<y[i];
        cout <<endl;
    }
    return 0;
}

void pqeulerf(double t,double y[],int n,double d[])
{
    t=t; n=n;
    d[0]=-y[1]; d[1]=y[0];
    return;
}
```

运行结果为

```
t = 0  y(0) =          1  y(1) =          0
t = 0.1  y(0) =   0.995004  y(1) =  0.0998334
t = 0.2  y(0) =   0.980067  y(1) =   0.198669
t = 0.3  y(0) =   0.955336  y(1) =    0.29552
t = 0.4  y(0) =   0.921061  y(1) =   0.389418
t = 0.5  y(0) =   0.877583  y(1) =   0.479426
t = 0.6  y(0) =   0.825336  y(1) =   0.564642
t = 0.7  y(0) =   0.764842  y(1) =   0.644218
t = 0.8  y(0) =   0.696707  y(1) =   0.717356
t = 0.9  y(0) =    0.62161  y(1) =   0.783327
t = 1  y(0) =   0.540302  y(1) =   0.841471
```

本问题的解析解为

$$\begin{cases} y_0 = \cos t \\ y_1 = \sin t \end{cases}$$

8.6　积分一步的变步长特雷纳方法

【功能】

用特雷纳(Treanor)方法对一阶刚性微分方程组积分一步。

【方法说明】

设一阶微分方程组以及初值为

$$\begin{cases} y'_0=f_0(t,y_0,y_1,\cdots,y_{n-1}), & y_0(t_0)=y_{00} \\ y'_1=f_1(t,y_0,y_1,\cdots,y_{n-1}), & y_1(t_0)=y_{10} \\ \vdots \\ y'_{n-1}=f_{n-1}(t,y_0,y_1,\cdots,y_{n-1}), & y_{n-1}(t_0)=y_{n-1,0} \end{cases}$$

如果矩阵

$$\begin{bmatrix} \dfrac{\partial f_0}{\partial y_0} & \dfrac{\partial f_0}{\partial y_1} & \cdots & \dfrac{\partial f_0}{\partial y_{n-1}} \\ \dfrac{\partial f_1}{\partial y_0} & \dfrac{\partial f_1}{\partial y_1} & \cdots & \dfrac{\partial f_1}{\partial y_{n-1}} \\ \vdots & \vdots & \ddots & \vdots \\ \dfrac{\partial f_{n-1}}{\partial y_0} & \dfrac{\partial f_{n-1}}{\partial y_1} & \cdots & \dfrac{\partial f_{n-1}}{\partial y_{n-1}} \end{bmatrix}$$

的特征值 λ_k 具有如下特性：

$$\mathrm{Re}\lambda_k<0 \text{ 且 } \max_{0\leqslant k\leqslant n-1}|\mathrm{Re}\lambda_k|>>\min_{0\leqslant k\leqslant n-1}|\mathrm{Re}\lambda_k|$$

则称此微分方程组为刚性的。

求解刚性方程的特雷纳方法如下。

设已知 t_j 点处的未知函数值 $y_{ij}(i=0,1,\cdots,n-1)$，则计算 $t_{j+1}=t_j+h$ 点处未知函数值 $y_{i,j+1}$ 的公式为

$$y_{i,j+1}=y_{ij}+\Delta_{ij},\quad i=0,1,\cdots,n-1$$

其中

$$\Delta_{ij}=\begin{cases} \dfrac{h}{6}[q_i^{(1)}+2(q_i^{(2)}+q_i^{(3)})+q_i^{(4)}],p_i\leqslant 0 \\ h\{q_i^{(1)}r_i^{(2)}+[-3(q_i^{(1)}+p_iw_i^{(1)})+2(q_i^{(2)}+p_iw_i^{(2)}) \\ \quad +2(q_i^{(3)}+p_iw_i^{(3)})-(q_i^{(4)}+p_iw_i^{(4)})]r_i^{(3)} \\ \quad +4[(q_i^{(1)}+p_iw_i^{(1)})-(q_i^{(2)}+p_iw_i^{(2)})-(q_i^{(3)}+p_iw_i^{(3)}) \\ \quad +(q_i^{(4)}+p_iw_i^{(4)})]r_i^{(4)}\},p_i>0 \end{cases}$$

式中

$$p_i=\frac{q_i^{(3)}-q_i^{(2)}}{w_i^{(3)}-w_i^{(2)}},i=0,1,\cdots,n-1$$

$$r_i^{(1)}=\mathrm{e}^{-p_ih},r_i^{(2)}=\frac{r_i^{(1)}-1}{-p_ih},r_i^{(3)}=\frac{r_i^{(2)}-1}{-p_ih},r_i^{(4)}=\frac{r_i^{(3)}-\frac{1}{2}}{-p_ih}$$

$$i=0,1,\cdots,n-1$$

$$\begin{aligned} &w_i^{(1)}=y_{ij}, && q_i^{(1)}=f_i(t_j,w_0^{(1)},w_1^{(1)},\cdots,w_{n-1}^{(1)}) \\ &w_i^{(2)}=w_i^{(1)}+\frac{h}{2}q_i^{(1)}, && q_i^{(2)}=f_i(t_j+\frac{h}{2},w_0^{(2)},w_1^{(2)},\cdots,w_{n-1}^{(2)}) \\ &w_i^{(3)}=w_i^{(1)}+\frac{h}{2}q_i^{(2)}, && q_i^{(3)}=f_i(t_j+\frac{h}{2},w_0^{(3)},w_1^{(3)},\cdots,w_{n-1}^{(3)}) \\ &w_i^{(4)}=w_i^{(1)}+hq_i^{(1)}, && q_i^{(4)}=f_i(t_j+h,w_0^{(4)},w_1^{(4)},\cdots,w_{n-1}^{(4)}) \end{aligned}$$

$$i=0,1,\cdots,n-1$$

其中

$$q_i=\begin{cases}q_i^{(3)}, & p_i\leqslant 0\\ 2(q_i^{(3)}-q_i^{(1)})r_i^{(3)}+(q_i^{(1)}-q_i^{(2)})r_i^{(2)}+q_i^{(2)}, & p_i>0\end{cases}\quad i=0,1,\cdots,n-1$$

由上述计算公式可知，当 $p_i\leqslant 0$ 时，本方法便退化为四阶龙格-库塔方法。

本方法适合于求解刚性问题，但对一般的一阶微分方程组同样适用。本函数采用的变步长方法与 8.1 节基本相同。

【函数语句与形参说明】

```
void treanor(double t, double h, int n, double y[], double eps,
                    void (* f)(double,double [],int,double []))
```

形参与函数类型	参 数 意 义
double t	对微分方程进行积分的起始点 t_0
double h	积分一步的步长
int n	微分方程组中方程个数，也是未知函数的个数
double y[n]	存放 n 个未知函数在起始点 t 处的函数值 $y_j(t)$ $(j=0,1,\cdots,n-1)$。返回 $t+h$ 点处的 n 个未知函数值 $y_j(t+h)(j=0,1,\cdots,n-1)$
double eps	控制精度要求
void (* f)()	指向计算微分方程组中各方程右端函数值的函数名(由用户自编)
void treanor ()	过程

计算微分方程组中各方程右端函数值的函数形式为

```
void  f(double t,double y[],int n,double d[])
{ d[0]=f0(t,y0,y1,…,yn-1)的表达式;
   ⋮
  d[n-1]=fn-1(t,y0,y1,…,yn-1)的表达式;
  return;
}
```

【函数程序】

```
//变步长 Treanor 方法.cpp
#include <iostream>
#include <cmath>
using namespace std;
//t            积分的起始点
//h            积分的步长
//n            一阶微分方程组中方程个数,也是未知函数个数
//y[n]         存放 n 个未知函数在起始点 t 处的函数值
//             返回 n 个未知函数在 t+h 处的函数值
//eps          控制精度要求
//f            指向计算微分方程组中各方程右端函数值的函数名
```

```
void treanor(double t, double h, int n, double y[], double eps,
                    void (* f)(double,double [],int,double []))
{
    int i, j, m;
    double x,dt,hh,pp,s,aa,bb,dd,g,dy,dy1,* d,* p,* w,* q,* r,* u,* v;
    w=new double[4 * n];
    q=new double[4 * n];
    r=new double[4 * n];
    d=new double[n];
    p=new double[n];
    u=new double[n];
    v=new double[n];
    hh =h; m =1; pp =1.0 +eps; x =t;
    for (j=0; j<=n-1; j++)  u[j] =y[j];
    while (pp>=eps)
    {
        for (j=0; j<=n-1; j++)
        {
            v[j] =y[j]; y[j] =u[j];
        }
        t =x; dt =hh/m;
        for (i=0; i<=m-1; i++)
        {
            for (j=0; j<=n-1; j++) w[j]=y[j];
            (* f)(t,y,n,d);
            for (j=0; j<=n-1; j++)
            {
                q[j]=d[j]; y[j]=w[j]+h * d[j]/2.0;
                w[n+j]=y[j];
            }
            s=t+h/2.0;
            (* f)(s,y,n,d);
            for (j=0; j<=n-1; j++)
            {
                q[n+j]=d[j];
                y[j]=w[j]+h * d[j]/2.0;
                w[n+n+j]=y[j];
            }
            (* f)(s,y,n,d);
            for (j=0; j<=n-1; j++) q[n+n+j]=d[j];
            for (j=0; j<=n-1; j++)
            {
                aa=q[n+n+j]-q[n+j];
                bb=w[n+n+j]-w[n+j];
                if (-aa * bb * h>0.0)
```

```
        {
            p[j]=-aa/bb; dd=-p[j] * h;
            r[j]=exp(dd);
            r[n+j]=(r[j]-1.0)/dd;
            r[n+n+j]=(r[n+j]-1.0)/dd;
            r[3 * n+j]=(r[n+n+j]-1.0)/dd;
        }
        else p[j]=0.0;
        if (p[j]<=0.0) g=q[n+n+j];
        else
        {
            g=2.0 * (q[n+n+j]-q[j]) * r[n+n+j];
            g=g+(q[j]-q[n+j]) * r[n+j]+q[n+j];
        }
        w[3 * n+j]=w[j]+g * h;
        y[j]=w[3 * n+j];
    }
    s=t+h;
    (* f)(s,y,n,d);
    for (j=0; j<=n-1; j++) q[3 * n+j]=d[j];
    for (j=0; j<=n-1; j++)
    {
        if (p[j]<=0.0)
        {
            dy=q[j]+2.0 * (q[n+j]+q[n+n+j]);
            dy=(dy+q[n+n+n+j]) * h/6.0;
        }
        else
        {
            dy=-3.0 * (q[j]+p[j] * w[j])+2.0 * (q[n+j]
                +p[j] * w[n+j]);
            dy=dy+2.0 * (q[n+n+j]+p[j] * w[n+n+j]);
            dy=dy-(q[n+n+n+j]+p[j] * w[n+n+n+j]);
            dy=dy * r[n+n+j]+q[j] * r[n+j];
            dy1=q[j]-q[n+j]-q[n+n+j]+q[n+n+n+j];
            dy1=dy1+(w[j]-w[n+j]-w[n+n+j]+w[n+n+n+j]) * p[j];
            dy=(dy+4.0 * dy1 * r[n+n+n+j]) * h;
        }
        y[j]=w[j]+dy;
    }
    t =t +dt;
}
pp =0.0;
for (j=0; j<=n-1; j++)
{
```

```
            dd =fabs(y[j]-v[j]);
            if (dd>pp) pp =dd;
        }
        h =h/2.0; m =m +m;
    }
    delete[] d; delete[] p; delete[] w; delete[] q; delete[] r;
    delete[] u; delete[] v;
    return;
}
```

【例】 设一阶微分方程组与初值为

$$\begin{cases} y'_0=-21y_0+19y_1-20y_2, & y_0(0)=1.0 \\ y'_1=19y_0-21y_1+20y_2, & y_1(0)=0.0 \\ y'_2=40y_0-40y_1-40y_2, & y_2(0)=-1.0 \end{cases}$$

用积分一步的特雷纳方法计算当步长 $h=0.001$ 时，各积分点

$$t_j=jh,\quad j=0,1,\cdots,10$$

上的未知函数的近似值 $y_{0j},y_{1j},y_{2j}(j=0,1,\cdots,10)$。精度要求为 0.000 000 1。

主函数程序以及计算微分方程组中各方程右端函数值的函数程序如下：

```
//变步长 Treanor 方法例
#include <iostream>
#include <cmath>
#include <iomanip>
#include "变步长 Treanor 方法.cpp"
using namespace std;
int main()
{
    int i,j;
    void tnrf(double,double [],int,double []);
    double t,h,eps,y[3];
    y[0]=1.0; y[1]=0.0; y[2]=-1.0;
    t=0.0; h=0.001; eps=0.0000001;
    cout <<"t =" <<t;
    for (i=0; i<=2; i++)
        cout <<"   y(" <<i <<") =" <<setw(10) <<y[i];
    cout <<endl;
    for (j=1; j<=10; j++)
    {
        treanor(t,h,3,y,eps,tnrf);
        t=t+h;
        cout <<"t =" <<t;
        for (i=0; i<=2; i++)
            cout <<"   y(" <<i <<") =" <<setw(10) <<y[i];
        cout <<endl;
    }
```

```
    return 0;
}
//计算微分方程组中各方程右端函数值
void tnrf(double t, double y[], int n, double d[])
{
    t=t; n=n;
    d[0]=-21.0*y[0]+19.0*y[1]-20.0*y[2];
    d[1]=19.0*y[0]-21.0*y[1]+20.0*y[2];
    d[2]=40.0*y[0]-40.0*y[1]-40.0*y[2];
    return;
}
```

运行结果为

```
t = 0  y(0) =        1  y(1) =          0  y(2) =       -1
t = 0.001  y(0) =  0.998222  y(1) = -0.000220121  y(2) =    -0.9216
t = 0.002  y(0) =  0.994971  y(1) = 0.00103674  y(2) = -0.846393
t = 0.003  y(0) =  0.990368  y(1) = 0.00365025  y(2) = -0.774367
t = 0.004  y(0) =  0.984527  y(1) = 0.00750515  y(2) = -0.705498
t = 0.005  y(0) =  0.977559  y(1) =  0.0124912  y(2) = -0.639754
t = 0.006  y(0) =  0.969568  y(1) =  0.0185033  y(2) = -0.577098
t = 0.007  y(0) =  0.960656  y(1) =  0.0254412  y(2) = -0.517485
t = 0.008  y(0) =  0.950918  y(1) =  0.0332094  y(2) = -0.460864
t = 0.009  y(0) =  0.940444  y(1) =  0.0417173  y(2) =  -0.40718
t = 0.01  y(0) =  0.92932  y(1) =  0.050879  y(2) = -0.356371
```

本问题的解析解为

$$\begin{cases} y_0(t)=\dfrac{1}{2}e^{-2t}+\dfrac{1}{2}e^{-40t}(\cos 40t+\sin 40t) \\ y_1(t)=\dfrac{1}{2}e^{-2t}-\dfrac{1}{2}e^{-40t}(\cos 40t+\sin 40t) \\ y_2(t)=-e^{-40t}(\cos 40t-\sin 40t) \end{cases}$$

8.7　积分一步的变步长维梯方法

【功能】

用变步长维梯(Witty)方法对一阶微分方程组积分一步。

【方法说明】

设一阶微分方程组以及初值为

$$\begin{cases} y'_0=f_0(t,y_0,y_1,\cdots,y_{n-1}), & y_0(t_0)=y_{00} \\ y'_1=f_1(t,y_0,y_1,\cdots,y_{n-1}), & y_1(t_0)=y_{10} \\ \vdots & \\ y'_{n-1}=f_{n-1}(t,y_0,y_1,\cdots,y_{n-1}), & y_{n-1}(t_0)=y_{n-1,0} \end{cases}$$

用维梯方法由 t_j 积分一步到 $t_{j+1}=t_j+h$ 的计算公式如下：

$$d_{i0}=f_i(t_0,y_{00},y_{10},\cdots,y_{n-1,0}),\quad i=0,1,\cdots,n-1$$

$$y_{i,j+\frac{1}{2}}=y_{ij}+\frac{1}{2}hd_{ij},\quad i=0,1,\cdots,n-1$$

$$q_i = f_i\left(t_j + \frac{h}{2}, y_{0,j+\frac{1}{2}}, y_{1,j+\frac{1}{2}}, \cdots, y_{n-1,j+\frac{1}{2}}\right) \quad , i = 0,1,\cdots,n-1$$

$$y_{i,j+1} = y_{ij} + hq_i, \quad i = 0,1,\cdots,n-1$$

$$d_{i,j+1} = 2q_i - d_{ij}, \quad i = 0,1,\cdots,n-1$$

本函数采用的变步长方法与 8.1 节基本相同。

【函数语句与形参说明】

```
void witty(double t, double h, int n, double y[], double eps,
               void (* f)(double,double [],int,double []))
```

形参与函数类型	参数意义
double t	对微分方程进行积分的起始点 t_0
double h	积分的步长
int n	微分方程组中方程个数，也是未知函数的个数
double y[n]	存放 n 个未知函数在起始点 t 处的函数值 $y_j(t)(j=0,1,\cdots,n-1)$。返回 $t+h$ 点处的 n 个未知函数值 $y_j(t+h)(j=0,1,\cdots,n-1)$
double eps	控制精度要求
void (* f)()	指向计算微分方程组中各方程右端函数值的函数名（由用户自编）
void witty ()	过程

计算微分方程组中各方程右端函数值的函数形式为

```
void  f(double t,double y[],int n,double d[])
{ d[0]=f0(t,y0,y1,…,yn-1)的表达式;
   ⋮
  d[n-1]=fn-1(t,y0,y1,…,yn-1)的表达式;
  return;
}
```

【函数程序】

```
//变步长 Witty 方法.cpp
#include <iostream>
#include <cmath>
using namespace std;
//t          积分的起始点
//h          积分的步长
//n          一阶微分方程组中方程个数，也是未知函数个数
//y[n]       存放 n 个未知函数在起始点 t 处的函数值
//           返回 n 个未知函数在 t+h 处的函数值
//eps        控制精度要求
//f          指向计算微分方程组中各方程右端函数值的函数名
void witty(double t, double h, int n, double y[], double eps,
```

```
                    void (* f)(double,double [],int,double []))
{
    int i,j,m;
    double x,hh,p,s, * q, * u, * v, * a, * d;
    q=new double[n];
    u=new double[n];
    v=new double[n];
    a=new double[n];
    d=new double[n];
    for (i=0; i<=n-1; i++)  u[i] =y[i];
    hh=h; m=1; p=1.0+eps;
    while(p>=eps)
    {
        for (i=0; i<=n-1; i++)
        {
            v[i]=y[i]; y[i]=u[i];
        }
        (* f)(t,y,n,d);
        for (j=0; j<=m-1; j++)
        {
            for (i=0; i<=n-1; i++)
                a[i]=y[i]+hh * d[i]/2.0;
            x=t+(j+0.5) * hh;
            (* f)(x,a,n,q);
            for (i=0; i<=n-1; i++)
            {
                y[i]=y[i]+hh * q[i];
                d[i]=2.0 * q[i]-d[i];
            }
        }
        p=0.0;
        for (i=0; i<=n-1; i++)
        {
            s =fabs(y[i]-v[i]);
            if (s>p) p =s;
        }
        hh =hh/2.0; m =m +m;
    }
  delete[] a; delete[] d;
  return;
}
```

【例】 设一阶微分方程组与初值为

$$\begin{cases} y'_0 = y_1, & y_0(0) = -1.0 \\ y'_1 = -y_0, & y_1(0) = 0.0 \\ y'_2 = -y_2, & y_2(0) = 1.0 \end{cases}$$

用维梯方法计算当步长 $h=0.1$ 时，11个积分点(包括起始点)

$$t_j=jh,\quad j=0,1,\cdots,10$$

上的未知函数的近似值 $y_{0j},y_{1j},y_{2j}(j=0,1,\cdots,10)$。

其中起始点 $t=0.0,n=3,h=0.1$，精度要求为0.000 000 1。

主函数程序以及计算微分方程组中各方程右端函数值的函数程序如下：

```
//变步长 Witty 方法例
#include <iostream>
#include <cmath>
#include <iomanip>
#include "变步长 Witty 方法.cpp"
using namespace std;
int main()
{
    int i,j;
    void wityf(double,double [],int,double []);
    double t,h,eps,y[3];
    y[0]=-1.0; y[1]=0.0; y[2]=1.0;
    t=0.0; h=0.1; eps=0.0000001;
    cout <<"t =" <<t;
    for (i=0; i<=2; i++)
        cout <<"   y(" <<i <<") =" <<setw(10) <<y[i];
    cout <<endl;
    for (j=1; j<=10; j++)
    {
        witty(t,h,3,y,eps,wityf);
        t=t+h;
        cout <<"t =" <<t;
        for (i=0; i<=2; i++)
            cout <<"   y(" <<i <<") =" <<setw(10) <<y[i];
        cout <<endl;
    }
    return 0;
}
//计算微分方程组中各方程右端函数值
void wityf(double t, double y[], int n, double d[])
{
    t=t; n=n;
    d[0]=y[1]; d[1]=-y[0]; d[2]=-y[2];
    return;
}
```

运行结果为

```
t = 0   y(0) =         -1  y(1) =          0  y(2) =          1
t = 0.1  y(0) =  -0.995004  y(1) =  0.0998334  y(2) =  0.904837
t = 0.2  y(0) =  -0.980067  y(1) =   0.198669  y(2) =  0.818731
t = 0.3  y(0) =  -0.955336  y(1) =    0.29552  y(2) =  0.740818
t = 0.4  y(0) =  -0.921061  y(1) =   0.389418  y(2) =   0.67032
t = 0.5  y(0) =  -0.877583  y(1) =   0.479426  y(2) =  0.606531
t = 0.6  y(0) =  -0.825336  y(1) =   0.564643  y(2) =  0.548812
t = 0.7  y(0) =  -0.764842  y(1) =   0.644218  y(2) =  0.496585
t = 0.8  y(0) =  -0.696707  y(1) =   0.717356  y(2) =  0.449329
t = 0.9  y(0) =   -0.62161  y(1) =   0.783327  y(2) =   0.40657
t = 1   y(0) =  -0.540302  y(1) =   0.841471  y(2) =   0.36788
```

本问题的解析解为

$$\begin{cases} y_0 = -\cos t \\ y_1 = \sin t \\ y_2 = \mathrm{e}^{-t} \end{cases}$$

8.8 全区间积分的双边法

【功能】

用双边法对一阶微分方程组进行全区间积分。

【方法说明】

设一阶微分方程组以及初值为

$$\begin{cases} y'_0 = f_0(t, y_0, y_1, \cdots, y_{n-1}), & y_0(t_0) = y_{00} \\ y'_1 = f_1(t, y_0, y_1, \cdots, y_{n-1}), & y_1(t_0) = y_{10} \\ \vdots \\ y'_{n-1} = f_{n-1}(t, y_0, y_1, \cdots, y_{n-1}), & y_{n-1}(t_0) = y_{n-1,0} \end{cases}$$

用双边法积分一步(步长为 h)的计算公式如下：

$$p_i^{(j+2)} = -4y_i^{(j+1)} + 5y_i^{(j)} + 2h[2f_i^{(j+1)} + f_i^{(j)}]$$

$$q_i^{(j+2)} = 4y_i^{(j+1)} - 3y_i^{(j)} + \frac{2}{3}h[f_i^{(j+2)} - 2f_i^{(j+1)} - 2f_i^{(j)}]$$

$$y_i^{(j+1)} = \frac{1}{2}[p_i^{(j+2)} + q_i^{(j+2)}], \quad i = 0,1,\cdots,n-1$$

其中

$$y_i^{(j)} = y_i(t_j)$$

$$f_i^{(j)} = f_i(t_j, y_0^{(j)}, y_1^{(j)}, \cdots, y_{n-1}^{(j)})$$

$$f_i^{(j+1)} = f_i(t_j + h, y_0^{(j+1)}, y_1^{(j+1)}, \cdots, y_{n-1}^{(j+1)})$$

$$f_i^{(j+2)} = f_i(t_j + 2h, p_0^{(j+2)}, p_1^{(j+2)}, \cdots, p_{n-1}^{(j+2)}), \quad i = 0,1,\cdots,n-1$$

本方法为多步法,在进行全区间积分时,要求采用某种单步法起步算出 $y_i(t_1)(i=0,1,\cdots,n-1)$。在本函数中,采用积分一步的变步长龙格-库塔法起步算出 $y_i(t_1)(i=0,1,\cdots,n-1)$。

【函数语句与形参说明】

```
void gjfq(double t, double h, int n, double y[], double eps, int k,
```

```
double z[], void (* f)(double,double [],int,double []))
```

形参与函数类型	参数意义
double t	对微分方程进行积分的起始点 t_0
double h	积分的步长
int n	微分方程组中方程个数,也是未知函数的个数
double y[n]	存放 n 个未知函数在起始点 t 处的函数值 $y_j(t)$ $(j=0,1,\cdots,n-1)$
double eps	控制精度要求
int k	积分步数(包括起始点这一步)
double z[n][k]	返回 k 个积分点(包括起始点)上的未知函数值
void (*f)()	指向计算微分方程组中各方程右端函数值的函数名(由用户自编)
void gjfq()	过程

计算微分方程组中各方程右端函数值的函数形式为

```
void  f(double t,double y[],int n,double d[])
{ d[0]=f0(t,y0,y1,…,yn-1)的表达式;
  ⋮
  d[n-1]=fn-1(t,y0,y1,…,yn-1)的表达式;
  return;
}
```

【函数程序】

```
//全区间积分双边法.cpp
#include <iostream>
#include <cmath>
#include "变步长 Runge_Kutta 方法.cpp"
using namespace std;
//t          积分的起始点
//h          积分的步长
//n          一阶微分方程组中方程个数,也是未知函数个数
//y[n]       存放 n 个未知函数在起始点 t 处的函数值
//eps        变步长 Runge_Kutta 法的控制精度要求
//k          积分步数(包括起始点这一步)
//z[n][k]    返回 k 个积分点(包括起始点)上的未知函数值
//f          指向计算微分方程组中各方程右端函数值的函数名
void gjfq(double t, double h, int n, double y[], double eps, int k,
          double z[], void (* f)(double,double [],int,double []))
{
    int i,j;
    double a,qq, * d, * p, * u, * v, * w;
    d=new double[n];
```

```
p=new double[n];
u=new double[n];
v=new double[n];
w=new double[n];
for (i=0; i<=n-1; i++)
{
    p[i]=0.0; z[i * k]=y[i];
}
a=t;
(* f)(t,y,n,d);
for (j=0; j<=n-1; j++) u[j]=d[j];
runge_kutta(t,h,n,y,eps,f);
t=a+h;
(* f)(t,y,n,d);
for (j=0; j<=n-1; j++)
{
    z[j * k+1]=y[j]; v[j]=d[j];
}
for (j=0; j<=n-1; j++)
{
    p[j]=-4.0 * z[j * k+1]+5.0 * z[j * k]+2.0 * h * (2.0 * v[j]+u[j]);
  y[j]=p[j];
}
t=a+2.0 * h;
(* f)(t,y,n,d);
for (j=0; j<=n-1; j++)
{
    qq=2.0 * h * (d[j]-2.0 * v[j]-2.0 * u[j])/3.0;
    qq=qq+4.0 * z[j * k+1]-3.0 * z[j * k];
    z[j * k+2]=(p[j]+qq)/2.0;
    y[j]=z[j * k+2];
}
for (i=3; i<=k-1; i++)
{
    t=a+(i-1) * h;
    (* f)(t,y,n,d);
    for (j=0; j<=n-1; j++)
    {
        u[j]=v[j]; v[j]=d[j];
    }
    for (j=0; j<=n-1; j++)
    {
        qq=-4.0 * z[j * k+i-1]+5.0 * z[j * k+i-2];
        p[j]=qq+2.0 * h * (2.0 * v[j]+u[j]);
        y[j]=p[j];
```

```
            }
            t=t+h;
            (*f)(t,y,n,d);
            for (j=0; j<=n-1; j++)
            {
                qq=2.0*h*(d[j]-2.0*v[j]-2.0*u[j])/3.0;
                qq=qq+4.0*z[j*k+i-1]-3.0*z[j*k+i-2];
                y[j]=(p[j]+qq)/2.0;
                z[j*k+i]=y[j];
            }
        }
        delete[] d; delete[] p; delete[] u; delete[] v; delete[] w;
        return;
    }
```

【例】 设一阶微分方程组与初值为

$$\begin{cases} y'_0 = -y_1, & y_0(0)=1.0 \\ y'_1 = y_0, & y_1(0)=0.0 \end{cases}$$

用双边法计算当步长 $h=0.1$ 时，各积分点

$$t_j = jh, \quad j=0,1,\cdots,10$$

上的未知函数的近似值 $y_{0j}, y_{1j}(j=0,1,\cdots,10)$。取 $\varepsilon=0.000\,000\,1$。

主函数程序以及计算微分方程组中各方程右端函数值的函数程序如下：

```
//全区间积分双边法例
#include <iostream>
#include <cmath>
#include <iomanip>
#include "全区间积分双边法.cpp"
using namespace std;
int main()
{
    int i,j;
    void  gjfqf(double,double [],int,double []);
    double y[2],z[2][11];
    double t,h,eps;
    t=0.0; h=0.1; eps=0.0000001;
    y[0]=1.0; y[1]=0.0;
    gjfq(t,h,2,y,eps,11,&z[0][0],gjfqf);
    for (i=0; i<=10; i++)
    {
        t=i*h;
        cout <<"t =" <<t;
        for (j=0; j<=1; j++)
            cout <<"  y(" <<j <<") =" <<setw(10) <<z[j][i];
        cout <<endl;
```

```
    }
    return 0;
}
//计算微分方程组中各方程右端函数值
void gjfqf(double t, double y[], int n, double d[])
{
    t=t; n=n;
    d[0]=-y[1]; d[1]=y[0];
    return;
}
```

运行结果为

```
t = 0   y(0) =          1  y(1) =          0
t = 0.1  y(0) =   0.995004  y(1) =  0.0998334
t = 0.2  y(0) =   0.980067  y(1) =   0.198669
t = 0.3  y(0) =   0.955337  y(1) =    0.29552
t = 0.4  y(0) =   0.921061  y(1) =   0.389417
t = 0.5  y(0) =   0.877583  y(1) =   0.479425
t = 0.6  y(0) =   0.825336  y(1) =   0.564641
t = 0.7  y(0) =   0.764843  y(1) =   0.644217
t = 0.8  y(0) =   0.696708  y(1) =   0.717355
t = 0.9  y(0) =   0.621611  y(1) =   0.783326
t = 1   y(0) =   0.540304  y(1) =    0.84147
```

本问题的解析解为

$$\begin{cases} y_0 = \cos t \\ y_1 = \sin t \end{cases}$$

8.9　全区间积分的阿当姆斯预报校正法

【功能】

用阿当姆斯(Adams)预报校正公式对一阶微分方程组进行全区间积分。

【方法说明】

设一阶微分方程组以及初值为

$$\begin{cases} y'_0 = f_0(t, y_0, y_1, \cdots, y_{n-1}), & y_0(t_0) = y_{00} \\ y'_1 = f_1(t, y_0, y_1, \cdots, y_{n-1}), & y_1(t_0) = y_{10} \\ \vdots & \\ y'_{n-1} = f_{n-1}(t, y_0, y_1, \cdots, y_{n-1}), & y_{n-1}(t_0) = y_{n-1,0} \end{cases}$$

用阿当姆斯预报校正公式积分一步(步长为 h)的计算公式如下:

预报公式　$\bar{y}_{i,j+1} = y_{ij} + \dfrac{h}{24}(55f_{ij} - 59f_{i,j-1} + 47f_{i,j-2} - 9f_{i,j-3})$

校正公式　$y_{i,j+1} = y_{ij} + \dfrac{h}{24}(9f_{i,j+1} + 19f_{ij} - 5f_{i,j-1} + f_{i,j-2})$

其中

$$f_{ik} = f_i(t_k, y_{0k}, y_{1k}, \cdots, y_{n-1,k}), \quad k = j-3, j-2, j-1, j; i = 0, 1, \cdots, n-1$$

$$f_{i,j+1} = f_i(t_{j+1}, \bar{y}_{0,j+1}, \bar{y}_{1,j+1}, \cdots, \bar{y}_{n-1,j+1}), \quad i = 0, 1, \cdots, n-1$$

阿当姆斯预报校正法是线性多步法，在计算新点上的未知函数值时要用到前面四个点上的未知函数值。在本函数中，采用变步长四阶龙格-库塔公式计算开始四个点上的未知函数值 $y_{k0}, y_{k1}, y_{k2}, y_{k3}(k=0,1,\cdots,n-1)$，其中 y_{k0} 为给定的初值。

【函数语句与形参说明】

```
void adams(double t, double h, int n, double y[], double eps, int k,
        double z[], void (* f)(double,double [],int,double []))
```

形参与函数类型	参数意义
double t	对微分方程进行积分的起始点 t_0
double h	积分的步长
int n	微分方程组中方程个数，也是未知函数的个数
double y[n]	存放 n 个未知函数在起始点 t 处的函数值 $y_j(t)(j=0,1,\cdots,n-1)$
double eps	控制精度要求
int k	积分步数(包括起始点这一步)
double z[n][k]	返回 k 个积分点(包括起始点)上的未知函数值
void (* f)()	指向计算微分方程组中各方程右端函数值的函数名(由用户自编)
void adams()	过程

计算微分方程组中各方程右端函数值的函数形式为

```
void  f(double t,double y[],int n,double d[])
{ d[0]=f0(t,y0,y1,…,yn-1)的表达式;
  ⋮
  d[n-1]=fn-1(t,y0,y1,…,yn-1)的表达式;
  return;
}
```

【函数程序】

```
//全区间积分 Adams 方法.cpp
#include <iostream>
#include <cmath>
#include "变步长 Runge_Kutta 方法.cpp"
using namespace std;
//t          积分的起始点
//h          积分的步长
//n          一阶微分方程组中方程个数,也是未知函数个数
//y[n]       存放 n 个未知函数在起始点 t 处的函数值
//eps        变步长 Runge_Kutta 法的控制精度要求
//k          积分步数(包括起始点这一步)
//z[n][k]    返回 k 个积分点(包括起始点)上的未知函数值
```

```
//f             指向计算微分方程组中各方程右端函数值的函数名
void adams(double t, double h, int n, double y[], double eps, int k,
            double z[], void (*f)(double,double [],int,double []))
{
    int i,j,m;
    double a,q,*b,*e,*s,*g,*d;
    b=new double[4*n];
    e=new double[n];
    s=new double[n];
    g=new double[n];
    d=new double[n];
    a=t;
    for (i=0; i<=n-1; i++) z[i*k]=y[i];
    (*f)(t,y,n,d);
    for (i=0; i<=n-1; i++) b[i]=d[i];
    for (i=1; i<=3; i++)
      if (i<=k-1)
      {
          t=a+i*h;
          runge_kutta(t,h,n,y,eps,f);
          for (j=0; j<=n-1; j++) z[j*k+i]=y[j];
          (*f)(t,y,n,d);
          for (j=0; j<=n-1; j++) b[i*n+j]=d[j];
      }
    for (i=4; i<=k-1; i++)
    {
        for (j=0; j<=n-1; j++)
        {
            q=55.0*b[3*n+j]-59.0*b[2*n+j];
            q=q+37.0*b[n+j]-9.0*b[j];
            y[j]=z[j*k+i-1]+h*q/24.0;
            b[j]=b[n+j];
            b[n+j]=b[n+n+j];
            b[n+n+j]=b[n+n+n+j];
        }
        t=a+i*h;
        (*f)(t,y,n,d);
        for (m=0; m<=n-1; m++) b[n+n+n+m]=d[m];
        for (j=0; j<=n-1; j++)
        {
            q=9.0*b[3*n+j]+19.0*b[n+n+j]-5.0*b[n+j]+b[j];
            y[j]=z[j*k+i-1]+h*q/24.0;
            z[j*k+i]=y[j];
        }
        (*f)(t,y,n,d);
```

```
        for (m=0; m<=n-1; m++) b[3*n+m]=d[m];
    }
    delete[] b; delete[] e; delete[] s; delete[] g; delete[] d;
    return;
}
```

【例】 设一阶微分方程组与初值为

$$\begin{cases} y'_0 = y_1, & y_0(0)=0.0 \\ y'_1 = -y_0, & y_1(0)=1.0 \\ y'_2 = -y_2, & y_2(0)=1.0 \end{cases}$$

用阿当姆斯预报校正公式计算当步长 $h=0.05$ 时，各积分点

$$t_j = jh,\quad j=0,1,\cdots,10$$

上的未知函数的近似值 $y_{0j}, y_{1j}, y_{2j}(j=0,1,\cdots,10)$。取 eps=0.000 000 1。

主函数程序以及计算微分方程组中各方程右端函数值的函数程序如下：

```
//全区间积分 Adams 方法例
#include <iostream>
#include <cmath>
#include <iomanip>
#include "全区间积分 Adams 方法.cpp"
using namespace std;
int main()
{
    int i,j;
    void  adamsf(double,double [],int,double []);
    double y[3],z[3][11];
    double t,h,eps;
    t=0.0; h=0.1; eps=0.0000001;
    y[0]=0.0; y[1]=1.0; y[2]=1.0;
    adams(t,h,3,y,eps,11,&z[0][0],adamsf);
    for (i=0; i<=10; i++)
    {
        t=i*h;
        cout <<"t =" <<t;
        for (j=0; j<=2; j++)
            cout <<"  y(" <<j <<") =" <<setw(10) <<z[j][i];
        cout <<endl;
    }
    return 0;
}
//计算微分方程组中各方程右端函数值
void adamsf(double t, double y[], int n, double d[])
{
    t=t; n=n;
    d[0]=y[1]; d[1]=-y[0]; d[2]=-y[2];
```

```
    return;
}
```

运行结果为

```
t = 0   y(0) =          0  y(1) =          1  y(2) =          1
t = 0.1   y(0) =  0.0998334  y(1) =   0.995004  y(2) =   0.904837
t = 0.2   y(0) =   0.198669  y(1) =   0.980067  y(2) =   0.818731
t = 0.3   y(0) =    0.29552  y(1) =   0.955336  y(2) =   0.740818
t = 0.4   y(0) =   0.389419  y(1) =   0.921061  y(2) =    0.67032
t = 0.5   y(0) =   0.479426  y(1) =   0.877583  y(2) =    0.60653
t = 0.6   y(0) =   0.564643  y(1) =   0.825336  y(2) =   0.548811
t = 0.7   y(0) =   0.644219  y(1) =   0.764842  y(2) =   0.496584
t = 0.8   y(0) =   0.717357  y(1) =   0.696706  y(2) =   0.449328
t = 0.9   y(0) =   0.783329  y(1) =   0.621609  y(2) =   0.406569
t = 1   y(0) =   0.841473  y(1) =   0.540302  y(2) =   0.367878
```

本问题的解析解为

$$\begin{cases} y_0 = \sin t \\ y_1 = \cos t \\ y_2 = \mathrm{e}^{-t} \end{cases}$$

8.10 全区间积分的哈明方法

【功能】

用哈明(Hamming)方法对一阶微分方程组进行全区间积分。

【方法说明】

设一阶微分方程组以及初值为

$$\begin{cases} y'_0 = f_0(t, y_0, y_1, \cdots, y_{n-1}), & y_0(t_0) = y_{00} \\ y'_1 = f_1(t, y_0, y_1, \cdots, y_{n-1}), & y_1(t_0) = y_{10} \\ \vdots \\ y'_{n-1} = f_{n-1}(t, y_0, y_1, \cdots, y_{n-1}), & y_{n-1}(t_0) = y_{n-1,0} \end{cases}$$

用哈明方法积分一步(步长为 h)的计算公式如下：

预报 $\overline{P}_{i,j+1} = \overline{y}_{i,j-3} + \frac{4}{3}h(2f_{ij} - f_{i,j-1} + 2f_{i,j-2})$

修正 $P_{i,j+1} = \overline{P}_{i,j+1} + \frac{112}{121}(C_{ij} - P_{ij})$

校正 $C_{i,j+1} = \frac{1}{8}[9y_{ij} - y_{i,j-2} + 3h(f_{i,j+1} + 2f_{ij} - f_{i,j-1})]$

$i = 0, 1, \cdots, n-1$

其中

$$f_{ik} = f_i(t_k, y_{0k}, y_{1k}, \cdots, y_{n-1,k}), \quad k = j-2, j-1, j; i = 0, 1, \cdots, n-1$$

$$f_{i,j+1} = f_i(t_{j+1}, P_{0,j+1}, P_{1,j+1}, \cdots, P_{n-1,j+1}), \quad i = 0, 1, \cdots, n-1$$

终值 $y_{i,j+1} = C_{i,j+1} - \frac{9}{121}(C_{i,j+1} - P_{i,j+1}), \quad i = 0, 1, \cdots, n-1$

哈明方法是线性多步法，在计算新点上的未知函数值时要用到前面四个点上的未知函数值。在本函数中，采用变步长四阶龙格-库塔公式计算开始四个点上的未知函数值 y_{k0}，y_{k1}，y_{k2}，y_{k3} $(k=0,1,\cdots,n-1)$，其中 y_{k0} 为给定的初值。

【函数语句与形参说明】

```
void hamming(double t, double h, int n, double y[], double eps, int k,
        double z[], void (* f)(double,double [],int,double []))
```

形参与函数类型	参数意义
double　t	对微分方程进行积分的起始点 t_0
double　h	积分的步长
int　n	微分方程组中方程个数，也是未知函数的个数
double　y[n]	存放 n 个未知函数在起始点 t 处的函数值 $y_j(t)$ $(j=0,1,\cdots,n-1)$
double　eps	控制精度要求
int　k	积分步数(包括起始点这一步)
double　z[n][k]	返回 k 个积分点(包括起始点)上的未知函数值
void　(* f)()	指向计算微分方程组中各方程右端函数值的函数名(由用户自编)
void　hamming ()	过程

计算微分方程组中各方程右端函数值的函数形式为

```
void  f(double t,double y[],int n,double d[])
{ d[0]=f0(t,y0,y1,…,yn-1)的表达式;
   ⋮
  d[n-1]=fn-1(t,y0,y1,…,yn-1)的表达式;
  return;
}
```

【函数程序】

```
//全区间积分 Hamming 方法.cpp
#include <iostream>
#include <cmath>
#include "变步长 Runge_Kutta 方法.cpp"
using namespace std;
//t           积分的起始点
//h           积分的步长
//n           一阶微分方程组中方程个数,也是未知函数个数
//y[n]        存放 n 个未知函数在起始点 t 处的函数值
//eps         变步长 Runge_Kutta 法的控制精度要求
//k           积分步数(包括起始点这一步)
//z[n][k]     返回 k 个积分点(包括起始点)上的未知函数值
//f           指向计算微分方程组中各方程右端函数值的函数名
```

```
void hamming(double t, double h, int n, double y[], double eps, int k,
             double z[], void (*f)(double,double [],int,double []))

{
    int i,j,m;
    double a,q,*b,*d,*u,*v,*w,*g;
    b=new double[4*n];
    d=new double[n];
    u=new double[n];
    v=new double[n];
    w=new double[n];
    g=new double[n];
    a=t;
    for (i=0; i<=n-1; i++) z[i*k]=y[i];
    (*f)(t,y,n,d);
    for (i=0; i<=n-1; i++) b[i]=d[i];
    for (i=1; i<=3; i++)
      if (i<=k-1)
      {
          t=a+i*h;
          runge_kutta(t,h,n,y,eps,f);
          for (m=0; m<=n-1; m++) z[m*k+i]=y[m];
          (*f)(t,y,n,d);
          for (m=0; m<=n-1; m++) b[i*n+m]=d[m];
      }
    for (i=0; i<=n-1; i++) u[i]=0.0;
    for (i=4; i<=k-1; i++)
    {
        for (j=0; j<=n-1; j++)
        {
            q=2.0*b[3*n+j]-b[n+n+j]+2.0*b[n+j];
            y[j]=z[j*k+i-4]+4.0*h*q/3.0;
        }
        for (j=0; j<=n-1; j++)  y[j]=y[j]+112.0*u[j]/121.0;
        t=a+i*h;
        (*f)(t,y,n,d);
        for (j=0; j<=n-1; j++)
        {
            q=9.0*z[j*k+i-1]-z[j*k+i-3];
            q=(q+3.0*h*(d[j]+2.0*b[3*n+j]-b[n+n+j]))/8.0;
            u[j]=q-y[j];
            z[j*k+i]=q-9.0*u[j]/121.0;
            y[j]=z[j*k+i];
            b[n+j]=b[n+n+j];
            b[n+n+j]=b[n+n+n+j];
```

```
        }
        (*f)(t,y,n,d);
        for (m=0; m<=n-1; m++) b[3*n+m]=d[m];
    }
    delete[] b; delete[]d; delete[] u; delete[] v; delete[] w; delete[] g;
    return;
}
```

【例】 设一阶微分方程组与初值为

$$\begin{cases} y'_0 = y_1, & y_0(0)=1.0 \\ y'_1 = -y_0, & y_1(0)=1.0 \\ y'_2 = y_2, & y_2(0)=1.0 \end{cases}$$

用哈明方法计算当步长 $h=0.05$ 时，各积分点

$$t_j = jh, \quad j=0,1,\cdots,10$$

上的未知函数的近似值 $y_{0j}, y_{1j}, y_{2j}(j=0,1,\cdots,10)$。取 eps=0.000 000 1。

主函数程序以及计算微分方程组中各方程右端函数值的函数程序如下：

```
//全区间积分 Hamming 方法例
#include <iostream>
#include <cmath>
#include <iomanip>
#include "全区间积分 Hamming 方法.cpp"
using namespace std;
int main()
{
    int i,j;
    void  hamgf(double,double [],int,double []);
    double y[3],z[3][11];
    double t,h,eps;
    t=0.0; h=0.1; eps=0.0000001;
    y[0]=1.0; y[1]=1.0; y[2]=1.0;
    hamming(t,h,3,y,eps,11,&z[0][0],hamgf);
    for (i=0; i<=10; i++)
    {
        t=i*h;
        cout <<"t =" <<t;
        for (j=0; j<=2; j++)
            cout <<"  y(" <<j <<") =" <<setw(10) <<z[j][i];
        cout <<endl;
    }
    return 0;
}
//计算微分方程组中各方程右端函数值
void hamgf(double t, double y[], int n, double d[])
{
```

```
    t=t; n=n;
    d[0]=y[1]; d[1]=-y[0]; d[2]=y[2];
    return;
}
```

运行结果为

```
t = 0   y(0) =          1  y(1) =          1  y(2) =          1
t = 0.1  y(0) =    1.09484  y(1) =   0.895171  y(2) =    1.10517
t = 0.2  y(0) =    1.17874  y(1) =   0.781397  y(2) =     1.2214
t = 0.3  y(0) =    1.25086  y(1) =   0.659816  y(2) =    1.34986
t = 0.4  y(0) =    1.31048  y(1) =   0.531643  y(2) =    1.49182
t = 0.5  y(0) =    1.35701  y(1) =   0.398157  y(2) =    1.64872
t = 0.6  y(0) =    1.38998  y(1) =   0.260693  y(2) =    1.82212
t = 0.7  y(0) =    1.40906  y(1) =   0.120624  y(2) =    2.01375
t = 0.8  y(0) =    1.41406  y(1) =  -0.02065  y(2) =    2.22554
t = 0.9  y(0) =    1.40494  y(1) =  -0.161718  y(2) =     2.4596
t = 1   y(0) =    1.38177  y(1) =   -0.30117  y(2) =    2.71828
```

本问题的解析解为

$$\begin{cases} y_0 = \sin t + \cos t \\ y_1 = \cos t - \sin t \\ y_2 = \mathrm{e}^t \end{cases}$$

8.11　积分刚性方程组的吉尔方法

【功能】

用吉尔(Gear)方法积分一阶刚性方程组的初值问题。

【方法说明】

设一阶微分方程组以及初值为

$$\begin{cases} y'_0 = f_0(t, y_0, y_1, \cdots, y_{n-1}), & y_0(t_0) = y_{00} \\ y'_1 = f_1(t, y_0, y_1, \cdots, y_{n-1}), & y_1(t_0) = y_{10} \\ \vdots \\ y'_{n-1} = f_{n-1}(t, y_0, y_1, \cdots, y_{n-1}), & y_{n-1}(t_0) = y_{n-1,0} \end{cases}$$

吉尔方法的计算公式如下：

预报　$\boldsymbol{Z}_{i,(0)} = \boldsymbol{P}\boldsymbol{Z}_{i-1}$

校正　$\boldsymbol{Z}_{i,(j+1)} = \boldsymbol{Z}_{i,(j)} - \boldsymbol{L}\left[\left[l_1\boldsymbol{I} - l_0\dfrac{\partial \boldsymbol{F}}{\partial \boldsymbol{Y}}\right]^{-1}\boldsymbol{G}(\boldsymbol{Z}_{i,(j)})\right]^{\mathrm{T}}$

终值　$\boldsymbol{Z}_i = \boldsymbol{Z}_{i,(M)}$

其中

$$\boldsymbol{Z}_i = \left(Y_i, hY'_i, \frac{h^2 Y''_i}{2}, \cdots, \frac{h^p Y_i^{(p)}}{p!}\right)^{\mathrm{T}}$$

为$(p+1)\times n$ 的矩阵；

$$\boldsymbol{G}(\boldsymbol{Z}_{i,(j)}) = h\boldsymbol{F}(t_i, Y_{i,(j)}) - hY'_{i,(j)}$$

为 n 维向量；$\dfrac{\partial \boldsymbol{F}}{\partial \boldsymbol{Y}}$为 $n\times n$ 的雅可比(Jacobi)矩阵，即

$$\frac{\partial \boldsymbol{F}}{\partial \boldsymbol{Y}}=\begin{bmatrix} \frac{\partial f_0}{\partial y_0} & \frac{\partial f_0}{\partial y_1} & \cdots & \frac{\partial f_0}{\partial y_{n-1}} \\ \frac{\partial f_1}{\partial y_0} & \frac{\partial f_1}{\partial y_1} & \cdots & \frac{\partial f_1}{\partial y_{n-1}} \\ \vdots & \vdots & \ddots & \vdots \\ \frac{\partial f_{n-1}}{\partial y_0} & \frac{\partial f_{n-1}}{\partial y_1} & \cdots & \frac{\partial f_{n-1}}{\partial y_{n-1}} \end{bmatrix}$$

$\boldsymbol{P}$ 为$(p+1)$阶的巴斯卡尔(Pascal)三角矩阵,即

$$\boldsymbol{P}=\begin{bmatrix} 1 & 1 & 1 & 1 & \cdots & 1 & 1 \\ & 1 & 2 & 3 & \cdots & k-1 & k \\ & & 1 & 3 & \cdots & \vdots & \vdots \\ & & & 1 & \cdots & \vdots & \vdots \\ & & & & \ddots & k-1 & k \\ & & & & & 1 & k \\ & & & & & & 1 \end{bmatrix}$$

$\boldsymbol{L}$ 为$(p+1)$维列向量,即

$$\boldsymbol{L}=(l_0,l_1,\cdots,l_p)^{\mathrm{T}}$$

在本函数中,$M=3$(即迭代校正3次)。向量 $\boldsymbol{L}$ 在本函数中自带。

上述计算过程是自开始、自动变步长且自动变阶的。

在本函数中,为了满足精度要求,首先考虑减小步长,只有当达到最小步长还没有满足精度要求时,才考虑提高方法的阶数。并且在用某个阶数的方法连续进行几步的计算中均满足精度要求时,考虑降低方法的阶数。

本函数能比较有效地积分刚性方程组,也能积分非刚性方程组。

本函数要调用矩阵求逆的函数 inv()。

【函数语句与形参说明】

```
int gear(double a, double b, double hmin, double hmax, double h, double eps,
        int n, double y0[], int k, double t[], double z[],
        void (* ss)(double,double [],int,double []),
        void (* f)(double,double [],int,double []))
```

形参与函数类型	参数意义
double a	积分区间的起始点
double b	积分区间的终点
double hmin	积分过程中所允许的最小步长
double hmax	积分过程中所允许的最大步长
double h	积分的拟定步长,在积分过程中将自动放大或缩小 hmin<<h<hmax
double eps	误差检验常数

续表

形参与函数类型	参数意义
int n	微分方程组中方程个数，也是未知函数的个数
double y0[n]	存放 n 个未知函数在起始点 t 处的函数值 $y_j(t)(j=0,1,\cdots,n-1)$
int k	拟定输出的积分点数
double t[k]	返回 k 个输出点处的自变量值(包括起始点)
double z[n][k]	返回 k 个输出点处的未知函数值
void (* ss)()	指向计算雅可比矩阵的函数名(由用户自编)
void (* f)()	指向计算微分方程组中各方程右端函数值的函数名(由用户自编)
int gear()	函数返回实际输出的积分点数。在函数返回之前，会给出下列相应信息供参考： (1) 全区间积分成功。若此时输出点数不够，可增大积分区间终点值； (2) 步长小于 hmin，精度达不到，积分停止(前输出点有效)； (3) 阶数已大于 6，积分停止(前输出点有效)； (4) 对于 h>hmin 校正迭代不收敛，积分停止(前输出点有效)； (5) 精度要求太高，积分停止(前输出点有效)

计算微分方程组中各方程右端函数值的函数形式为

```
void  f(double t,double y[],int n,double d[])
{ d[0]=f0(t,y0,y1,…,yn-1)的表达式;
   ⋮
  d[n-1]=fn-1(t,y0,y1,…,yn-1)的表达式;
  return;
}
```

计算雅可比矩阵的函数形式为

```
void  ss(double t,double y[],int n,double p[])
{
  p[i*n+j]=∂fi/∂yj(i,j=0,1,…,n-1)的表达式;
  return;
}
```

【函数程序】

```
//积分刚性方程组的 Gear 方法.cpp
#include <iostream>
#include <cmath>
#include "矩阵求逆.cpp"
using namespace std;
//a            积分区间的起始点
//b            积分区间的终点
```

```
//hmin        积分过程中允许的最小步长
//hmax        积分过程中允许的最大步长
//h           积分的拟定步长。hmin<<h<hmax
//eps         误差检验常数
//n           方程个数，也是未知数个数
//y0[n]       n个未知函数在起始点处的函数值
//k           拟定输出的积分点数
//t[k]        返回实际有效输出点（包括起始点）的自变量值
//z[n][k]     返回实际有效输出点处的未知函数值
//ss          指向计算雅可比矩阵的函数名
//f           指向计算方程组中各方程右端函数值的函数名
//函数返回实际输出的积分点数。在函数返回之前，会给出下列相应信息供参考
//全区间积分成功。若此时输出点数不够，可增大积分区间终点值
//步长小于hmin，精度达不到，积分停止（前输出点有效）
//阶数已大于6，积分停止（前输出点有效）
//对于h>hmin校正迭代不收敛，积分停止（前输出点有效）
//精度要求太高，积分停止（前输出点有效）
int gear(double a, double b, double hmin, double hmax, double h, double eps,
        int n, double y0[], int k, double t[], double z[],
        void (*ss)(double,double [],int,double []),
        void (*f)(double,double [],int,double []))
{
    int kf,jt,nn,nq,i,m,irt1,irt,j,nqd,idb;
    int iw,j1,j2,nt,nqw,l;
    double aa[7],hw,hd,rm,t0,td,r,dd,pr1,pr2,pr3,rr;
    double enq1,enq2,enq3,eup,e,edwn,bnd,r1;
    double pp[7][3]={ {2.0,3.0,1.0},{4.5,6.0,1.0},
         {7.333,9.167,0.5},{10.42,12.5,0.1667},
         {13.7,15.98,0.04133},{17.15,1.0,0.008267},
         {1.0,1.0,1.0}};
    double *d, *p, *s, *s02, *ym, *er, *yy, *y;
    d=new double[n];
    p=new double[n*n];
    s=new double[10*n];
    s02=new double[n];
    ym=new double[n];
    er=new double[n];
    yy=new double[n];
    y=new double[8*n];
    aa[1]=-1.0; jt=0; nn=0; nq=1; t0=a;
    for (i=0; i<=8*n-1; i++) y[i]=0.0;
    for (i=0; i<=n-1; i++)
    {
        y[i*8]=y0[i]; yy[i]=y[i*8];
    }
```

```
    (*f)(t0,yy,n,d);
    for (i=0; i<=n-1; i++) y[i*8+1]=h*d[i];
    hw=h; m=2;
    for (i=0; i<=n-1; i++) ym[i]=1.0;
120:
    irt=1; kf=1; nn=nn+1;
    t[nn-1]=t0;
    for (i=0; i<=n-1; i++) z[i*k+nn-1]=y[i*8];
    if ((t0>=b)||(nn==k))                   //全区间积分成功
    {
        cout <<"全区间积分成功" <<endl;
        delete[] d; delete[] p; delete[] s; delete[] s02;
        delete[] ym; delete[] er; delete[] yy;
        delete[] y;
        return(nn);
    }
    for (i=0; i<=n-1; i++)
      for (j=0; j<=m-1; j++) s[i*10+j]=y[i*8+j];
    hd=hw;
    if (h!=hd)
    {
        rm=h/hd; irt1=0;
        rr=fabs(hmin/hd);
        if (rm<rr) rm=rr;
        rr=fabs(hmax/hd);
        if (rm>rr) rm=rr;
        r=1.0; irt1=irt1+1;
        for (j=1; j<=m-1; j++)
        {
            r=r*rm;
            for (i=0; i<=n-1; i++)  y[i*8+j]=s[i*10+j]*r;
        }
        h=hd*rm;
        for (i=0; i<=n-1; i++) y[i*8]=s[i*10];
        idb=m;
    }
    nqd=nq; td=t0; rm=1.0;
    if (jt>0) goto 180;
160:
    switch (nq)
    { case 1: aa[0]=-1.0; break;
      case 2: aa[0]=-2.0/3.0; aa[2]=-1.0/3.0; break;
      case 3: aa[0]=-6.0/11.0; aa[2]=aa[0];
              aa[3]=-1.0/11.0; break;
      case 4: aa[0]=-0.48; aa[2]=-0.7; aa[3]=-0.2;
```

```
                aa[4]=-0.02; break;
        case 5: aa[0]=-120.0/274.0; aa[2]=-225.0/274.0;
                aa[3]=-85.0/274.0; aa[4]=-15.0/274.0;
                aa[5]=-1.0/274.0; break;
        case 6: aa[0]=-720.0/1764.0; aa[2]=-1624.0/1764.0;
                aa[3]=-735.0/1764.0; aa[4]=-175.0/1764.0;
                aa[5]=-21.0/1764.0; aa[6]=-1.0/1764.0;
                break;
        default: { cout <<"阶数已大于 6,积分停止(前输出点有效)" <<endl;
                   delete[] d; delete[] p; delete[] s; delete[] s02;
                   delete[] ym; delete[] er; delete[] yy;
                   delete[] y;
                   return(nn);         //阶数大于 6,积分停止
                 }
      }
      m=nq+1; idb=m;
      enq2=0.5/(nq+1.0); enq3=0.5/(nq+2.0);
      enq1=0.5/(nq+0.0);
      eup=pp[nq-1][1] * eps; eup=eup * eup;
      e=pp[nq-1][0] * eps; e=e * e;
      edwn=pp[nq-1][2] * eps; edwn=edwn * edwn;
      if (edwn==0.0)                    //精度要求太高,积分停止
      {
          cout <<"精度要求太高,积分停止(前输出点有效)" <<endl;
          delete[] d; delete[] p; delete[] s; delete[] s02;
          delete[] ym; delete[] er; delete[] yy;
          delete[] y;
          return(nn);
      }
      bnd=eps * enq3/(n+0.0);
      iw=1;
      if (irt==2)
      {
          r1=1.0;
          for (j=1; j<=m-1; j++)
          {
              r1=r1 * r;
              for (i=0; i<=n-1; i++)  y[i * 8+j]=y[i * 8+j] * r1;
          }
          idb=m;
          for (i=0; i<=n-1; i++)
          if (ym[i]<fabs(y[i * 8]))  ym[i]=fabs(y[i * 8]);
          jt=nq;
          goto l20;
      }
```

```
180:
    t0=t0+h;
    for (j=2; j<=m; j++)
    for (j1=j; j1<=m; j1++)
    {
        j2=m-j1+j-1;
        for (i=0; i<=n-1; i++)
          y[i*8+j2-1]=y[i*8+j2-1]+y[i*8+j2];
    }
    for (i=0; i<=n-1; i++) er[i]=0.0;
    j1=1; nt=1;
    for (l=0; l<=2; l++)
    {
        if ((j1!=0)&&(nt!=0))
        {
            for (i=0; i<=n-1; i++) yy[i]=y[i*8];
            (*f)(t0,yy,n,d);
            if (iw>=1)
            {
                for (i=0; i<=n-1; i++) yy[i]=y[i*8];
                (*ss)(t0,yy,n,p);
                r=aa[0]*h;
                for (i=0; i<=n-1; i++)
                for (j=0; j<=n-1; j++)  p[i*n+j]=p[i*n+j]*r;
                for (i=0; i<=n-1; i++)  p[i*n+i]=1.0+p[i*n+i];
                iw=-1;
                j1=inv(p,n);
            }
            if (j1!=0)
            {
                for (i=0; i<=n-1; i++)  s02[i]=y[i*8+1]-d[i]*h;
                for (i=0; i<=n-1; i++)
                {
                    dd=0.0;
                    for (j=0; j<=n-1; j++)  dd=dd+s02[j]*p[i*n+j];
                    s[i*10+8]=dd;
                }
                nt=n;
                for (i=0; i<=n-1; i++)
                {
                    y[i*8]=y[i*8]+aa[0]*s[i*10+8];
                    y[i*8+1]=y[i*8+1]-s[i*10+8];
                    er[i]=er[i]+s[i*10+8];
                    if (fabs(s[i*10+8])<=(bnd*ym[i]))
                    nt=nt-1;
```

```
                    }
                }
            }
        }
        if (nt>0)
        {
            t0=td;
            if ((h>(hmin*1.00001))||(iw>=0))
            {
                if (iw!=0) rm=0.25*rm;
                iw=1; irt1=2;
                rr=fabs(hmin/hd);
                if (rm<rr) rm=rr;
                rr=fabs(hmax/hd);
                if (rm>rr) rm=rr;
                r=1.0;
                for (j=1; j<=m-1; j++)
                {
                    r=r*rm;
                    for (i=0; i<=n-1; i++)  y[i*8+j]=s[i*10+j]*r;
                }
                h=hd*rm;
                for (i=0; i<=n-1; i++)  y[i*8]=s[i*10];
                idb=m;
                goto l80;
            }
            cout <<"对于 h>hmin 校正迭代不收敛,积分停止(前输出点有效)" <<endl;
            delete[] d; delete[] p; delete[] s; delete[] s02;
            delete[] ym; delete[] er; delete[] yy;
            delete[] y;
            return(nn);                  //h>=hmin 校正迭代不收敛,积分停止
        }
        dd=0.0;
        for (i=0; i<=n-1; i++) dd=dd+(er[i]/ym[i])*(er[i]/ym[i]);
        iw=0;
        if (dd<=e)
        {
            if (m>=3)
            for (j=2; j<=m-1; j++)
            for (i=0; i<=n-1; i++) y[i*8+j]=y[i*8+j]+aa[j]*er[i];
            kf=1; hw=h;
            if (idb>1)
            {
                idb=idb-1;
                if (idb<=1)
```

```
            for (i=0; i<=n-1; i++) s[i * 10+9]=er[i];
            for (i=0; i<=n-1; i++)
            if (ym[i]<fabs(y[i * 8])) ym[i]=fabs(y[i * 8]);
            jt=nq;
            goto l20;
        }
    }
    if (dd>e)
    {
        kf=kf-2;
        if (h<=(hmin * 1.00001))   //步长已小于 hmin,但精度达不到,积分停止
        {
            cout <<"步长小于 hmin,精度达不到,积分停止(前输出点有效)" <<endl;
            delete[] d; delete[] p; delete[] s; delete[] s02;
            delete[] ym; delete[] er; delete[] yy;
            delete[] y;
            return(nn);
        }
        t0=td;
        if (kf<=-5)
        {
            if (nq==1)
            {
                cout <<"精度要求太高,积分停止(前输出点有效)" <<endl;
                delete[] d; delete[] p; delete[] s; delete[] s02;
                delete[] ym; delete[] er; delete[] yy;
                delete[] y;
                return(nn);         //要求的精度太高,积分停止
            }
            for (i=0; i<=n-1; i++) yy[i]=y[i * 8];
            (* f)(t0,yy,n,d);
            r=h/hd;
            for (i=0; i<=n-1; i++)
            {
                y[i * 8]=s[i * 10];
                s[i * 10+1]=hd * d[i];
                y[i * 8+1]=s[i * 10+1] * r;
            }
            nq=1; kf=1; goto l60;
        }
    }
    pr2=log(dd/e); pr2=enq2 * pr2; pr2=exp(pr2);
    pr2=1.2 * pr2;
    pr3=1.0e+20;
    if (nq<7)
```

```
if (kf>-1)
{
    dd=0.0;
    for (i=0; i<=n-1; i++)
    {
        pr3=(er[i]-s[i*10+9])/ym[i];
        dd=dd+pr3*pr3;
    }
    pr3=log(dd/eup); pr3=enq3*pr3;
    pr3=exp(pr3); pr3=1.4*pr3;
}
pr1=1.0e+20;
if (nq>1)
{
    dd=0.0;
    for (i=0; i<=n-1; i++)
    {
        pr1=y[i*8+m-1]/ym[i];
        dd=dd+pr1*pr1;
    }
    pr1=log(dd/edwn); pr1=enq1*pr1;
    pr1=exp(pr1); pr1=1.3*pr1;
}
if (pr2<=pr3)
{
    if (pr2>pr1)
    {
        r=1.0e+04;
        if (pr1>1.0e-04) r=1.0/pr1;
        nqw=nq-1;
    }
    else
    {
        nqw=nq; r=1.0e+04;
        if (pr2>1.0e-04) r=1.0/pr2;
    }
}
else
{
    if (pr3<pr1)
    {
        r=1.0e+04;
        if (pr3>1.0e-04) r=1.0/pr3;
        nqw=nq+1;
    }
```

```
        else
        {
            r=1.0e+04;
            if (pr1>1.0e-04) r=1.0/pr1;
            nqw=nq-1;
        }
    }
    idb=10;
    if (kf==1)
    if (r<1.1)
    {
        for (i=0; i<=n-1; i++)
        if (ym[i]<fabs(y[i*8])) ym[i]=fabs(y[i*8]);
        jt=nq; goto l20;
    }
    if (nqw>nq)
    for (i=0; i<=n-1; i++)  y[i*8+nqw]=er[i]*aa[m-1]/(m+0.0);
    m=nqw+1;
    if (kf==1)
    {
        irt=2; rr=hmax/fabs(h);
        if (r>rr) r=rr;
        h=h*r; hw=h;
        if (nq==nqw)
        {
            r1=1.0;
            for (j=1; j<=m-1; j++)
            {
                r1=r1*r;
                for (i=0; i<=n-1; i++)  y[i*8+j]=y[i*8+j]*r1;
            }
            idb=m;
            for (i=0; i<=n-1; i++)
            if (ym[i]<fabs(y[i*8])) ym[i]=fabs(y[i*8]);
            jt=nq; goto l20;
        }
        nq=nqw;
        goto l60;
    }
    rm=rm*r; irt1=3;
    rr=fabs(hmin/hd);
    if (rm<rr) rm=rr;
    rr=fabs(hmax/hd);
    if (rm>rr) rm=rr;
    r=1.0;
```

```
        for (j=1; j<=m-1; j++)
        {
            r=r * rm;
            for (i=0; i<=n-1; i++) y[i * 8+j]=s[i * 10+j] * r;
        }
        h=hd * rm;
        for (i=0; i<=n-1; i++) y[i * 8]=s[i * 10];
        idb=m;
        if (nqw==nq) goto 180;
        nq=nqw; goto 160;
    }
```

【例】 设一阶微分方程组与初值为

$$\begin{cases} y'_0=-21y_0+19y_1-20y_2, & y_0(0)=1.0 \\ y'_1=19y_0-21y_1+20y_2, & y_1(0)=0.0 \\ y'_2=40y_0-40y_1-40y_2, & y_2(0)=-1.0 \end{cases}$$

这是一个刚性方程组,其解析解为

$$\begin{cases} y_0(t)=\frac{1}{2}e^{-2t}+\frac{1}{2}e^{-40t}(\cos40t+\sin40t) \\ y_1(t)=\frac{1}{2}e^{-2t}-\frac{1}{2}e^{-40t}(\cos40t+\sin40t) \\ y_2(t)=-e^{-40t}(\cos40t-\sin40t) \end{cases}$$

用吉尔方法分以下四种情况求在区间[0,1]中的数值解。其中 $a=0.0, b=1.0, n=3$,且取 $k=30$。

(1) $h=0.01$, hmin$=0.0001$, hmax$=0.1$, eps$=0.0001$;

(2) $h=0.01$, hmin$=0.0001$, hmax$=0.1$, eps$=0.00001$;

(3) $h=0.01$, hmin$=0.00001$, hmax$=0.1$, eps$=0.00001$;

(4) $h=0.01$, hmin$=0.00001$, hmax$=0.1$, eps$=0.000001$。

主函数程序以及计算微分方程组中各方程右端函数值的函数程序与计算雅可比矩阵的函数程序如下:

```
//积分刚性方程组的 Gear 方法例
#include <iostream>
#include <cmath>
#include <iomanip>
#include "积分刚性方程组的 Gear 方法.cpp"
using namespace std;
int main()
{
    int i,j,k,m;
    void  gearf(double,double [],int,double []);
    void  gears(double,double [],int,double []);
    double a,b,hmax,h,y[3],t[30],z[3][30];
```

```
    double hmin[4]={0.0001,0.0001,0.00001,0.00001};
    double eps[4]={0.0001,0.00001,0.00001,0.000001};
    a=0.0; b=1.0; h=0.01; hmax=0.1;
    for (k=0; k<=3; k++)
    {
        y[0]=1.0; y[1]=0.0; y[2]=-1.0;
        m=gear(a,b,hmin[k],hmax,h,eps[k],3,y,30,t,&z[0][0],gears,gearf);
        cout <<"h =" <<h <<endl;
        cout <<"hmin =" <<hmin[k] <<endl;
        cout <<"hmax =" <<hmax <<endl;
        cout <<"eps =" <<eps[k] <<endl;
        for (i=0; i<m; i++)
        {
            cout <<"t(" <<setw(2) <<i <<")=" <<setw(13) <<t[i];
            for (j=0; j<=2; j++)
                cout <<" y(" <<j <<")=" <<setw(13) <<z[j][i];
            cout <<endl;
        }
        cout <<endl;
    }
    return 0;
}
//计算方程组各方程右端函数值
void gearf(double t, double y[], int n, double d[])
{
    t=t; n=n;                       //消除编译时的警告信息
    d[0]=-21.0*y[0]+19.0*y[1]-20.0*y[2];
    d[1]=19.0*y[0]-21.0*y[1]+20.0*y[2];
    d[2]=40.0*y[0]-40.0*y[1]-40.0*y[2];
    return;
}
//计算雅可比矩阵
void gears(double t, double y[], int n, double p[])
{
    t=t;  y[0]=y[0];                //消除编译时的警告信息
    p[0*n+0]=-21.0;   p[0*n+1]=19.0;     p[0*n+2]=-20.0;
    p[1*n+0]=19.0;    p[1*n+1]=-21.0;    p[1*n+2]=20.0;
    p[2*n+0]=40.0;    p[2*n+1]=-40.0;    p[2*n+2]=-40.0;
    return;
}
```

运行结果为

```
全区间积分成功
h = 0.01
hmin = 0.0001
hmax = 0.1
eps = 0.0001
t( 0)=            0 y(0)=          1 y(1)=            0 y(2)=          -1
t( 1)=  0.000218127 y(0)=   0.999707 y(1)=-0.000143222 y(2)=   -0.982702
t( 2)=  0.000436253 y(0)=   0.999341 y(1)=-0.000212843 y(2)=   -0.965556
t( 3)=   0.00128643 y(0)=   0.997381 y(1)= 4.96717e-005 y(2)=  -0.899883
t( 4)=    0.0021366 y(0)=   0.994389 y(1)=  0.00134717 y(2)=   -0.836513
t( 5)=   0.00298678 y(0)=   0.990432 y(1)=  0.00361242 y(2)=   -0.775437
t( 6)=    0.0043965 y(0)=     0.9819 y(1)=  0.00934551 y(2)=   -0.679183
t( 7)=   0.00580623 y(0)=   0.971188 y(1)=   0.0172665 y(2)=   -0.589113
t( 8)=   0.00721595 y(0)=   0.958607 y(1)=   0.0270648 y(2)=   -0.505108
t( 9)=   0.00862567 y(0)=   0.944427 y(1)=   0.0384696 y(2)=   -0.427027
t(10)=    0.0105092 y(0)=   0.923405 y(1)=   0.0557956 y(2)=   -0.331659
t(11)=    0.0123928 y(0)=   0.900503 y(1)=    0.075016 y(2)=    -0.24614
t(12)=    0.0142763 y(0)=   0.876207 y(1)=   0.0956443 y(2)=   -0.169995
t(13)=    0.0161599 y(0)=    0.85095 y(1)=    0.117247 y(2)=   -0.102715
t(14)=     0.019069 y(0)=   0.810926 y(1)=    0.151654 y(2)=  -0.0149844
t(15)=    0.0219782 y(0)=   0.770725 y(1)=    0.186271 y(2)=   0.0548703
t(16)=    0.0248874 y(0)=   0.731274 y(1)=     0.22017 y(2)=    0.108895
t(17)=    0.0277966 y(0)=   0.693289 y(1)=    0.252635 y(2)=    0.149087
t(18)=    0.0307058 y(0)=   0.657317 y(1)=     0.28312 y(2)=    0.177348
t(19)=     0.034273 y(0)=   0.616518 y(1)=    0.317232 y(2)=    0.198334
t(20)=    0.0378402 y(0)=   0.579765 y(1)=    0.347348 y(2)=    0.207108
t(21)=    0.0414074 y(0)=   0.547237 y(1)=    0.373285 y(2)=    0.206393
t(22)=    0.0449746 y(0)=    0.51892 y(1)=    0.395058 y(2)=    0.198575
t(23)=    0.0485418 y(0)=   0.494658 y(1)=    0.412823 y(2)=    0.185694
t(24)=     0.052901 y(0)=   0.470134 y(1)=    0.429469 y(2)=     0.16555
t(25)=    0.0572602 y(0)=    0.45067 y(1)=    0.441124 y(2)=    0.142891
t(26)=    0.0616194 y(0)=   0.435577 y(1)=    0.448476 y(2)=    0.119615
t(27)=    0.0659786 y(0)=   0.424148 y(1)=    0.452231 y(2)=    0.097089
t(28)=    0.0703378 y(0)=   0.415701 y(1)=     0.45307 y(2)=   0.0762414
t(29)=    0.0754904 y(0)=   0.408704 y(1)=    0.451161 y(2)=   0.0545202
```

```
步长小于hmin,精度达不到,积分停止(前输出点有效)
h = 0.01
hmin = 0.0001
hmax = 0.1
eps = 1e-005
t( 0)=            0 y(0)=          1 y(1)=            0 y(2)=          -1
```

```
全区间积分成功
h = 0.01
hmin = 1e-005
hmax = 0.1
eps = 1e-005
t( 0)=            0 y(0)=          1 y(1)=            0 y(2)=          -1
t( 1)= 6.89777e-005 y(0)=   0.999923 y(1)=-6.13974e-005 y(2)=  -0.994497
t( 2)=  0.000137955 y(0)=   0.999839 y(1)=-0.000115256 y(2)=   -0.989009
t( 3)=  0.000531023 y(0)=   0.999241 y(1)=-0.000302322 y(2)=   -0.957984
t( 4)=  0.000924091 y(0)=   0.998407 y(1)=-0.000253055 y(2)=   -0.927454
t( 5)=   0.00131716 y(0)=   0.997344 y(1)= 2.55855e-005 y(2)=  -0.897417
t( 6)=   0.00195598 y(0)=   0.995144 y(1)= 0.000951994 y(2)=   -0.849651
t( 7)=    0.0025948 y(0)=   0.992388 y(1)=  0.00243622 y(2)=   -0.803183
t( 8)=   0.00323363 y(0)=   0.989108 y(1)=  0.00444563 y(2)=   -0.758009
t( 9)=   0.00387245 y(0)=   0.985335 y(1)=  0.00695038 y(2)=    -0.71412
t(10)=   0.00480963 y(0)=   0.978964 y(1)=   0.0114625 y(2)=   -0.652041
t(11)=   0.00574681 y(0)=   0.971679 y(1)=   0.0168931 y(2)=   -0.592682
t(12)=     0.006684 y(0)=   0.963562 y(1)=   0.0231585 y(2)=   -0.536005
t(13)=   0.00762118 y(0)=   0.954694 y(1)=   0.0301793 y(2)=   -0.481972
t(14)=   0.00941394 y(0)=   0.935907 y(1)=   0.0454416 y(2)=   -0.385808
t(15)=    0.0112067 y(0)=   0.915141 y(1)=   0.0626946 y(2)=   -0.298804
t(16)=    0.0129995 y(0)=   0.892843 y(1)=   0.0814927 y(2)=   -0.220566
t(17)=    0.0147922 y(0)=   0.869413 y(1)=    0.101436 y(2)=   -0.150669
t(18)=     0.016585 y(0)=    0.84521 y(1)=    0.122164 y(2)=  -0.0886666
t(19)=    0.0183777 y(0)=   0.820554 y(1)=    0.143358 y(2)=  -0.0340991
t(20)=    0.0201705 y(0)=   0.795725 y(1)=    0.164737 y(2)=    0.013504
t(21)=    0.0219633 y(0)=    0.77097 y(1)=    0.186055 y(2)=   0.0546174
t(22)=     0.023756 y(0)=   0.746499 y(1)=      0.2071 y(2)=   0.0897148
t(23)=    0.0255488 y(0)=   0.722493 y(1)=    0.227693 y(2)=    0.119264
t(24)=    0.0273416 y(0)=   0.699104 y(1)=    0.247681 y(2)=    0.143724
t(25)=    0.0291343 y(0)=   0.676459 y(1)=    0.266938 y(2)=     0.16354
t(26)=    0.0309271 y(0)=   0.654658 y(1)=    0.285362 y(2)=    0.179142
t(27)=    0.0327198 y(0)=   0.633784 y(1)=    0.302872 y(2)=    0.190946
t(28)=    0.0345126 y(0)=   0.613895 y(1)=    0.319408 y(2)=    0.199344
t(29)=    0.0374236 y(0)=   0.583809 y(1)=    0.344076 y(2)=    0.206683
```

```
全区间积分成功
h = 0.01
hmin = 1e-005
hmax = 0.1
eps = 1e-006
t( 0)=           0 y(0)=          1 y(1)=            0 y(2)=         -1
t( 1)= 2.18127e-005 y(0)=   0.999977 y(1)=-2.10518e-005 y(2)=  -0.998257
t( 2)= 4.36253e-005 y(0)=   0.999954 y(1)= -4.1344e-005 y(2)=  -0.996515
t( 3)=  0.000225843 y(0)=   0.999733 y(1)= -0.000184613 y(2)=  -0.982016
t( 4)=   0.00040806 y(0)=    0.99946 y(1)= -0.000275729 y(2)=  -0.967623
t( 5)=  0.000590277 y(0)=   0.999136 y(1)= -0.000315399 y(2)=  -0.953337
t( 6)=   0.00088328 y(0)=   0.998508 y(1)=  -0.00027289 y(2)=  -0.930587
t( 7)=   0.00117628 y(0)=   0.997752 y(1)= -0.000102172 y(2)=  -0.908112
t( 8)=   0.00146929 y(0)=   0.996872 y(1)=  0.000193446 y(2)=  -0.885911
t( 9)=   0.00176229 y(0)=   0.995871 y(1)=   0.00061088 y(2)=  -0.863983
t(10)=   0.00221806 y(0)=   0.994078 y(1)=   0.00149534 y(2)=  -0.830418
t(11)=   0.00267384 y(0)=    0.99201 y(1)=   0.00265623 y(2)=  -0.797512
t(12)=   0.00312962 y(0)=   0.989678 y(1)=   0.00408262 y(2)=  -0.765264
t(13)=   0.00358539 y(0)=   0.987091 y(1)=   0.00576379 y(2)=  -0.733671
t(14)=   0.00469052 y(0)=   0.979828 y(1)=    0.0108344 y(2)=  -0.659769
t(15)=   0.00579565 y(0)=   0.971279 y(1)=    0.0171969 y(2)=  -0.589654
t(16)=   0.00690078 y(0)=   0.961579 y(1)=    0.0247145 y(2)=  -0.523267
t(17)=   0.00800591 y(0)=   0.950858 y(1)=    0.0332577 y(2)=   -0.46054
t(18)=   0.00911104 y(0)=   0.939239 y(1)=    0.0427039 y(2)=  -0.401399
t(19)=    0.0102162 y(0)=   0.926838 y(1)=    0.0529375 y(2)=  -0.345761
t(20)=    0.0113213 y(0)=   0.913762 y(1)=    0.0638496 y(2)=  -0.293538
t(21)=    0.0124264 y(0)=   0.900115 y(1)=    0.0753383 y(2)=  -0.244637
t(22)=    0.0135316 y(0)=   0.885992 y(1)=     0.087308 y(2)=  -0.198958
t(23)=    0.0146367 y(0)=   0.871482 y(1)=    0.0996693 y(2)=    -0.1564
t(24)=    0.0157418 y(0)=   0.856668 y(1)=     0.112339 y(2)=  -0.116859
t(25)=     0.016847 y(0)=   0.841627 y(1)=      0.12524 y(2)= -0.0802266
t(26)=    0.0179521 y(0)=   0.826432 y(1)=     0.138301 y(2)= -0.0463938
t(27)=    0.0190572 y(0)=   0.811148 y(1)=     0.151455 y(2)= -0.0152502
t(28)=    0.0201623 y(0)=   0.795836 y(1)=     0.164641 y(2)=  0.0133151
t(29)=    0.0219856 y(0)=    0.77066 y(1)=     0.186321 y(2)=   0.055103
```

8.12　求解二阶初值问题的欧拉方法

【功能】

用变步长欧拉方法对二阶微分方程初值问题积分一步。

【方法说明】

设二阶微分方程的初值问题为

$$\begin{cases} y''=f(t,y,y') \\ y(t_0)=y_0, y'(t_0)=y'_0 \end{cases}$$

令

$$y'=z, y'(t_0)=y'_0=z_0$$

则二阶微分方程化为一阶微分方程组

$$\begin{cases} z'=f(t,y,z), & z(t_0)=z_0 \\ y'=z, & y(t_0)=y_0 \end{cases}$$

欧拉方法积分一阶微分方程组初值问题以及变步长可参看 8.1 节的方法说明。

【函数语句与形参说明】

```
void euler2(double t, double h, double *y, double *z, double eps,
```

```
double (* f)(double, double , double ))
```

形参与函数类型	参数意义
double t	积分的起始点
double h	积分的步长
double *y	起始点未知函数值存储地址。返回 $t+h$ 处的未知函数值
double *z	起始点未知函数一阶导数值存储地址。返回 $t+h$ 处的未知函数一阶导数值
double eps	积分精度要求
double (*f)()	指向计算二阶微分方程右端函数 $f(t,y,y')$ 值的函数名
void euler2()	过程

计算二阶微分方程右端函数值的函数形式为

```
double  f(double t,double y,double z)
{ double s;
  s =f(t,y,y')的表达式;
  return(s);
}
```

【函数程序】

```
//求解二阶初值 Euler 方法.cpp
#include <iostream>
#include <cmath>
using namespace std;
//改进欧拉公式以 h 为步长积分 m 步
//t     自变量起点值
//h     步长
//y     存放函数初值。返回终点函数值
//z     存放函数一阶导数初值。返回终点函数一阶导数值
//m     步数
//f     二阶微分方程右端函数 f(t,y,z)
void euler21(double t,double h,double * y,double * z,int m,
          double (* f)(double,double,double))
{
    int j;
    double x,yy,zz,yc,zc,yk1,yk2,zk1,zk2;
    yy= * y; zz= * z;
    for (j=0; j<=m-1; j++)
    {
        x=t+j * h;
        yk1=zz;                              //计算 yk1
        zk1=(* f)(x,yy,zz);                  //计算 zk1
        x=t+(j+1) * h;
```

```
        yc=yy+h*zk1;                    //预报 t[j+1]处的 y 值
        zc=zz+h*yk1;                    //预报 t[j+1]处的 z 值
        yk2=zc;                         //计算 yk2
        zk2=(*f)(x,yc,zc);              //计算 zk2
        yy=yy+h*(yk1+yk2)/2.0;          //计算 t[j+1]处的 y 值
        zz=zz+h*(zk1+zk2)/2.0;          //计算 t[j+1]处的 z 值
    }
    *y=yy; *z=zz;
    return;
}

//Euler 方法变步长积分一步二阶初值问题
//t     自变量起点值
//h     步长
//y     存放函数初值。返回终点函数值
//z     存放函数一阶导数初值。返回终点函数一阶导数值
//eps   精度要求
//f     二阶微分方程右端函数 f(t,y,z)
void euler2(double t, double h, double *y, double *z, double eps,
          double (*f)(double, double , double ))
{
    int m;
    double p,ya,za,yb,zb;
    m=1;
    p=1.0+eps;
    ya=*y;  za=*z;
    euler21(t,h,&ya,&za,m,f);              //跨一步计算
    while (p>eps)
    {
        yb=*y;  zb=*z; m=m+m; h=h/2.0;
        euler21(t,h,&yb,&zb,m,f);          //跨 m 步计算
        p=fabs(yb-ya);                     //取误差
        za=zb;  ya=yb;
    }
    *y=ya;  *z=za;
    return;
}
```

【例】

1. 设二阶微分方程初值问题为

$$\begin{cases} y''=t+y \\ y(0)=0, y'(0)=0.701\,836 \end{cases}$$

用变步长欧拉方法计算当步长 $h=0.1$ 时，各积分点

$$t_j=jh,\quad j=0,1,\cdots,10$$

上的未知函数 y_j 以及未知函数一阶导数 y'_j 的近似值($j=0,1,\cdots,10$)。取 eps=0.000 000 1。

主函数程序以及计算二阶微分方程右端函数值的函数程序如下：

```
//求解二阶初值 Euler 方法例 1
#include <iostream>
#include <iomanip>
#include "求解二阶初值 Euler 方法.cpp"
using namespace std;
int main()
{
    int j;
    double t,h,eps,y,z;
    double  euler2_f(double, double, double);
    y=0.0; z=0.701836;
    t=0.0; h=0.1; eps=0.0000001;
    cout <<"t =" <<setw(6) <<t;
    cout <<setw(6) <<"y =" <<setw(10) <<y;
    cout <<setw(6) <<"z =" <<setw(10) <<z;
    cout <<endl;
    for (j=1; j<=10; j++)
    {
        euler2(t,h,&y,&z,eps,euler2_f);
        t=t+h;
        cout <<"t =" <<setw(6) <<t;
        cout <<setw(6) <<"y =" <<setw(10) <<y;
        cout <<setw(6) <<"z =" <<setw(10) <<z;
        cout <<endl;
    }
    return 0;
}
//计算二阶微分方程右端函数 f(t,y,z)
double euler2_f(double t, double y, double z)
{
    double d;
    d=t+y;
    return(d);
}
```

运行结果为

```
t =      0  y =          0  z =   0.701836
t =    0.1  y =  0.0704675  z =   0.710352
t =    0.2  y =   0.142641  z =   0.735986
t =    0.3  y =   0.218244  z =   0.778994
t =    0.4  y =   0.299033  z =   0.839808
t =    0.5  y =   0.386819  z =   0.919034
t =    0.6  y =    0.48348  z =    1.01747
t =    0.7  y =   0.590985  z =    1.13609
t =    0.8  y =   0.711411  z =    1.27609
t =    0.9  y =   0.846963  z =    1.43888
t =      1  y =          1  z =    1.62607
```

2. 设二阶微分方程初值问题为

$$\begin{cases}(1+x^2)y''=6x-3+3y+xy'\\ y(0)=1,y'(0)=0\end{cases}$$

用变步长欧拉方法计算当步长 $h=0.1$ 时，各积分点

$$t_j=jh,\quad j=0,1,\cdots,10$$

上的未知函数 y_j 以及未知函数一阶导数 y'_j 的近似值($j=0,1,\cdots,10$)。取 eps=0.000 000 1。

主函数程序以及计算二阶微分方程右端函数值的函数程序如下：

```
//求解二阶初值 Euler 方法例 2
#include <iostream>
#include <iomanip>
#include "求解二阶初值 Euler 方法.cpp"
using namespace std;
int main()
{
    int j;
    double t,h,eps,y,z;
    double  euler2_f(double, double, double);
    y=1.0; z=0.0;
    t=0.0; h=0.1; eps=0.0000001;
    cout <<"t =" <<setw(6) <<t;
    cout <<setw(6) <<"y =" <<setw(10) <<y;
    cout <<setw(6) <<"z =" <<setw(10) <<z;
    cout <<endl;
    for (j=1; j<=10; j++)
    {
        euler2(t,h,&y,&z,eps,euler2_f);
        t=t+h;
        cout <<"t =" <<setw(6) <<t;
        cout <<setw(6) <<"y =" <<setw(10) <<y;
        cout <<setw(6) <<"z =" <<setw(10) <<z;
        cout <<endl;
    }
    return 0;
}
//计算二阶微分方程右端函数 f(t,y,z)
double euler2_f(double t, double y, double z)
{
    double d;
    d = (6 * t-3.0+t * z+3 * y)/(1.0+t * t);
    return(d);
}
```

运行结果为

```
t =      0  y =       1  z =          0
t =    0.1  y =   1.001  z =  0.0300003
t =    0.2  y =   1.008  z =       0.12
t =    0.3  y =   1.027  z =   0.270001
t =    0.4  y =   1.064  z =   0.480001
t =    0.5  y =   1.125  z =   0.750001
t =    0.6  y =   1.216  z =       1.08
t =    0.7  y =   1.343  z =       1.47
t =    0.8  y =   1.512  z =       1.92
t =    0.9  y =   1.729  z =       2.43
t =      1  y =       2  z =          3
```

8.13 求解二阶初值问题的连分式法

【功能】

用连分式法对二阶微分方程初值问题积分一步。

【方法说明】

设二阶微分方程的初值问题为

$$\begin{cases} y''=f(t,y,y') \\ y(t_0)=y_0, y'(t_0)=y'_0 \end{cases}$$

令

$$y'=z, y'(t_0)=y'_0=z_0$$

则二阶微分方程化为一阶微分方程组

$$\begin{cases} z'=f(t,y,z), & z(t_0)=z_0 \\ y'=z, & y(t_0)=y_0 \end{cases}$$

有关连分式法求解一阶微分方程组初值问题参看 8.5 节的方法说明。

【函数语句与形参说明】

```
void pqeuler2(double t,double h,double * y,double * z,double eps,
        double (* f)(double,double,double))
```

形参与函数类型	参数意义
double t	积分的起始点
double h	积分的步长
double * y	起始点未知函数值存储地址。返回 $t+h$ 处的未知函数值
double * z	起始点未知函数一阶导数值存储地址。返回 $t+h$ 处的未知函数一阶导数值
double eps	积分精度要求
double (* f)()	指向计算二阶微分方程右端函数 $f(t,y,y')$ 值的函数名
void pqeuler2()	过程

计算二阶微分方程右端函数值的函数形式为

```
double  f(double t,double y,double z)
```

```
{ double s;
  s =f(t,y,y')的表达式;
  return(s);
}
```

【函数程序】

```
//求解二阶初值连分式法.cpp
#include <iostream>
#include <cmath>
using namespace std;
//计算函数连分式值
double funpqv(double x[],double b[],int n,double t)
{
    int k;
    double u;
    u=b[n];
    for (k=n-1; k>=0; k--)
    {
        if (fabs(u)+1.0==1.0)
            u=1.0e+35*(t-x[k])/fabs(t-x[k]);
        else
            u=b[k]+(t-x[k])/u;
    }
    return(u);
}

//计算连分式新的一节 b[j]
void funpqj(double x[],double y[],double b[],int j)
{
    int k,flag=0;
    double u;
    u=y[j];
    for (k=0; (k<j)&&(flag==0); k++)
    {
        if ((u-b[k])+1.0==1.0) flag=1;
        else
            u=(x[j] -x[k])/(u-b[k]);
    }
    if (flag==1) u=1.0e+35;
    b[j]=u;
    return;
}

//改进欧拉公式以 h 为步长积分 m 步
```

```
//t     自变量起点值
//h     步长
//y     存放函数初值。返回终点函数值
//z     存放函数一阶导数初值。返回终点函数一阶导数值
//m     步数
//f     指向计算二阶微分方程的右端函数 f(t,y,z)值的函数名
void euler21(double t,double h,double * y,double * z,int m,
          double (* f)(double,double,double))
{
    int j;
    double x,yy,zz,yc,zc,yk1,yk2,zk1,zk2;
    yy= * y; zz= * z;
    for (j=0; j<=m-1; j++)
    {
        x=t+j * h;
        yk1=zz;                                //计算 yk1
        zk1=( * f)(x,yy,zz);                   //计算 zk1
        x=t+(j+1) * h;
        yc=yy+h * zk1;                         //预报 t[j+1]处的 y 值
        zc=zz+h * yk1;                         //预报 t[j+1]处的 z 值
        yk2=zc;                                //计算 yk2
        zk2=( * f)(x,yc,zc);                   //计算 zk2
        yy=yy+h * (yk1+yk2)/2.0;               //计算 t[j+1]处的 y 值
        zz=zz+h * (zk1+zk2)/2.0;               //计算 t[j+1]处的 z 值
    }
    * y=yy; * z=zz;
    return;
}

//连分式法求解二阶初值
//t     自变量起点值
//h     步长
//y     存放函数初值。返回终点函数值
//z     存放函数一阶导数初值。返回终点函数一阶导数值
//eps   精度要求
//f     指向计算二阶微分方程的右端函数 f(t,y,z)值的函数名
using namespace std;
void pqeuler2(double t,double h,double * y,double * z,double eps,
            double (* f)(double,double,double))
{
    int j,il,flag,m;
    double yy,zz, * hh, * gy, * gz, * yb, * zb,h0,d,ys0,ys1,zs,y0,z0;
    yb=new double[10];
    zb=new double[10];
    hh=new double[10];
```

```
    gy=new double[10];
    gz=new double[10];
    yy= * y; zz= * z;
    il=0; flag=0;
    m=1; h0=h;
    euler21(t,h0,&yy,&zz,m,f);                //Euler 方法计算初值 gy[0]与 gz[0]
    y0=yy;  z0=zz;
    while ((il<20)&&(flag==0))
    {
        il=il+1;
        hh[0]=h0;
        gy[0]=y0;  gz[0]=z0;
        yb[0]=gy[0];  zb[0]=gz[0];            //计算 yb[0]与 zb[0]
        j=1;
        ys1=gy[0];
        while (j<=7)
        {
            yy= * y;  zz= * z;
            m=m+m; hh[j]=hh[j-1]/2.0;
            euler21(t,hh[j],&yy,&zz,m,f);     //Euler 方法计算新近似值 gy[j]与 gz[j]
            gy[j]=yy;  gz[j]=zz;
            funpqj(hh,gy,yb,j);               //计算 yb[j]
            funpqj(hh,gz,zb,j);               //计算 zb[j]
            ys0=ys1;
            ys1=funpqv(hh,yb,j,0.0);          //连分式法计算积分近似值 ys1
            zs=funpqv(hh,zb,j,0.0);           //连分式法计算积分近似值 zs
            d=fabs(ys1-ys0);
            if (d>=eps)  j=j+1;
            else  j=10;
        }
        h0=hh[j-1];
        y0=gy[j-1]; z0=gz[j-1];
        if (j==10) flag=1;
    }
     * y=ys1;  * z=zs;
    delete[] yb; delete[] zb; delete[] hh; delete[] gy; delete[]gz;
    return;
}
```

【例】 设二阶微分方程初值问题为

$$\begin{cases} y''=t+y \\ y(0)=0, y'(0)=0.701\,836 \end{cases}$$

用连分式法计算当步长 $h=0.1$ 时，各积分点

$$t_j=jh,\quad j=0,1,\cdots,10$$

上的未知函数 y_j 的近似值($j=0,1,\cdots,10$)。取 eps=0.000 000 1。

主函数程序以及计算二阶微分方程右端函数值 $f(t,y,y')$ 的函数程序如下：

```
//求解二阶初值连分式法例
#include <iostream>
#include <iomanip>
#include "求解二阶初值连分式法.cpp"
using namespace std;
int main()
{
    int j;
    double t,h,eps,y,z;
    double  pqeuler2f(double, double, double);
    y=0.0; z=0.701836;
    t=0.0; h=0.1; eps=0.0000001;
    cout <<"t =" <<setw(6) <<t;
    cout <<setw(6) <<"y =" <<setw(10) <<y;
    cout <<setw(6) <<"z =" <<setw(10) <<z;
    cout <<endl;
    for (j=1; j<=10; j++)
    {
        pqeuler2(t,h,&y,&z,eps,pqeuler2f);
        t=t+h;
        cout <<"t =" <<setw(6) <<t;
        cout <<setw(6) <<"y =" <<setw(10) <<y;
        cout <<setw(6) <<"z =" <<setw(10) <<z;
        cout <<endl;
    }
    return 0;
}
//计算二阶微分方程的右端函数 f(t,y,z)
double pqeuler2f(double t, double y, double z)
{
    double d;
    d=t+y;
    return(d);
}
```

运行结果为

```
t =     0  y =          0  z =   0.701836
t =   0.1  y =  0.0704674  z =   0.710352
t =   0.2  y =   0.142641  z =   0.735986
t =   0.3  y =   0.218244  z =   0.778995
t =   0.4  y =   0.299033  z =   0.839808
t =   0.5  y =   0.386819  z =   0.919034
t =   0.6  y =    0.48348  z =    1.01747
t =   0.7  y =   0.590985  z =    1.13609
t =   0.8  y =   0.711411  z =    1.27609
t =   0.9  y =   0.846963  z =    1.43888
t =     1  y =          1  z =    1.62607
```

8.14 求解二阶边值问题的差分法

【功能】

用有限差分法求二阶线性微分方程边值问题的数值解。

【方法说明】

设积分区间为$[a,b]$。首先将积分区间 n 等分，步长 $h=\dfrac{b-a}{n}$，等距离散结点为

$$x_k=a+kh,\quad k=0,1,2,\cdots,n$$

然后用差商代替各离散点上的导数。其中，一阶导数可以用向前差分公式、向后差分公式或中心差分公式（向前差分与向后差分的算术平均值）近似；二阶导数用二阶中心差分公式近似。即

$$\begin{aligned}y'(x_k)=y'_k&\approx\frac{y_{k+1}-y_k}{h}\text{（向前差分公式）}\\&\approx\frac{y_k-y_{k-1}}{h}\text{（向后差分公式）}\\&\approx\frac{y_{k+1}-y_{k-1}}{2h}\text{（中心差分公式）}\end{aligned}$$

$$\begin{aligned}y''(x_k)=y''_k\approx\frac{y'_{k+1}-y'_k}{h}&\approx\frac{\dfrac{y_{k+1}-y_k}{h}-\dfrac{y_k-y_{k-1}}{h}}{h}\\&=\frac{y_{k+1}-2y_k+y_{k-1}}{h^2}\end{aligned}$$

考虑如下形式的二阶微分方程初值问题：

$$\begin{cases}y''+p(x)y'+q(x)y=r(x),a\leqslant x\leqslant b\\y(a)=\alpha,y(b)=\beta\end{cases}$$

并且一阶导数用中心差分公式近似，二阶导数用二阶中心差分公式近似，则相应的差分方程为

$$\frac{y_{k+1}-2y_k+y_{k-1}}{h^2}+p_k\frac{y_{k+1}-y_{k-1}}{2h}+q_ky_k=r_k,\quad k=1,2,\cdots,n-1$$

$$y_0=\alpha,y_n=\beta$$

其中 $p_k=p(x_k),q_k=q(x_k),r_k=r(x_k)$。整理后就得到如下方程组：

$$\begin{cases}y_0=\alpha\\(1-hp_k/2)y_{k-1}+(-2+h^2q_k)y_k+(1+hp_k/2)y_{k+1}=h^2r_k\quad k=1,2,\cdots,n-1\\y_n=\beta\end{cases}$$

这是一个三对角线方程组，可以用追赶法求解。由这个方程组可以解出各离散点上的解函数值 $y(x_k)\approx y_k$。

【函数语句与形参说明】

```
void bound(int n,double t0,double tn,double y[],
```

```
void (* f)(double,double * ,double * ,double * ))
```

形参与函数类型	参数意义
int n	求解区间[a,b]的等分数
double t0	求解区间的左端点
double tn	求解区间的右端点
double y[n+1]	y[0]存放左端点边界值 $y(a)$,y[n+1]存放右端点边界值 $y(b)$。返回 $n+1$ 个等距离散点上的数值解
void (* f)()	指向计算二阶微分方程中的函数 $p(x)$、$q(x)$、$r(x)$值的函数名(由用户自编)
void bound()	过程

计算二阶微分方程中的函数 $p(x)$、$q(x)$、$r(x)$值的函数形式为

```
void  f(double x,double * p, double * q, double * r)
{
  * p =p(x)的表达式;
  * q =q(x)的表达式;
  * r =r(x)的表达式;
  return;
}
```

【函数程序】

```
//求解二阶边值问题差分法.cpp
#include <iostream>
#include <cmath>
using namespace std;
//n           积分区间的等分数
//t0          积分区间的左端点
//tn          积分区间的右端点
//y[n+1]      y[0]存放左端点边界值 y(a),y[n+1]存放右端点边界值 y(b)
//            返回 n+1 个等距离散点上的数值解
//f           指向计算 p(x),q(x),r(x)函数值的函数名
void bound(int n,double t0,double tn,double y[],
                    void (* f)(double,double * ,double * ,double * ))
{
    int k;
    double x, h, p, q, r, * a, * b, * c;
    void trid(int,double [],double [],double [],double []);
    a =new double[n+1];
    b =new double[n+1];
    c =new double[n+1];
    h = (tn -t0)/n;
    a[0] =0; b[0] =1; c[0] =0;
```

```
    for (k=1; k<=n-1; k++)          //构造三对角方程组
    {
        x =t0 +k * h;
        (* f)(x,&p, &q, &r);
        c[k] =h * p/2;
        a[k] =1 -c[k];
        c[k] =1 +c[k];
        b[k] =-2 +h * h * q;
        y[k] =h * h * r;
    }
    a[n] =0; b[n] =1; c[n] =0;
    trid(n+1, a, b, c, y);          //求解三对角方程组
    delete[] a; delete[] b; delete[] c;
    return;
}

//"追赶"法求解三对角方程组
void trid(int n,double a[],double b[],double c[],double d[])
{
    int k;
    for (k=0;k<=n-2;k++)
    {
        c[k] =c[k]/b[k];
        d[k] =d[k]/b[k];
        b[k+1] =b[k+1] -a[k+1] * c[k];
        d[k+1] =d[k+1] -a[k+1] * d[k];
    }
    d[n-1]=d[n-1]/b[n-1];
    for (k=n-2;k>=0;k--) d[k]=d[k]-c[k] * d[k+1];
    return;
}
```

【例】 用差分法求解下列二阶微分方程边值问题：

$$\begin{cases}(1+x^2)y''=6x-3+3y+xy' \\ y(0)=1, y(1)=2\end{cases}$$

求解区间为$[0,1]$，等分数 $n=10$（即步长 $h=0.1$）。其中

$$p(x)=-x/(1+x^2)$$
$$q(x)=-3/(1+x^2)$$
$$r(x)=(6x-3)/(1+x^2)$$

主函数程序以及计算二阶微分方程中的函数 $p(x)$、$q(x)$、$r(x)$值的函数程序如下：

```
//求解二阶边值问题差分法例
#include <iostream>
#include <cmath>
#include "求解二阶边值问题差分法.cpp"
```

```
using namespace std;
int main()
{
    int k;
    double y[11];
    void f(double, double * , double * ,double * );
    y[0] =1.0; y[10] =2.0;
    bound(10, 0.0, 1.0, y, f);
    for (k=0; k<11; k++)
        cout <<"x =" <<0.1 * k <<"     y =" <<y[k] <<endl;
    return 0;
}
//计算 p(x),q(x),r(x)函数值
void f(double t, double *p, double *q, double *r)
{
    *p =-t/(1+t*t);
    *q =-3/(1+t*t);
    *r =(6*t-3)/(1+t*t);
    return;
}
```

运行结果为

```
x = 0      y = 1
x = 0.1      y = 1.0009
x = 0.2      y = 1.00781
x = 0.3      y = 1.02673
x = 0.4      y = 1.06366
x = 0.5      y = 1.12462
x = 0.6      y = 1.21562
x = 0.7      y = 1.34264
x = 0.8      y = 1.51171
x = 0.9      y = 1.72883
x = 1      y = 2
```

8.15 求解二阶边值问题的试射法

【功能】

用试射法求二阶线性微分方程边值问题的数值解。

【方法说明】

试射法的基本思想是将边值问题转换成初值问题来求解。求解的过程实际上是根据边界条件来寻找与之等价的初始条件，然后用求解常微分方程初值问题的某种方法去求解。下面举例说明试射法求解微分方程边值问题的基本步骤。

考虑在区间$[a,b]$上的二阶常微分方程边值问题：

$$\begin{cases} y''=f(x,y,y') \\ y(a)=\alpha, y(b)=\beta \end{cases}$$

(1) 将二阶微分方程边值问题化成一阶微分方程组初值问题的形式。

首先将边值问题化成初值问题，即

$$\begin{cases} y''=f(x,y,y') \\ y(a)=\alpha, y'(a)=C \end{cases}$$

其中，C 是需要根据边界条件 $y(b)=\beta$ 来确定的参数。如果选定一个初值 C，并令

$$y'=z, y'(a)=C=z(a)$$

则该二阶微分方程初值问题变为一阶微分方程组

$$\begin{cases} z'=f(t,y,z), & z(a)=C \\ y'=z, & y(a)=\alpha \end{cases}$$

(2) 用求解微分方程组初值问题的方法来求解。

用欧拉方法或其他求解微分方程初值问题的方法，以 $h=\dfrac{b-a}{n}$ 为步长，$y_0=y(a)=\alpha$ 以及 $z_0=y'(a)=C$，逐步递推，最后计算出 $y(b)=y(x_n)$ 的近似值 y_n。

(3) 将 y_n 值与 $y(b)=\beta$ 这个目标值进行比较。如果 y_n 与 β 很接近，即已经满足精度要求，则二阶微分方程边值问题的数值解为 $y_0=\alpha, y_1, y_2, \cdots, y_n \approx \beta$。如果不满足精度要求，则需要调整 C 的值，转(2)。这个过程一直进行到满足精度要求为止。

由以上步骤可以看出，参数 C 是可选的，因此，当数值解进行到另一个边界 $x=b$ 时，必须满足在这一边界上的条件，即 $y(b)=\beta$。试射法是以迭代过程为基础，由此来搜索 C 的近似值，以便满足原问题中的条件。

在本函数中直接调用了欧拉方法求解二阶微分方程初值问题的函数，而在求解二阶微分方程初值问题的这个函数中，又调用了变步长欧拉方法积分一步一阶微分方程组的函数。

【函数语句与形参说明】

```
double  shoot(int n, double a, double b, double eps, double y[],
            double (* f)(double,double,double))
```

形参与函数类型	参数意义
int　n	积分区间的等分数
double　a	积分区间的左端点
double　b	积分区间的右端点
double　eps	控制精度要求
double　y[n+1]	y[0]存放左端点边界值 $y(a)$，y[n]存放右端点边界值 $y(b)$。返回 $n+1$ 个等距离散点上的数值解
double　(* f)()	指向计算二阶常微分方程右端函数 $f(t,y,y')$ 值的函数名(由用户自编)
double　shoot()	函数返回 y 在左端点处的一阶导数值

计算二阶微分方程右端函数 $f(t,y,y')$ 值的函数形式为

```
double  f(double t,double y,double z)
{ double s;
```

```
    s = f(t,y,y')的表达式;
    return(s);
  }
```

【函数程序】

```
//求解二阶边值问题试射法.cpp
#include <iostream>
#include <cmath>
#include "求解二阶初值 Euler 方法.cpp"
using namespace std;
//n          积分区间的等分数
//a          积分区间的左端点
//b          积分区间的右端点。要求 b>a
//eps        控制精度要求
//y[n+1]     y[0]存放左端点边界值 y(a),y[n]存放右端点边界值 y(b)
//           返回 n+1 个等距离散点上的数值解
//f          指向计算二阶常微分方程右端函数 f(t,y,z)值的函数名
//函数返回 y 在左端点处的一阶导数值
double  shoot(int n, double a, double b, double eps, double y[],
            double (*f)(double,double,double))
{
    int k;
    double h, x, yy, zz, z, zz1, zz2, y0, yn, p;
    h = (b-a)/n; y0 =y[0]; yn =y[n];
    z =0.0;
    yy =y[0]; zz =z;                           //取函数 y 的初值与一阶导数初值
    for (k=0; k<n; k++)                        //计算 n 个等距离散点上的数值解
    {
        x =a +k*h;
        euler2(x,h,&yy,&zz,eps,f);             //Euler 法求解二阶初值变步长积分一步
        y[k+1] =yy;
    }
    if (y[n]-yn >0)                            //若终点数值解值>终点边界值
    {
        zz2 =z;
        do
        {
        zz =zz2 -0.1;                          //函数 y 的一阶导数初值缩小
        yy =y[0];                              //函数 y 初值
        for (k=0; k<n; k++)                    //计算 n 个等距离散点上的数值解
        {
            x =a +k*h;
            euler2(x,h,&yy,&zz,eps,f);
            y[k+1] =yy;
```

```
            }
            if (y[n]-yn >0) zz2 =zz2 -0.1;     //保留缩小后的值
        }while (y[n]-yn >0);
        zz1 =zz2 -0.1;                         //保留一阶导数初值的下限
    }
    else
    {
        zz1 =z;
        do
        {
            zz =zz1 +0.1;                      //函数 y 的一阶导数初值增加
            yy =y[0];                          //函数 y 初值
            for (k=0; k<n; k++)                //计算 n 个等距离散点上的数值解
            {
                x =a +k * h;
                euler2(x,h,&yy,&zz,eps,f);
                y[k+1] =yy;
            }
            if (y[n]-yn <0) zz1 =zz1 +0.1;     //保留增加后的值
        }while (y[n]-yn <0);
        zz2 =zz1 +0.1;                         //保留一阶导数初值的上限
    }
    do                                         //对分搜索
    {
        zz = (zz1 +zz2)/2;
        z =zz;
        yy =y[0];                              //函数 y 初值
        for (k=0; k<n; k++)                    //计算 n 个等距离散点上的数值解
        {
            x =a +k * h;
            euler2(x,h,&yy,&zz,eps,f);
            y[k+1] =yy;
        }
        p =fabs(zz1-zz2);
        if (y[n]-yn >0)  zz2 =z;
        else  zz1 =z;
    }while (p >0.0000001);
    return(z);
}
```

【例】

1. 设二阶微分方程边值问题为

$$\begin{cases} y''=t+y \\ y(0)=0, y(1)=1 \end{cases}$$

其中 $a=0, b=1$，取 $n=10, \varepsilon=0.000\,000\,1$。用试射法求各离散点上的未知函数的函数近

似值。

主函数程序以及计算二阶微分方程右端函数值的函数程序如下：

```
//求解二阶边值问题试射法例 1
#include <iostream>
#include <cmath>
#include "求解二阶边值问题试射法.cpp"
using namespace std;
int main()
{
    int k;
    double dy0, y[11], f(double,double,double);
    y[0] =0.0;  y[10] =1.0;
    dy0 =shoot(10, 0.0, 1.0, 0.0000001, y, f);
    cout <<"初始斜率 =" <<dy0 <<endl;
    for (k=0; k<11; k++)
        cout <<"x =" <<0.1 * k <<"     y =" <<y[k] <<endl;
    return 0;
}
//计算二阶微分方程右端函数值
double  f(double t, double y, double z)
{
    double d;
    d =t +y;
    return(d);
}
```

运行结果为

```
初始斜率 = 0.701836
x = 0     y = 0
x = 0.1     y = 0.0704675
x = 0.2     y = 0.142641
x = 0.3     y = 0.218244
x = 0.4     y = 0.299034
x = 0.5     y = 0.386819
x = 0.6     y = 0.48348
x = 0.7     y = 0.590985
x = 0.8     y = 0.711411
x = 0.9     y = 0.846963
x = 1     y = 1
```

2. 设二阶微分方程边值问题为

$$\begin{cases}(1+x^2)y''=6x-3+3y+xy' \\ y(0)=1, y(1)=2\end{cases}$$

其中 $a=0, b=1$，取 $n=10, \varepsilon=0.000\,000\,1$。用试射法求各离散点上的未知函数的函数近似值。其中二阶微分方程右端函数为

$$f(t,y,y')=\frac{6t-3+3y+ty'}{1+t^2}$$

主函数程序以及计算二阶微分方程右端函数值的函数程序如下：

```
//求解二阶边值问题试射法例 2
```

```
#include <iostream>
#include <cmath>
#include "求解二阶边值问题试射法.cpp"
using namespace std;
int main()
{
    int k;
    double dy0, y[11], f(double,double,double);
    y[0] =1.0;  y[10] =2.0;
    dy0 =shoot(10, 0.0, 1.0, 0.0000001, y, f);
    cout <<"初始斜率 =" <<dy0 <<endl;
    for (k=0; k<11; k++)
        cout <<"x =" <<0.1 * k <<"     y =" <<y[k] <<endl;
    return 0;
}
//计算二阶微分方程右端函数值
double  f(double t, double y, double z)
{
    double d;
    d = (6 * t-3.0+t * z+3 * y)/(1.0+t * t);
    return(d);
}
```

运行结果为

```
初始斜率 = -4.76837e-008
x = 0      y = 1
x = 0.1      y = 1.001
x = 0.2      y = 1.008
x = 0.3      y = 1.027
x = 0.4      y = 1.064
x = 0.5      y = 1.125
x = 0.6      y = 1.216
x = 0.7      y = 1.343
x = 0.8      y = 1.512
x = 0.9      y = 1.729
x = 1      y = 2
```

8.16 求解二阶边值问题的连分式法

【功能】

用连分式法求二阶线性微分方程边值问题的数值解。

【方法说明】

对于二阶常微分方程边值问题：

$$\begin{cases} y''=f(x,y,y'),a\leqslant x\leqslant b \\ y(a)=\alpha,y(b)=\beta \end{cases}$$

可以化成一阶微分方程组初值问题的形式。即

$$\begin{cases} z'=f(t,y,z), & z(a)=C \\ y'=z, & y(a)=\alpha \end{cases}$$

其中，C 是需要根据边界条件 $y(b)=\beta$ 来确定的参数。

如果选定一个初值 C，利用欧拉方法，对于每一步采用连分式法求解，最后计算出 $y(b)=y(x_n)$ 的近似值 y_n。将 y_n 与 $y(b)=\beta$ 这个目标值进行比较。如果 y_n 与 β 很接近，即已经满足精度要求，则二阶微分方程边值问题的数值解为 $y_0=\alpha, y_1, y_2, \cdots, y_n\approx\beta$。如果不满足精度要求，则需要调整 C 的值。这个过程一直做到满足精度要求为止。

由此可见，将二阶常微分方程边值问题化成一阶微分方程组初值问题后，用一阶微分方程组初值问题的求解方法（如变步长欧拉方法）得到的数值解中，使用不同的近似于未知函数一阶导数初值的 C 值，所得到的区间终点数值解 y_n 也是不同的。因此，可以把 y_n 看成是 C 的函数，即

$$y_n=W(C)$$

且满足

$$\lim_{C\to y'(a)} W(C)=y(a)=\beta$$

以上确定 C 的过程如下所示。

$z(a)=C$　即$z_0=C$
$y(a)=\alpha$　即$y_0=\alpha$
$C_{终}$
欧拉方法求解
$\begin{cases} z'=f(t,y,z), z(a)=C \\ y'=z, y(a)=\alpha \end{cases}$
$y_n=W(C)$
$y_0, y_1, \cdots, y_n$
$y_0, y_1, \cdots, y_n=\beta$

为了减少调整 C 的次数，可以采用连分式的方法。设 $y_n=W(C)$ 的反函数为

$$C=F(y_n)$$

通过各试验值点 $(y_n^{(j)}, c^{(j)})(j=0,1,2,\cdots)$，构造 $C=F(y_n)$ 的连分式函数

$$C=F(y_n)=b_0+\cfrac{y_n-y_n^{(0)}}{b_1+\cfrac{y_n-y_n^{(1)}}{b_2+\cdots+\cfrac{y_n-y_n^{(j-1)}}{b_j+\cdots}}}$$

则有

$$y'(a)=C_{终}=F(\beta)=b_0+\cfrac{\beta-y_n^{(0)}}{b_1+\cfrac{\beta-y_n^{(1)}}{b_2+\cdots+\cfrac{\beta-y_n^{(j-1)}}{b_j+\cdots}}}$$

以此为未知函数一阶导数初值，每一步利用变步长欧拉方法求解一阶微分方程组所得的数值解就是二阶微分方程边值问题的数值解。

用连分式法计算二阶微分方程边值问题数值解的步骤如下。

首先将二阶常微分方程边值问题

$$\begin{cases} y''=f(x,y,y'), a\leqslant x\leqslant b \\ y(a)=\alpha, y(b)=\beta \end{cases}$$

化成一阶微分方程组初值问题

$$\begin{cases} z'=f(t,y,z), z(a)=C \\ y'=z, y(a)=\alpha \end{cases}$$

取 $h=(b-a)/n$。

取初值 $c_0=0$，以 c_0 作为未知函数的一阶导数初值，用求解二阶初值问题的连分式法计算数值解 $y_0^{(0)},y_1^{(0)},\cdots,y_n^{(0)}$。

根据数据点$(c_0,y_n^{(0)})$，确定 0 节函数连分式

$$F(y_n)=b_0$$

其中 $b_0=c_0$

取第二个初值 $c_1=0.1$，以 c_1 作为未知函数的一阶导数初值，用求解二阶初值问题的连分式法计算数值解 $y_0^{(1)},y_1^{(1)},\cdots,y_n^{(1)}$。

根据数据点$(c_1,y_n^{(1)})$，确定函数连分式新增一节的部分分母 b_1。此时得到 1 节函数连分式

$$F(y_n)=b_0+\frac{y_n-y_n^{(0)}}{b_1}$$

对于 $j=2,3,\cdots$做如下迭代。

(1) 计算新的迭代值，即

$$c_j=b_0+\cfrac{\beta-y_n^{(0)}}{b_1+\cfrac{\beta-y_n^{(1)}}{b_2+\cdots+\cfrac{\beta-y_n^{(j-2)}}{b_{j-1}}}}$$

(2) 以 c_j 作为未知函数的一阶导数初值，用求解二阶初值问题的连分式法计算数值解 $y_0^{(j)},y_1^{(j)},\cdots,y_n^{(j)}$。

此时若$|c_j-c_{j-1}|<\varepsilon$，则 c_j 作为未知函数的一阶导数初值，用求解二阶初值问题的连分式法计算得到的数值解 $y_0^{(j)},y_1^{(j)},\cdots,y_n^{(j)}$ 即为二阶微分方程边值问题的满足精度要求的数值解。否则继续。

(3) 根据数据点$(c_j,y_n^{(j)})$，确定函数连分式新增一节的部分分母 b_j。此时得到 j 节函数连分式

$$F(y_n)=b_0+\cfrac{y_n-y_n^{(0)}}{b_1+\cfrac{y_n-y_n^{(1)}}{b_2+\cdots+\cfrac{y_n-y_n^{(j-1)}}{b_j+\cdots}}}$$

然后转(1)继续迭代。

上述过程一直做到满足精度要求为止。

在实际迭代过程中，一般做到 7 节连分式为止，如果此时还不满足精度要求，则用最后得到的迭代值作为初值 c_0 重新开始迭代。

【函数语句与形参说明】

```
double pqshoot(int n, double a, double b, double eps, double y[],
            double (*f)(double,double,double))
```

形参与函数类型	参数意义
int n	求解区间$[a,b]$的等分数

续表

形参与函数类型	参数意义
double a	求解区间的左端点
double b	求解区间的右端点。要求 $b>a$
double eps	控制精度要求
double y[n+1]	y[0]存放左端点边界值 $y(a)$，y[n]存放右端点边界值 $y(b)$。返回 $n+1$ 个等距离散点上的数值解
void (*f)()	指向计算二阶微分方程右端函数 $f(t,y,y')$ 值的函数名（由用户自编）
double pqshoot()	函数返回 y 在左端点处的一阶导数值

计算二阶微分方程右端函数值 $f(t,y,y')$ 的函数形式为

```
double  f(double t, double y, double z)
{
    double d;
    d =f(t,y,y')的表达式;
    return(d);
}
```

【函数程序】

```
//求解二阶边值问题连分式法.cpp
#include <iostream>
#include <cmath>
#include "求解二阶初值连分式法.cpp"
using namespace std;
//n          积分区间的等分数
//a          积分区间的左端点
//b          积分区间的右端点。要求 b>a
//eps        控制精度要求
//y[n+1]     y[0]存放左端点边界值 y(a),y[n]存放右端点边界值 y(b)
//           返回 n+1 个等距离散点上的数值解
//f          指向计算二阶常微分方程右端函数 f(t,y,z)值的函数名
//函数返回 y 在左端点处的一阶导数值
double pqshoot(int n, double a, double b, double eps, double y[],
                double (* f)(double,double,double))
{
    int i,j,il,flag;
    double * zz, * yn, * bb,y0,z0,t,h;
    bb=new double[10];
    zz=new double[10];
    yn=new double[10];
    h= (b-a)/n;
    il=0; z0=0.0; flag=0;
```

```
    while ((il<20)&&(flag==0))
    {
        il=il+1;
        j=0;
        zz[0]=z0; t=a; y0=y[0];
        for (i=1; i<=n; i++)                      //计算 yn[0]
        {
            pqeuler2(t,h,&y0,&z0,eps,f);
            t=t+h;
        }
        yn[0]=y0;
        bb[0]=zz[0];                              //计算 bb[0]
        j=1;
        zz[1]=zz[0]+0.1;  z0=zz[1]; t=a;  y0=y[0];
        for (i=1; i<=n; i++)                      //计算 yn[1]
        {
            pqeuler2(t,h,&y0,&z0,eps,f);
            t=t+h;
        }
        yn[1]=y0;
        while (j<=7)
        {
            funpqj(yn,zz,bb,j);                   //计算 bb[j]
            zz[j+1]=funpqv(yn,bb,j,y[n]);         //计算 zz[j+1]
            z0=zz[j+1]; t=a;  y0=y[0];
            for (i=1; i<=n; i++)                  //计算 yn[j+1]
            {
                pqeuler2(t,h,&y0,&z0,eps,f);
                if (i<n) y[i]=y0;
                t=t+h;
            }
            yn[j+1]=y0;
            z0=zz[j+1];
            if (fabs(yn[j+1]-y[n])>=eps) j=j+1;
            else j=10;
        }
        if (j==10) flag=1;
    }
    delete[] bb; delete[] zz; delete[] yn;
    return(z0);
}
```

【例】

1. 设二阶微分方程边值问题为

$$\begin{cases} y''=t+y \\ y(0)=0,y(1)=1 \end{cases}$$

其中 $a=0,b=1$，取 $n=10,\varepsilon=0.000\,000\,1$。用连分式法求各离散点上的未知函数的函数近似值。

主函数程序以及计算二阶微分方程右端函数值的函数程序如下：

```
//求解二阶边值问题连分式法例 1
#include <iostream>
#include <cmath>
#include "求解二阶边值问题连分式法.cpp"
using namespace std;
int main()
{
    int k;
    double dy0, y[11], f(double,double,double);
    y[0] =0.0;   y[10] =1.0;
    dy0 =pqshoot(10, 0.0, 1.0, 0.0000001, y, f);
    cout <<"初始斜率 =" <<dy0 <<endl;
    for (k=0; k<11; k++)
        cout <<"x =" <<0.1 * k <<"      y =" <<y[k] <<endl;
    return 0;
}
//计算二阶微分方程右端函数值
double  f(double t, double y, double z)
{
    double d;
    d =t +y;
    return(d);
}
```

运行结果为

```
初始斜率 = 0.701836
x = 0     y = 0
x = 0.1     y = 0.0704674
x = 0.2     y = 0.142641
x = 0.3     y = 0.218244
x = 0.4     y = 0.299033
x = 0.5     y = 0.386819
x = 0.6     y = 0.48348
x = 0.7     y = 0.590985
x = 0.8     y = 0.711411
x = 0.9     y = 0.846963
x = 1     y = 1
```

2. 设二阶微分方程边值问题为

$$\begin{cases}(1+x^2)y''=6x-3+3y+xy'\\ y(0)=1,y(1)=2\end{cases}$$

其中 $a=0,b=1$，取 $n=10,\varepsilon=0.000\,000\,1$。用连分式法求各离散点上的未知函数的函数近似值。其中二阶微分方程右端函数为

$$f(t,y,y')=\frac{6t-3+3y+ty'}{1+t^2}$$

主函数程序以及计算二阶微分方程右端函数值的函数程序如下：

```
//求解二阶边值问题连分式法例 2
#include <iostream>
#include <cmath>
#include "求解二阶边值问题连分式法.cpp"
using namespace std;
int main()
{
    int k;
    double dy0, y[11], f(double,double,double);
    y[0] =1.0;  y[10] =2.0;
    dy0 =pqshoot(10, 0.0, 1.0, 0.0000001, y, f);
    cout <<"初始斜率 =" <<dy0 <<endl;
    for (k=0; k<11; k++)
        cout <<"x =" <<0.1 * k <<"     y =" <<y[k] <<endl;
    return 0;
}
//计算二阶微分方程右端函数值
double  f(double t, double y, double z)
{
    double d;
    d = (6 * t-3.0+t * z+3 * y)/(1.0+t * t);
    return(d);
}
```

运行结果为

```
初始斜率 = 1.89882e-009
x = 0      y = 1
x = 0.1      y = 1.001
x = 0.2      y = 1.008
x = 0.3      y = 1.027
x = 0.4      y = 1.064
x = 0.5      y = 1.125
x = 0.6      y = 1.216
x = 0.7      y = 1.343
x = 0.8      y = 1.512
x = 0.9      y = 1.729
x = 1      y = 2
```

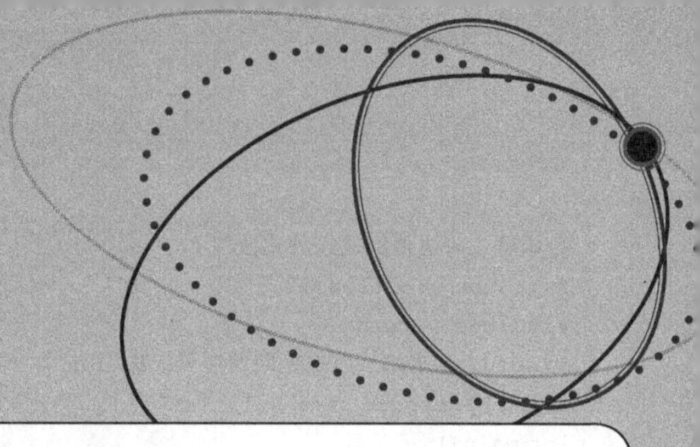

第9章 数据处理

9.1 随机样本分析

【功能】

根据给定的一维随机样本，要求：

(1) 计算算术平均值、方差与标准差。

(2) 按高斯分布计算出在各给定区间上近似的理论样本点数。

(3) 输出经验直方图。

【方法说明】

设给定随机变量 x 的 n 个样本点值为 $x_i(i=0,1,\cdots,n-1)$。

(1) 计算样本参数值。

随机样本算术平均值

$$\bar{x}=\sum_{i=0}^{n-1}x_i/n$$

样本的方差

$$s=\sum_{i=0}^{n-1}(x_i-\bar{x})^2/n$$

样本标准差

$$t=\sqrt{s}$$

(2) 按高斯分布计算出给定各区间上的近似理论样本点数。

设随机变量 x 的起始值为 x_0，区间长度为 h，则第 i 个区间的中点为

$$x_i^*=x_0+(i-0.5)h,\quad i=1,2,\cdots$$

在第 i 个区间上，按高斯分布所应有的近似理论样本点数为

$$F_i=\frac{\pi}{\sqrt{2\pi s}}\exp\left(-\frac{(x_i^*-\bar{x})^2}{2s}\right)h$$

(3) 输出经验直方图。

在直方图上方输出样本点数 n，直方图中随机变量起始值 x_0，随机变量区间长度值 h，

直方图中区间总数 m，随机变量样本的算术平均值 $\bar{x}$、方差 s 与标准差 t。

在输出的直方图中，左起第一列为从小到大输出各区间的中点值，第二列输出随机样本中落在对应区间中的实际点数。

右边是直方图本身。各区间对应行上的符号 X 的个数代表样本中随机变量值落在该区间中的点数，而 * 号所占的序数则为按高斯分布计算得到的近似理论点数。

在直方图的下方输出直方图的比例 k。即在直方图中，每一个符号表示 k 个点。

【函数语句与形参说明】

```
void rhis(int n, double x[], int m, double x0, double h,
        int g[], int q[], double dt[3], int k)
```

形参与函数类型	参数意义
int n	随机样本点数
double x[n]	存放随机变量的 n 个样本点值
int m	直方图中区间总数
double x0	直方图中随机变量的起始值
double h	直方图中随机变量等区间长度值
int g[m]	返回 m 个区间的按高斯分布所应有的近似理论样本点数
int q[m]	返回落在 m 个区间中每一个区间上的随机样本实际点数
double dt[3]	dt[0]返回随机样本的算术平均值；dt[1]返回随机样本的方差；dt[2]返回随机样本的标准差
int k	标志。若 $k=0$，表示不需要输出直方图；若 $k=1$，表示需要输出直方图
void rhis()	过程

【函数程序】

```
//随机样本分析.cpp
#include <iostream>
#include <cmath>
#include <iomanip>
using namespace std;
//n          随机样本点数
//x[n]       存放随机变量的 n 个样本点值
//m          直方图中区间总数
//x0         直方图中随机变量的起始值
//h          直方图中随机变量等区间长度值
//g[m]       返回 m 个区间的按高斯分布所应有的近似理论样本点数
//q[m]       返回落在 m 个区间中每一个区间上的随机样本实际点数
//dt[3]      dt[0]返回随机样本的算术平均值
//           dt[1]返回随机样本的方差,dt[2]返回随机样本的标准差
```

```
//k          k=0 表示不需要输出直方图；k=1 表示需要输出直方图
void rhis(int n, double x[], int m, double x0, double h,
          int g[], int q[], double dt[3], int k)
{
    int i,j,kk,z;
    double s;
    char a[50];
    dt[0]=0.0;
    for(i=0; i<=n-1; i++)                    //随机样本的算术平均值
        dt[0]=dt[0]+x[i]/n;
    dt[1]=0.0;
    for(i=0; i<=n-1; i++)
        dt[1]=dt[1]+(x[i]-dt[0])*(x[i]-dt[0]);
    dt[1]=dt[1]/n;                           //随机样本的方差
    dt[2]=sqrt(dt[1]);                       //随机样本的标准差
    for(i=0; i<=m-1; i++)                    //按高斯分布所应有的近似理论样本点数
    { q[i]=0;
      s=x0+(i+0.5)*h-dt[0];
      s=exp(-s*s/(2.0*dt[1]));
      g[i]=(int)(n*s*h/(dt[2]*2.5066));
    }
    s=x0+m*h;
    for(i=0; i<=n-1; i++)                    //落在每一个区间上的随机样本实际点数
    if((x[i]-x0)>=0.0)
        if((s-x[i])>=0.0)
        {
            j=(int)((x[i]-x0)/h);
            q[j]=q[j]+1;
        }
    if(k==0) return;                         //不需要输出直方图
    cout <<"n=" <<n <<endl;
    cout <<"随机变量起始值 x0=" <<x0 <<endl;
    cout <<"随机变量区间长度 h=" <<h <<endl;
    cout <<"直方图中区间总数 m=" <<m <<endl;
    cout <<"样本算术平均值=" <<dt[0] <<endl;
    cout <<"样本的方差=" <<dt[1] <<endl;
    cout <<"样本的标准差=" <<dt[2] <<endl;
    kk=1; z=0;
    for(i=0; i<=m-1; i++)
        if(q[i]>z) z=q[i];
    while(z>50) { z=z/2; kk=2*kk;}           //kk 为比例系数
    cout <<"区间中点   实际点数   直方图" <<endl;
    for(i=0; i<=m-1; i++)
    {
```

```
        s=x0+(i+0.5)*h;                    //区间中点值
        for(j=0; j<=49; j++) a[j]=' ';
        j=q[i]/kk;
        for(z=0; z<=j-1; z++) a[z]='X';    //实际点位置符号
        j=g[i]/kk;
        if((j>0)&&(j<50)) a[j]='*';        //理论点数位置符号
        cout <<setw(8) <<s <<setw(10) <<q[i] <<"   ";
        for(j=0; j<=49; j++) cout <<a[j];
        cout <<endl;
    }
    cout <<"比例  1 : " <<kk <<endl;
    return;
}
```

【例】 1. 给定随机变量的 100 个样本点(参看主函数程序),输出直方图。其中 $x0=192,h=2,m=10,k\neq 0$。

主函数程序如下：

```
//随机样本分析例 1
#include <iostream>
#include <cmath>
#include "随机样本分析.cpp"
using namespace std;
int main()
{
int n,m,k,g[10],q[10];
    double dt[3],x0,h;
    double x[100]={
            193.199,195.673,195.757,196.051,196.092,196.596,
            196.579,196.763,196.847,197.267,197.392,197.477,
            198.189,193.850,198.944,199.070,199.111,199.153,
            199.237,199.698,199.572,199.614,199.824,199.908,
            200.188,200.160,200.243,200.285,200.453,200.704,
            200.746,200.830,200.872,200.914,200.956,200.998,
            200.998,201.123,201.208,201.333,201.375,201.543,
            201.543,201.584,201.711,201.878,201.919,202.004,
            202.004,202.088,202.172,202.172,202.297,202.339,
            202.381,202.507,202.591,202.716,202.633,202.884,
            203.051,203.052,203.094,203.094,203.177,203.178,
            203.219,203.764,203.765,203.848,203.890,203.974,
            204.184,204.267,204.352,204.352,204.729,205.106,
            205.148,205.231,205.357,205.400,205.483,206.070,
            206.112,206.154,206.155,206.615,206.657,206.993,
            207.243,207.621,208.124,208.375,208.502,208.628,
            208.670,208.711,210.012,211.394};
```

```
    n=100; m=10; x0=192.0; h=2.0; k=1;
    rhis(n,x,m,x0,h,g,q,dt,k);
return 0;
}
```

运行结果为

```
n = 100
随机变量起始值 x0 = 192
随机变量区间长度 h = 2
直方图中区间总数 m = 10
样本算术平均值 = 202.23
样本的方差 = 12.9867
样本的标准差 = 3.60371
区间中点   实际点数    直方图
     193          2   XX
     195          2   XX*
     197          9   XXXXXXX*X
     199         11   XXXXXXXXXXX    *
     201         23   XXXXXXXXXXXXXXXXXXXX*XX
     203         25   XXXXXXXXXXXXXXXXXXXXX*XXX
     205         11   XXXXXXXXXXX      *
     207          9   XXXXXXXX*
     209          6   XXX*XX
     211          2   X*
比例  1 : 1
```

2. 产生 500 个均值为 100、方差为 2.25 的正态分布随机数(参看第 1 章产生随机数类),输出直方图。其中 $x0=91,h=2,m=10,k\neq0$。

主函数程序如下:

```
//随机样本分析例 2
#include <iostream>
#include <cmath>
#include "产生随机数类.h"
#include "随机样本分析.cpp"
using namespace std;
int main()
{
int n,m,k,j,g[10],q[10];
    double dt[3],x0,h;
    double x[500];
RND p;
p=RND(1.0);
//产生 500 个均值为 100、方差为 2.25 的正态分布随机数
for(j=0; j<500; j++)
    x[j]=p.rndg(100.0, 1.5);
n=500; m=10; x0=91.0; h=2.0; k=1;
rhis(n,x,m,x0,h,g,q,dt,k);
return 0;
}
```

运行结果为

```
n = 500
随机变量起始值 x0 = 91
随机变量区间长度 h = 2
直方图中区间总数 m = 10
样本算术平均值 = 100.042
样本的方差 = 2.31056
样本的标准差 = 1.52005
区间中点  实际点数    直方图
     92         0
     94         0
     96         8   X
     98       121   XXXXXXXXXXXXXX*X
    100       242   XXXXXXXXXXXXXXXXXXXXXXXXXXXXXXXX  *
    102       118   XXXXXXXXXXXXXXX*
    104        10   X*
    106         1
    108         0
    110         0
比例  1 : 8
```

9.2　一元线性回归分析

【功能】

给定 n 个数据点$(x_k,y_k)(k=0,1,\cdots,n-1)$,用直线 $y=ax+b$ 做回归分析。

【方法说明】

设随机变量 y 随自变量 x 变化。给定 n 组观测数据$(x_k,y_k)(k=0,1,\cdots,n-1)$,用直线 $y=ax+b$ 做回归分析。其中 a,b 为回归系数。

为确定回归系数 a 与 b,通常采用最小二乘法,即要使

$$Q=\sum_{i=0}^{n-1}[y_i-(ax_i+b)]^2$$

达到最小。根据极值原理,a 与 b 应满足下列方程:

$$\frac{\partial Q}{\partial a}=2\sum_{i=0}^{n-1}[y_i-(ax_i+b)](-x_i)=0$$

$$\frac{\partial Q}{\partial b}=2\sum_{i=0}^{n-1}[y_i-(ax_i+b)](-1)=0$$

解得

$$a=\frac{\sum_{i=0}^{n-1}(x_i-\bar{x})(y_i-\bar{y})}{\sum_{i=0}^{n-1}(x_i-\bar{x})^2}$$

$$b=\bar{y}-a\bar{x}$$

其中

$$\bar{x}=\sum_{i=0}^{n-1}x_i/n,\bar{y}=\sum_{i=0}^{n-1}y_i/n$$

最后可以计算出以下几个量。

偏差平方和　$q=\sum_{i=0}^{n-1}[y_i-(ax_i+b)]^2$

平均标准偏差 $s=\sqrt{\dfrac{q}{n}}$

回归平方和 $p=\sum_{i=0}^{n-1}[(ax_i+b)-\bar{y}]^2$

最大偏差 $\text{umax}=\max\limits_{0\leqslant i\leqslant n-1}|y_i-(ax_i+b)|$

最小偏差 $\text{umin}=\min\limits_{0\leqslant i\leqslant n-1}|y_i-(ax_i+b)|$

偏差平均值 $u=\dfrac{1}{n}\sum_{i=0}^{n-1}|y_i-(ax_i+b)|$

【函数语句与形参说明】

```
void sqt1(int n, double x[], double y[], double a[2], double dt[6])
```

形参与函数类型	参数意义
int n	观测点数
double x[n]	存放自变量 x 的 n 个取值
double y[n]	存放与自变量 x 的 n 个取值相对应的随机变量 y 的观测值
double a[2]	a[0]返回回归系数 b，a[1]返回回归系数 a
double dt[6]	dt[0]返回偏差平方和 q，dt[1]返回平均标准偏差 s，dt[2]返回回归平方和 p，dt[3]返回最大偏差 u_{max}，dt[4]返回最小偏差 u_{min}，dt[5]返回偏差平均值 u
void sqt1()	过程

【函数程序】

```
//一元线性回归分析.cpp
#include <iostream>
#include <cmath>
using namespace std;
//n                 观测点数
//x[n],y[n]         分别存放n个观测点的自变量值与观测值
//a[2]              返回回归系数。a[1]为一次项系数,a[0]为常数项
//dt[6]             dt[0]返回偏差平方和
//                  dt[1]返回平均标准偏差
//                  dt[2]返回回归平方和
//                  dt[3]返回最大偏差
//                  dt[4]返回最小偏差
//                  dt[5]返回偏差平均值
void sqt1(int n, double x[], double y[], double a[2], double dt[6])
{
int i;
    double xx,yy,e,f,q,u,p,umax,umin,s;
    xx=0.0; yy=0.0;
    for(i=0; i<=n-1; i++)
```

```
    {
        xx=xx+x[i]/n; yy=yy+y[i]/n;
    }
    e=0.0; f=0.0;
    for(i=0; i<=n-1; i++)
    {
        q=x[i]-xx; e=e+q*q;
        f=f+q*(y[i]-yy);
    }
    a[1]=f/e; a[0]=yy-a[1]*xx;
    q=0.0; u=0.0; p=0.0;
    umax=0.0; umin=1.0e+30;
    for(i=0; i<=n-1; i++)
    {
        s=a[1]*x[i]+a[0];
        q=q+(y[i]-s)*(y[i]-s);
        p=p+(s-yy)*(s-yy);
        e=fabs(y[i]-s);
        if(e>umax) umax=e;
        if(e<umin) umin=e;
        u=u+e/n;
    }
    dt[1]=sqrt(q/n);
    dt[0]=q; dt[2]=p;
    dt[3]=umax; dt[4]=umin; dt[5]=u;
    return;
}
```

【例】 给定 11 个观测值如下：

x	0.0	0.1	0.2	0.3	0.4	0.5	0.6	0.7	0.8	0.9	1.0
y	2.75	2.84	2.965	3.01	3.20	3.25	3.38	3.43	3.55	3.66	3.74

求回归系数 a 与 b、偏差平方和 q、平均标准偏差 s、回归平方和 p、最大偏差 u_{max}、最小偏差 u_{min}、偏差平均值 u。

主函数程序如下：

```
//一元线性回归分析例
#include <iostream>
#include <cmath>
#include "一元线性回归分析.cpp"
using namespace std;
int main()
{
double dt[6],a[2];
    double x[11]={ 0.0,0.1,0.2,0.3,0.4,0.5,
```

```
                        0.6,0.7,0.8,0.9,1.0};
    double y[11]={ 2.75,2.84,2.965,3.01,3.20,
                        3.25,3.38,3.43,3.55,3.66,3.74};
    sqt1(11,x,y,a,dt);
    cout <<"回归系数 :  " <<"a=" <<a[1] <<"    b=" <<a[0] <<endl;
    cout <<"偏差平方和=" <<dt[0] <<endl;
    cout <<"平均标准偏差=" <<dt[1] <<endl;
    cout <<"回归平方和=" <<dt[2] <<endl;
    cout <<"最大偏差=" <<dt[3] <<endl;
    cout <<"最小偏差=" <<dt[4] <<endl;
    cout <<"偏差平均值=" <<dt[5] <<endl;
    return 0;
}
```

运行结果为

```
回归系数 :  a = 1.00045    b = 2.75205
偏差平方和 = 0.00586795
平均标准偏差 = 0.0230965
回归平方和 = 1.101
最大偏差 = 0.0477727
最小偏差 = 0.00204545
偏差平均值 = 0.0174298
```

9.3 多元线性回归分析

【功能】

根据随机变量 y 及自变量 $x_0,x_1,\cdots,x_{m-1}$ 的 n 组观测值 $(x_{0k},x_{1k},\cdots,x_{m-1,k},y_k)(k=0,1,\cdots,n-1)$ 做线性回归分析。

【方法说明】

设随机变量 y 及 m 个自变量 $x_0,x_1,\cdots,x_{m-1}$。给定 n 组观测值 $(x_{0k},x_{1k},\cdots,x_{m-1,k},y_k)$ $(k=0,1,\cdots,n-1)$，用线性表达式

$$y=a_0x_0+a_1x_1+\cdots+a_{m-1}x_{m-1}+a_m$$

对观测数据进行回归分析。其中 a_0，a_1，$\cdots$，a_{m-1}，a_m 为回归系数。

与一元线性回归分析一样（见9.2节的方法说明），根据最小二乘原理，为使

$$q=\sum_{i=9}^{n-1}[y_i-(a_0x_{0i}+a_1x_{1i}+\cdots+a_{m-1}x_{m-1,i}+a_m)]^2$$

达到最小，回归系数 $a_0,a_1,\cdots,a_{m-1},a_m$ 应满足下列方程组

$$(\boldsymbol{C}\boldsymbol{C}^{\mathrm{T}})\begin{bmatrix}a_0\\a_1\\a_2\\\vdots\\a_{m-1}\\a_m\end{bmatrix}=\boldsymbol{C}\begin{bmatrix}y_0\\y_1\\y_2\\\vdots\\y_{n-2}\\y_{n-1}\end{bmatrix}$$

其中

$$C = \begin{bmatrix} x_{00} & x_{01} & x_{02} & \cdots & x_{0,n-1} \\ x_{10} & x_{11} & x_{12} & \cdots & x_{1,n-1} \\ \vdots & \vdots & \vdots & \ddots & \vdots \\ x_{m-1,0} & x_{m-1,1} & x_{m-1,2} & \cdots & x_{m-1,n-1} \\ 1 & 1 & 1 & \cdots & 1 \end{bmatrix}$$

采用乔里斯基(Cholesky)分解法解出回归系数 $a_0, a_1, \cdots, a_{m-1}, a_m$。

为了衡量回归效果，还要计算以下五个量。

(1) 偏差平方和

$$q = \sum_{i=0}^{n-1} [y_i - (a_0 x_{0i} + a_1 x_{1i} + \cdots + a_{m-1} x_{m-1,i} + a_m)]^2$$

(2) 平均标准偏差

$$s = \sqrt{\frac{q}{n}}$$

(3) 复相关系数

$$r = \sqrt{1 - \frac{q}{t}}$$

其中

$$t = \sum_{i=0}^{n-1} (y_i - \bar{y})^2, \quad \bar{y} = \sum_{i=0}^{n-1} y_i / n$$

当 r 接近于 1 时，说明相对误差 q/t 接近于 0，线性回归效果好。

(4) 偏相关系数

$$v_j = \sqrt{1 - \frac{q}{q_j}}, \quad j = 0, 1, \cdots, m-1$$

其中

$$q_j = \sum_{i=0}^{n-1} [y_i - (a_m + \sum_{\substack{k=0 \\ k \neq j}}^{m-1} a_k x_{ki})]^2$$

当 v_j 越大时，说明 x_j 对于 y 的作用越显著，此时不可把 x_j 剔除。

(5) 回归平方和

$$u = \sum_{i=9}^{n-1} [\bar{y} - (a_0 x_{0i} + a_1 x_{1i} + \cdots + a_{m-1} x_{m-1,i} + a_m)]^2$$

【函数语句与形参说明】

```
void sqt2(int m, int n, double x[], double y[],
    double a[], double dt[4], double v[])
```

形参与函数类型	参 数 意 义
int　m	自变量个数
int　n	观测数据的组数
double　x[m][n]	每一列存放 m 个自变量的观测值

续表

形参与函数类型	参数意义
double y[n]	存放随机变量 y 的 n 个观测值
double a[m+1]	返回回归系数 $a_0, a_1, \cdots, a_{m-1}, a_m$
double dt[4]	dt[0]返回偏差平方和 q，dt[1]返回平均标准偏差 s，dt[2]返回复相关系数 r，dt[3]返回回归平方和 u
double v[m]	返回 m 个自变量的偏相关系数
void sqt2()	过程

【函数程序】

```
//多元线性回归分析.cpp
#include <iostream>
#include <cmath>
#include "对称正定方程组的平方根法.cpp"
using namespace std;
//m              自变量个数
//n              观测数据的组数
//x[m][n]        每一列存放 m 个自变量的规测值
//y[n]           存放随机变量 y 的 n 个规测值
//a[m+1]         返回回归系数
//dt[4]          分别返回偏差平方和、平均标准偏差、复相关系数与回归平方和
//v[m]           返回 m 个自变量的偏相关系数
void sqt2(int m, int n, double x[], double y[],
        double a[], double dt[4], double v[])
{
    int i,j,k,mm;
    double q,e,u,p,yy,s,r,pp, * b;
    b=new double[(m+1) * (m+1)];
    mm=m+1;
    b[mm * mm-1]=n;
    for(j=0; j<=m-1; j++)
    {
        p=0.0;
        for(i=0; i<=n-1; i++)  p=p+x[j * n+i];
        b[m * mm+j]=p;
        b[j * mm+m]=p;
    }
    for(i=0; i<=m-1; i++)
    for(j=i; j<=m-1; j++)
    {
        p=0.0;
```

```
        for(k=0; k<=n-1; k++)  p=p+x[i*n+k]*x[j*n+k];
        b[j*mm+i]=p;
        b[i*mm+j]=p;
    }
    a[m]=0.0;
    for(i=0; i<=n-1; i++)  a[m]=a[m]+y[i];
    for(i=0; i<=m-1; i++)
    {
        a[i]=0.0;
        for(j=0; j<=n-1; j++) a[i]=a[i]+x[i*n+j]*y[j];
    }
    chlk(b,mm,1,a);                     //求解回归系数
    yy=0.0;
    for(i=0; i<=n-1; i++)  yy=yy+y[i]/n;
    q=0.0; e=0.0; u=0.0;
    for(i=0; i<=n-1; i++)
    {
        p=a[m];
        for(j=0; j<=m-1; j++)  p=p+a[j]*x[j*n+i];
        q=q+(y[i]-p)*(y[i]-p);          //偏差平方和
        e=e+(y[i]-yy)*(y[i]-yy);
        u=u+(yy-p)*(yy-p);
    }
    s=sqrt(q/n);                        //平均标准偏差
    r=sqrt(1.0-q/e);                    //复相关系数
    for(j=0; j<=m-1; j++)
    {
        p=0.0;
        for(i=0; i<=n-1; i++)
        {
            pp=a[m];
            for(k=0; k<=m-1; k++)
                if(k!=j) pp=pp+a[k]*x[k*n+i];
            p=p+(y[i]-pp)*(y[i]-pp);
        }
        v[j]=sqrt(1.0-q/p);             //各自变量的偏相关系数
    }
    dt[0]=q; dt[1]=s; dt[2]=r; dt[3]=u;
    delete[] b; return;
}
```

【例】 对随机变量 y 及自变量 x_0, x_1, x_2 的下列五组观测数据做多元线性回归分析：

k	x_{0k}	x_{1k}	x_{2k}	y_k
0	1.1	2.0	3.2	10.1
1	1.0	2.0	3.2	10.2
2	1.2	1.8	3.0	10.0
3	1.1	1.9	2.9	10.1
4	0.0	2.1	2.9	10.0

主函数程序如下：

```
//多元线性回归分析例
#include <iostream>
#include <cmath>
#include "多元线性回归分析.cpp"
using namespace std;
int main()
{
int i;
    double a[4],v[3],dt[4];
    double x[3][5]={ {1.1,1.0,1.2,1.1,0.9},
        {2.0,2.0,1.8,1.9,2.1},{3.2,3.2,3.0,2.9,2.9}};
    double y[5]={10.1,10.2,10.0,10.1,10.0};
    sqt2(3,5,&x[0][0],y,a,dt,v);
    cout <<"回归系数 :" <<endl;
    for(i=0; i<=3; i++)  cout <<"a[" <<i <<"]=" <<a[i] <<endl;
    cout <<"偏差平方和=" <<dt[0] <<endl;
    cout <<"平均标准偏差=" <<dt[1] <<endl;
    cout <<"复相关系数=" <<dt[2] <<endl;
    cout <<"回归平方和=" <<dt[3] <<endl;
    cout <<"偏相关系数 :" <<endl;
    for(i=0; i<=2; i++)  cout <<"v[" <<i <<"]=" <<v[i] <<endl;
    return 0;
}
```

运行结果为

```
回归系数 :
a[0] = -0.8
a[1] = -0.7
a[2] = 0.5
a[3] = 10.78
偏差平方和 = 0.012
平均标准偏差 = 0.0489898
复相关系数 = 0.755929
回归平方和 = 0.016
偏相关系数 :
v[0] = 0.998351
v[1] = 0.999365
v[2] = 0.999482
```

9.4 逐步回归分析

【功能】

对多元线性回归进行因子筛选，最后给出一定显著性水平下各因子均为显著的回归方程中的诸回归系数、偏回归平方和、估计的标准偏差、复相关系数以及 F-检验值、各回归系数的标准偏差、因变量条件期望值的估计值与残差。

【方法说明】

设 n 个自变量为 $x_j(j=0,1,\cdots,n-1)$，因变量为 y。有 k 个观测点为

$$(x_{i0},x_{i1},\cdots,x_{i,n-1},y_i),\quad i=0,1,\cdots,k-1$$

根据最小二乘原理，y 的估计值为

$$\hat{y}=b_{i_0}x_{i_0}+b_{i_1}x_{i_1}+\cdots+b_{i_l}x_{i_l}+b_n$$

其中 $0\leqslant i_0<i_1<\cdots<i_l\leqslant n-1$，且各 $x_{i_t}(t=0,1,\cdots,l)$ 是从 n 个自变量 $x_j(j=0,1,\cdots,n-1)$ 中按一定显著性水平筛选出的统计检验为显著的因子。其筛选过程如下。

(1) 首先做出 $(n+1)\times(n+1)$ 的规格化的系数初始相关阵

$$\boldsymbol{R}=\begin{bmatrix} r_{00} & r_{01} & \cdots & r_{0,n-1} & r_{0y} \\ r_{10} & r_{11} & \cdots & r_{1,n-1} & r_{1y} \\ \vdots & \vdots & \ddots & \vdots & \vdots \\ r_{n-1,0} & r_{n-1,1} & \cdots & r_{n-1,n-1} & r_{n-1,y} \\ r_{y0} & r_{y1} & \cdots & r_{y,n-1} & r_{yy} \end{bmatrix}$$

矩阵中各元素为

$$r_{ij}=\frac{d_{ij}}{d_id_j}=\frac{\sum_{l=0}^{k-1}(x_{li}-\bar{x}_i)(x_{lj}-\bar{x}_j)}{\sqrt{\sum_{l=0}^{k-1}(x_{li}-\bar{x}_i)^2}\cdot\sqrt{\sum_{l=0}^{k-1}(x_{lj}-\bar{x}_j)^2}},\quad i,j=0,1,\cdots,n-1,n$$

其中下标与 n 对应的是因变量 y。式中

$$\bar{x}_i=\frac{1}{k}\sum_{l=0}^{k-1}x_{li},\quad i=0,1,\cdots,n-1,n$$

(2) 计算偏回归平方和

$$V_i=\frac{r_{iy}r_{yi}}{r_{ii}},\quad i=0,1,\cdots,n-1$$

(3) 若 $V_i<0$，则对应的 x_i 为已被选入回归方程的因子。

从所有 $V_i<0$ 的 V_i 中选出 $V_{\min}=\min|V_i|$，其对应的因子为 $x_{\min}$。然后检验因子 $x_{\min}$ 的显著性。若

$$\frac{\varphi V_{\min}}{r_{yy}}<F_2$$

则剔除因子 $x_{\min}$，并对系数相关阵 $\boldsymbol{R}$ 进行该因子的消元变换。转(2)。

(4) 若 $V_i>0$，则对应的 x_i 为尚待选入回归方程的因子。

从所有 $V_i>0$ 的 V_i 中选出 $V_{\max}=\max|V_i|$，其对应的因子为 $x_{\max}$。然后检验因子 $x_{\max}$ 的显著性。若

$$\frac{(\varphi-1)V_{\max}}{r_{yy}-V_{\max}}\geqslant F_1$$

则因子 $x_{\max}$ 应选入，并对系数相关阵 $\boldsymbol{R}$ 进行该因子的消元变换。转(2)。

上述过程一直进行到无因子可剔可选为止。

在以上步骤中，φ 为相应的残差平方和的自由度。F_1 与 F_2 均是 F-分布值，它们取决于观测点数、已选入的因子数以及取舍显著性水平 α，通常取 $F_1>F_2$。当选入单个因子的显著性水平取 α 时，则可以从 F-分布表中取 $m=1$，观测点数为 n 时的 F_α 为 F_2，而取 $m=1$，观测点数为 $n-1$ 时的 F_α 为 F_1。

当要剔除或选入某个因子 x_l 时，均需对系数相关阵 $\boldsymbol{R}$ 进行消元变换，其算法如下。

$$r_{ij}=r_{ij}-\frac{r_{lj}}{r_{ll}}r_{il},\quad i,j=0,1,\cdots,n;i,j\neq 1$$

$$r_{lj}=\frac{r_{lj}}{r_{ll}},\quad j=0,1,\cdots,n;j\neq 1$$

$$r_{il}=-\frac{r_{il}}{r_{ll}},\quad i=0,1,\cdots,n;i\neq 1$$

$$r_{ll}=\frac{1}{r_{ll}}$$

当筛选结束时，就可得出规格化回归方程的各回归系数 $b_0,b_1,\cdots,b_n$，其中值为 0 的系数表示对应的自变量可剔除。

回归模型的各有关值由下列各式计算。

选入回归方程的各因子的回归系数

$$b_i=\frac{d_y}{d_i}r_{iy},\quad i=0,1,\cdots,n-1$$

回归方程的常数项

$$b_n=\bar{y}-\sum_{i=0}^{n-1}b_i\,\bar{x}_i$$

各因子的偏回归平方和

$$V_i=\frac{r_{iy}r_{yi}}{r_{ii}},\quad i=0,1,\cdots,n-1$$

估计的标准偏差

$$s=d_y\sqrt{\frac{r_{yy}}{\varphi}}$$

各回归系数的标准偏差

$$s_i=\frac{s\sqrt{r_{ii}}}{d_i},\quad i=0,1,\cdots,n-1$$

复相关系数

$$C=\sqrt{1-r_{yy}}$$

F-检验值

$$F = \frac{\varphi(1 - r_{yy})}{(k - \varphi - 1)r_{yy}}$$

残差平方和

$$q = d_y^2 r_{yy}$$

因变量条件期望值的估计值

$$e_i = b_n + \sum_{j=0}^{n-1} b_j x_{ij}, \quad i = 0,1,\cdots,k-1$$

残差

$$\delta_i = y_i - e_i, \quad i = 0,1,\cdots,k-1$$

本函数适用于自变量个数较多，且观测点较多的问题。

【函数语句与形参说明】

```
void sqt3(int n, int k, double x[], double f1, double f2, double eps,
    double xx[], double b[], double v[], double s[], double dt[2],
    double ye[], double yr[], double r[])
```

形参与函数类型	参数意义
int　n	自变量 x 的个数
int　k	观测数据的点数
double　x[k][n+1]	前 n 列存放自变量因子 $x_i(i=0,1,\cdots,n-1)$ 的 k 次观测值，最后一列存放因变量 y 的 k 次观测值
double　f1	欲选入因子时显著性检验的 F-分布值
double　f2	欲剔除因子时显著性检验的 F-分布值
double　eps	防止系数相关矩阵退化的判据
double　xx[n+1]	前 n 个分量返回 n 个自变量因子的算术平均值 $\bar{x}_i(i=0,1,\cdots,n-1)$，最后一个分量返回因变量 y 的算术平均值 $\bar{y}$
double　b[n+1]	返回回归方程中各因子的回归系数及常数项 $b_0,b_1,\cdots,b_n$
double　v[n+1]	前 n 个分量返回各因子的偏回归平方和 $V_i(i=0,1,\cdots,n-1)$，最后一个分量返回残差平方和 q
double　s[n+1]	前 n 个分量返回各因子回归系数的标准偏差 $s_i(i=0,1,\cdots,n-1)$，最后一个分量返回估计的标准偏差 s
double　dt[2]	dt[0]返回复相关系数，dt[1]返回 F-检验值
double　ye[k]	返回对应于 k 个观测值的因变量条件期望值的 k 个估计值 $e_i(i=0,1,\cdots,k-1)$
double　yr[k]	返回因变量的 k 个观测值的残差 $\delta_i(i=0,1,\cdots,k-1)$
double r[n+1][n+1]	返回最终的规格化的系数相关矩阵 $\boldsymbol{R}$
void　sqt3()	过程

【函数程序】

```
//逐步回归分析.cpp
#include <iostream>
#include <cmath>
using namespace std;
//n                  自变量 x 的个数
//k                  观测数据的点数
//x[k][n+1]          前 n 列存放自变量因子 x 的 k 次观测值;
//                   最后一列存放因变量 y 的观测值
//f1                 欲选入因子时显著性检验的 F-分布值
//f2                 欲剔除因子时显著性检验的 F-分布值
//eps                防止系数相关矩阵退化的判据
//xx[n+1]            前 n 个分量返回 n 个自变量因子的算术平均值
//                   最后一个分量返回因变量 y 的算术平均值
//b[n+1]             返回回归方程中各因子的回归系数
//v[n+1]             前 n 个分量返回各因子的偏回归平方和
//                   最后一个分量返回残差平方和
//s[n+1]             前 n 个分量返回各因子回归系数的标准偏差
//                   最后一个分量返回估计的标准偏差
//dt[2]              dt[0]返回复相关系数,dt[1]返回 F-检验值
//ye[k]              返回对应于 k 个观测值的因变量条件期望值的 k 个估计值
//yr[k]              返回因变量的 k 个观测值的残差
//r[n+1][n+1]        返回最终的规格化的系数相关矩阵
void sqt3(int n, int k, double x[], double f1, double f2, double eps,
        double xx[], double b[], double v[], double s[], double dt[2],
        double ye[], double yr[], double r[])
{
    int i,j,ii,m,imi,imx,l,it;
    double z,phi,sd,vmi,vmx,q,fmi,fmx;
    m=n+1; q=0.0;
    for(j=0; j<=n; j++)
    {
        z=0.0;
        for(i=0; i<=k-1; i++) z=z+x[i*m+j]/k;
        xx[j]=z;
    }
    for(i=0; i<=n; i++)
    for(j=0; j<=i; j++)
    {
        z=0.0;
        for(ii=0; ii<=k-1; ii++)
            z=z+(x[ii*m+i]-xx[i])*(x[ii*m+j]-xx[j]);
```

```
    r[i*m+j]=z;
}
for(i=0; i<=n; i++) ye[i]=sqrt(r[i*m+i]);
for(i=0; i<=n; i++)
for(j=0; j<=i; j++)
{
    r[i*m+j]=r[i*m+j]/(ye[i]*ye[j]);
    r[j*m+i]=r[i*m+j];
}
phi=k-1.0;
sd=ye[n]/sqrt(k-1.0);
it=1;
while(it==1)
{
    it=0;
    vmi=1.0e+35; vmx=0.0;
    imi=-1; imx=-1;
    for(i=0; i<=n; i++)
    {
        v[i]=0.0; b[i]=0.0; s[i]=0.0;
    }
    for(i=0; i<=n-1; i++)
        if(r[i*m+i]>=eps)
        {
            v[i]=r[i*m+n]*r[n*m+i]/r[i*m+i];
            if(v[i]>=0.0)
            {
                if(v[i]>vmx)  { vmx=v[i]; imx=i;}
            }
            else
            {
                b[i]=r[i*m+n]*ye[n]/ye[i];
                s[i]=sqrt(r[i*m+i])*sd/ye[i];
                if(fabs(v[i])<vmi)
                {
                    vmi=fabs(v[i]); imi=i;
                }
            }
        }
    if(phi!=n-1.0)
    {
        z=0.0;
        for(i=0; i<=n-1; i++) z=z+b[i]*xx[i];
        b[n]=xx[n]-z; s[n]=sd; v[n]=q;
```

```
        }
        else  { b[n]=xx[n]; s[n]=sd;}
        fmi=vmi * phi/r[n * m+n];
        fmx=(phi-1.0) * vmx/(r[n * m+n]-vmx);
        if((fmi<f2)||(fmx>=f1))
        {
            if(fmi<f2) { phi=phi+1.0; l=imi;}
            else { phi=phi-1.0; l=imx;}
            for(i=0; i<=n; i++)
            if(i!=l)
                for(j=0; j<=n; j++)
                    if(j!=l)
                        r[i * m+j]=r[i * m+j]-(r[l * m+j]/r[l * m+l]) * r[i * m+l];
            for(j=0; j<=n; j++)
                if(j!=l)  r[l * m+j]=r[l * m+j]/r[l * m+l];
            for(i=0; i<=n; i++)
                if(i!=l) r[i * m+l]=-r[i * m+l]/r[l * m+l];
            r[l * m+l]=1.0/r[l * m+l];
            q=r[n * m+n] * ye[n] * ye[n];
            sd=sqrt(r[n * m+n]/phi) * ye[n];
            dt[0]=sqrt(1.0-r[n * m+n]);
            dt[1]=(phi * (1.0-r[n * m+n]))/((k-phi-1.0) * r[n * m+n]);
            it=1;
        }
    }
    for(i=0; i<=k-1; i++)
    {
        z=0.0;
        for(j=0; j<=n-1; j++) z=z+b[j] * x[i * m+j];
        ye[i]=b[n]+z; yr[i]=x[i * m+n]-ye[i];
    }
    return;
}
```

【例】 设4个自变量为 x_0，x_1，x_2，x_3，因变量为 y，13个观测点值如下：

k	x_0	x_1	x_2	x_3	y
0	7.0	26.0	6.0	60.0	78.5
1	1.0	29.0	15.0	52.0	74.3
2	11.0	56.0	8.0	20.0	104.3
3	11.0	31.0	8.0	47.0	87.6
4	7.0	52.0	6.0	33.0	95.9

续表

k	x_0	x_1	x_2	x_3	y
5	11.0	55.0	9.0	22.0	109.2
6	3.0	71.0	17.0	6.0	102.7
7	1.0	31.0	22.0	44.0	72.5
8	2.0	54.0	18.0	22.0	93.1
9	21.0	47.0	4.0	26.0	115.9
10	1.0	40.0	23.0	34.0	83.8
11	11.0	66.0	9.0	12.0	113.3
12	10.0	68.0	8.0	12.0	109.4

对不同的 F_1 与 F_2 值进行逐步回归分析。

(1) 当取 $\alpha=0.25$ 时，查 F-分布表得 $F_1=1.46, F_2=1.45$。

(2) 当取 $\alpha=0.05$ 时，查 F-分布表得 $F_1=4.75, F_2=4.67$。

(3) 当取 $\alpha=0.01$ 时，查 F-分布表得 $F_1=9.33, F_2=9.07$。

主函数程序如下：

```
//逐步回归分析例
#include <iostream>
#include <cmath>
#include <iomanip>
#include "逐步回归分析.cpp"
using namespace std;
int main()
{
    int i,j,k;
    double eps,xx[5],b[5],v[5],s[5],ye[13],yr[13];
    double r[5][5],dt[2];
    double x[13][5]={
                {7.0,26.0,6.0,60.0,78.5},
                {1.0,29.0,15.0,52.0,74.3},
                {11.0,56.0,8.0,20.0,104.3},
                {11.0,31.0,8.0,47.0,87.6},
                {7.0,52.0,6.0,33.0,95.9},
                {11.0,55.0,9.0,22.0,109.2},
                {3.0,71.0,17.0,6.0,102.7},
                {1.0,31.0,22.0,44.0,72.5},
                {2.0,54.0,18.0,22.0,93.1},
                {21.0,47.0,4.0,26.0,115.9},
                {1.0,40.0,23.0,34.0,83.8},
                {11.0,66.0,9.0,12.0,113.3},
```

```
                {10.0,68.0,8.0,12.0,109.4}};
    double f1[3]={1.46,4.75,9.33};
    double f2[3]={1.45,4.67,9.07};
    eps=1.0e-30;
    for(k=0; k<=2; k++)
    {
        sqt3(4,13,&x[0][0],f1[k],f2[k],eps,xx,b,v,s,dt,ye,yr,&r[0][0]);
        cout <<"f1=" <<f1[k] <<"  f2=" <<f2[k] <<endl;
        cout <<"观测值 :" <<endl;
        for(i=0; i<=12; i++)
        {
            for(j=0; j<=3; j++)
            cout <<"   x(" <<j <<")=" <<setw(5) <<x[i][j];
            cout <<"   y(" <<i <<")=" <<x[i][4] <<endl;
        }
        cout <<"平均值 : " <<endl;
        for(i=0; i<=3; i++)
            cout <<"  x(" <<i <<")=" <<xx[i];
        cout <<"     y="  <<xx[4] <<endl;
        cout <<"回归系数 :" <<endl;
        for(i=0; i<=4; i++)  cout <<"b(" <<i <<")=" <<b[i] <<endl;
        cout <<"各因子的偏回归平方和" <<endl;
        for(i=0; i<=3; i++)  cout <<"v(" <<i <<")=" <<v[i] <<endl;
        cout <<"残差平方和=" <<v[4] <<endl;
        cout <<"各因子回归系数的标准偏差 : " <<endl;
        for(i=0; i<=3; i++)  cout <<"s(" <<i <<")=" <<s[i] <<endl;
        cout <<"估计的标准偏差=" <<s[4] <<endl;
        cout <<"复相关系数=" <<dt[0] <<endl;
        cout <<"F-检验值=" <<dt[1] <<endl;
        cout <<"因变量条件期望值的估计值以及观测值的残差 :" <<endl;
        for(i=0; i<=12; i++)
           cout <<"ye(" <<i <<")=" <<ye[i]
               <<"   yr(" <<i <<")=" <<yr[i] <<endl;
        cout <<"系数相关矩阵 :" <<endl;
        for(i=0; i<=4; i++)
        {
            for(j=0; j<=4; j++)  cout <<setw(11) <<r[i][j];
            cout <<endl;
        }
        cout <<endl;
    }
    return 0;
}
```

运行结果为

```
f1 = 1.46  f2 = 1.45
观测值 :
   x(0)=    7   x(1)=   26   x(2)=    6   x(3)=   60   y(0)=78.5
   x(0)=    1   x(1)=   29   x(2)=   15   x(3)=   52   y(1)=74.3
   x(0)=   11   x(1)=   56   x(2)=    8   x(3)=   20   y(2)=104.3
   x(0)=   11   x(1)=   31   x(2)=    8   x(3)=   47   y(3)=87.6
   x(0)=    7   x(1)=   52   x(2)=    6   x(3)=   33   y(4)=95.9
   x(0)=   11   x(1)=   55   x(2)=    9   x(3)=   22   y(5)=109.2
   x(0)=    3   x(1)=   71   x(2)=   17   x(3)=    6   y(6)=102.7
   x(0)=    1   x(1)=   31   x(2)=   22   x(3)=   44   y(7)=72.5
   x(0)=    2   x(1)=   54   x(2)=   18   x(3)=   22   y(8)=93.1
   x(0)=   21   x(1)=   47   x(2)=    4   x(3)=   26   y(9)=115.9
   x(0)=    1   x(1)=   40   x(2)=   23   x(3)=   34   y(10)=83.8
   x(0)=   11   x(1)=   66   x(2)=    9   x(3)=   12   y(11)=113.3
   x(0)=   10   x(1)=   68   x(2)=    8   x(3)=   12   y(12)=109.4
平均值 :
  x(0)=7.46154  x(1)=48.1538  x(2)=11.7692  x(3)=30    y = 95.4231
回归系数 :
b(0)=1.45194
b(1)=0.41611
b(2)=0
b(3)=-0.23654
b(4)=71.6483
各因子的偏回归平方和
v(0)=-0.302275
v(1)=-0.0098644
v(2)=4.01692e-005
v(3)=-0.00365708
残差平方和 = 47.9727
各因子回归系数的标准偏差 :
s(0)=0.116998
s(1)=0.18561
s(2)=0
s(3)=0.173288
```

```
估计的标准偏差 = 2.30874
复相关系数 = 0.991128
F-检验值 = 166.832
因变量条件期望值的估计值以及观测值的残差 :
ye(0)=78.4383     yr(0)=0.0616864
ye(1)=72.8673     yr(1)=1.43266
ye(2)=106.191     yr(2)=-1.89097
ye(3)=89.4016     yr(3)=-1.80164
ye(4)=95.6438     yr(4)=0.256247
ye(5)=105.302     yr(5)=3.89822
ye(6)=104.129     yr(6)=-1.42867
ye(7)=75.5919     yr(7)=-3.09188
ye(8)=91.8182     yr(8)=1.28177
ye(9)=115.546     yr(9)=0.353883
ye(10)=81.7023     yr(10)=2.09773
ye(11)=112.244     yr(11)=1.05561
ye(12)=111.625     yr(12)=-2.22467
系数相关矩阵 :
    1.06633     0.20439  -0.893654   0.460588   0.567737
    0.20439     18.7803   -2.24227    18.3226   0.430414
   0.893654     2.24227  0.0213363    2.371430.000925778
   0.460588     18.3226   -2.37143    18.9401  -0.263183
  -0.567737  -0.4304140.000925778   0.263183  0.0176645
```

```
f1 = 4.75  f2 = 4.67
观测值 :
   x(0)=   7   x(1)=  26   x(2)=   6   x(3)=  60   y(0)=78.5
   x(0)=   1   x(1)=  29   x(2)=  15   x(3)=  52   y(1)=74.3
   x(0)=  11   x(1)=  56   x(2)=   8   x(3)=  20   y(2)=104.3
   x(0)=  11   x(1)=  31   x(2)=   8   x(3)=  47   y(3)=87.6
   x(0)=   7   x(1)=  52   x(2)=   6   x(3)=  33   y(4)=95.9
   x(0)=  11   x(1)=  55   x(2)=   9   x(3)=  22   y(5)=109.2
   x(0)=   3   x(1)=  71   x(2)=  17   x(3)=   6   y(6)=102.7
   x(0)=   1   x(1)=  31   x(2)=  22   x(3)=  44   y(7)=72.5
   x(0)=   2   x(1)=  54   x(2)=  18   x(3)=  22   y(8)=93.1
   x(0)=  21   x(1)=  47   x(2)=   4   x(3)=  26   y(9)=115.9
   x(0)=   1   x(1)=  40   x(2)=  23   x(3)=  34   y(10)=83.8
   x(0)=  11   x(1)=  66   x(2)=   9   x(3)=  12   y(11)=113.3
   x(0)=  10   x(1)=  68   x(2)=   8   x(3)=  12   y(12)=109.4
平均值 :
  x(0)=7.46154  x(1)=48.1538  x(2)=11.7692  x(3)=30   y = 95.4231
回归系数 :
b(0)=1.46831
b(1)=0.66225
b(2)=0
b(3)=0
b(4)=52.5773
各因子的偏回归平方和
v(0)=-0.31241
v(1)=-0.44473
v(2)=0.0036063
v(3)=0.00365708
残差平方和 = 57.9045
各因子回归系数的标准偏差 :
s(0)=0.121301
s(1)=0.0458547
s(2)=0
s(3)=0
```

```
估计的标准偏差 = 2.40634
复相关系数 = 0.989282
F-检验值 = 229.504
因变量条件期望值的估计值以及观测值的残差 :
ye(0)=80.074     yr(0)=-1.574
ye(1)=73.2509     yr(1)=1.04908
ye(2)=105.815     yr(2)=-1.51474
ye(3)=89.2585     yr(3)=-1.65848
ye(4)=97.2925     yr(4)=-1.39251
ye(5)=105.152     yr(5)=4.04751
ye(6)=104.002     yr(6)=-1.30205
ye(7)=74.5754     yr(7)=-2.07542
ye(8)=91.2755     yr(8)=1.82451
ye(9)=114.538     yr(9)=1.36246
ye(10)=80.5357     yr(10)=3.26433
ye(11)=112.437     yr(11)=0.862756
ye(12)=112.293     yr(12)=-2.89344
系数相关矩阵 :
   1.05513  -0.241181   -0.835985 -0.0243182    0.574137
  -0.241181    1.05513  0.0518466  -0.967396    0.685017
   0.835985 -0.0518466    0.318256  -0.125207  0.0338781
  0.0243182   0.967396  -0.125207  0.0527981 -0.0138956
  -0.574137  -0.685017  0.0338781 -0.0138956  0.0213216
```

```
f1 = 9.33  f2 = 9.07
观测值 :
   x(0)=    7   x(1)=   26   x(2)=    6   x(3)=   60   y(0)=78.5
   x(0)=    1   x(1)=   29   x(2)=   15   x(3)=   52   y(1)=74.3
   x(0)=   11   x(1)=   56   x(2)=    8   x(3)=   20   y(2)=104.3
   x(0)=   11   x(1)=   31   x(2)=    8   x(3)=   47   y(3)=87.6
   x(0)=    7   x(1)=   52   x(2)=    6   x(3)=   33   y(4)=95.9
   x(0)=   11   x(1)=   55   x(2)=    9   x(3)=   22   y(5)=109.2
   x(0)=    3   x(1)=   71   x(2)=   17   x(3)=    6   y(6)=102.7
   x(0)=    1   x(1)=   31   x(2)=   22   x(3)=   44   y(7)=72.5
   x(0)=    2   x(1)=   54   x(2)=   18   x(3)=   22   y(8)=93.1
   x(0)=   21   x(1)=   47   x(2)=    4   x(3)=   26   y(9)=115.9
   x(0)=    1   x(1)=   40   x(2)=   23   x(3)=   34   y(10)=83.8
   x(0)=   11   x(1)=   66   x(2)=    9   x(3)=   12   y(11)=113.3
   x(0)=   10   x(1)=   68   x(2)=    8   x(3)=   12   y(12)=109.4
平均值 :
  x(0)=7.46154  x(1)=48.1538  x(2)=11.7692  x(3)=30     y = 95.4231
回归系数 :
b(0)=1.43996
b(1)=0
b(2)=0
b(3)=-0.613954
b(4)=103.097
各因子的偏回归平方和
v(0)=-0.297929
v(1)=0.0098644
v(2)=0.00881004
v(3)=-0.438523
残差平方和 = 74.7621
各因子回归系数的标准偏差 :
s(0)=0.138417
s(1)=0
s(2)=0
s(3)=0.0486446
```

```
估计的标准偏差 = 2.73427
复相关系数 = 0.986139
F-检验值 = 176.627
因变量条件期望值的估计值以及观测值的残差 :
ye(0)=76.3399     yr(0)=2.16013
ye(1)=72.6118     yr(1)=1.68825
ye(2)=106.658     yr(2)=-2.35785
ye(3)=90.0811     yr(3)=-2.4811
ye(4)=92.9166     yr(4)=2.98338
ye(5)=105.43     yr(5)=3.77006
ye(6)=103.734     yr(6)=-1.03353
ye(7)=77.5234     yr(7)=-5.02338
ye(8)=92.4703     yr(8)=0.629682
ye(9)=117.374     yr(9)=-1.47371
ye(10)=83.6629     yr(10)=0.137083
ye(11)=111.569     yr(11)=1.73052
ye(12)=110.13     yr(12)=-0.729521
系数相关矩阵 :
   1.06411 -0.0108832  -0.869251   0.261179   0.563052
 0.0108832  0.0532473  -0.119395   0.975626  0.0229184
  0.869251  -0.119395   0.289051   0.183816 -0.0504633
  0.261179  -0.975626  -0.183816    1.06411  -0.683107
 -0.563052  0.0229184 -0.0504633   0.683107   0.027529
```

9.5 半对数数据相关

【功能】

对于给定的 n 个数据点 $(x_i, y_i)(i=0,1,\cdots,n-1)$，用

$$y = bt^{ax}, \quad t > 0$$

做拟合。

【方法说明】

设给定 n 个数据点$(x_i,y_i)(i=0,1,\cdots,n-1)$，且 $y_i>0$，用函数

$$y = bt^{ax},\quad t>0$$

进行拟合。为了求拟合参数 a 与 b，两边取对数，即

$$\log_t y = \log_t b + ax$$

令

$$\tilde{y} = \tilde{a}\,\tilde{x} + \tilde{b}$$

其中

$$\tilde{y} = \log_t y,\quad \tilde{a} = a,\quad \tilde{x} = x,\quad \tilde{b} = \log_t b$$

此时，问题就化为对 n 个数据点$(\tilde{x}_i,\tilde{y}_i)$做线性拟合。求出$\tilde{a}$与$\tilde{b}$后，就可以得到

$$a = \tilde{a},\quad b = t^{\tilde{b}}$$

关于一元线性拟合参看 9.2 节的方法说明。

【函数语句与形参说明】

```
void log1(int n,double x[],double y[],double t,double a[2],double dt[5])
```

形参与函数类型	参数意义
int n	数据点数
double x[n],y[n]	存放 n 个数据点。要求所有的 $y>0$
double t	指数函数的底。要求 $t>0$
double a[2]	返回拟合函数。其意义如下。 a[0]：拟合函数 $y=bt^{ax}$ 中的 b。 a[1]：拟合函数 $y=bt^{ax}$ 中的 a
double dt[5]	返回拟合函数的各种统计量。其意义如下。 dt[0]：偏差平方和 q，即 $q=\sum_{i=0}^{n-1}(y_i-bt^{ax_i})^2$。 dt[1]：平均标准偏差 s，即 $s=\sqrt{\frac{q}{n}}$。 dt[2]：最大偏差 $u_{\max}$，即 $u_{\max}=\max_{0\leqslant i\leqslant n-1}\lvert y_i-bt^{ax_i}\rvert$。 dt[3]：最小偏差 $u_{\min}$，即 $u_{\min}=\min_{0\leqslant i\leqslant n-1}\lvert y_i-bt^{ax_i}\rvert$。 dt[4]：偏差平均值 u，即 $u=\frac{1}{n}\sum_{i=0}^{n-1}\lvert y_i-bt^{ax_i}\rvert$
void log1()	过程

【函数程序】

```
//半对数数据相关.cpp
#include <iostream>
```

```
#include <cmath>
using namespace std;
//n                    数据点数
//x[n],y[n]            存放 n 个数据点
//t                    指数函数的底。要求 t>0
//a[2]                 a[0]返回指数函数前的系数 b,a[1]返回指数函数指数中的系数 a
//dt[5]                dt[0]偏差平方和
//                     dt[1]返回平均标准偏差
//                     dt[2]返回最大偏差
//                     dt[3]返回最小偏差
//                     dt[4]返回偏差平均值
void log1(int n, double x[], double y[], double t, double a[2], double dt[5])
{
    int i;
    double xx,yy,dx,dxy;
    xx=0.0; yy=0.0;
    for(i=0; i<=n-1; i++)
    {
        xx=xx+x[i]/n;
        yy=yy+log(y[i])/log(t)/n;
    }
    dx=0.0; dxy=0.0;
    for(i=0; i<=n-1; i++)
    {
        a[2]=x[i]-xx; dx=dx+a[2] * a[2];
        dxy=dxy+a[2] * (log(y[i])/log(t)-yy);
    }
    a[1]=dxy/dx; a[0]=yy-a[1] * xx;
    a[0]=a[0] * log(t); a[0]=exp(a[0]);
    dt[0]=0.0; dt[4]=0.0; dt[2]=0.0; dt[3]=1.0e+30;
    for(i=0; i<=n-1; i++)
    {
        dt[1]=a[1] * x[i] * log(t); dt[1]=a[0] * exp(dt[1]);
        dt[0]=dt[0]+(y[i]-dt[1]) * (y[i]-dt[1]);
        dx=fabs(y[i]-dt[1]);
        if(dx>dt[2]) dt[2]=dx;
        if(dx<dt[3]) dt[3]=dx;
        dt[4]=dt[4]+dx/n;
    }
    dt[1]=sqrt(dt[0]/n);
    return;
}
```

【例】 给定 12 个数据点如下：

x	0.96	0.94	0.92	0.90	0.88	0.86	0.84	0.82	0.80	0.78	0.76	0.74
y	558.0	313.0	174.0	97.0	55.8	31.3	17.4	9.70	5.58	3.13	1.74	1.00

用函数 $y=b\,10^{ax}$ 进行拟合，并求偏差平方和 q、平均标准偏差 s、最大偏差 $u_{\max}$、最小偏差 $u_{\min}$、偏差平均值 u。

主函数程序如下：

```
//半对数数据相关例
#include <iostream>
#include <cmath>
#include "半对数数据相关.cpp"
using namespace std;
int main()
{
    int n;
    double t,a[2],dt[5];
    double x[12]={0.96,0.94,0.92,0.90,0.88,
            0.86,0.84,0.82,0.80,0.78,0.76,0.74};
    double y[12]={558.0,313.0,174.0,97.0,55.8,
               31.3,17.4,9.70,5.58,3.13,1.74,1.00};
    t=10.0; n=12;
    log1(n,x,y,t,a,dt);
    cout <<"拟合系数 :" <<endl;
    cout <<"a=" <<a[1] <<"   b=" <<a[0] <<endl;
    cout <<"偏差平方和=" <<dt[0] <<endl;
    cout <<"平均标准偏差=" <<dt[1] <<endl;
    cout <<"最大偏差=" <<dt[2] <<endl;
    cout <<"最小偏差=" <<dt[3] <<endl;
    cout <<"偏差平均值=" <<dt[4] <<endl;
    return 0;
}
```

运行结果为

```
拟合系数 :
a = 12.4927   b = 5.61931e-010
偏差平方和 = 32.7137
平均标准偏差 = 1.6511
最大偏差 = 5.06499
最小偏差 = 0.0111942
偏差平均值 = 0.86306
```

9.6 对数数据相关

【功能】

对于给定的 n 个数据点 $(x_k, y_k)(k=0,1,\cdots,n-1)$，用

$$y = bx^a$$

做拟合。

【方法说明】

设给定 n 个数据点 $(x_k, y_k)(k=0,1,\cdots,n-1)$，且 $x_k, y_k>0$，用函数

$$y = bx^a, \quad x,y > 0$$

进行拟合。为了求拟合参数 a 与 b,两边取对数,即

$$\ln y = \ln b + a\ln x$$

令

$$\tilde{y} = \tilde{a}\,\tilde{x} + \tilde{b}$$

其中

$$\tilde{y} = \ln y, \quad \tilde{a} = a, \quad \tilde{x} = \ln x, \quad \tilde{b} = \ln b$$

此时,问题就化为对 n 个数据点 $(\tilde{x}_i, \tilde{y}_i)$ 做线性拟合。求出 $\tilde{a}$ 与 $\tilde{b}$ 后,就可以得到

$$a = \tilde{a}, \quad b = e^{\tilde{b}}$$

关于一元线性拟合参看 9.2 节的方法说明。

【函数语句与形参说明】

```
void log2(int n, double x[], double y[], double a[2], double dt[5])
```

形参与函数类型	参数意义
int n	数据点数
double x[n],y[n]	存放 n 个数据点。要求所有的 $x,y>0$
double a[2]	返回拟合函数的参数。其意义如下。 a[0]:拟合函数 $y=bx^a$ 中的 b。 a[1]:拟合函数 $y=bx^a$ 中的 a
double dt[5]	返回拟合函数的各种统计量。其意义如下。 dt[0]:偏差平方和 q,即 $q=\sum_{i=0}^{n-1}(y_i-bx_i^a)^2$。 dt[1]:平均标准偏差 s,即 $s=\sqrt{\frac{q}{n}}$。 dt[2]:最大偏差 $u_{\max}$,即 $u_{\max}=\max\limits_{0\leqslant i\leqslant n-1}\lvert y_i-bx_i^a\rvert$。 dt[3]:最小偏差 $u_{\min}$,即 $u_{\min}=\min\limits_{0\leqslant i\leqslant n-1}\lvert y_i-bx_i^a\rvert$。 dt[4]:偏差平均值 u,即 $u=\frac{1}{n}\sum_{i=0}^{n-1}\lvert y_i-bx_i^a\rvert$
void log2()	过程

【函数程序】

```
//对数数据相关.cpp
#include <iostream>
#include <cmath>
using namespace std;
//n              数据点数
//x[n],y[n]      存放 n 个数据点。x,y>0
//a[2]           a[0]返回幂函数前的系数 b,a[1]返回幂函数中的指数 a
```

```
//dt[5]              dt[0]偏差平方和
//                   dt[1]返回平均标准偏差
//                   dt[2]返回最大偏差
//                   dt[3]返回最小偏差
//                   dt[4]返回偏差平均值
void log2(int n, double x[], double y[], double a[2], double dt[5])
{
    int i;
    double xx,yy,dx,dxy;
    xx=0.0; yy=0.0;
    for(i=0; i<=n-1; i++)
    {
        xx=xx+log(x[i])/n;
        yy=yy+log(y[i])/n;
    }
    dx=0.0; dxy=0.0;
    for(i=0; i<=n-1; i++)
    {
        dt[0]=log(x[i])-xx; dx=dx+dt[0] * dt[0];
        dxy=dxy+dt[0] * (log(y[i])-yy);
    }
    a[1]=dxy/dx; a[0]=yy-a[1] * xx;
    a[0]=exp(a[0]);
    dt[0]=0.0; dt[4]=0.0; dt[2]=0.0; dt[3]=1.0e+30;
    for(i=0; i<=n-1; i++)
    {
        dt[1]=a[1] * log(x[i]); dt[1]=a[0] * exp(dt[1]);
        dt[0]=dt[0]+(y[i]-dt[1]) * (y[i]-dt[1]);
        dx=fabs(y[i]-dt[1]);
        if(dx>dt[2]) dt[2]=dx;
        if(dx<dt[3]) dt[3]=dx;
        dt[4]=dt[4]+dx/n;
    }
    dt[1]=sqrt(dt[0]/n);
    return;
}
```

【例】 给定10个数据点如下：

x	0.1	1.0	3.0	5.0	8.0	10.0	20.0	50.0	80.0	100.0
y	0.1	0.9	2.5	4.0	6.3	7.8	14.8	36.0	54.0	67.0

用函数 $y=bx^a$ 进行拟合，并求偏差平方和 q、平均标准偏差 s、最大偏差 $u_{\max}$、最小偏差 $u_{\min}$、偏差平均值 u。

主函数程序如下：

```
//对数数据相关例
#include <iostream>
```

```
#include <cmath>
#include "对数数据相关.cpp"
using namespace std;
main()
{
int n;
    double a[2],dt[5];
    double x[10]={0.1,1.0,3.0,5.0,8.0,10.0,
                       20.0,50.0,80.0,100.0};
    double y[10]={0.1,0.9,2.5,4.0,6.3,7.8,
                        14.8,36.0,54.0,67.0};
    n=10;
    log2(n,x,y,a,dt);
    cout <<"拟合系数 :" <<endl;
    cout <<"a=" <<a[1] <<"   b=" <<a[0] <<endl;
    cout <<"偏差平方和=" <<dt[0] <<endl;
    cout <<"平均标准偏差=" <<dt[1] <<endl;
    cout <<"最大偏差=" <<dt[2] <<endl;
    cout <<"最小偏差=" <<dt[3] <<endl;
    cout <<"偏差平均值=" <<dt[4] <<endl;
    return 0;
}
```

运行结果为

```
拟合系数 :
a = 0.941576   b = 0.885773
偏差平方和 = 1.7866
平均标准偏差 = 0.422681
最大偏差 = 0.856169
最小偏差 = 0.00133199
偏差平均值 = 0.250615
```

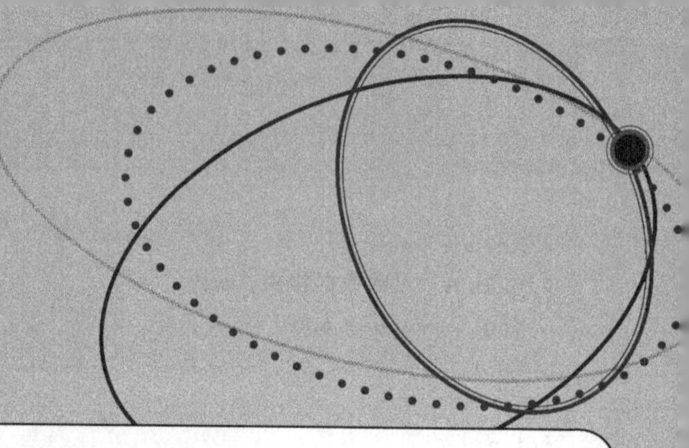

第10章

极值问题的求解

10.1 一维极值连分式法

【功能】

用连分式法求目标函数 $f(x)$的极值点。

【方法说明】

设函数 $f(x)$在区间$[a,b]$上连续且单峰(或单谷),则函数 $f(x)$的极值点为函数

$$y(x)=\frac{\mathrm{d}[f(x)]}{\mathrm{d}x}$$

的零点,求函数 $f(x)$的极值点就是求方程 $y(x)=0$ 的实根。有关用连分式法求方程实根参看 5.5 节。

在用连分式法求方程 $y(x)=0$ 的实根时,可以在区间$[a,b]$上任意取一个初值 x_0。在迭代过程中,$y_k=y(x_k)$可以按下式计算:

$$y_k=\frac{f(x_k+\Delta x)-f(x_k)}{\Delta x}$$

即用差商代替 $f(x)$的导数 $f'(x)$。其中 Δx 可以取很小的一个数。当求出极值点 x 后,可以用下列方法来判断 x 是极大值点还是极小值点:

当 $f(x+\Delta x)-2f(x)+f(x-\Delta x)<0$ 时,x 为极大值点;

当 $f(x+\Delta x)-2f(x)+f(x-\Delta x)>0$ 时,x 为极小值点。

而极值为 $f(x)$。

【函数语句与形参说明】

```
int max1(double *x,double eps,double(*f)(double),double(*df)(double))
```

形参与函数类型	参数意义
double *x	x 存放极值点初值,返回极值点
double eps	控制精度要求。一般取$10^{-35}\sim10^{-10}$的数

续表

形参与函数类型	参数意义
void　(* f)()	指向计算目标函数 $f(x)$ 值的函数名(由用户自编)
void　(* df)()	指向计算目标函数导数 $f'(x)$ 值的函数名(由用户自编)
int　max1()	函数返回标志值。若大于 0 表示返回的极值点为极大值点;若小于 0 表示返回的极值点为极小值点;若等于 0 则不是极值点

计算目标函数 $f(x)$ 值与导数 $f'(x)$ 值的函数形式为

```
double f(double x)
{ double y;
  y=f(x)的表达式;
  return(y);
}
double df(double x)
{ double y;
  y=f'(x)的表达式;
  return(y);
}
```

【函数程序】

```
//一维极值连分式法.cpp
#include <cmath>
#include <iostream>
using namespace std;
//x          存放极值点初值。返回极值点
//eps        控制精度要求
//f          指向计算目标函数 f(x)值的函数名
//df         指向计算目标函数一阶导数值的函数名
//函数返回标志值。若大于 0 为极大值点;若小于 0 为极小值点;若等于 0 则不是极值点
int max1(double *x, double eps, double(*f)(double), double(*df)(double))
{
    int i,j,m,jt,flag,k;
    double xx,h,h1,h2,dx,y[10],b[10],z;
    flag=20;              //最大迭代次数
    k=0; jt=1; h2=0.0;
    while(jt==1)
    {
        j=0;
        while(j<=7)
        {
            if(j<=2) xx= *x+0.01*j;
            else xx=h2;
            z=(*df)(xx);
```

```
            if(fabs(z)<eps)  { jt=0; j=10;}
            else
            {
                h1=z; h2=xx;
                if(j==0) { y[0]=h1; b[0]=h2;}
                else
                {
                    y[j]=h1; m=0; i=0;
                    while((m==0)&&(i<=j-1))
                    {
                        if(fabs(h2-b[i])+1.0==1.0) m=1;
                        else h2=(h1-y[i])/(h2-b[i]);
                        i=i+1;
                    }
                    b[j]=h2;
                    if(m!=0) b[j]=1.0e+35;
                    h2=0.0;
                    for(i=j-1; i>=0; i--) h2=-y[i]/(b[i+1]+h2);
                    h2=h2+b[0];
                }
                j=j+1;
            }
        }
        *x=h2;
        k=k+1;
        if(k==flag)  jt=0;
    }
    xx=*x;
    h=(*f)(xx);
    if(fabs(xx)<=1.0) dx=1.0e-05;
    else dx=fabs(xx*1.0e-05);
    xx=*x-dx;
    h1=(*f)(xx);
    xx=*x+dx;
    h2=(*f)(xx);
    if((h1+h2-2.0*h)>0.0) k=-1;
    else if((h1+h2-2.0*h)<0.0) k=1;
    else k=0;
    return(k);
}
```

【例】 用连分式法计算目标函数

$$f(x)=(x-1)(10-x)$$

的极值点与极值点处的函数值。取初值 $x(0)=1.0$，$eps=10^{-10}$。

主函数程序以及计算 $f(x)$、$f'(x)$ 的函数程序如下：

```
//一维极值连分式法例
#include <cmath>
#include <iostream>
using namespace std;
#include "一维极值连分式法.cpp"
int main()
{
    int k;
    double max1f(double), max1df(double);
    double eps, x;
    eps=1.0e-10; x=1.0;
    k=max1(&x,eps,max1f,max1df);
    cout <<"点 x=" <<x;
    if(k<0) cout <<"  为极小值点" <<endl;
    else if(k>0) cout <<"  为极大值点" <<endl;
    else cout <<"  不是极值点" <<endl;
    cout <<"极值  f(x)=" <<max1f(x) <<endl;
    return 0;
}
//计算目标函数值
double max1f(double x)
{
    double  y;
    y=(x-1.0)*(10.0-x);
    return(y);
}
//计算目标函数导数值
double max1df(double x)
{
    double y;
    y=-2.0*x+11.0;
    return(y);
}
```

运行结果为

```
点 x=5.5  为极大值点
极值 f(x)=20.25
```

10.2 n 维极值连分式法

【功能】

用连分式法求多元函数的极值点与极值点处的函数值。

【方法说明】

设 n 元函数

$$z = f(x_0, x_1, \cdots, x_{n-1})$$

单峰或单谷,则 $f(x_0, x_1, \cdots, x_{n-1})$ 的极值点为方程组

$$\frac{\partial f}{\partial x_i} = 0, \quad i = 0, 1, \cdots, n-1$$

的一组实数解。

利用连分式法,轮流求某个方向 x_i 上的极值点(其余 $n-1$ 个变量保持当前值不变)。即对于 $i=0,1,\cdots,n-1$,分别求函数

$$y(x_i) = \frac{\partial f}{\partial x_i}$$

的零点。

反复进行上述过程,直到满足

$$\sum_{i=0}^{n-1} \left| \frac{\partial f}{\partial x_i} \right| < \varepsilon$$

为止。

【函数语句与形参说明】

```
int maxn(int n, double x[], double eps, double(*f)(double [],int,int))
```

形参与函数类型	参数意义
int n	自变量个数
double x[n]	存放极值点初值,返回极值点的 n 个坐标
double eps	控制精度要求
double (*f)()	指向计算目标函数值以及各偏导数值的函数名(由用户自编)
int maxn()	函数返回标志值。若大于 0 表示返回的极值点为极大值点;若小于 0 表示返回的极值点为极小值点;若等于 0 表示鞍点

计算目标函数 $f(x)$ 值以及各偏导数值的函数形式为

```
double f(double x[],int n,int j)
{ double y;
  switch(j)
    { case 0: y=f(x0,x1,…,xn-1)的表达式;break;
      case 1: y=∂f/∂x0 的表达式; break;
      ⋮
      case n: y=∂f/∂xn-1 的表达式; break;
      defaut: {}
    }
```

```
  return(y);
}
```

【函数程序】

```
//n 维极值连分式法.cpp
#include <cmath>
#include <iostream>
using namespace std;
//n            自变量个数
//x[n]         存放极值点初值。返回极值点
//eps          控制精度要求
//f            指向计算目标函数值与各偏导数值的函数名
//函数返回标志值。若大于 0 为极大值点;若小于 0 为极小值点;若等于 0 为鞍点
int maxn(int n, double x[], double eps, double(*f)(double [],int,int))
{
    int i,j,m,kk,jt,il,k;
    double y[10],b[10],p,z,t,h1,h2,ff,dx;
    k=0; jt=20; h2=0.0;
    while(jt!=0)
    {
        t=0.0;
        for(i=1; i<=n; i++)
        {
            ff=(*f)(x,n,i);  t=t+fabs(ff);
        }
        if(t<eps) jt=0;
        else
        {
            for(i=0; i<=n-1; i++)
            {
                il=5;
                while(il!=0)
                {
                    j=0; t=x[i]; il=il-1;
                    while(j<=7)
                    {
                        if(j<=2) z=t+j*0.01;
                        else z=h2;
                        x[i]=z;
                        ff=(*f)(x,n,i+1);
                        if(fabs(ff)+1.0==1.0) { j=10; il=0;}
                        else
                        {
                            h1=ff; h2=z;
```

```
                        if(j==0)  { y[0]=h1; b[0]=h2;}
                        else
                        {
                            y[j]=h1; m=0; kk=0;
                            while((m==0)&&(kk<=j-1))
                            {
                                p=h2-b[kk];
                                if(fabs(p)+1.0==1.0) m=1;
                                else h2=(h1-y[kk])/p;
                                kk=kk+1;
                            }
                            b[j]=h2;
                            if(m!=0) b[j]=1.0e+35;
                            h2=0.0;
                            for(kk=j-1; kk>=0; kk--)
                                h2=-y[kk]/(b[kk+1]+h2);
                            h2=h2+b[0];
                        }
                        j=j+1;
                    }
                }
                x[i]=h2;
            }
            x[i]=z;
        }
        jt=jt-1;
    }
}
k=1;
ff=(*f)(x,n,0); x[n]=ff;
dx=0.00001; t=x[0];
x[0]=t+dx; h1=(*f)(x,n,0);
x[0]=t-dx; h2=(*f)(x,n,0);
x[0]=t;
t=h1+h2-2.0*ff;
if(t>0.0) k=-1;
j=1; jt=1;
while(jt==1)
{
j=j+1; dx=0.00001; jt=0;
    t=x[j-1];
    x[j-1]=t+dx; h2=(*f)(x,n,0);
    x[j-1]=t-dx; h1=(*f)(x,n,0);
    x[j-1]=t; t=h1+h2-2.0*ff;
    if((t*k<0.0)&&(j<n)) jt=1;
```

```
    }
    if(t * k>0.0) k=0;
    return(k);
}
```

【例】 用连分式法求二元函数

$$z=(x_0-1)^2+(x_1+2)^2+2$$

的极值点与极值点处的函数值。

取初值 $x_0=0.0, x_1=0.0, \text{eps}=10^{-6}$。

主函数程序以及计算目标函数值与各偏导数值的函数程序如下：

```
//n 维极值连分式法例
#include <cmath>
#include <iostream>
#include "n 维极值连分式法.cpp"
using namespace std;
int main()
{
    int k,j;
    double eps,x[3];
    double maxnf(double [],int,int);
    eps=0.000001; x[0]=0.0; x[1]=0.0;
    k=maxn(2,x,eps,maxnf);
    cout <<"点 :" <<endl;
    for(j=0; j<=1; j++)
         cout <<"x(" <<j <<")=" <<x[j] <<endl;
    if(k==0) cout <<"为鞍点" <<endl;
    else if(k>0) cout <<"为极大值点" <<endl;
    else cout <<"为极小值点" <<endl;
    cout <<"极值=" <<maxnf(x,2,0) <<endl;
    return 0;
}
//计算目标函数值与各偏导数值
double maxnf(double x[], int n, int j)
{
    double y;
    n=n;
    switch(j)
    { case 0: y=(x[0]-1.0) * (x[0]-10.0)
                  +(x[1]+2.0) * (x[1]+2.0)+2.0;
              break;
      case 1: y=2.0 * (x[0]-1.0); break;
      case 2: y=2.0 * (x[1]+2.0); break;
      default: {}
    }
    return(y);
}
```

运行结果为

```
点:
x(0)=1
x(1)=-2
为极小值点
极值=2
```

10.3 不等式约束线性规划问题

【功能】

求解不等式约束条件下的线性规划问题。

【方法说明】

设给定 m 阶 n 维不等式约束条件

$$\begin{cases} a_{00}x_0 + a_{01}x_1 + \cdots + a_{0,n-1}x_{n-1} \leqslant b_0 \\ a_{10}x_0 + a_{11}x_1 + \cdots + a_{1,n-1}x_{n-1} \leqslant b_1 \\ \vdots \\ a_{m-1,0}x_0 + a_{m-1,1}x_1 + \cdots + a_{m-1,n-1}x_{n-1} \leqslant b_{m-1} \end{cases}$$

且 $x_j \geqslant 0, j=0,1,\cdots,n-1$。

求一组$(x_0,x_1,\cdots,x_{n-1})$值,使目标函数

$$f = \sum_{j=0}^{n-1} c_j x_j$$

达到极小值。

如果要求极大值,则只要令$\tilde{f}=-f$,此时就化为求目标函数

$$\tilde{f} = -\sum_{j=0}^{n-1} c_j x_j$$

的极小值。

引进 m 个非负松弛变量 $x_n, x_{n+1}, \cdots, x_{n+m-1}$,则上述问题化为:寻找 $\boldsymbol{X}$ 值,使满足

$$\boldsymbol{AX} = \boldsymbol{B} \tag{1}$$

$$\boldsymbol{X} \geqslant 0 \tag{2}$$

且使目标函数

$$f = \boldsymbol{C}^{\mathrm{T}}\boldsymbol{X} \tag{3}$$

达到极小值。其中

$$\boldsymbol{X} = (x_0, x_1, \cdots, x_{n-1}, x_n, \cdots, x_{n+m-1})^{\mathrm{T}}$$

$$\boldsymbol{B} = (b_0, b_1, \cdots, b_{m-1})^{\mathrm{T}}$$

$$\boldsymbol{C} = (c_0, c_1, \cdots, c_{n-1}, 0, \cdots, 0)^{\mathrm{T}}$$

$$A = \begin{bmatrix} a_{00} & a_{01} & \cdots & a_{0,n-1} & 1 & 0 & \cdots & 0 \\ a_{10} & a_{11} & \cdots & a_{1,n-1} & 0 & 1 & \cdots & 0 \\ \vdots & \vdots & \ddots & \vdots & \vdots & \vdots & \ddots & \vdots \\ a_{m-1,0} & a_{m-1,1} & \cdots & a_{m-1,n-1} & 0 & 0 & \cdots & 1 \end{bmatrix}$$

称满足(1)和(2)的解为容许解,其中正分量的个数不多于 m 个的容许解称为基本解,而使(3)取极小值的解称为最优解。最优解必在基本解中。

寻找最优解的过程如下。

假定已得到一个基本解,其正分量个数为 m,设分别为 $x_{i_0}, x_{i_1}, \cdots, x_{i_{m-1}}$,且与之对应的矩阵 $\boldsymbol{A}$ 中列向量 $\boldsymbol{P}_{i_0}, \boldsymbol{P}_{i_1}, \cdots, \boldsymbol{P}_{i_{m-1}}$ 为线性无关,这组向量称为基底向量。对于矩阵 $\boldsymbol{A}$ 中的每一列向量均可用基底向量的线性组合表示,即

$$\boldsymbol{A} = \boldsymbol{PD}$$

其中

$$\boldsymbol{P} = [\boldsymbol{P}_{i_0}, \boldsymbol{P}_{i_1}, \cdots, \boldsymbol{P}_{i_{m-1}}]$$

$$\boldsymbol{D} = \begin{bmatrix} d_{00} & d_{01} & \cdots & d_{0,n+m-1} \\ d_{10} & d_{11} & \cdots & d_{1,n+m-1} \\ \vdots & \vdots & \ddots & \vdots \\ d_{m-1,0} & d_{m-1,1} & \cdots & d_{m-1,n+m-1} \end{bmatrix}$$

而组合系数矩阵 $\boldsymbol{D}$ 可用下式计算

$$\boldsymbol{D} = \boldsymbol{P}^{-1}\boldsymbol{A}$$

令

$$z_j = c_{i_0} d_{0j} + c_{i_1} d_{1j} + \cdots + c_{i_{m-1}} d_{m-1,j}, \quad j = 0, 1, \cdots, n+m-1$$

如果对于所有的 $j(j=0,1,\cdots,n+m-1)$ 满足

$$z_j - c_j \leqslant 0$$

则取 $\boldsymbol{X}$ 为 $(x_{i_0}, x_{i_1}, \cdots, x_{i_{m-1}})^{\mathrm{T}}$,而 $\boldsymbol{X}$ 的其余 n 个分量均为 0。此时,$\boldsymbol{X}$ 即为最优解。

否则,选择对应于

$$\max_{0 \leqslant j \leqslant m-1} (z_j - c_j) = z_k - c_k$$

的向量 $\boldsymbol{P}_k$ 进入基底向量组,而将对应于

$$\min_{0 \leqslant l \leqslant m-1} (x_{i_l} / d_{lk}) = x_{i_l} / d_{lk}$$

$$d_{lk} > 0$$

的向量 $\boldsymbol{P}_l$ 从基底向量组中消去。这样,对应新的基底,其目标函数值比原先的下降了。如果所有的 $d_{lk} \leqslant 0(l=0,1,\cdots,m-1)$,则说明目标函数值无界。

重复以上过程,直至求出最优解,或者确定目标函数值无界为止。

在上述的每一步中,新的解可用下式计算:

$$(x_{i_0}, x_{i_1}, \cdots, x_{i_{m-1}})^{\mathrm{T}} = \boldsymbol{P}^{-1}\boldsymbol{B}$$

基底向量组的初值取单位矩阵,即

$$\boldsymbol{P} = \boldsymbol{I}_m$$

也就是说,取初始解为

$$\boldsymbol{X} = (0, 0, \cdots, 0, b_0, b_1, \cdots, b_{m-1})^{\mathrm{T}}$$

本函数要调用实矩阵求逆的函数以及实矩阵相乘的函数。

【函数语句与形参说明】

```
int lplq(int m,int n, double a[], double b[], double c[], double x[])
```

形参与函数类型	参数意义
int m	不等式约束条件的个数
int n	变量个数
double a[m][m+n]	存放方法说明中的矩阵 **A**
double b[m]	存放不等式约束条件的右端项值 $b_0,b_1,\cdots,b_{m-1}$
double c[m+n]	存放目标函数中的系数，其中后 m 个分量为 0
double x[m+n]	前 n 个分量返回目标函数 f 的极小值点的 n 个坐标，第 $n+1$ 个分量返回目标函数 f 的极小值，其余为本函数的工作单元
int lplq()	函数返回标志值。若等于 0 表示矩阵求逆失败；若小于 0 表示目标函数值无界；若大于 0 表示正常

【函数程序】

```
//不等式约束线性规划问题.cpp
#include <iostream>
#include <cmath>
#include "实矩阵求逆.cpp"
#include "实矩阵相乘.cpp"
using namespace std;
//m              不等式约束条件个数
//n              变量个数
//a[m][m+n]      左边 n 列存放不等式约束条件左端的系数矩阵，右边 m 列为单位矩阵
//b[m]           存放不等式约束条件右端项值
//c[m+n]         存放目标函数中的系数，其中后 m 个分量为 0
//x[m+n]         前 n 个分量返回目标函数 f 的极小值点的 n 个坐标；
//               第 n+1 个分量返回目标函数 f 的极小值
//函数返回标志值。若等于 0 表示矩阵求逆失败；若小于 0 表示目标函数值无界；若大于 0 表示正常
int lplq(int m,int n, double a[], double b[], double c[], double x[])
{
    int i,mn,k,j, *js;
    double s,z,dd,y, *p, *d;
    js=new int[m];
    p=new double[m*m];
    d=new double[m*(m+n)];
    for(i=0; i<=m-1; i++) js[i]=n+i;
    mn=m+n; s=0.0;
```

```
while(1==1)
{
    for(i=0; i<=m-1; i++)
    for(j=0; j<=m-1; j++)  p[i*m+j]=a[i*mn+js[j]];
    k=inv(p,m);
    if(k==0)
    {
        x[n]=s;
        delete[] js; delete[] p; delete[] d; return(k);
    }
    tmul(p,m,m,a,m,mn,d);
    for(i=0; i<=mn-1; i++) x[i]=0.0;
    for(i=0; i<=m-1; i++)
    {
        s=0.0;
        for(j=0; j<=m-1; j++) s=s+p[i*m+j]*b[j];
        x[js[i]]=s;
    }
    k=-1; dd=1.0e-35;
    for(j=0; j<=mn-1; j++)
    {
        z=0.0;
        for(i=0; i<=m-1; i++) z=z+c[js[i]]*d[i*mn+j];
        z=z-c[j];
        if(z>dd) { dd=z; k=j;}
    }
    if(k==-1)
    {
        s=0.0;
        for(j=0; j<=n-1; j++)  s=s+c[j]*x[j];
        x[n]=s;
        delete[] js; delete[] p; delete[] d; return(1);
    }
    j=-1;
    dd=1.0e+20;
    for(i=0; i<=m-1; i++)
    if(d[i*mn+k]>=1.0e-20)
    {
        y=x[js[i]]/d[i*mn+k];
        if(y<dd) { dd=y; j=i;}
    }
    if(j==-1)
    {
        x[n]=s;
        delete[] js; delete[] p; delete[] d; return(-1);
```

```
        }
        js[j]=k;
    }
    return 0;
}
```

【例】 设不等式约束条件为

$$\begin{cases} x_0 + 2x_1 + 7x_2 \leqslant 10 \\ x_0 + 4x_1 + 13x_2 \leqslant 18 \\ 2x_1 + 8x_2 \leqslant 13 \\ x_0, x_1, x_2 \geqslant 0 \end{cases}$$

求目标函数

$$f = 4x_0 + 9x_1 + 26x_2$$

的极大值。化为极小值问题后的目标函数为

$$\widetilde{f} = -4x_0 - 9x_1 - 26x_2$$

在本例中，$m=3$，$n=3$，$m+n=6$，且

$$\boldsymbol{A} = \begin{bmatrix} 1 & 2 & 7 & 1 & 0 & 0 \\ 1 & 4 & 13 & 0 & 1 & 0 \\ 0 & 2 & 8 & 0 & 0 & 1 \end{bmatrix}$$

$$\boldsymbol{B} = (10, 18, 13)^{\mathrm{T}}$$

$$\boldsymbol{C} = (-4, -9, -26, 0, 0, 0)^{\mathrm{T}}$$

$$\boldsymbol{X} = (x_0, x_1, x_2, x_3, x_4, x_5)^{\mathrm{T}}$$

主函数程序如下：

```
//不等式约束线性规划问题例
#include <iostream>
#include <cmath>
#include "不等式约束线性规划问题.cpp"
using namespace std;
int main()
{
    int i;
    double x[6];
    double a[3][6]={ {1.0,2.0,7.0,1.0,0.0,0.0},
    {1.0,4.0,13.0,0.0,1.0,0.0},
    {0.0,2.0,8.0,0.0,0.0,1.0}};
    double b[3]={10.0,18.0,13.0};
    double c[6]={-4.0,-9.0,-26.0,0.0,0.0,0.0};
    i=lplq(3,3,&a[0][0],b,c,x);
    if(i>0)
    {
        cout <<"目标函数极小值点 :" <<endl;
        for(i=0; i<=2; i++)
```

```
            cout <<"x(" <<i <<")=" <<x[i] <<endl;
        cout <<"目标函数极小值=" <<x[3] <<endl;
    }
    return 0;
}
```

运行结果为

```
目标函数极小值点:
x(0)=2
x(1)=4
x(2)=0
目标函数极小值=-44
```

10.4 求 n 维极值的单形调优法

【功能】

用单形调优法求解无约束条件下的 n 维极值问题。

【方法说明】

设具有 n 个变量的目标函数为

$$J = f(x_0, x_1, \cdots, x_{n-1})$$

单形调优法求目标函数 J 的极小值点的迭代过程如下。

(1) 在 n 维变量空间中确定一个由 $n+1$ 个顶点所构成的初始单形

$$X_{(i)} = (x_{0i}, x_{1i}, \cdots, x_{n-1,i}), \quad i = 0,1,\cdots,n$$

并计算在每一个顶点上的函数值

$$f_{(i)} = f(X_{(i)}), \quad i = 0,1,\cdots,n$$

(2) 确定

$$f_{(R)} = f(X_{(R)}) = \max_{0\leqslant i\leqslant n} f_{(i)}$$

$$f_{(G)} = f(X_{(G)}) = \max_{\substack{0\leqslant i\leqslant n\\ i\neq R}} f_{(i)}$$

$$f_{(L)} = f(X_{(L)}) = \min_{0\leqslant i\leqslant n} f_{(i)}$$

其中 $X_{(R)}$ 称为坏点。

(3) 求出最坏点 $X_{(R)}$ 的对称点

$$X_T = 2X_F - X_{(R)}$$

其中

$$X_F = \frac{1}{n}\sum_{\substack{i=0\\ i\neq R}}^{n} X_{(i)}$$

(4) 确定新的顶点替代原顶点，从而构成新的单形。替代的原则如下。

若 $f(X_T) < f_{(L)}$，则需要由下式将 X_T 扩大为 X_E

$$X_E = (1+\mu)X_T - \mu X_F$$

其中 μ 称为扩张系数,一般取 $1.2<\mu<2.0$。在这种情况下,如果 $f(X_E)<f_{(L)}$,则 $X_E \Rightarrow X_{(R)}$,$f(X_E) \Rightarrow f_{(R)}$;否则 $X_T \Rightarrow X_{(R)}$,$f(X_T) \Rightarrow f_{(R)}$。

若 $f(X_T) \leqslant f_{(G)}$,则 $X_T \Rightarrow X_{(R)}$,$f(X_T) \Rightarrow f_{(R)}$。

若 $f(X_T)>f_{(G)}$,如果 $f(X_T)>f_{(R)}$,则 $X_T \Rightarrow X_{(R)}$,$f(X_T) \Rightarrow f_{(R)}$。然后由下式将 X_T 缩小为 X_E

$$X_E = (1-\lambda)X_F + \lambda X_{(R)}$$

其中 λ 称为收缩系数,一般取 $0<\lambda<1.0$。在这种情况下,如果 $f(X_E)<f_{(R)}$,则新的单形的 $n+1$ 个顶点为

$$X_{(i)} = (X_{(i)} + X_{(L)})/2, \quad i = 0,1,\cdots,n$$

且计算

$$f_{(i)} = f(X_{(i)}), \quad i = 0,1,\cdots,n$$

否则 $X_E \Rightarrow X_{(R)}$,$f(X_E) \Rightarrow f_{(R)}$。

重复(2)～(4),直到单形中各顶点距离小于预先给定的精度要求为止。

如果实际问题中需要求极大值,则只要令目标函数为

$$\tilde{J} = -J = -f(x_0,x_1,\cdots,x_{n-1})$$

即可。此时,$\tilde{J}$ 的极小值的绝对值即为 J 的极大值。

【函数语句与形参说明】

```
int jsim(int n,double x[],double eps,double xx[],double(*f)(double [],int))
```

形参与函数类型	参数意义
int n	变量个数
double x[n+1]	前 n 个分量返回极小值点的 n 个坐标,最后一个分量返回极小值
double eps	控制精度要求
doublexx[n+1][n+1]	前 n 行返回最后单形的 $n+1$ 个顶点坐标,最后一行返回最后单形的 $n+1$ 个顶点的目标函数值
double (*f)()	指向计算目标函数值的函数名(由用户自编)
int jsim()	函数返回迭代次数。本函数最多迭代 500 次

计算目标函数值的函数形式为

```
double f(double x[],int n)
{ double y;
  y=f(x0,x1,…,xn-1)的表达式;
  return(y);
}
```

【函数程序】

```
//求 n 维极值的单形调优法.cpp
#include <iostream>
```

```
#include <cmath>
using namespace std;
//n                    变量个数
//x[n+1]               前n个分量返回极小值点的n个坐标,最后一个分量返回极小值
//eps                  控制精度要求
//xx[n+1][n+1]         前n行返回最后单形的n+1个顶点坐标
//                     最后一行返回最后单形的n+1个顶点的目标函数值
//f                    指向计算目标函数值的函数名
//函数返回迭代次数。本函数最多迭代500次
int jsim(int n, double x[], double eps, double xx[], double(*f)(double [],int))
{
    int r,g,i,j,l,kk,k;
    double nn,fe,fr,fl,fg,ft,ff,d,u,v;
    double *xt, *xf, *xe;
    xt=new double[n];
    xf=new double[n];
    xe=new double[n];
    d=1.0;              //初始单形中任意两顶点间的距离
    u=1.6;              //扩张系数  1.2<u<2.0
    v=0.4;              //收缩系数  0.0<v<1.0
    k=500;              //最大迭代次数
    kk=0; nn=1.0*n;
    fr=sqrt(nn+1.0);
    fl=d*(fr-1.0)/(1.414*nn);
    fg=d*(fr+nn-1.0)/(1.414*nn);
    for(i=0; i<=n-1; i++)
    for(j=0; j<=n; j++)  xx[i*(n+1)+j]=0.0;
    for(i=1; i<=n; i++)
    for(j=0; j<=n-1; j++) xx[j*(n+1)+i]=fl;
    for(i=1; i<=n; i++)  xx[(i-1)*(n+1)+i]=fg;
    for(i=0; i<=n; i++)
    {
        for(j=0; j<=n-1; j++) xt[j]=xx[j*(n+1)+i];
        xx[n*(n+1)+i]=(*f)(xt,n);
    }
    ft=1.0+eps;
    while((kk<k)&&(ft>eps))
    {
        kk=kk+1;
        fr=xx[n*(n+1)+0]; fl=xx[n*(n+1)+0]; r=0; l=0;
        for(i=1; i<=n; i++)
        {
            if(xx[n*(n+1)+i]>fr) { r=i; fr=xx[n*(n+1)+i];}
            if(xx[n*(n+1)+i]<fl) { l=i; fl=xx[n*(n+1)+i];}
        }
        g=0; fg=xx[n*(n+1)+0];
```

```
j=0;
if(r==0) { g=1; fg=xx[n*(n+1)+1]; j=1;}
for(i=j+1; i<=n; i++)
    if((i!=r)&&(xx[n*(n+1)+i]>fg))
    { g=i; fg=xx[n*(n+1)+i];}
for(j=0; j<=n-1; j++)
{
    xf[j]=0.0;
    for(i=0; i<=n; i++)
    if(i!=r)
        xf[j]=xf[j]+xx[j*(n+1)+i]/nn;
    xt[j]=2.0*xf[j]-xx[j*(n+1)+r];
}
ft=(*f)(xt,n);
if(ft<xx[n*(n+1)+l])
{
    for(j=0; j<=n-1; j++)
      xf[j]=(1.0+u)*xt[j]-u*xf[j];
    ff=(*f)(xf,n);
    if(ff<xx[n*(n+1)+l])
    {
        for(j=0; j<=n-1; j++) xx[j*(n+1)+r]=xf[j];
        xx[n*(n+1)+r]=ff;
    }
    else
    {
        for(j=0; j<=n-1; j++)  xx[j*(n+1)+r]=xt[j];
        xx[n*(n+1)+r]=ft;
    }
}
else
{
    if(ft<=xx[n*(n+1)+g])
    {
        for(j=0; j<=n-1; j++) xx[j*(n+1)+r]=xt[j];
        xx[n*(n+1)+r]=ft;
    }
    else
    {
        if(ft<=xx[n*(n+1)+r])
        {
            for(j=0; j<=n-1; j++)  xx[j*(n+1)+r]=xt[j];
            xx[n*(n+1)+r]=ft;
        }
        for(j=0; j<=n-1; j++)
            xf[j]=v*xx[j*(n+1)+r]+(1.0-v)*xf[j];
```

```
                    ff=(*f)(xf,n);
                    if(ff>xx[n*(n+1)+r])
                        for(i=0; i<=n; i++)
                        {
                          for(j=0; j<=n-1; j++)
                          {
                              xx[j*(n+1)+i]=(xx[j*(n+1)+i]+
                                      xx[j*(n+1)+l])/2.0;
                              x[j]=xx[j*(n+1)+i]; xe[j]=x[j];
                          }
                          fe=(*f)(xe,n); xx[n*(n+1)+i]=fe;
                    }
                    else
                    {
                        for(j=0; j<=n-1; j++)  xx[j*(n+1)+r]=xf[j];
                        xx[n*(n+1)+r]=ff;
                    }
                }
            }
            ff=0.0; ft=0.0;
            for(i=0; i<=n; i++)
            {
                ff=ff+xx[n*(n+1)+i]/(1.0+nn);
                ft=ft+xx[n*(n+1)+i]*xx[n*(n+1)+i];
            }
            ft=(ft-(1.0+n)*ff*ff)/nn;
        }
        for(j=0; j<=n-1; j++)
        {
            x[j]=0.0;
            for(i=0; i<=n; i++)
                  x[j]=x[j]+xx[j*(n+1)+i]/(1.0+nn);
            xe[j]=x[j];
        }
        fe=(*f)(xe,n); x[n]=fe;
        delete[] xt; delete[] xf; delete[] xe;
        return(kk);
    }
```

【例】 用单形调优法求目标函数

$$J=100(x_1-x_0^2)^2+(1-x_0)^2$$

的极小值点与极小值。取 eps$=10^{-30}$。

主函数程序以及计算目标函数值的函数程序如下：

```
//求n维极值的单形调优法例
#include <iostream>
```

```
#include <cmath>
#include <iomanip>
#include "求n维极值的单形调优法.cpp"
using namespace std;
int main()
{
    int i;
    double jsimf(double [],int);
    double eps,x[3],xx[3][3];
    eps=1.0e-30;
    i=jsim(2,x,eps,&xx[0][0],jsimf);
    cout <<"迭代次数=" <<i <<endl;
    cout <<"顶点坐标与目标函数值 :" <<endl;
    for(i=0; i<=2; i++)
        cout <<"x(0)=" <<setw(10) <<xx[0][i]
            <<"    x(1)=" <<setw(10) <<xx[1][i]
            <<"    f=" <<xx[2][i] <<endl;
    cout <<"极小值点与极小值 :" <<endl;
    for(i=0; i<=1; i++)
        cout <<"x(" <<i <<")=" <<x[i] <<endl;
    cout <<"极小值=" <<x[2] <<endl;
    return 0;
}
//计算目标函数值
double jsimf(double x[], int n)
{  double y;
   n=n;
   y=x[1]-x[0] * x[0]; y=100.0 * y * y;
   y=y+(1.0-x[0]) * (1.0-x[0]);
   return(y);
}
```

运行结果为

```
迭代次数=87
顶点坐标与目标函数值 :
x(0)=         1    x(1)=         1    f=2.44509e-016
x(0)=         1    x(1)=         1    f=3.84625e-016
x(0)=         1    x(1)=         1    f=1.93161e-016
极小值点与极小值 :
x(0)=         1
x(1)=         1
极小值=4.09569e-017
```

10.5　求约束条件下 n 维极值的复形调优法

【功能】

用复形调优法求解等式与不等式约束条件下的 n 维极值问题。

【方法说明】

设多变量目标函数为

$$J = f(x_0, x_1, \cdots, x_{n-1})$$

n 个常量约束条件为

$$a_i \leqslant x_i \leqslant b_i, \quad i = 0, 1, \cdots, n-1$$

m 个函数约束条件为

$$C_j(x_0, x_1, \cdots, x_{n-1}) \leqslant W_j(x_0, x_1, \cdots, x_{n-1}) \leqslant D_j(x_0, x_1, \cdots, x_{n-1}), \quad j = 0, 1, \cdots, m-1$$

求 n 维目标函数 J 的极小值点与极小值。

如果实际问题中需要求极大值，则只要令目标函数为

$$\widetilde{J} = -J = -f(x_0, x_1, \cdots, x_{n-1})$$

即可。此时，$\widetilde{J}$ 的极小值的绝对值即为 J 的极大值。

复形调优法求目标函数 J 的极小值点的迭代过程如下。

复形共有 $2n$ 个顶点。假设给定初始复形中的第一个顶点坐标为

$$X_{(0)} = (x_{00}, x_{10}, \cdots, x_{n-1,0})$$

且此顶点坐标满足 n 个常量约束条件与 m 个函数约束条件。

(1) 在 n 维变量空间中再确定出初始复形的其余 $2n-1$ 个顶点。其方法如下。

利用伪随机数按常量约束条件产生第 j 个顶点

$$X_{(j)} = (x_{0j}, x_{1j}, \cdots, x_{n-1,j}), \quad j = 1, 2, \cdots, 2n-1$$

中的各分量 $x_{ij}(i=0,1,\cdots,n-1)$，即

$$x_{ij} = a_i + r(b_i - a_i), \quad i = 0, 1, \cdots, n-1; j = 1, 2, \cdots, 2n-1$$

其中 r 为[0,1]的一个伪随机数。

显然，由上述方法产生的初始复形的各顶点满足常数约束条件。然后再检查它们是否符合函数约束条件，如果不符合，则需要做调整，直到全部顶点均符合函数约束条件及常量约束条件为止。调整的原则为如下。

假设前 $j(j=1,2,\cdots,2n-1)$ 个顶点已满足所有的约束条件，而第 $j+1$ 个顶点不满足约束条件，则做如下调整变换

$$X_{(j+1)} = (X_{(j+1)} + T)/2$$

其中

$$T = \frac{1}{j}\sum_{k=1}^{j} X_{(k)}$$

这个过程一直到满足所有约束条件为止。

初始复形的 $2n$ 个顶点确定以后,计算各顶点处的目标函数值

$$f_{(j)} = f(X_{(j)}),\quad j = 0,1,\cdots,2n-1$$

(2) 确定

$$f_{(R)} = f(X_{(R)}) = \max_{0\leqslant i\leqslant n} f_{(i)}$$

$$f_{(G)} = f(X_{(G)}) = \max_{\substack{0\leqslant i\leqslant n\\ i\neq R}} f_{(i)}$$

其中 $X_{(R)}$ 称为最坏点。

(3) 计算最坏点 $X_{(R)}$ 的对称点

$$X_T = (1+\alpha)X_F - \alpha X_{(R)}$$

其中

$$X_F = \frac{1}{2n-1}\sum_{\substack{i=0\\ i\neq R}}^{2n-1} X_{(i)}$$

α 称为反射系数,一般取 1.3 左右。

(4) 确定一个新的顶点替代最坏点 $X_{(R)}$ 以构成新的复形。其方法如下。

如果 $f(X_T) > f_{(G)}$,则用下式修改 X_T

$$X_T = (X_F + X_T)/2$$

直到 $f(X_T) \leqslant f_{(G)}$ 为止。

然后检查 X_T 是否满足所有约束条件。如果对于某个分量 $X_T(j)$ 不满足常量约束条件,即如果 $X_T(j) < a_j$ 或 $X_T(j) > b_j$,则令

$$X_T(j) = a_j + \delta \quad \text{或} \quad X_T(j) = b_j - \delta$$

其中 δ 为很小的一个正常数,一般取 $\delta = 10^{-6}$。然后重复(4)。

如果 X_T 不满足函数约束条件,则用下式修改 X_T

$$X_T = (X_F + X_T)/2$$

然后重复(4),直到 $f(X_T) \leqslant f_{(G)}$ 且 X_T 满足所有约束条件为止。此时令

$$X_{(R)} = X_T,\quad f_{(R)} = f(X_T)$$

重复(2)~(4),直到复形中各顶点距离小于预先给定的精度要求为止。

【函数语句与形参说明】

```
int cplx(int n, int m, double a[], double b[], double eps,
         double x[], double xx[],
         void (*s)(int,int,double [],double [],double [],double []),
         double(*f)(double [],int))
```

形参与函数类型	参数意义
int n	变量个数
int m	函数约束条件的个数
double a[n]	依次存放常量约束条件中的变量 $x_i(i=0,1,\cdots,n-1)$ 的下界
double b[n]	依次存放常量约束条件中的变量 $x_i(i=0,1,\cdots,n-1)$ 的上界
double eps	控制精度要求

续表

形参与函数类型	参 数 意 义
double　x[n+1]	前 n 个分量存放初始复形的第一个顶点坐标值(要求满足所有的约束条件),返回极小值点各坐标值,最后一个分量返回极小值
double xx[n+1][2n]	前 n 行返回最后复形的 $2n$ 个顶点坐标(一列为一个顶点),最后一行返回最后复形的 $2n$ 个顶点上的目标函数值
void　(*s)()	指向计算函数约束条件中的下限、上限以及条件值的函数名(由用户自编)
double　(*f)()	指向计算目标函数值的函数名(由用户自编)
int　cplx()	函数返回迭代次数。本函数最多迭代 500 次

计算函数约束条件中的下限、上限以及条件值的函数形式为

```
void s(int n, int m, double x[], double c[], double d[], double w[])
{  c[0]=C0(x0,x1,…,xn-1)的表达式;
     ⋮
   c[m-1]=Cn-1(x0,x1,…,xn-1)的表达式;
   d[0]=D0(x0,x1,…,xn-1)的表达式;
     ⋮
   d[m-1]=Dn-1(x0,x1,…,xn-1)的表达式;
   w[0]=W0(x0,x1,…,xn-1)的表达式;
     ⋮
   w[m-1]=Wn-1(x0,x1,…,xn-1)的表达式;
   return;
}
```

计算目标函数值的函数形式为

```
double f(double x[], int n)
{  double y;
   y=f(x0,x1,…,xn-1)的表达式;
   return(y);
}
```

【函数程序】

```
//复形调优法.cpp
#include <cmath>
#include <iostream>
#include "产生随机数类.h"
using namespace std;
//n              变量个数
//m              函数约束条件的个数
//a[n]           依次存放常数约束条件中的变量 x 的下界
//b[n]           依次存放常数约束条件中的变量 x 的上界
//alpha          存放反射系数
```

```
//eps            控制精度要求
//x[n+1]         前n个分量存放初始复形的第1个顶点坐标值(要求满足所有约束条件)
//               返回极小值点各坐标值,最后一个分量返回极小值
//xx[n+1][2n]    前n行返回最后复形的2n个顶点坐标(1列为1个顶点)
//               最后一行返回最后复形的2n个顶点上的目标函数值
//s              指向计算函数约束条件中的上、下限以及条件值的函数名
//f              指向计算目标函数值的函数名
//函数返回迭代次数。本函数最多迭代500次
int cplx(int n, int m, double a[], double b[], double eps,
         double x[], double xx[],
         void (*s)(int,int,double [],double [],double [],double []),
         double(*f)(double [],int))
{
    RND p;
    int r,g,i,j,kt,it,jt,flag,k;
    double fj,fr,fg,z,alpha,*c,*d,*w,*xt,*xf;
    c=new double[m];
    d=new double[m];
    w=new double[m];
    xt=new double[n];
    xf=new double[n];
    p=RND(0);
    alpha=1.3;       //反射系数
    for(i=0; i<=n-1; i++)  xx[i*n*2]=x[i];
    xx[n*n*2]=(*f)(x,n);
    for(j=1; j<=2*n-1; j++)
    {
        for(i=0; i<=n-1; i++)
        {
            xx[i*n*2+j]=a[i]+(b[i]-a[i])*(p.rnd1());
            x[i]=xx[i*n*2+j];
        }
        it=1;
        while(it==1)
        {
            it=0; r=0; g=0;
            while((r<n)&&(g==0))
            {
                if((a[r]<=x[r])&&(b[r]>=x[r])) r=r+1;
                else g=1;
            }
            if(g==0)
            {
                (*s)(n,m,x,c,d,w);
                r=0;
```

```
                while((r<m)&&(g==0))
                {
                    if((c[r]<=w[r])&&(d[r]>=w[r])) r=r+1;
                    else g=1;
                }
            }
            if(g!=0)
            {
                for(r=0; r<=n-1; r++)
                {
                    z=0.0;
                    for(g=0; g<=j-1; g++)
                        z=z+xx[r*n*2+g]/(1.0*j);
                    xx[r*n*2+j]=(xx[r*n*2+j]+z)/2.0;
                    x[r]=xx[r*n*2+j];
                }
                it=1;
            }
            else xx[n*n*2+j]=(*f)(x,n);
        }
    }
    flag=500; k=0; it=1;
    while(it==1)
    {
        it=0;
        fr=xx[n*n*2]; r=0;
        for(i=1; i<=2*n-1; i++)
            if(xx[n*n*2+i]>fr)
            {
                r=i; fr=xx[n*n*2+i];
            }
        g=0; j=0; fg=xx[n*n*2];
        if(r==0)
        {
            g=1; j=1; fg=xx[n*n*2+1];
        }
        for(i=j+1; i<=2*n-1; i++)
            if(i!=r)
                if(xx[n*n*2+i]>fg)
                {
                    g=i; fg=xx[n*n*2+i];
                }
            for(i=0; i<=n-1; i++)
            {
                xf[i]=0.0;
```

```
            for(j=0; j<=2*n-1; j++)
                if(j!=r)
                    xf[i]=xf[i]+xx[i*n*2+j]/(2.0*n-1.0);
            xt[i]=(1.0+alpha)*xf[i]-alpha*xx[i*n*2+r];
        }
        jt=1;
        while(jt==1)
        {
            jt=0;
            z=(*f)(xt,n);
            while(z>fg)
            {
                for(i=0; i<=n-1; i++)
                    xt[i]=(xt[i]+xf[i])/2.0;
                z=(*f)(xt,n);
            }
            j=0;
            for(i=0; i<=n-1; i++)
            {
                if(a[i]>xt[i])
                {
                    xt[i]=xt[i]+0.000001; j=1;
                }
                if(b[i]<xt[i])
                {
                    xt[i]=xt[i]-0.000001; j=1;
                }
            }
            if(j!=0) jt=1;
            else
            {
                (*s)(n,m,xt,c,d,w);
                j=0; kt=1;
                while((kt==1)&&(j<m))
                {
                    if((c[j]<=w[j])&&(d[j]>=w[j])) j=j+1;
                    else kt=0;
                }
                if(j<m)
                {
                    for(i=0; i<=n-1; i++)
                        xt[i]=(xt[i]+xf[i])/2.0;
                    jt=1;
                }
            }
```

```
            }
            for(i=0; i<=n-1; i++)  xx[i*n*2+r]=xt[i];
            xx[n*n*2+r]=z;
            fr=0.0; fg=0.0;
            for(j=0; j<=2*n-1; j++)
            {
                fj=xx[n*n*2+j];
                fr=fr+fj/(2.0*n);
                fg=fg+fj*fj;
            }
            fr=(fg-2.0*n*fr*fr)/(2.0*n-1.0);
            k=k+1;
            if(fr>=eps)
            {
                if(k<flag) it=1;
            }
        }
        for(i=0; i<=n-1; i++)
        {
              x[i]=0.0;
              for(j=0; j<=2*n-1; j++)
                  x[i]=x[i]+xx[i*n*2+j]/(2.0*n);
        }
        z=(*f)(x,n); x[n]=z;
        delete[] c; delete[] d; delete[] w;
        delete[] xt; delete[] xf;
        return(k);
    }
```

【例】 用复形调优法求目标函数

$$J=f(x_0,x_1)=-\frac{[9-(x_0-3)^2]x_1^3}{27\sqrt{3}}$$

满足约束条件

$$\begin{cases}x_0\geqslant 0\\x_1\geqslant 0\\0\leqslant x_1\leqslant\dfrac{x_0}{\sqrt{3}}\\0\leqslant x_0+\sqrt{3}x_1\leqslant 6\end{cases}$$

的极小值点与极小值。取 $\text{eps}=10^{-30}$。

初始复形的第一个顶点为(0.0,0.0)。其中,常量约束条件的下界为 $a_0=0.0, a_1=0.0$,上界取 $b_0=10^{35}, b_1=10^{35}$。函数约束条件的下限、上限及条件函数为

$$C_0(x_0,x_1)=0.0,\quad C_1(x_0,x_1)=0.0$$

$$D_0(x_0,x_1)=\frac{x_0}{\sqrt{3}},\quad D_1(x_0,x_1)=6.0$$

$$W_0(x_0,x_1)=x_1,\quad W_1(x_0,x_1)=x_0+\sqrt{3}x_1$$

主函数程序以及计算目标函数值程序、函数约束条件中各值的函数程序如下:

```
//复形调优法例
#include <cmath>
#include <iostream>
#include <iomanip>
#include "复形调优法.cpp"
using namespace std;
int main()
{
    int i,j;
    void cplxs(int,int,double [],double [],double [],double []);
    double cplxf(double [],int);
    double eps,a[2],b[2],x[3],xx[3][4];
    x[0]=0.0; x[1]=0.0;
    a[0]=0.0; a[1]=0.0;
    b[0]=1.0e+35; b[1]=b[0];
    eps=1.0e-30;
    i=cplx(2,2,a,b,eps,x,&xx[0][0],cplxs,cplxf);
    cout <<"迭代次数=" <<i <<endl;
    cout <<"复形顶点坐标与目标函数值 :" <<endl;
    for(i=0; i<=3; i++)
    {
        for(j=0; j<=1; j++)
            cout <<"    xx(" <<j <<")=" <<setw(10) <<xx[j][i];
        cout <<"    f=" <<xx[2][i] <<endl;
    }
    cout <<"极小值点坐标与极小值 :" <<endl;
    for(i=0; i<=1; i++)
            cout <<"    x(" <<i <<")=" <<setw(10) <<x[i];
    cout <<"        极小值=" <<x[2] <<endl;
    return 0;
}
//计算目标函数值
double cplxf(double x[], int n)
{
    double y;
    n=n;
    y=-(9.0-(x[0]-3.0)*(x[0]-3.0));
    y=y*x[1]*x[1]*x[1]/(27.0*sqrt(3.0));
    return(y);
}
//计算函数约束条件中的上、下限以及条件值
void cplxs(int n, int m, double x[], double c[], double d[], double w[])
```

```
{
    n=n; m=m;
    c[0]=0.0; c[1]=0.0;
    d[0]=x[0]/sqrt(3.0); d[1]=6.0;
    w[0]=x[1]; w[1]=x[0]+x[1] * sqrt(3.0);
    return;
}
```

运行结果为

```
迭代次数=85
复形顶点坐标与目标函数值 :
x(0)=         3     x(1)=     1.73205      f=   -1
x(0)=         3     x(1)=     1.73205      f=   -1
x(0)=         3     x(1)=     1.73205      f=   -1
x(0)=         3     x(1)=     1.73205      f=   -1
极小值点坐标与极小值 :
x(0)=   3      x(1)=1.73205        极小值=-1
```

本问题的理论极小值点为 $x_0=3.0$，$x_1=\sqrt{3}$，极小值为 -1.0。

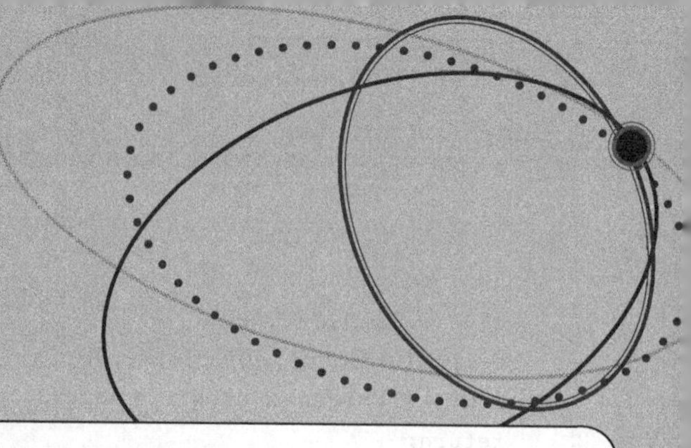

第11章 数学变换与滤波

11.1 傅里叶级数逼近

【功能】

根据函数 $f(x)$ 在区间 $[0,2\pi]$ 上的 $2n+1$ 个等距点

$$x_i=\frac{2\pi}{2n+1}(i+0.5),\quad i=0,1,\cdots,2n$$

处的函数值 $f_i=f(x_i)$，求傅里叶(Fourier)级数

$$f(x)=\frac{1}{2}a_0+\sum_{k=1}^{\infty}(a_k\cos kx+b_k\sin kx)$$

的前 $2n+1$ 个系数 $a_k(k=0,1,\cdots,n)$ 和 $b_k(k=0,1,\cdots,n)$ 的近似值。

【方法说明】

设函数 $f(x)$ 在区间 $[0,2\pi]$ 上的 $2n+1$ 个等距点

$$x_i=\frac{2\pi}{2n+1}(i+0.5),\quad i=0,1,\cdots,2n$$

处的函数值为 $f_i=f(x_i)$，计算傅里叶级数

$$f(x)=\frac{1}{2}a_0+\sum_{k=1}^{\infty}(a_k\cos kx+b_k\sin kx)$$

的前 $2n+1$ 个系数

$$a_k(k=0,1,\cdots,n)\quad 和 \quad b_k(k=0,1,\cdots,n)$$

近似值的方法如下。

对于 $k=0,1,\cdots,n$ 做如下运算。

(1) 按下列迭代公式计算 u_1 与 u_2

$$\begin{cases}u_{2n+2}=u_{2n+1}=0\\ u_k=f_k+2u_{k+1}\cos k\theta-u_{k+2},k=2n,\cdots,2,1\end{cases}$$

其中 $\theta=\dfrac{2\pi}{2n+1}$。计算 $\cos k\theta$ 与 $\sin k\theta$ 用如下递推公式：

$$\cos k\theta=\cos\theta\cos(k-1)\theta-\sin\theta\sin(k-1)\theta$$

$$\sin k\theta = \sin\theta\cos(k-1)\theta + \cos\theta\sin(k-1)\theta$$

(2) 按下列公式计算 a_k 与 b_k：

$$a_k = \frac{2}{2n+1}(f_0 + u_1\cos k\theta - u_2)$$

$$b_k = \frac{2}{2n+1}u_1\sin k\theta$$

【函数语句与形参说明】

```
void four(int n, double f[], double a[], double b[])
```

形参与函数类型	参数意义
int　n	等距点数为 $2n+1$
double　f[2n+1]	存放区间 $[0,2\pi]$ 内的 $2n+1$ 个等距点处的函数值
double　a[n+1]	返回傅里叶级数中的系数 $a_k(k=0,1,\cdots,n)$
double　b[n+1]	返回傅里叶级数中的系数 $b_k(k=0,1,\cdots,n)$
void　four()	过程

【函数程序】

```
//Fourier 级数逼近.cpp
#include <cmath>
#include <iostream>
using namespace std;
//n                  等距点数为 2n+1
//f[2n+1]            存放区间[0,2*3.1415926]内的 2n+1 个等距点处的函数值
//a[n+1]             返回 Fourier 级数中的系数
//b[n+1]             返回 Fourier 级数中的系数
void four(int n, double f[], double a[], double b[])
{
    int i,j;
    double t,c,s,c1,s1,u1,u2,u0;
    t=6.283185306/(2.0*n+1.0);
    c=cos(t); s=sin(t);
    t=2.0/(2.0*n+1.0); c1=1.0; s1=0.0;
    for(i=0; i<=n; i++)
    {
        u1=0.0; u2=0.0;
        for(j=2*n; j>=1; j--)
        {
            u0=f[j]+2.0*c1*u1-u2;
            u2=u1; u1=u0;
        }
        a[i]=t*(f[0]+u1*c1-u2);
        b[i]=t*u1*s1;
        u0=c*c1-s*s1; s1=c*s1+s*c1; c1=u0;
    }
    return;
}
```

【例】 根据函数 $f(x) = x^2$ 在区间$[0,2\pi]$上的61个等距点

$$x_i = \frac{2\pi}{61}(i + 0.5), \quad i = 0,1,\cdots,60$$

处的函数值 $f_i = f(x_i)$，求傅里叶级数的系数

$$a_k(k = 0,1,\cdots,30) \quad 和 \quad b_k(k = 0,1,\cdots,30)$$

其中 $n=30$。

主函数程序如下：

```
//Fourier级数逼近例
#include <cmath>
#include <iostream>
#include <iomanip>
#include "Fourier级数逼近.cpp"
using namespace std;
int main()
{
    int i;
    double f[61],a[31],b[31],c,h;
    h=6.283185306/61.0;
    for(i=0; i<=60; i++)
    { c=(i+0.5)*h; f[i]=c*c;}
    four(30,f,a,b);
    cout <<setw(5) <<"k" <<setw(20) <<"a(k)" <<setw(20) <<"b(k)" <<endl;
    for(i=0; i<=30; i++)
        cout <<setw(5) <<i <<setw(20) <<a[i] <<setw(20) <<b[i] <<endl;
    return 0;
}
```

运行结果为

k	a(k)	b(k)
0	26.3172	0
1	3.34574	-12.7611
2	0.345747	-6.36359
3	-0.209799	-4.22353
4	-0.40423	-3.1478
5	-0.494213	-2.49776
6	-0.543081	-2.06054
7	-0.572534	-1.74488
8	-0.591637	-1.50517
9	-0.60472	-1.31603
10	-0.614064	-1.16226
11	-0.620963	-1.03417
12	-0.626195	-0.925274
13	-0.630251	-0.831105
14	-0.633452	-0.748452
15	-0.636017	-0.674957
16	-0.638098	-0.608847
17	-0.639803	-0.548757
18	-0.641213	-0.493623
19	-0.642384	-0.442595
20	-0.643362	-0.394988
21	-0.644179	-0.35024
22	-0.644863	-0.307882
23	-0.645432	-0.26752
24	-0.645903	-0.228816
25	-0.646288	-0.191475
26	-0.646596	-0.155238
27	-0.646835	-0.119872
28	-0.647009	-0.0851649
29	-0.647124	-0.0509176
30	-0.64718	-0.0169425

11.2　快速傅里叶变换

【功能】

用快速傅里叶变换(FFT)计算离散傅里叶变换(DFT)。

【方法说明】

计算 n 个采样点

$$P = \{p_0, p_1, p_2, \cdots, p_{n-1}\}$$

的离散傅里叶变换,可以归结为计算多项式

$$F(x) = p_0 + p_1 x + p_2 x^2 + \cdots + p_{n-1} x^{n-1}$$

在各 n 次单位根 $1, \omega, \omega^2, \cdots, \omega^{n-1}$ 上的值,即

$$F_0 = p_0 + p_1 + p_2 + \cdots + p_{n-1}$$

$$F_1 = p_0 + p_1\omega + p_2\omega^2 + \cdots + p_{n-1}\omega^{n-1}$$

$$F_2 = p_0 + p_1\omega^2 + p_2(\omega^2)^2 + \cdots + p_{n-1}(\omega^2)^{n-1}$$

$$\vdots$$

$$F_{n-1} = p_0 + p_1\omega^{n-1} + p_2(\omega^{n-1})^2 + \cdots + p_{n-1}(\omega^{n-1})^{n-1}$$

其中

$$\omega = \mathrm{e}^{-j\frac{2\pi}{n}}$$

为 n 次单位元根。

若 n 是 2 的 k 次幂,即 $n=2^k(k>0)$,则 $F(x)$ 可以分解为关于 x 的偶次幂和奇次幂两部分,即

$$F(x) = p_0 + p_2 x^2 + \cdots + p_{n-2} x^{n-2} + x(p_1 + p_3 x^2 + \cdots + p_{n-1} x^{n-2})$$

若令

$$P_{\text{even}}(x^2) = p_0 + p_2 x^2 + \cdots + p_{n-2} x^{n-2}$$

$$P_{\text{odd}}(x^2) = p_1 + p_3 x^2 + \cdots + p_{n-1} x^{n-2}$$

则有

$$F(x) = P_{\text{even}}(x^2) + xP_{\text{odd}}(x^2)$$

并且有

$$F(-x) = P_{\text{even}}(x^2) - x\,P_{\text{odd}}(x^2)$$

由此可以看出,为了求 $F(x)$ 在各 n 次单位根上的值,只需求 $P_{\text{even}}(x)$ 和 $P_{\text{odd}}(x)$ 在 $1, \omega^2, \cdots, (\omega^{(n/2)-1})^2$ 上的值就可以了。

而 $P_{\text{even}}(x)$ 和 $P_{\text{odd}}(x)$ 同样可以分解成关于 x^2 的偶次幂和奇次幂两部分。以此类推,一直分解下去,最后可归结为只需求 2 次单位根 1 与 -1 上的值。

在实际计算时,可以将上述过程倒过来进行,这就是 FFT 算法。

【函数语句与形参说明】

```
void kfft(int n, int k, double pr[], double pi[],
```

```
double fr[], double fi[], int flag)
```

形参与函数类型	参数意义
int n	采样点数
int k	满足 $n=2^k$
double pr[n]	当 flag=0 时，存放 n 个采样输入的实部，返回离散傅里叶变换的模；当 flag=1 时，存放傅里叶变换的 n 个实部，返回逆傅里叶变换的模
double pi[n]	当 flag=0 时，存放 n 个采样输入的虚部，返回离散傅里叶变换的幅角；当 flag=1 时，存放傅里叶变换的 n 个虚部，返回逆傅里叶变换的幅角。其中，幅角的单位为度
double fr[n]	当 flag=0 时，返回傅里叶变换的 n 个实部；当 flag=1 时，返回逆傅里叶变换的 n 个实部
double fi[n]	当 flag=0 时，返回傅里叶变换的 n 个虚部；当 flag=1 时，返回逆傅里叶变换的 n 个虚部
int flag	当 flag=0 时，表示要求本函数计算傅里叶变换；当 flag=1 时，表示要求本函数计算逆傅里叶变换
void kfft()	过程

【函数程序】

```
//快速 Fourier 变换.cpp
#include <cmath>
#include <iostream>
using namespace std;
//n          采样点数
//k
//pr[n]      存放采样输入(或变换)的实部,返回变换(或逆变换)的模
//pi[n]      存放采样输入(或变换)的虚部,返回变换(或逆变换)的幅角
//fr[n]      返回变换(或逆变换)的实部
//fi[n]      返回变换(或逆变换)的虚部
//flag       存放标志。flag=0 表示做变换;flag=1 表示做逆变换
void kfft(int n, int k, double pr[], double pi[],
                     double fr[], double fi[], int flag)
{
    int it,m,is,i,j,nv,kk;
    double p,q,s,vr,vi,poddr,poddi;
    for(it=0; it<=n-1; it++)
    {
        m=it; is=0;
        for(i=0; i<=k-1; i++)
        {
            j=m/2; is=2*is+(m-2*j); m=j;
```

```
        }
        fr[it]=pr[is]; fi[it]=pi[is];
    }
    pr[0]=1.0; pi[0]=0.0;
    p=6.283185306/(1.0*n);
    pr[1]=cos(p); pi[1]=-sin(p);
    if(flag!=0) pi[1]=-pi[1];        //逆变换
    for(i=2; i<=n-1; i++)
    {
        p=pr[i-1]*pr[1]; q=pi[i-1]*pi[1];
        s=(pr[i-1]+pi[i-1])*(pr[1]+pi[1]);
        pr[i]=p-q; pi[i]=s-p-q;
    }
    for(it=0; it<=n-2; it=it+2)
    {
        vr=fr[it]; vi=fi[it];
        fr[it]=vr+fr[it+1]; fi[it]=vi+fi[it+1];
        fr[it+1]=vr-fr[it+1]; fi[it+1]=vi-fi[it+1];
    }
    m=n/2; nv=2;
    for(kk=k-2; kk>=0; kk--)
    {
        m=m/2; nv=2*nv;
        for(it=0; it<=(m-1)*nv; it=it+nv)
        for(j=0; j<=(nv/2)-1; j++)
        {
            p=pr[m*j]*fr[it+j+nv/2];
            q=pi[m*j]*fi[it+j+nv/2];
            s=pr[m*j]+pi[m*j];
            s=s*(fr[it+j+nv/2]+fi[it+j+nv/2]);
            poddr=p-q; poddi=s-p-q;
            fr[it+j+nv/2]=fr[it+j]-poddr;
            fi[it+j+nv/2]=fi[it+j]-poddi;
            fr[it+j]=fr[it+j]+poddr;
            fi[it+j]=fi[it+j]+poddi;
        }
    }
    if(flag!=0)        //逆变换
    for(i=0; i<=n-1; i++)
    {
        fr[i]=fr[i]/(1.0*n);
        fi[i]=fi[i]/(1.0*n);
    }
    for(i=0; i<=n-1; i++)        //计算变换的模与幅角
    {
```

```
        pr[i]=sqrt(fr[i] * fr[i]+fi[i] * fi[i]);
        if(fabs(fr[i])<0.000001 * fabs(fi[i]))
        {
            if((fi[i] * fr[i])>0) pi[i]=90.0;
            else pi[i]=-90.0;
        }
        else  pi[i]=atan(fi[i]/fr[i]) * 360.0/6.283185306;
    }
    return;
}
```

【例】

设函数

$$p(t) = e^{-t}, \quad t \geqslant 0$$

取 $n=64$,$k=6$,周期 $T=6.4$,步长为 $h=T/n=0.1$。采样序列为

$$p_i = p((i+0.5)h), \quad i = 0,1,\cdots,63$$

计算：

(1) p_i 的离散傅里叶变换 f_i,以及 f_i 的模与幅角,即取 flag=0。

(2) f_i 的逆傅里叶变换 p_i,以及 p_i 的模与幅角,即取 flag=1。

主函数程序如下：

```
//快速 Fourier 变换例
#include <cmath>
#include <iostream>
#include <iomanip>
#include "快速 Fourier 变换.cpp"
using namespace std;
int main()
{
    int i,j;
    double pr[64],pi[64],fr[64],fi[64];
    for(i=0; i<=63; i++)
    { pr[i]=exp(-0.1 * (i+0.5)); pi[i]=0.0;}
    cout <<"采样输入序列 p :" <<endl;
    for(i=0; i<=15; i++)
    {
        for(j=0; j<=3; j++) cout <<setw(15) <<pr[4 * i+j];
        cout <<endl;
    }
    kfft(64,6,pr,pi,fr,fi,0);
    cout <<"采样序列 p 的变换的实部 fr :" <<endl;
    for(i=0; i<=15; i++)
    {
        for(j=0; j<=3; j++) cout <<setw(15) <<fr[4 * i+j];
```

```
        cout <<endl;
    }
    cout <<"采样序列 p 的变换的虚部 fi :" <<endl;
    for(i=0; i<=15; i++)
    {
        for(j=0; j<=3; j++) cout <<setw(15) <<fi[4 * i+j];
        cout <<endl;
    }
    cout <<"采样序列 p 的变换的模 :" <<endl;
    for(i=0; i<=15; i++)
    {
        for(j=0; j<=3; j++) cout <<setw(15) <<pr[4 * i+j];
        cout <<endl;
    }
    cout <<"采样序列 p 的变换的幅角 :" <<endl;
    for(i=0; i<=15; i++)
    {
        for(j=0; j<=3; j++) cout <<setw(15) <<pi[4 * i+j];
        cout <<endl;
    }
    kfft(64,6,fr,fi,pr,pi,1);        //逆变换
    cout <<"逆变换的实部 pr :" <<endl;
    for(i=0; i<=15; i++)
    {
        for(j=0; j<=3; j++) cout <<setw(15) <<pr[4 * i+j];
        cout <<endl;
    }
    cout <<"逆变换的虚部 pi :" <<endl;
    for(i=0; i<=15; i++)
    {
        for(j=0; j<=3; j++) cout <<setw(15) <<pi[4 * i+j];
        cout <<endl;
    }
    cout <<"逆变换的模 :" <<endl;
    for(i=0; i<=15; i++)
    {
        for(j=0; j<=3; j++) cout <<setw(15) <<fr[4 * i+j];
        cout <<endl;
    }
    cout <<"逆变换的幅角 :" <<endl;
    for(i=0; i<=15; i++)
    {
        for(j=0; j<=3; j++) cout <<setw(15) <<fi[4 * i+j];
        cout <<endl;
```

```
    }
    return 0;
}
```

运行结果为

```
采样输入序列p :
      0.951229       0.860708       0.778801       0.704688
      0.637628        0.57695       0.522046       0.472367
      0.427415       0.386741       0.349938       0.316637
      0.286505        0.25924        0.23457       0.212248
       0.19205       0.173774       0.157237       0.142274
      0.128735       0.116484       0.105399      0.0953692
     0.0862936      0.0780817      0.0706512      0.0639279
     0.0578443      0.0523397      0.0473589      0.0428521
     0.0387742      0.0350844      0.0317456      0.0287246
     0.0259911      0.0235177      0.0212797      0.0192547
     0.0174224      0.0157644      0.0142642      0.0129068
     0.0116786      0.0105672      0.0095616      0.0086517
    0.00782838     0.00708341     0.00640933      0.0057994
    0.00524752     0.00474815      0.0042963     0.00388746
    0.00351752     0.00318278      0.0028799     0.00260584
    0.00235786     0.00213348     0.00193045     0.00174675
```

```
采样序列p的变换的实部fr :
       9.97923        5.31844        2.43865        1.46438
        1.0611       0.861244         0.7489       0.679837
      0.634482       0.603157        0.58065       0.563957
      0.551251        0.54137       0.533549       0.527264
      0.522149       0.517944       0.514456       0.511543
      0.509098       0.507039       0.505301       0.503836
      0.502604       0.501574       0.500723        0.50003
      0.499482       0.499067       0.498775       0.498603
      0.498546       0.498603       0.498775       0.499067
      0.499482        0.50003       0.500723       0.501574
      0.502604       0.503836       0.505301       0.507039
      0.509098       0.511543       0.514456       0.517944
      0.522149       0.527264       0.533549        0.54137
      0.551251       0.563957        0.58065       0.603157
      0.634482       0.679837         0.7489       0.861244
        1.0611        1.46438        2.43865        5.31844
```

```
采样序列p的变换的虚部fi :
             0       -4.73967       -3.82485       -2.86773
      -2.23986       -1.81854       -1.52015       -1.29842
      -1.12707      -0.990376      -0.878443      -0.784768
     -0.704911      -0.635744         -0.575      -0.520998
      -0.47246      -0.428403      -0.388053      -0.350793
     -0.316123      -0.283634      -0.252985       -0.22389
     -0.196104      -0.169417      -0.143644      -0.118622
    -0.0942034     -0.0702539     -0.0466483     -0.0232683
             0      0.0232683      0.0466483      0.0702539
     0.0942034       0.118622       0.143644       0.169417
      0.196104        0.22389       0.252985       0.283634
      0.316123       0.350793       0.388053       0.428403
       0.47246       0.520998          0.575       0.635744
      0.704911       0.784768       0.878443       0.990376
       1.12707        1.29842        1.52015        1.81854
       2.23986        2.86773        3.82485        4.73967
```

```
采样序列p的变换的模 :
       9.97923        7.12393        4.53613        3.21998
       2.47849        2.01217        1.69461        1.46563
       1.29339        1.15959          1.053       0.966389
      0.894861       0.835016        0.78441       0.741246
      0.704172       0.672157       0.644399       0.620268
      0.599262       0.580979       0.565094       0.551341
      0.539507       0.529414       0.520919       0.513908
      0.508288       0.503987       0.500952       0.499146
      0.498546       0.499146       0.500952       0.503987
      0.508288       0.513908       0.520919       0.529414
      0.539507       0.551341       0.565094       0.580979
      0.599262       0.620268       0.644399       0.672157
      0.704172       0.741246        0.78441       0.835016
      0.894861       0.966389          1.053        1.15959
       1.29339        1.46563        1.69461        2.01217
       2.47849        3.21998        4.53613        7.12393
```

```
采样序列p的变换的幅角 :
           0      -41.7067      -57.4792      -62.9494
    -64.6513      -64.6581      -63.7729       -62.364
    -60.6228      -58.6578      -56.5353      -54.2979
    -51.9741      -49.5838      -47.1414      -44.6575
      -42.14      -39.5949      -37.0272      -34.4406
    -31.8381      -29.2224      -26.5954      -23.9589
    -21.3145      -18.6634      -16.0068      -13.3455
    -10.6807      -8.01291      -5.34308      -2.67188
           0       2.67188       5.34308       8.01291
     10.6807       13.3455       16.0068       18.6634
     21.3145       23.9589       26.5954       29.2224
     31.8381       34.4406       37.0272       39.5949
       42.14       44.6575       47.1414       49.5838
     51.9741       54.2979       56.5353       58.6578
     60.6228        62.364       63.7729       64.6581
     64.6513       62.9494       57.4792       41.7067
```

```
逆变换的实部pr :
    0.951229      0.860708      0.778801      0.704688
    0.637628       0.57695      0.522046      0.472367
    0.427415      0.386741      0.349938      0.316637
    0.286505       0.25924       0.23457      0.212248
     0.19205      0.173774      0.157237      0.142274
    0.128735      0.116484      0.105399     0.0953692
   0.0862936     0.0780817     0.0706512     0.0639279
   0.0578443     0.0523397     0.0473589     0.0428521
   0.0387742     0.0350844     0.0317456     0.0287246
   0.0259911     0.0235177     0.0212797     0.0192547
   0.0174224     0.0157644     0.0142642     0.0129068
   0.0116786     0.0105672     0.0095616     0.0086517
  0.00782838    0.00708341    0.00640933     0.0057994
  0.00524752    0.00474815     0.0042963    0.00388746
  0.00351752    0.00318278     0.0028799    0.00260584
  0.00235786    0.00213348    0.00193045    0.00174675
```

```
逆变换的虚部pi :
 5.55112e-017 -1.35135e-015 -1.21431e-015 -1.79717e-015
-9.71445e-016 -1.57686e-015 -1.11022e-015 -1.32012e-015
-5.27356e-016 -8.91648e-016 -6.45317e-016 -6.41848e-016
-4.19803e-016 -4.25007e-016 -3.92915e-016 -2.89699e-016
-1.66533e-016 -7.80626e-017 -9.02056e-017  4.51028e-017
-6.93889e-018  1.99493e-016  1.73472e-016  3.38271e-016
 1.17961e-016  3.24393e-016  3.00107e-016   4.4062e-016
 2.35055e-016  3.62124e-016  3.13877e-016  3.59359e-016
-5.55112e-017  1.19696e-016  1.45717e-016  3.88578e-016
 2.63678e-016  5.18682e-016  4.44089e-016  5.39499e-016
   2.498e-016  4.68375e-016  4.92661e-016  5.51642e-016
 3.57353e-016  5.18682e-016  3.84241e-016  4.59702e-016
 1.66533e-016  3.10516e-016  3.81639e-016  5.16948e-016
 3.53884e-016  5.18682e-016  3.81639e-016  3.79904e-016
 1.59595e-016  3.62557e-016  2.96638e-016  3.01842e-016
 1.88217e-016  2.58907e-016  1.38886e-016  8.81998e-017
```

```
逆变换的模 :
    0.951229      0.860708      0.778801      0.704688
    0.637628       0.57695      0.522046      0.472367
    0.427415      0.386741      0.349938      0.316637
    0.286505       0.25924       0.23457      0.212248
     0.19205      0.173774      0.157237      0.142274
    0.128735      0.116484      0.105399     0.0953692
   0.0862936     0.0780817     0.0706512     0.0639279
   0.0578443     0.0523397     0.0473589     0.0428521
   0.0387742     0.0350844     0.0317456     0.0287246
   0.0259911     0.0235177     0.0212797     0.0192547
   0.0174224     0.0157644     0.0142642     0.0129068
   0.0116786     0.0105672     0.0095616     0.0086517
  0.00782838    0.00708341    0.00640933     0.0057994
  0.00524752    0.00474815     0.0042963    0.00388746
  0.00351752    0.00318278     0.0028799    0.00260584
  0.00235786    0.00213348    0.00193045    0.00174675
```

```
逆变换的幅角：
  3.34363e-015  -8.99569e-014  -8.93356e-014  -1.46122e-013
 -8.72918e-014  -1.56595e-013   -1.2185e-013  -1.60125e-013
 -7.06931e-014  -1.32098e-013  -1.05659e-013  -1.16143e-013
  -8.3953e-014  -9.39326e-014  -9.59728e-014  -7.82034e-014
 -4.96833e-014  -2.57384e-014  -3.28701e-014   1.81635e-014
 -3.08828e-015   9.81259e-014   9.43008e-014   2.03226e-013
  7.83219e-014   2.38038e-013   2.43377e-013   3.94908e-013
  2.32826e-013   3.96413e-013   3.79734e-013   4.80484e-013
 -8.20276e-014   1.95474e-013   2.62995e-013    7.7508e-013
  5.81261e-013   1.26365e-012   1.19571e-012   1.60537e-012
  8.21501e-013   1.70231e-012    1.9789e-012   2.44884e-012
   1.7532e-012   2.81232e-012   2.30248e-012   3.04437e-012
  1.21886e-012   2.51168e-012   3.41164e-012   5.10723e-012
  3.86393e-012   6.25892e-012   5.08956e-012   5.59927e-012
  2.59959e-012   6.52668e-012   5.90163e-012   6.63673e-012
  4.57366e-012    6.9531e-012   4.12214e-012   2.89308e-012
```

11.3 快速沃什变换

【功能】

计算给定序列的沃什(Walsh)变换序列。

【方法说明】

设给定序列为

$$P = \{p_0, p_1, p_2, \cdots, p_{n-1}\}$$

其中 $n=2^k(k\geqslant 1)$。则沃什变换定义为

$$x_i = \sum_{j=0}^{n-1} W_{ij}^{(n)} p_j, \quad i = 0,1,\cdots,n-1$$

沃什变换可以看作是矩阵与向量的乘积，即

$$\begin{bmatrix} x_0 \\ x_1 \\ \vdots \\ x_{n-1} \end{bmatrix} = \boldsymbol{w}^{(n)} \begin{bmatrix} p_0 \\ p_1 \\ \vdots \\ p_{n-1} \end{bmatrix}$$

其中

$$\boldsymbol{w}^{(n)} = \begin{bmatrix} w_{00}^{(n)} & w_{01}^{(n)} & \cdots & w_{9,n-1}^{(n)} \\ w_{10}^{(n)} & w_{11}^{(n)} & \cdots & w_{1,n-1}^{(n)} \\ \vdots & \vdots & \ddots & \vdots \\ w_{n-1,0}^{(n)} & w_{n-1,1}^{(n)} & \cdots & w_{n-1,n-1}^{(n)} \end{bmatrix}$$

是一个特殊的矩阵，其元素值只有两个：+1 与 −1。$\boldsymbol{w}^{(n)}$ 中的各元素有以下递推关系：

$$W^{(1)} = w_{00}^{(1)} = 1$$
$$w_{2i,j}^{(2n)} = (w_{it}^{(n)}, (-1)^i w_{it}^{(n)}), \quad t = 0,1,\cdots,n-1$$
$$w_{2i+1,j}^{(2n)} = (w_{it}^{(n)}, (-1)^{i+1} w_{it}^{(n)}), \quad t = 0,1,\cdots,n-1$$

若利用通常的矩阵相乘的方法，计算沃什变换序列需要做 $n(n-1)$ 次加减法。本函数采用与快速傅里叶变换类似的方法，加减法总次数为 $n\log_2 n$。

【函数语句与形参说明】

```
void kfwt(int n, int k, double p[], double x[])
```

形参与函数类型	参数意义
int　n	输入序列的长度
int　k	满足 $n=2^k$
double　p[n]	存放长度为 $n=2^k$ 的给定输入序列
double　x[n]	返回输入序列 $p_i(i=0,1,\cdots,n-1)$的沃什变换序列
void　kfwt()	过程

【函数程序】

```
//快速 Walsh 变换.cpp
#include <cmath>
#include <iostream>
using namespace std;
//n          输入序列的长度
//k
//p[n]       存放长度为 n 的给定输入序列
//x[n]       返回给定输入序列的 Walsh 变换序列
void kfwt(int n, int k, double p[], double x[])
{
    int m,l,it,ii,i,j,is;
    double q;
    m=1; l=n; it=2;
    x[0]=1; ii=n/2; x[ii]=2;
    for(i=1; i<=k-1; i++)
    {
        m=m+m; l=l/2; it=it+it;
        for(j=0; j<=m-1; j++) x[j*l+l/2]=it+1-x[j*l];
    }
    for(i=0; i<=n-1; i++)
    {
        ii=(int)(x[i]-1); x[i]=p[ii];
    }
    l=1;
    for(i=1; i<=k; i++)
    {
        m=n/(2*l)-1;
        for(j=0; j<=m; j++)
        {
            it=2*l*j;
```

```
                for(is=0; is<=l-1; is++)
                {
                    q=x[it+is]+x[it+is+1];
                    x[it+is+1]=x[it+is]-x[it+is+1];
                    x[it+is]=q;
                }
            }
          l=2*l;
        }
        return;
    }
```

【例】 设输入序列为

$$p_i = i+1, \quad i = 0,1,\cdots,7$$

计算 p_i 的沃什变换序列 $x_i(i=0,1,\cdots,7)$。其中 $k=3,n=8$。

主函数程序如下：

```
//快速 Walsh 变换例
#include <cmath>
#include <iostream>
#include "快速 Walsh 变换.cpp"
using namespace std;
int main()
{
    int i;
    double p[8],x[8];
    for(i=0; i<=7; i++) p[i]=i+1;
    kfwt(8,3,p,x);
    for(i=0; i<=7; i++)
        cout <<"x(" <<i <<")=" <<x[i] <<endl;
    return 0;
}
```

运行结果为

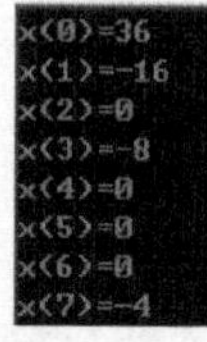

11.4 五点三次平滑

【功能】

用五点三次平滑公式对等距点上的观测数据进行平滑。

【方法说明】

设已知 n 个等距点 $x_0<x_1<\cdots<x_{n-1}$ 上的观测(或实验)数据为 $y_0,y_1,\cdots,y_{n-1}$，则可以在每个数据点的前后各取两个相邻的点，用三次多项式

$$y=a_0+a_1x+a_2x^2+a_3x^3$$

进行逼近。

根据最小二乘原理确定出系数 a_0,a_1,a_2,a_3，最后可得到五点三次平滑公式如下：

$$\bar{y}_{i-2}=(69y_{i-2}+4y_{i-1}-6y_i+4y_{i+1}-y_{i+2})/70 \tag{1}$$

$$\bar{y}_{i-1}=(2y_{i-2}+27y_{i-1}+12y_i-8y_{i+1}+2y_{i+2})/35 \tag{2}$$

$$\bar{y}_i=(-3y_{i-2}+12y_{i-1}+17y_i+12y_{i+1}-3y_{i+2})/35 \tag{3}$$

$$\bar{y}_{i+1}=(2y_{i-2}-8y_{i-1}+12y_i+27y_{i+1}+2y_{i+2})/35 \tag{4}$$

$$\bar{y}_{i+2}=(-y_{i-2}+4y_{i-1}-6y_i+4y_{i+1}+69y_{i+2})/70 \tag{5}$$

其中 $\bar{y}_i$ 表示 y_i 的平滑值。

对于开始两点和最后两点分别由上述式(1)、式(2)、式(4)和式(5)进行平滑。本方法要求数据点数 $n\geqslant 5$。

【函数语句与形参说明】

```
void kspt(int n, double y[], double yy[])
```

形参与函数类型	参数意义
int　n	等距观测点数。要求 $n\geqslant 5$
double　y[n]	存放 n 个等距观测点上的观测数据
double　yy[n]	返回 n 个等距观测点上的平滑结果
void　kspt()	过程

【函数程序】

```
//五点三次平滑.cpp
#include <cmath>
#include <iostream>
using namespace std;
//n          等距观测点数
//y[n]       存放 n 个等距观测点上的观测数据
//yy[n]      返回 n 个等距观测点上的平滑结果
void kspt(int n, double y[], double yy[])
{
    int i;
    if(n<5)
    {
        for(i=0; i<=n-1; i++) yy[i]=y[i];
```

```
    }
    else
    {
        yy[0]=69.0*y[0]+4.0*y[1]-6.0*y[2]+4.0*y[3]-y[4];
        yy[0]=yy[0]/70.0;
        yy[1]=2.0*y[0]+27.0*y[1]+12.0*y[2]-8.0*y[3];
        yy[1]=(yy[1]+2.0*y[4])/35.0;
        for(i=2; i<=n-3; i++)
        {
            yy[i]=-3.0*y[i-2]+12.0*y[i-1]+17.0*y[i];
            yy[i]=(yy[i]+12.0*y[i+1]-3.0*y[i+2])/35.0;
        }
        yy[n-2]=2.0*y[n-5]-8.0*y[n-4]+12.0*y[n-3];
        yy[n-2]=(yy[n-2]+27.0*y[n-2]+2.0*y[n-1])/35.0;
        yy[n-1]=-y[n-5]+4.0*y[n-4]-6.0*y[n-3];
        yy[n-1]=(yy[n-1]+4.0*y[n-2]+69.0*y[n-1])/70.0;
    }
    return;
}
```

【例】 设9个等距观测点上的数据 y 为54.0,145.0,227.0,359.0,401.0,342.0,259.0,112.0,65.0,用五点三次平滑公式对此9个观测数据进行平滑。

主函数程序如下：

```
//五点三次平滑例
#include <cmath>
#include <iostream>
#include <iomanip>
#include "五点三次平滑.cpp"
using namespace std;
int main()
{
    int i;
    double y[9]={54.0,145.0,227.0,359.0,401.0,
                    342.0,259.0,112.0,65.0};
    double yy[9];
    kspt(9,y,yy);
    for(i=0; i<=8; i++)
        cout <<"y(" <<i <<")=" <<setw(6) <<y[i]
            <<"          yy(" <<i <<")=" <<setw(10) <<yy[i] <<endl;
    return 0;
}
```

运行结果为

```
y(0)=    54        yy(0)=   56.8429
y(1)=   145        yy(1)=   133.629
y(2)=   227        yy(2)=   244.057
y(3)=   359        yy(3)=   347.943
y(4)=   401        yy(4)=   393.457
y(5)=   342        yy(5)=   352.029
y(6)=   259        yy(6)=   241.514
y(7)=   112        yy(7)=   123.657
y(8)=    65        yy(8)=   62.0857
```

11.5 离散随机线性系统的卡尔曼滤波

【功能】

对离散点上的采样数据进行卡尔曼(Kalman)滤波。

【方法说明】

设 n 维线性动态系统与 m 维线性观测系统由下列差分方程组描述：

$$\begin{cases} \boldsymbol{X}_k = \boldsymbol{\Phi}_{k,k-1}\boldsymbol{X}_{k-1} + \boldsymbol{W}_{k-1} \\ \boldsymbol{Y}_k = \boldsymbol{H}_k\boldsymbol{X}_k + \boldsymbol{V}_k \end{cases}, \quad k = 1,2,\cdots$$

其中：

$\boldsymbol{X}_k$ 为 n 维向量，表示系统在第 k 时刻的状态。

$\boldsymbol{\Phi}_{k,k-1}$ 是一个 $n\times n$ 阶矩阵，称为系统的状态转移矩阵，它反映了系统从第 $k-1$ 个采样时刻的状态到第 k 个采样时刻的状态的转换。

$\boldsymbol{W}_k$ 是一个 n 维向量，表示在第 k 时刻作用于系统的随机干扰，称为模型噪声。为简单起见，一般假设$\{W_k\}(k=1,2,\cdots)$为高斯白噪声序列，具有已知的零均值和协方差阵 $\boldsymbol{Q}_k$。

$\boldsymbol{Y}_k$ 为 m 维的观测向量。

$\boldsymbol{H}_k$ 为 $m\times n$ 阶的观测矩阵，表示了从状态量 $\boldsymbol{X}_k$ 到观测量 $\boldsymbol{Y}_k$ 的转换。

$\boldsymbol{V}_k$ 为 m 维的观测噪声，同样假设$\{V_k\}(k=1,2,\cdots)$为高斯白噪声序列，具有已知的零均值和协方差阵 $\boldsymbol{R}_k$。

经推导(推导过程略)，可得到如下滤波的递推公式：

$$\boldsymbol{G}_k = \boldsymbol{P}_k\boldsymbol{H}_k^{\mathrm{T}}[\boldsymbol{H}_k\boldsymbol{P}_k\boldsymbol{H}_k^{\mathrm{T}} + \boldsymbol{R}_k]^{-1}$$

$$\widetilde{\boldsymbol{X}}_k = \boldsymbol{\Phi}_{k,k-1}\widetilde{\boldsymbol{X}}_{k-1} + \boldsymbol{G}_k[\boldsymbol{Y}_k - \boldsymbol{H}_k\boldsymbol{\Phi}_{k,k-1}\widetilde{\boldsymbol{X}}_{k-1}]$$

$$\boldsymbol{C}_k = (\boldsymbol{I} - \boldsymbol{G}_k\boldsymbol{H}_k)\boldsymbol{P}_k$$

$$\boldsymbol{P}_{k+1} = \boldsymbol{\Phi}_{k+1,k}\boldsymbol{C}_k\boldsymbol{\Phi}_{k+1,k}^{\mathrm{T}} + \boldsymbol{Q}_k$$

式中

$\boldsymbol{Q}_k$ 为 $n\times n$ 阶的模型噪声 $\boldsymbol{W}_k$ 的协方差阵。

$\boldsymbol{R}_k$ 为 $m\times m$ 阶的观测噪声 $\boldsymbol{V}_k$ 的协方差阵。

$\boldsymbol{G}_k$ 为 $n\times m$ 阶的增益矩阵。

$\widetilde{X}_k$ 为 n 维向量，第 k 时刻经滤波后的估值。

$\boldsymbol{C}_k$ 为 $n\times n$ 阶的估计误差协方差阵。

根据上述公式，可以从 $\widetilde{\boldsymbol{X}}_0=\boldsymbol{E}\{\boldsymbol{X}_0\}$ 与 $\boldsymbol{P}_0$(给定)出发，利用已知的矩阵 $\boldsymbol{Q}_k$，$\boldsymbol{R}_k$，$\boldsymbol{H}_k$，$\boldsymbol{\Phi}_{k,k-1}$ 以及 k 时刻的观测值 $\boldsymbol{Y}_k$，递推地算出每个时刻的状态估计 $\widetilde{\boldsymbol{X}}_k(k=1,2,\cdots)$。

如果线性系统是定常的，则有 $\boldsymbol{\Phi}_{k,k-1}=\boldsymbol{\Phi}$，$\boldsymbol{H}_k=\boldsymbol{H}$，即它们都是常阵；如果模型噪声 $\boldsymbol{W}_k$ 和观测噪声 $\boldsymbol{V}_k$ 都是平稳随机序列，则 $\boldsymbol{Q}_k$ 和 $\boldsymbol{R}_k$ 都是常阵。在这种情况下，常增益的离散卡尔曼滤波是渐近稳定的。

本函数要调用实矩阵求逆函数。

【函数语句与形参说明】

```
//函数返回标志值。若等于 0 表示求逆失败，若不为 0 表示正常
int kalman(int n, int m, int k, double f[], double q[], double r[],
    double h[], double y[], double x[], double p[], double g[])
```

形参与函数类型	参数意义
int n	动态系统的维数
int m	观测系统的维数
int k	观测序列的长度
double f[n][n]	系统状态转移矩阵
double q[n][n]	模型噪声 $\boldsymbol{W}_k$ 的协方差阵
double r[m][m]	观测噪声 $\boldsymbol{V}_k$ 的协方差阵
double h[m][n]	观测矩阵
double y[k][m]	观测向量序列。其中 $\boldsymbol{y}(i,j)$（$i=0,1,\cdots,k-1;j=0,1,\cdots,m-1$）表示第 i 时刻的观测向量的第 j 个分量
double x[k][n]	其中 $\boldsymbol{x}(0,j)$（$j=0,1,\cdots,n-1$）存放给定的初值，其余各行返回状态向量估值序列。$\boldsymbol{X}(i,j)$（$i=0,1,\cdots,k-1;j=0,1,\cdots,n-1$）表示第 i 时刻的状态向量估值的第 j 个分量
double p[n][n]	存放初值 $\boldsymbol{P}_0$。返回最后时刻的估计误差协方差阵
double g[n][m]	返回最后时刻的稳定增益矩阵
int kalman()	函数返回整型标志。若返回标志值为 0，则说明求增益矩阵过程中求逆失败；若返回标志值不为 0，则说明正常返回

【函数程序】

```
//Kalman 滤波.cpp
#include <cmath>
#include <iostream>
#include "实矩阵求逆.cpp"
using namespace std;
//n            动态系统的维数
//m            观测系统的维数
//k            观测序列长度
//f[n][n]      系统状态转移矩阵
//q[n][n]      模型噪声 W 的协方差阵
//r[m][m]      观测噪声 V 的协方差阵
```

```
//h[m][n]        观测矩阵
//y[k][m]        观测向量序列
//x[k][n]        x[0][j]存放初值,其余各行返回状态向量估值序列
//p[n][n]        存放初值。返回最后时刻的估计误差协方差阵
//g[n][m]        返回最后时刻的稳定增益矩阵
//函数返回标志值。若等于 0 表示求逆失败,若不为 0 表示正常
int kalman(int n, int m, int k, double f[], double q[], double r[],
        double h[], double y[], double x[], double p[], double g[])
{
    int i,j,kk,ii,l,jj,js;
    double *e, *a, *b;
    e=new double[m*m];
    l=m;
    if(l<n) l=n;
    a=new double[l*l];
    b=new double[l*l];
    for(i=0; i<=n-1; i++)
    for(j=0; j<=n-1; j++)
    {
        ii=i*l+j; a[ii]=0.0;
        for(kk=0; kk<=n-1; kk++)
            a[ii]=a[ii]+p[i*n+kk]*f[j*n+kk];
    }
    for(i=0; i<=n-1; i++)
    for(j=0; j<=n-1; j++)
    {
        ii=i*n+j; p[ii]=q[ii];
        for(kk=0; kk<=n-1; kk++)
            p[ii]=p[ii]+f[i*n+kk]*a[kk*l+j];
    }
    for(ii=2; ii<=k; ii++)
    {
        for(i=0; i<=n-1; i++)
        for(j=0; j<=m-1; j++)
        {
            jj=i*l+j; a[jj]=0.0;
            for(kk=0; kk<=n-1; kk++)
                a[jj]=a[jj]+p[i*n+kk]*h[j*n+kk];
        }
        for(i=0; i<=m-1; i++)
        for(j=0; j<=m-1; j++)
        {
            jj=i*m+j; e[jj]=r[jj];
            for(kk=0; kk<=n-1; kk++)
                e[jj]=e[jj]+h[i*n+kk]*a[kk*l+j];
```

```
}
js=inv(e,m);
if(js==0)
{
    delete[] e; delete[] a; delete[] b; return(js);
}
for(i=0; i<=n-1; i++)
for(j=0; j<=m-1; j++)
{
    jj=i*m+j; g[jj]=0.0;
    for(kk=0; kk<=m-1; kk++)
        g[jj]=g[jj]+a[i*l+kk]*e[j*m+kk];
}
for(i=0; i<=n-1; i++)
{
    jj=(ii-1)*n+i; x[jj]=0.0;
    for(j=0; j<=n-1; j++)
        x[jj]=x[jj]+f[i*n+j]*x[(ii-2)*n+j];
}
for(i=0; i<=m-1; i++)
{
    jj=i*l; b[jj]=y[(ii-1)*m+i];
    for(j=0; j<=n-1; j++)
        b[jj]=b[jj]-h[i*n+j]*x[(ii-1)*n+j];
}
for(i=0; i<=n-1; i++)
{
    jj=(ii-1)*n+i;
    for(j=0; j<=m-1; j++)
        x[jj]=x[jj]+g[i*m+j]*b[j*l];
}
if(ii<k)
{
    for(i=0; i<=n-1; i++)
    for(j=0; j<=n-1; j++)
    {
        jj=i*l+j; a[jj]=0.0;
        for(kk=0; kk<=m-1; kk++)
            a[jj]=a[jj]-g[i*m+kk]*h[kk*n+j];
        if(i==j) a[jj]=1.0+a[jj];
    }
    for(i=0; i<=n-1; i++)
    for(j=0; j<=n-1; j++)
    {
        jj=i*l+j; b[jj]=0.0;
```

```
                for(kk=0; kk<=n-1; kk++)
                  b[jj]=b[jj]+a[i*l+kk]*p[kk*n+j];
        }
        for(i=0; i<=n-1; i++)
        for(j=0; j<=n-1; j++)
        {
            jj=i*l+j; a[jj]=0.0;
            for(kk=0; kk<=n-1; kk++)
                a[jj]=a[jj]+b[i*l+kk]*f[j*n+kk];
        }
        for(i=0; i<=n-1; i++)
        for(j=0; j<=n-1; j++)
        {
            jj=i*n+j; p[jj]=q[jj];
            for(kk=0; kk<=n-1; kk++)
                p[jj]=p[jj]+f[i*n+kk]*a[j*l+kk];
        }
    }
  }
  delete[] e; delete[] a; delete[] b;
  return(js);
}
```

【例】 设信号源运动方程为

$$s(t)=5-2t+3t^2+v(t)$$

其中 $v(t)$是一个均值为 0、方差为 0.25 的高斯白噪声。

状态向量为

$$\boldsymbol{X}_k=(s,s',s'')^{\mathrm{T}}$$

并取初值 $\boldsymbol{X}_0=\begin{bmatrix}0\\0\\0\end{bmatrix}$。

状态转移矩阵为

$$\boldsymbol{F}=\boldsymbol{\Phi}_{k,k-1}=\begin{bmatrix}1 & T & \dfrac{T^2}{2}\\ 0 & 1 & T\\ 0 & 0 & 1\end{bmatrix}$$

其中 T 为采样间隔,在本例中取 $T=0.05$,即

$$\boldsymbol{F}=\begin{bmatrix}1 & 0.05 & 0.00125\\ 0 & 1 & 0.05\\ 0 & 0 & 1\end{bmatrix}$$

动态系统维数为 $n=3$,观测系统维数为 $m=1$。

模型噪声协方差阵取为

$$Q=\begin{bmatrix}0.25 & 0 & 0\\ 0 & 0.25 & 0\\ 0 & 0 & 0.25\end{bmatrix}$$

观测矩阵为 $\boldsymbol{H}=(1,0,0)$。

观测噪声协方差为 $R=0.25$。

初始估计误差协方差阵取为

$$\boldsymbol{P}_0=\begin{bmatrix}0 & 0 & 0\\ 0 & 0 & 0\\ 0 & 0 & 0\end{bmatrix}$$

取观测向量序列长度为 $k=150$。

对输出的状态向量序列每隔5个时刻输出一次。

主函数程序如下(其中需要调用产生均值为0、方差为0.5^2高斯白噪声序列的函数)：

```
//Kalman 滤波例
#include <cmath>
#include <iostream>
#include <iomanip>
#include "产生随机数类.h"
#include "Kalman 滤波.cpp"
using namespace std;
int main()
{
    int i,j,js;
    RND pp;
    double p[3][3],x[150][3],y[150][1],g[3][1],t,s;
    double f[3][3]={{1.0,0.05,0.00125},
              {0.0,1.0,0.05},{0.0,0.0,1.0}};
    double q[3][3]={{0.25,0.0,0.0},
              {0.0,0.25,0.0},{0.0,0.0,0.25}};
    double r[1][1]={0.25};
    double h[1][3]={1.0,0.0,0.0};
    for(i=0; i<=2; i++)
    for(j=0; j<=2; j++) p[i][j]=0.0;
    for(i=0; i<=149; i++)
    for(j=0; j<=2; j++) x[i][j]=0.0;
    pp=RND(0);
    for(i=0; i<149; i++) //产生 150 个均值为 0,方差为 0.25 的高斯白噪声
       y[i][0]=pp.rndg(0.0,0.5);
    for(i=0; i<=149; i++)
    {  t=0.05 * i;
       y[i][0]=5.0-2.0 * t+3.0 * t * t+y[i][0];
    }
    js=kalman(3,1,150,&f[0][0],&q[0][0],&r[0][0],&h[0][0],&y[0][0],
                               &x[0][0],&p[0][0],&g[0][0]);
```

```
    if(js==0) return 0;
    cout <<setw(5) <<"t" <<setw(10) <<"s"  <<setw(10) <<"y"
         <<setw(10) <<"x(0)" <<setw(10) <<"x(1)"
         <<setw(10) <<"x(2)" <<endl;
    for(i=0; i<=149; i=i+5)
    {
        t=0.05 * i; s=5.0-2.0 * t+3.0 * t * t;
        cout <<setw(5) <<t <<setw(10) <<s
        <<setw(10) <<y[i][0] <<setw(10) <<x[i][0]
        <<setw(10) <<x[i][1]  <<setw(10) <<x[i][2] <<endl;
    }
    return 0;
}
```

运行结果为(其中,t 为采样时刻值,s 为真值,y 为叠加有高斯白噪声的采样值,x(0)、x(1)、x(2)分别为状态向量各分量的估值)

t	s	y	x(0)	x(1)	x(2)
0	5	4.45366	0	0	0
0.25	4.6875	5.7946	5.50856	0.0760676	0.00484784
0.5	4.75	4.7625	4.7283	0.0217265	0.00515474
0.75	5.1875	5.1386	5.10419	0.130927	0.0307622
1	6	6.20415	5.94252	0.510189	0.15595
1.25	7.1875	5.7404	6.21737	0.581884	0.151985
1.5	8.75	9.02861	8.7425	2.16299	0.778554
1.75	10.6875	10.35	10.0942	2.97607	1.06118
2	13	13.4859	13.0311	5.00237	1.8629
2.25	15.6875	16.2175	16.1832	7.10706	2.6451
2.5	18.75	19.326	19.0708	8.7149	3.10305
2.75	22.1875	22.0927	21.8146	9.95167	3.33751
3	26	25.7989	25.7681	12.121	4.00507
3.25	30.1875	30.2258	30.2154	14.3706	4.61651
3.5	34.75	34.6546	34.6969	16.2706	4.99304
3.75	39.6875	40.3666	40.1881	18.7946	5.63874
4	45	44.1431	44.4858	19.6295	5.35001
4.25	50.6875	50.7653	50.7502	22.1203	5.91025
4.5	56.75	57.5145	57.1867	24.3034	6.25666
4.75	63.1875	63.1718	63.148	25.587	6.1299
5	70	69.5186	69.6816	27.0223	6.06045
5.25	77.1875	77.3361	77.305	29.2205	6.40472
5.5	84.75	84.9056	85.1194	31.1391	6.56671
5.75	92.6875	92.0082	92.3158	31.967	6.14893
6	101	101.925	101.513	34.5542	6.69288
6.25	109.688	109.438	109.423	35.3232	6.25664
6.5	118.75	118.328	118.296	36.7581	6.20321
6.75	128.188	127.376	127.812	38.3698	6.19835
7	138	137.863	137.813	40.1287	6.30017
7.25	148.188	148.071	148.002	41.6663	6.2821

11.6　α-β-γ 滤波

【功能】

对等间隔的量测数据进行滤波估值。

【方法说明】

设一个过程的量测数据为 $X^*(t)$,且

$$X^*(t) = X(t) + \eta(t)$$

其中 $X(t)$为有用信号的准确值,$\eta(t)$是均值为零的白噪声过程,即有

$$E\{\eta(t)\}=0$$
$$E\{\eta(t)\eta(\tau)\}=\gamma\delta(t-\tau)$$

采样 α-β-γ 滤波方法对量测数据序列 X^* 进行估值的计算公式如下。

由上时刻对本时刻的一步预测估值公式为

$$\widetilde{X}_{n+1/n}=\widetilde{X}_n+\widetilde{X}'_nT+\widetilde{X}''_n(T^2/2)$$
$$\widetilde{X}'_{n+1/n}=\widetilde{X}'_n+\widetilde{X}''_nT$$
$$\widetilde{X}''_{n+1/n}=\widetilde{X}''_n$$

本时刻的滤波估值公式为

$$\widetilde{X}_{n+1}=\widetilde{X}_{n+1/n}+\alpha(X^*_{n+1}-\widetilde{X}_{n+1/n})$$
$$\widetilde{X}'_{n+1}=\widetilde{X}'_{n+1/n}+\frac{\beta}{T}(X^*_{n+1}-\widetilde{X}_{n+1/n})$$
$$\widetilde{X}''_{n+1}=\widetilde{X}''_{n+1/n}+\frac{2\gamma}{T^2}(X^*_{n+1}-\widetilde{X}_{n+1/n})$$

其中:

X^*_{n+1}为本时刻的量测值。

$\widetilde{X}_{n+1/n}$为上时刻对本时刻的位置一步预测估值。

$\widetilde{X}'_{n+1/n}$为上时刻对本时刻的速度一步预测估值。

$\widetilde{X}''_{n+1/n}$为上时刻对本时刻的加速度一步预测估值。

$\widetilde{X}_{n+1}$为本时刻的位置滤波估值。

$\widetilde{X}'_{n+1}$为本时刻的速度滤波估值。

$\widetilde{X}''_{n+1}$为本时刻的加速度滤波估值。

T 为采样间隔。

α,β,γ 为滤波器的结构参数。

【函数语句与形参说明】

```
void kabg(int n,double x[],double t,double a,double b,double c,double y[])
```

形参与函数类型	参数意义
int n	量测数据的点数
double x[n]	n 个等间隔点上的量测值
double t	采样周期
double a	滤波器结构参数 α
double b	滤波器结构参数 β
double c	滤波器结构参数 γ
double y[n]	返回 n 个等间隔点上的滤波估值
void kabg()	过程

【函数程序】

```
//A_B_G 滤波.cpp
#include <cmath>
#include <iostream>
using namespace std;
//n            量测数据的点数
//x[n]         n 个等间隔点上的量测值
//t            采样周期
//a            滤波器结构参数 Alpha
//b            滤波器结构参数 Beta
//c            滤波器结构参数 Gamma
//y[n]         返回 n 个等间隔点上的滤波估值
void kabg(int n, double x[], double t, double a, double b, double c, double y[])
{
    int i;
    double s1,ss,v1,vv,a1,aa;
    aa=0.0; vv=0.0;ss=0.0;
    for(i=0; i<=n-1; i++)
    {
        s1=ss+t * vv+t * t * aa/2.0;
        v1=vv+t * aa;
        a1=aa;
        ss=s1+a * (x[i]-s1);
        y[i]=ss;
        vv=v1+b * (x[i]-s1);
        aa=a1+2.0 * c * (x[i]-s1)/(t * t);
    }
    return;
}
```

【例】 设准确信号为

$$z(t) = 3t^2 - 2t + 5$$

叠加上一个均值为 0、方差为0.5^2 的正态分布白噪声后，以周期 $T=0.04$ 采样 150 个点。

取 $\alpha=0.271,\beta=0.0285,\gamma=0.0005$，对此 150 个采样点进行滤波估值。

主函数程序如下(其中需要调用产生均值为 0、方差为0.5^2 高斯白噪声序列的函数)：

```
//A_B_G 滤波例
#include <cmath>
#include <iostream>
#include <iomanip>
#include "产生随机数类.h"
#include "A_B_G 滤波.cpp"
using namespace std;
int main()
```

```
{
    int i;
    double x[150],y[150],z[150];
    double a,b,c,dt,t;
    RND p;
    a=0.271; b=0.0285; c=0.0005; dt=0.04;
    p=RND(0);
    for(i=0; i<150; i++)      //产生 150 个均值为 0,方差为 0.25 的高斯白噪声
        y[i]=p.rndg(0.0,0.5);
    for(i=0; i<=149; i++)
    {
        t=(i+1)*dt;
        z[i]=3.0*t*t-2.0*t+5.0;
        x[i]=z[i]+y[i];
    }
    kabg(150,x,dt,a,b,c,y);
    for(i=0; i<=149; i=i+5)
    {
        t=(i+1)*dt;
        cout <<"t=" <<t <<"  x(t)=" <<setw(10) <<x[i] <<"  y(t)="
            <<setw(10) <<y[i] <<"  z(t)=" <<setw(10) <<z[i] <<endl;
    }
    return 0;
}
```

运行结果为(其中,t 为采样时刻值,x(t)为叠加上高斯白噪声后的信号值,y(t)为滤波估值,z(t)为准确信号值)。

```
t=0.04  x(t)=   4.37846  y(t)=   1.18656  z(t)=    4.9248
t=0.24  x(t)=    5.7999  y(t)=   4.51626  z(t)=    4.6928
t=0.44  x(t)=    4.7133  y(t)=   4.77019  z(t)=    4.7008
t=0.64  x(t)=    4.8999  y(t)=   5.25536  z(t)=    4.9488
t=0.84  x(t)=   5.64095  y(t)=   5.76577  z(t)=    5.4368
t=1.04  x(t)=    4.7177  y(t)=   6.20442  z(t)=    6.1648
t=1.24  x(t)=   7.41141  y(t)=   7.53452  z(t)=    7.1328
t=1.44  x(t)=   8.00332  y(t)=   8.32977  z(t)=    8.3408
t=1.64  x(t)=   10.2747  y(t)=   10.0646  z(t)=    9.7888
t=1.84  x(t)=   12.0068  y(t)=   12.0243  z(t)=   11.4768
t=2.04  x(t)=   13.9808  y(t)=   13.8508  z(t)=   13.4048
t=2.24  x(t)=    15.478  y(t)=   15.3646  z(t)=   15.5728
t=2.44  x(t)=   17.7797  y(t)=   17.5315  z(t)=   17.9808
t=2.64  x(t)=   20.6671  y(t)=   20.3259  z(t)=   20.6288
t=2.84  x(t)=   23.4214  y(t)=    23.073  z(t)=   23.5168
t=3.04  x(t)=   27.3239  y(t)=   26.4157  z(t)=   26.6448
t=3.24  x(t)=   29.1559  y(t)=   29.4384  z(t)=   30.0128
t=3.44  x(t)=   33.6986  y(t)=   33.2519  z(t)=   33.6208
t=3.64  x(t)=   38.2333  y(t)=   37.4397  z(t)=   37.4688
t=3.84  x(t)=   41.5411  y(t)=   41.3792  z(t)=   41.5568
t=4.04  x(t)=   45.4034  y(t)=   45.7688  z(t)=   45.8848
t=4.24  x(t)=   50.6014  y(t)=   50.5272  z(t)=   50.4528
t=4.44  x(t)=   55.4164  y(t)=   55.7505  z(t)=   55.2608
t=4.64  x(t)=   59.6295  y(t)=   60.6647  z(t)=   60.3088
t=4.84  x(t)=   66.5221  y(t)=   66.1841  z(t)=   65.5968
t=5.04  x(t)=   70.8755  y(t)=   71.5091  z(t)=   71.1248
t=5.24  x(t)=   76.4707  y(t)=   77.0208  z(t)=   76.8928
t=5.44  x(t)=   82.0892  y(t)=   83.2875  z(t)=   82.9008
t=5.64  x(t)=   89.0121  y(t)=   89.4037  z(t)=   89.1488
t=5.84  x(t)=   95.5208  y(t)=   95.7576  z(t)=   95.6368
```

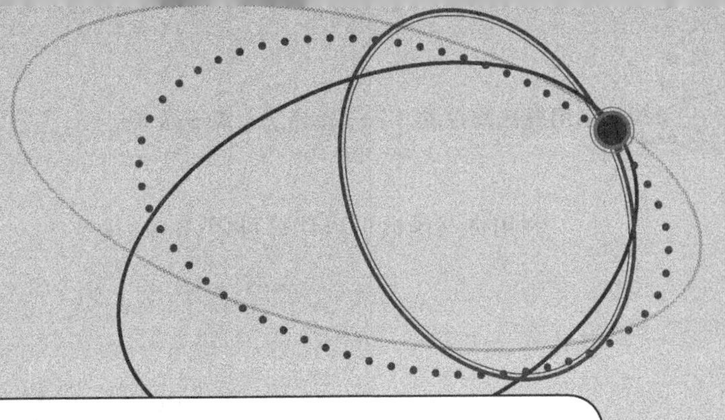

第12章 特殊函数的计算

12.1 伽马函数

【功能】

计算实变量 x 的伽马(Gamma)函数值。

【方法说明】

伽马函数的定义为

$$\Gamma(x)=\int_0^{\infty}\mathrm{e}^{-t}t^{x-1}\mathrm{d}t,\quad x>0$$

当 $2<x\leqslant 3$ 时，$\Gamma(x)$用下列切比雪夫多项式逼近

$$\Gamma(x)\approx\sum_{i=0}^{10}a_i\,(x-2)^{10-i}$$

其中

$$a_0=0.000\,067\,710\,6,\qquad a_1=-0.000\,344\,234\,2$$
$$a_2=0.001\,539\,768\,1,\qquad a_3=-0.002\,446\,748\,0$$
$$a_4=0.010\,973\,695\,8,\qquad a_5=-0.000\,210\,907\,5$$
$$a_6=0.074\,237\,907\,1,\qquad a_7=0.081\,578\,218\,8$$
$$a_8=0.411\,840\,251\,8,\qquad a_9=0.422\,784\,337\,0$$
$$a_{10}=1.0$$

当 $0<x\leqslant 2$ 时，利用公式

$$\Gamma(x)=\frac{1}{x}\Gamma(x+1),\quad 1<x\leqslant 2$$

或

$$\Gamma(x)=\frac{1}{x(x+1)}\Gamma(x+2),\quad 0<x\leqslant 1$$

当 $x>3$ 时，利用公式

$$\Gamma(x)=(x-1)(x-2)\cdots(x-i)\,\Gamma(x-i)$$

直到满足 $2<x-i\leqslant 3$ 为止。

利用伽马函数可以计算贝塔(Beta)函数

$$B(x,y)=B(y,x)=\int_0^1 t^{x-1}(1-t)^{y-1}dt,\quad x>0,y>0$$

其计算公式为

$$B(x,y)=\frac{\Gamma(x)\Gamma(y)}{\Gamma(x+y)}$$

【函数语句与形参说明】

```
double gamma(double x)
```

形参与函数类型	参数意义
double x	自变量值。要求 $x>0$。若 $x\leqslant 0$,返回函数值-1.0
double gamma()	函数返回伽马函数值 $\Gamma(x)$

【函数程序】

```
//Gamma 函数.cpp
#include <cmath>
#include <iostream>
using namespace std;
//x      自变量值。要求 x>0
//函数返回 Gamma 函数值
double gamma(double x)
{
    int i;
    double y,t,s,u;
    double a[11]={ 0.0000677106,-0.0003442342,
        0.0015397681,-0.0024467480,0.0109736958,
        -0.0002109075,0.0742379071,0.0815782188,
        0.4118402518,0.4227843370,1.0};
    if(x<=0.0)
    {
        cout <<"err * * x<=0!\n";
        return(-1.0);
    }
    y=x;
    if(y<=1.0) {  t=1.0/(y * (y+1.0)); y=y+2.0;}
    else if(y<=2.0) {  t=1.0/y; y=y+1.0; }
    else if(y<=3.0) t=1.0;
    else
    {
        t=1.0;
        while(y>3.0) { y=y-1.0; t=t * y;}
    }
```

```
    s=a[0]; u=y-2.0;
    for(i=1; i<=10; i++)  s=s * u+a[i];
    s=s * t;
    return(s);
}
```

【例】 计算 0.5～5.0 每隔 0.5 的伽马函数值以及贝塔函数值 B(1.5,2.5)。

主函数程序如下：

```
//Gamma 函数例
#include <cmath>
#include <iostream>
#include "Gamma 函数.cpp"
using namespace std;
int main()
{
    int i;
    double x,y;
    for(i=1; i<=10; i++)
    {
        x=0.5 * i; y=gamma(x);
        cout <<"x=" <<x <<"     gamma(x)=" <<y <<endl;
    }
    y=gamma(1.5) * gamma(2.5)/gamma(4.0);
    cout <<"B(1.5,2.5)=" <<y <<endl;
    return 0;
}
```

运行结果为

```
x = 0.5     gamma(x) = 1.77245
x = 1     gamma(x) = 1.00001
x = 1.5     gamma(x) = 0.886227
x = 2     gamma(x) = 1.00001
x = 2.5     gamma(x) = 1.32934
x = 3     gamma(x) = 2.00002
x = 3.5     gamma(x) = 3.32335
x = 4     gamma(x) = 6.00006
x = 4.5     gamma(x) = 11.6317
x = 5     gamma(x) = 24.0002
B(1.5,2.5) = 0.196348
```

12.2 不完全伽马函数

【功能】

计算不完全伽马函数(Incomplete Gamma Function)值。

【方法说明】

不完全伽马函数的定义为

$$\Gamma(\alpha,x)=\frac{P(\alpha,x)}{\Gamma(\alpha)},\quad \alpha>0,x>0 \tag{1}$$

其中

$$P(\alpha,x)=\int_0^x \mathrm{e}^{-t}t^{\alpha-1}\mathrm{d}t$$

对于不完全伽马函数有

$$\Gamma(\alpha,0)=0,\quad \Gamma(\alpha,\infty)=1$$

不完全伽马函数也可表示为

$$\Gamma(\alpha,x)=1-\frac{Q(\alpha,x)}{\Gamma(\alpha)},\quad \alpha>0,x>0 \tag{2}$$

其中

$$Q(\alpha,x)=\int_x^\infty \mathrm{e}^{-t}t^{\alpha-1}\mathrm{d}t$$

式(2)中的$\dfrac{Q(\alpha,x)}{\Gamma(\alpha)}$也称为余不完全伽马函数。

当 $x<\alpha+1$ 时，用式(1)计算。其中 $P(\alpha,x)$用如下级数计算：

$$P(\alpha,x)=\mathrm{e}^{-x}x^{\alpha}\sum_{k=0}^{\infty}\frac{\Gamma(\alpha)}{\Gamma(\alpha+1+k)}x^k$$

当 $x\geqslant\alpha+1$ 时，用式(2)计算。其中 $Q(\alpha,x)$用下式计算：

$$Q(\alpha,x)=\mathrm{e}^{-x}x^{\alpha}\varphi(\alpha,x)$$

其中

$$\varphi(\alpha,x)=\cfrac{1}{x+\cfrac{1-\alpha}{1+\cfrac{1}{x+\cfrac{2-\alpha}{1+\cfrac{2}{x+\cdots+\cfrac{n-\alpha}{1+\cfrac{n}{x+\cdots}}}}}}}$$

本函数要调用计算伽马函数值的函数 gamma()。

【函数语句与形参说明】

```
double ingamma(double a, double x)
```

形参与函数类型	参数意义
double a	自变量 α 的值。要求 $\alpha>0$。若 $\alpha\leqslant0$，返回函数值-1.0
double x	自变量 x 的值。要求 $x>0$。若 $x\leqslant0$，返回函数值-1.0
double ingamma()	函数返回不完全伽马函数值 $\Gamma(\alpha,x)$

【函数程序】

```
//不完全 Gamma 函数.cpp
#include <iostream>
```

```
#include <cmath>
#include "Gamma 函数.cpp"
using namespace std;
//a        自变量值。要求 a>0
//x        自变量值。要求 x>=0
//函数返回不完全 Gamma 函数值
double ingamma(double a, double x)
{
    int n, flag;
    double p,q,d,s,s1,p0,q0,p1,q1,qq;
    if((a<=0.0)||(x<0.0))
    {
        if(a<=0.0) cout <<"err * * a<=0!\n";
        if(x<=0.0) cout <<"err * * x<0!\n";
        return(-1.0);
    }
    if(x+1.0==1.0) return(0.0);
    if(x>1.0e+35) return(1.0);
    q=log(x); q=a * q; qq=exp(q);
    if(x<1.0+a)
    {
        p=a; d=1.0/a; s=d; n=0;
        do
        {
            n=n+1;
            p=p+1.0; d=d * x/p; s=s+d;
            flag=(fabs(d)>=fabs(s) * 1.0e-07);
        }
        while((n<=100)&&(flag));
        if(!flag)
        {
            s=s * exp(-x) * qq/gamma(a);
            return(s);
        }
    }
    else
    {
        s=1.0/x; p0=0.0; p1=1.0; q0=1.0; q1=x;
        for(n=1; n<=100; n++)
        {
            p0=p1+(n-a) * p0; q0=q1+(n-a) * q0;
            p=x * p0+n * p1; q=x * q0+n * q1;
            if(fabs(q)+1.0!=1.0)
            {
                s1=p/q; p1=p; q1=q;
```

```
                if(fabs((s1-s)/s1)<1.0e-07)
                {
                    s=s1 * exp(-x) * qq/gamma(a);
                    return(1.0-s);
                }
                s=s1;
            }
            p1=p; q1=q;
        }
    }
    cout <<"a too large !\n";
    s=1.0-s * exp(-x) * qq/gamma(a);
    return(s);
}
```

【例】 计算当 $\alpha=0.5,5.0,50.0$ 时，x 分别取 0.1,1.0,10.0 时的不完全伽马函数值 $\Gamma(\alpha,x)$。

主函数程序如下：

```
//不完全 Gamma 函数例
#include <iostream>
#include <cmath>
#include "不完全 Gamma 函数.cpp"
using namespace std;
int main()
{
    int i,j;
    double y,s,t;
    double a[3]={0.5,5.0,50.0};
    double x[3]={0.1,1.0,10.0};
    for(i=0; i<=2; i++)
    for(j=0; j<=2; j++)
    {
        s=a[i]; t=x[j];
        y=ingamma(s,t);
        cout <<"ingamma(" <<a[i] <<", " <<x[j] <<")=" <<y <<endl;
    }
    return 0;
}
```

运行结果为

```
ingamma(0.5, 0.1) = 0.345279
ingamma(0.5, 1) = 0.842701
ingamma(0.5, 10) = 0.999992
ingamma(5, 0.1) = 7.66773e-008
ingamma(5, 1) = 0.00365981
ingamma(5, 10) = 0.970748
ingamma(50, 0.1) = 2.98087e-115
ingamma(50, 1) = 1.23374e-065
ingamma(50, 10) = 1.85471e-019
```

12.3 误差函数

【功能】

计算实变量 x 的误差函数值。

【方法说明】

误差函数的定义为

$$\mathrm{erf}(x) = \frac{2}{\sqrt{\pi}}\int_0^x \mathrm{e}^{-t^2}\,\mathrm{d}t$$

误差函数 $\mathrm{erf}(x)$ 具有下列极限值与对称性：

$$\mathrm{erf}(0) = 0,\quad \mathrm{erf}(\infty) = 1,\quad \mathrm{erf}(-x) = -\mathrm{erf}(x)$$

当 $x \geqslant 0$ 时，可以用不完全伽马函数计算误差函数，即

$$\mathrm{erf}(x) = \Gamma(0.5, x^2)$$

利用误差函数可以计算余误差函数

$$\mathrm{erfc}(x) = \frac{2}{\sqrt{\pi}}\int_x^{\infty} \mathrm{e}^{-t^2}\,\mathrm{d}t = 1 - \mathrm{erf}(x)$$

也可以计算正态概率积分

$$\Phi(x) = \frac{1}{\sqrt{2\pi}}\int_{-\infty}^{x} \mathrm{e}^{-\frac{t^2}{2}}\,\mathrm{d}t = \frac{1}{2} + \frac{1}{2}\mathrm{erf}\left(\frac{x}{\sqrt{2}}\right)$$

本函数要调用计算不完全伽马函数值的函数 ingamma()。

【函数语句与形参说明】

```
double errf(double x)
```

形参与函数类型	参数意义
double x	自变量值
double errf()	函数返回误差函数值 $\mathrm{erf}(x)$

【函数程序】

```
//误差函数.cpp
#include "不完全 Gamma 函数.cpp"
using namespace std;
//x        自变量值
//函数返回误差函数值
double errf(double x)
{
    double y;
    if(x>=0.0) y=ingamma(0.5,x * x);
```

```
    else y=-ingamma(0.5,x*x);
    return(y);
}
```

【例】 计算0～2间隔为0.05的误差函数值。

主函数程序如下：

```
//误差函数例
#include <cmath>
#include <iostream>
#include <iomanip>
#include "误差函数.cpp"
using namespace std;
int main()
{
    int i,j;
    double x,y;
    x=0.0;  y=errf(x);
    cout <<setw(15) <<y <<endl;
    for(i=0; i<=7; i++)
    {
        for(j=0; j<=4; j++)
        {
            x=x+0.05;   y=errf(x);
            cout <<setw(15) <<y;
        }
        cout <<endl;
    }
    return 0;
}
```

运行结果为

```
              0
       0.056372       0.112463       0.167996       0.222703       0.276326
       0.328627       0.379382       0.428392       0.475482         0.5205
       0.563323       0.603856       0.642029       0.677801       0.711156
       0.742101       0.770668       0.796908       0.820891       0.842701
       0.862436       0.880205       0.896124       0.910314         0.9229
       0.934008       0.943762       0.952285       0.959695       0.966105
       0.971623       0.976348       0.980376        0.98379       0.986672
       0.989091       0.991111        0.99279       0.994179       0.995322
```

12.4 第一类整数阶贝塞尔函数

【功能】

计算实变量 x 的第一类整数阶贝塞尔(Bessel)函数值 $J_n(x)$。

【方法说明】

第一类整数阶贝塞尔函数的定义为

$$J_n(x)=\left(\frac{x}{2}\right)^n\sum_{k=0}^{\infty}\frac{(-1)^k}{k!(n+k)!}\left(\frac{x}{2}\right)^{2k}$$

其中 n 为非负整数。其积分表达式为

$$J_n(x)=\frac{1}{2\pi}\int_{-\pi}^{\pi}\cos(nt-x\sin t)\mathrm{d}t$$

第一类整数阶贝塞尔函数具有下列递推关系：

$$J_{n+1}(x)=\frac{2n}{x}J_n(x)-J_{n-1}(x) \tag{1}$$

$J_0(x)$与$J_1(x)$计算公式如下。

当$|x|<8.0$时

$$J_0(x)=\frac{A(y)}{B(y)}$$

其中 $y=x^2$，且

$$A(y)=a_0+a_1y+a_2y^2+a_3y^3+a_4y^4+a_5y^5$$
$$B(y)=b_0+b_1y+b_2y^2+b_3y^3+b_4y^4+b_5y^5$$

其系数分别为

$a_0=57\ 568\ 490\ 574.0$，　$a_1=-13\ 362\ 590\ 354.0$，　$a_2=651\ 619\ 640.7$

$a_3=-11\ 214\ 424.18$，　$a_4=77\ 392.330\ 17$，　$a_5=-184.905\ 245\ 6$

$b_0=57\ 568\ 490\ 411.0$，　$b_1=1\ 029\ 532\ 985.0$，　$b_2=9\ 494\ 680.718$

$b_3=59\ 272.648\ 53$，　$b_4=267.853\ 271\ 2$，　$b_5=1.0$

$$J_1(x)=x\frac{C(y)}{D(y)}$$

其中 $y=x^2$，且

$$C(y)=c_0+c_1y+c_2y^2+c_3y^3+c_4y^4+c_5y^5$$
$$D(y)=d_0+d_1y+d_2y^2+d_3y^3+d_4y^4+d_5y^5$$

其系数分别为

$c_0=72\ 362\ 614\ 232.0$，　$c_1=-7\ 895\ 059\ 235.0$，　$c_2=242\ 396\ 853.1$

$c_3=-2\ 972\ 611.439$，　$c_4=15\ 704.482\ 6$，　$c_5=-30.160\ 366\ 06$

$d_0=144\ 725\ 228\ 443.0$，　$d_1=2\ 300\ 535\ 178.0$，　$d_2=18\ 583\ 304.74$

$d_3=99\ 447.433\ 94$，　$d_4=376.999\ 139\ 7$，　$d_5=1.0$

当$|x|\geqslant 8.0$时，令 $z=\dfrac{8.0}{|x|}$，$y=z^2$，则有

$$J_0(x)=\sqrt{\frac{2}{\pi|x|}}[E(y)\cos\theta-zF(y)\sin\theta]$$

其中 $\theta=|x|-\dfrac{\pi}{4}$，且

$$E(y)=e_0+e_1y+e_2y^2+e_3y^3+e_4y^4$$
$$F(y)=f_0+f_1y+f_2y^2+f_3y^3+f_4y^4$$

其系数分别为

$e_0 = 1.0$, $e_1 = -0.1098628627 \times 10^{-2}$

$e_2 = 0.2734510407 \times 10^{-4}$, $e_3 = -0.2073370639 \times 10^{-5}$

$e_4 = 0.2093887211 \times 10^{-6}$

$f_0 = -0.1562499995 \times 10^{-1}$, $f_1 = 0.1430488765 \times 10^{-3}$

$f_2 = -0.6911147651 \times 10^{-5}$, $f_3 = 0.7621095161 \times 10^{-6}$

$f_4 = -0.934935152 \times 10^{-7}$

$$\mathrm{J}_1(x) = \sqrt{\frac{2}{\pi \mid x \mid}}[G(y)\cos\theta - zH(y)\sin\theta], \quad x > 0$$

$$\mathrm{J}_1(-x) = -J_1(x)$$

其中 $\theta = |x| - \frac{3\pi}{4}$,且

$$G(y) = g_0 + g_1 y + g_2 y^2 + g_3 y^3 + g_4 y^4$$
$$H(y) = h_0 + h_1 y + h_2 y^2 + h_3 y^3 + h_4 y^4$$

其系数分别为

$g_0 = 1.0$, $g_1 = 0.183105 \times 10^{-2}$

$g_2 = -0.3516396496 \times 10^{-4}$, $g_3 = 0.2457520174 \times 10^{-5}$

$g_4 = -0.240337019 \times 10^{-6}$

$h_0 = 0.4687499995 \times 10^{-1}$, $h_1 = -0.2002690873 \times 10^{-3}$

$h_2 = 0.8449199096 \times 10^{-5}$, $h_3 = -0.88228987 \times 10^{-6}$

$h_4 = 0.105787412 \times 10^{-6}$

当 $n \geqslant 2$ 时,如果 $|x| > n$,则可以用递推公式(1)进行递推计算;否则用下列递推公式:

$$\mathrm{J}_{n-1}(x) = \frac{2n}{x}\mathrm{J}_n(x) - \mathrm{J}_{n+1}(x) \tag{2}$$

【函数语句与形参说明】

```
double bessel_1(int n, double x)
```

形参与函数类型	参数意义
int n	第一类整数阶贝塞尔函数的阶数。要求 $n \geqslant 0$,当 $n<0$ 时,本函数按 $\|n\|$ 计算
double x	自变量值
doublebessel_1()	函数返回第一类整数阶贝塞尔函数值 $\mathrm{J}_n(x)$

【函数程序】

```
//第一类整数阶 Bessel 函数.cpp
#include <cmath>
#include <iostream>
using namespace std;
//n      阶数。要求 n>0
//x      自变量值
```

```
//函数返回第一类整数阶 Bessel 函数值
double bessel_1(int n, double x)
{
    int i,m;
    double t,y,z,p,q,s,b0,b1;
    double a[6]={ 57568490574.0,-13362590354.0,651619640.7,
         -11214424.18,77392.33017,-184.9052456};
    double b[6]={ 57568490411.0,1029532985.0,9494680.718,
          59272.64853,267.8532712,1.0};
    double c[6]={ 72362614232.0,-7895059235.0,242396853.1,
         -2972611.439,15704.4826,-30.16036606};
    double d[6]={ 144725228443.0,2300535178.0,18583304.74,
          99447.43394,376.9991397,1.0};
    double e[5]={ 1.0,-0.1098628627e-02,0.2734510407e-04,
          -0.2073370639e-05,0.2093887211e-06};
    double f[5]={ -0.1562499995e-01,0.1430488765e-03,-0.6911147651e-05,
                0.7621095161e-06,-0.934935152e-07};
    double g[5]={ 1.0,0.183105e-02,-0.3516396496e-04,
          0.2457520174e-05,-0.240337019e-06};
    double h[5]={ 0.4687499995e-01,-0.2002690873e-03,0.8449199096e-05,
               -0.88228987e-06,0.105787412e-06};
    t=fabs(x);
    if(n<0) n=-n;
    if(n!=1)
    {
        if(t<8.0)
        {
            y=t*t; p=a[5]; q=b[5];
            for(i=4; i>=0; i--)
            {
                p=p*y+a[i]; q=q*y+b[i];
            }
            p=p/q;
        }
        else
        {
            z=8.0/t; y=z*z;
            p=e[4]; q=f[4];
            for(i=3; i>=0; i--)
            {
                p=p*y+e[i]; q=q*y+f[i];
            }
            s=t-0.785398164;
            p=p*cos(s)-z*q*sin(s);
            p=p*sqrt(0.636619772/t);
```

```
        }
    }
    if(n==0) return(p);
    b0=p;
    if(t<8.0)
    {
        y=t*t; p=c[5]; q=d[5];
        for(i=4; i>=0; i--)
        {
            p=p*y+c[i]; q=q*y+d[i];
        }
        p=x*p/q;
    }
    else
    {
        z=8.0/t; y=z*z;
        p=g[4]; q=h[4];
        for(i=3; i>=0; i--)
        {
            p=p*y+g[i]; q=q*y+h[i];
        }
        s=t-2.356194491;
        p=p*cos(s)-z*q*sin(s);
        p=p*x*sqrt(0.636619772/t)/t;
    }
    if(n==1) return(p);
    b1=p;
    if(x==0.0) return(0.0);
    s=2.0/t;
    if(t>1.0*n)
    {
        if(x<0.0) b1=-b1;
        for(i=1; i<=n-1; i++)
        {
            p=s*i*b1-b0; b0=b1; b1=p;
        }
    }
    else
    {
        m=(n+(int)sqrt(40.0*n))/2;
        m=2*m;
        p=0.0; q=0.0; b0=1.0; b1=0.0;
        for(i=m-1; i>=0; i--)
        {
            t=s*(i+1)*b0-b1;
```

```
            b1=b0; b0=t;
            if(fabs(b0)>1.0e+10)
            {
                b0=b0*1.0e-10; b1=b1*1.0e-10;
                p=p*1.0e-10; q=q*1.0e-10;
            }
            if((i+2)%2==0) q=q+b0;
            if((i+1)==n) p=b1;
        }
        q=2.0*q-b0; p=p/q;
    }
    if((x<0.0)&&(n%2==1)) p=-p;
    return(p);
}
```

【例】 计算 $n=0,1,2,3,4,5$ 时，$x=0.05,0.5,5.0,50.0$ 时的 $J_n(x)$。

主函数程序如下：

```
//第一类整数阶 Bessel 函数例
#include <cmath>
#include <iostream>
#include <iomanip>
#include "第一类整数阶 Bessel 函数.cpp"
using namespace std;
int main()
{
    int n,i;
    double x,y;
    for(n=0; n<=5; n++)
    {
        x=0.05;
        for(i=1; i<=4; i++)
        {
            y=bessel_1(n,x);
            cout <<"n=" <<n <<"   x=" <<setw(5) <<x
                <<"    J(n, x)=" <<y <<endl;
            x=x*10.0;
        }
    }
    return 0;
}
```

运行结果为

```
n=0   x= 0.05   J(n, x)=0.999375
n=0   x=  0.5   J(n, x)=0.93847
n=0   x=    5   J(n, x)=-0.177597
n=0   x=   50   J(n, x)=0.0558123
n=1   x= 0.05   J(n, x)=0.0249922
n=1   x=  0.5   J(n, x)=0.242268
n=1   x=    5   J(n, x)=-0.327579
n=1   x=   50   J(n, x)=-0.0975118
n=2   x= 0.05   J(n, x)=0.000312435
n=2   x=  0.5   J(n, x)=0.030604
n=2   x=    5   J(n, x)=0.0465651
n=2   x=   50   J(n, x)=-0.0597128
n=3   x= 0.05   J(n, x)=2.60376e-006
n=3   x=  0.5   J(n, x)=0.00256373
n=3   x=    5   J(n, x)=0.364831
n=3   x=   50   J(n, x)=0.0927348
n=4   x= 0.05   J(n, x)=1.6274e-008
n=4   x=  0.5   J(n, x)=0.000160736
n=4   x=    5   J(n, x)=0.391232
n=4   x=   50   J(n, x)=0.070841
n=5   x= 0.05   J(n, x)=8.13717e-011
n=5   x=  0.5   J(n, x)=8.05363e-006
n=5   x=    5   J(n, x)=0.261141
n=5   x=   50   J(n, x)=-0.0814002
```

12.5 第二类整数阶贝塞尔函数

【功能】

计算实变量 x 的第二类整数阶贝塞尔函数值 $Y_n(x)$。

【方法说明】

第二类整数阶贝塞尔函数具有下列递推关系：

$$Y_{n+1}(x) = \frac{2n}{x}Y_n(x) - Y_{n-1}(x), \quad x \geqslant 0$$

这个递推公式是稳定的。

$Y_0(x)$与 $Y_1(x)$计算公式如下。

当 $x<8.0$ 时

$$Y_0(x) = \frac{A(y)}{B(y)} + \frac{2}{\pi}J_0(x)\ln x$$

其中 $y=x^2$，且

$$A(y) = a_0 + a_1 y + a_2 y^2 + a_3 y^3 + a_4 y^4 + a_5 y^5$$
$$B(y) = b_0 + b_1 y + b_2 y^2 + b_3 y^3 + b_4 y^4 + b_5 y^5$$

其系数分别为

$a_0 =-2.957\ 821\ 389 \times 10^9$，　　$a_1 = 7.062\ 834\ 065 \times 10^9$

$a_2 =-5.123\ 598\ 036 \times 10^8$，　　$a_3 = 1.087\ 988\ 129 \times 10^7$

$a_4 =-8.632\ 792\ 757 \times 10^4$，　　$a_5 = 2.284\ 622\ 733 \times 10^2$

$b_0 = 4.007\ 654\ 426\ 9 \times 10^{10}$，　　$b_1 = 7.452\ 499\ 648 \times 10^8$

$b_2 = 7.189\ 466\ 438 \times 10^6$，　　$b_3 = 4.744\ 726\ 47 \times 10^4$

$b_4 = 2.261\ 030\ 244 \times 10^2$，　　$b_5 = 1.0$

$$Y_1(x) = x\frac{C(y)}{D(y)} + \frac{2}{\pi}\left[J_1(x)\ln x - \frac{1}{x}\right]$$

其中 $y=x^2$，且

$$C(y) = c_0 + c_1 y + c_2 y^2 + c_3 y^3 + c_4 y^4 + c_5 y^5$$

$$D(y) = d_0 + d_1 y + d_2 y^2 + d_3 y^3 + d_4 y^4 + d_5 y^5 + d_6 y^6$$

其系数分别为

$c_0 = -4.900\,604\,943 \times 10^{12}$，　$c_1 = 1.275\,274\,39 \times 10^{12}$

$c_2 = -5.153\,438\,139 \times 10^{10}$，　$c_3 = 7.349\,264\,551 \times 10^{8}$

$c_4 = -4.237\,922\,726 \times 10^{6}$，　$c_5 = 8.511\,937\,935 \times 10^{3}$

$d_0 = 2.499\,580\,57 \times 10^{13}$，　$d_1 = 4.244\,419\,664 \times 10^{11}$

$d_2 = 3.733\,650\,367 \times 10^{9}$，　$d_3 = 2.245\,904\,002 \times 10^{7}$

$d_4 = 1.020\,426\,05 \times 10^{5}$，　$d_5 = 3.549\,632\,885 \times 10^{2}$

$d_6 = 1.0$

当 $x \geqslant 8.0$ 时，令 $z=\dfrac{8.0}{x}$，$y=z^2$，则有

$$Y_0(x) = \sqrt{\frac{2}{\pi x}}[E(y)\sin\theta + zF(y)\cos\theta]$$

其中 $\theta = x - \dfrac{\pi}{4}$，且

$$E(y) = e_0 + e_1 y + e_2 y^2 + e_3 y^3 + e_4 y^4$$

$$F(y) = f_0 + f_1 y + f_2 y^2 + f_3 y^3 + f_4 y^4$$

其系数分别为

$e_0 = 1.0$，　$e_1 = -0.109\,862\,862\,7 \times 10^{-2}$

$e_2 = 0.273\,451\,040\,7 \times 10^{-4}$，　$e_3 = -0.207\,337\,063\,9 \times 10^{-5}$

$e_4 = 0.209\,388\,721\,1 \times 10^{-6}$

$f_0 = -0.156\,249\,999\,5 \times 10^{-1}$，　$f_1 = 0.143\,048\,876\,5 \times 10^{-3}$

$f_2 = -0.691\,114\,765\,1 \times 10^{-5}$，　$f_3 = 0.762\,109\,516\,1 \times 10^{-6}$

$f_4 = -0.934\,935\,152 \times 10^{-7}$

$$Y_1(x) = \sqrt{\frac{2}{\pi x}}[G(y)\sin\theta + zH(y)\cos\theta]$$

其中 $\theta = x - \dfrac{3\pi}{4}$，且

$$G(y) = g_0 + g_1 y + g_2 y^2 + g_3 y^3 + g_4 y^4$$

$$H(y) = h_0 + h_1 y + h_2 y^2 + h_3 y^3 + h_4 y^4$$

其系数分别为

$g_0 = 1.0$，　$g_1 = 0.183\,105 \times 10^{-2}$

$g_2 = -0.351\,639\,649\,6 \times 10^{-4}$，　$g_3 = 0.245\,752\,017\,4 \times 10^{-5}$

$g_4 = -0.240\,337\,019 \times 10^{-6}$

$h_0 = 0.468\,749\,999\,5 \times 10^{-1}$，　$h_1 = -0.200\,269\,087\,3 \times 10^{-3}$

$h_2 = 0.844\,919\,909\,6 \times 10^{-5}$，　$h_3 = -0.882\,289\,87 \times 10^{-6}$

$h_4 = 0.105\,787\,412 \times 10^{-6}$

本函数要调用计算第一类整数阶贝塞尔函数值的函数 bessel_1()。

【函数语句与形参说明】

```
double bessel_2(int n, double x)
```

形参与函数类型	参数意义
int n	第二类整数阶贝塞尔函数的阶数。要求 $n\geqslant 0$，当 $n<0$ 时，本函数按 $\lvert n\rvert$ 计算
double x	自变量值。要求 $x\geqslant 0$，当 $x<0$ 时，本函数按 $\lvert x\rvert$ 计算
doublebessel_2()	函数返回第二类整数阶贝塞尔函数值 $Y_n(x)$

【函数程序】

```
//第二类整数阶 Bessel 函数.cpp
#include <cmath>
#include <iostream>
#include "第一类整数阶 Bessel 函数.cpp"
using namespace std;
//n      阶数。要求 n>0
//x      自变量值
//函数返回第二类整数阶 Bessel 函数值
double bessel_2(int n, double x)
{
    int i;
    double y,z,p,q,s,b0,b1;
    double a[6]={ -2.957821389e+9,7.062834065e+9,-5.123598036e+8,
           1.087988129e+7,-8.632792757e+4,2.284622733e+2};
    double b[6]={ 4.0076544269e+10,7.452499648e+8,7.189466438e+6,
           4.74472647e+4,2.261030244e+2,1.0};
      double c[6]={ -4.900604943e+12,1.27527439e+12,-5.153438139e+10,
           7.349264551e+8,-4.237922726e+6,8.511937935e+3};
    double d[7]={ 2.49958057e+13,4.244419664e+11,3.733650367e+9,
           2.245904002e+7,1.02042605e+5,3.549632885e+2,1.0};
    double e[5]={ 1.0,-0.1098628627e-02,0.2734510407e-04,
           -0.2073370639e-05,0.2093887211e-06};
    double f[5]={ -0.1562499995e-01,0.1430488765e-03,-0.6911147651e-05,
                  0.7621095161e-06,-0.934935152e-07};
    double g[5]={ 1.0,0.183105e-02,-0.3516396496e-04,0.2457520174e-05,
                  -0.240337019e-06};
    double h[5]={ 0.4687499995e-01, -0.2002690873e-03,0.8449199096e-05,
                  -0.88228987e-06,0.105787412e-06};
    if(n<0) n=-n;
    if(x<0.0) x=-x;
    if(x==0.0) return(-1.0e+70);
    if(n!=1)
    {
        if(x<8.0)
```

```
    {
        y=x * x; p=a[5]; q=b[5];
        for(i=4; i>=0; i--)
        {
            p=p * y+a[i]; q=q * y+b[i];
        }
        p=p/q+0.636619772 * bessel_1(0,x) * log(x);
    }
    else
    {
        z=8.0/x; y=z * z;
        p=e[4]; q=f[4];
        for(i=3; i>=0; i--)
        {
            p=p * y+e[i]; q=q * y+f[i];
        }
        s=x-0.785398164;
        p=p * sin(s)+z * q * cos(s);
        p=p * sqrt(0.636619772/x);
    }
}
if(n==0) return(p);
b0=p;
if(x<8.0)
{
    y=x * x; p=c[5]; q=d[6];
    for(i=4; i>=0; i--)
    {
        p=p * y+c[i]; q=q * y+d[i+1];
    }
    q=q * y+d[0];
    p=x * p/q+0.636619772 * (bessel_1(1,x) * log(x)-1.0/x);
}
else
{
    z=8.0/x; y=z * z;
    p=g[4]; q=h[4];
    for(i=3; i>=0; i--)
    {
        p=p * y+g[i]; q=q * y+h[i];
    }
    s=x-2.356194491;
    p=p * sin(s)+z * q * cos(s);
    p=p * sqrt(0.636619772/x);
}
if(n==1) return(p);
b1=p;
s=2.0/x;
```

```
    for(i=1; i<=n-1; i++)
    {
        p=s*i*b1-b0; b0=b1; b1=p;
    }
    return(p);
}
```

【例】 计算 $n=0,1,2,3,4,5$ 时，$x=0.05,0.5,5.0,50.0$ 时的 $Y_n(x)$。

主函数程序如下：

```
//第二类整数阶 Bessel 函数例
#include <cmath>
#include <iostream>
#include <iomanip>
#include "第二类整数阶 Bessel 函数.cpp"
using namespace std;
int main()
{
    int n,i;
    double x,y;
    for(n=0; n<=5; n++)
    {
        x=0.05;
        for(i=1; i<=4; i++)
        {
            y=bessel_2(n,x);
            cout <<"n=" <<n <<"    x=" <<setw(5) <<x
                 <<"    Y(n,x)=" <<y <<endl;
            x=x*10.0;
        }
    }
    return 0;
}
```

运行结果为

```
n=0    x= 0.05    Y(n,x)=-1.97931
n=0    x=  0.5    Y(n,x)=-0.444519
n=0    x=    5    Y(n,x)=-0.308518
n=0    x=   50    Y(n,x)=-0.098065
n=1    x= 0.05    Y(n,x)=-12.7899
n=1    x=  0.5    Y(n,x)=-1.47147
n=1    x=    5    Y(n,x)=0.147863
n=1    x=   50    Y(n,x)=-0.0567957
n=2    x= 0.05    Y(n,x)=-509.615
n=2    x=  0.5    Y(n,x)=-5.44137
n=2    x=    5    Y(n,x)=0.367663
n=2    x=   50    Y(n,x)=0.0957932
n=3    x= 0.05    Y(n,x)=-40756.4
n=3    x=  0.5    Y(n,x)=-42.0595
n=3    x=    5    Y(n,x)=0.146267
n=3    x=   50    Y(n,x)=0.0644591
n=4    x= 0.05    Y(n,x)=-4.89026e+006
n=4    x=  0.5    Y(n,x)=-499.273
n=4    x=    5    Y(n,x)=-0.192142
n=4    x=   50    Y(n,x)=-0.0880581
n=5    x= 0.05    Y(n,x)=-7.82401e+008
n=5    x=  0.5    Y(n,x)=-7946.3
n=5    x=    5    Y(n,x)=-0.453695
n=5    x=   50    Y(n,x)=-0.0785484
```

12.6 变形第一类整数阶贝塞尔函数

【功能】

计算实变量 x 的变形第一类整数阶贝塞尔函数值 $\mathrm{I}_n(x)$。

【方法说明】

变形第一类整数阶贝塞尔函数表示为

$$\mathrm{I}_n(x) = (-1)^n \mathrm{J}_n(\mathrm{j}x)$$

其中 n 为非负整数，j 为虚数(即 $\sqrt{-1}$)，$\mathrm{J}_n(\mathrm{j}x)$为纯虚变量(j$x$)的第一类贝塞尔函数。

$\mathrm{I}_0(x)$与 $\mathrm{I}_1(x)$的计算公式如下。

当$|x|<3.75$ 时，令 $y=\left(\dfrac{x}{3.75}\right)^2$，则有

$$\mathrm{I}_0(x) = a_0 + a_1 y + a_2 y^2 + a_3 y^3 + a_4 y^4 + a_5 y^5 + a_6 y^6$$

$$\mathrm{I}_1(x) = x(b_0 + b_1 y + b_2 y^2 + b_3 y^3 + b_4 y^4 + b_5 y^5 + b_6 y^6)$$

其系数分别为

$$a_0 = 1.0,\qquad a_1 = 3.515\,622\,9$$

$$a_2 = 3.089\,942\,4,\qquad a_3 = 1.206\,749\,2$$

$$a_4 = 0.265\,973\,2,\qquad a_5 = 0.036\,076\,8$$

$$a_6 = 0.004\,581\,3$$

$$b_0 = 0.5,\qquad b_1 = 0.878\,905\,94$$

$$b_2 = 0.514\,988\,69,\qquad b_3 = 0.150\,849\,34$$

$$b_4 = 0.026\,587\,73,\qquad b_5 = 0.003\,015\,32$$

$$b_6 = 0.000\,324\,11$$

当$|x|\geqslant 3.75$ 时，令 $y=\dfrac{3.75}{|x|}$，则有

$$\mathrm{I}_0(x) = \frac{\mathrm{e}^{|x|}}{\sqrt{|x|}} C(y)$$

$$\mathrm{I}_1(|x|) = \frac{\mathrm{e}^{|x|}}{\sqrt{|x|}} D(y),\quad \mathrm{I}_1(-|x|) = -\mathrm{I}_1(|x|)$$

其中

$$C(y) = c_0 + c_1 y + c_2 y^2 + c_3 y^3 + c_4 y^4 + c_5 y^5 + c_6 y^6 + c_7 y^7 + c_8 y^8$$

$$D(y) = d_0 + d_1 y + d_2 y^2 + d_3 y^3 + d_4 y^4 + d_5 y^5 + d_6 y^6 + d_7 y^7 + d_8 y^8$$

其系数分别为

$$c_0 = 0.398\,942\,28,\qquad c_1 = 0.013\,285\,92$$

$$c_2 = 0.002\,253\,19,\qquad c_3 = -0.001\,575\,65$$

$$c_4 = 0.009\,162\,81,\qquad c_5 = -0.020\,577\,06$$

$$c_6 = 0.026\,355\,37,\qquad c_7 = -0.016\,476\,33$$

$$c_8 = 0.003\,923\,77$$

$$d_0 = 0.398\ 942\ 28,\quad d_1 = -0.039\ 880\ 24$$
$$d_2 = -0.003\ 620\ 18,\quad d_3 = 0.001\ 638\ 01$$
$$d_4 = -0.010\ 315\ 55,\quad d_5 = 0.022\ 829\ 67$$
$$d_6 = -0.028\ 953\ 12,\quad d_7 = 0.017\ 876\ 54$$
$$d_8 = -0.004\ 200\ 59$$

当 $n \geqslant 2$ 时，变形第一类贝塞尔函数具有下列递推关系：

$$\mathrm{I}_{n+1}(x) = -\frac{2n}{x}\mathrm{I}_n(x) + \mathrm{I}_{n-1}(x)$$

但这个递推公式是不稳定的。实际计算时，用如下递推关系：

$$\mathrm{I}_{n-1}(x) = \frac{2n}{x}\mathrm{I}_n(x) + \mathrm{I}_{n+1}(x)$$

【函数语句与形参说明】

```
double b_bessel_1(int n, double x)
```

形参与函数类型	参数意义
int n	变形第一类整数阶贝塞尔函数的阶数。要求 $n \geqslant 0$，当 $n < 0$ 时，本函数按 $\lvert n \rvert$ 计算
double x	自变量值
doubleb_bessel_1()	函数返回变形第一类整数阶贝塞尔函数值 $\mathrm{I}_n(x)$

【函数程序】

```
//变形第一类整数阶 Bessel 函数.cpp
#include <cmath>
#include <iostream>
using namespace std;
//n      阶数。要求 n>0
//x      自变量值
//函数返回变形第一类整数阶 Bessel 函数值
double b_bessel_1(int n, double x)
{
    int i,m;
    double t,y,p,b0,b1,q;
    double a[7]={ 1.0,3.5156229,3.0899424,1.2067492,
                      0.2659732,0.0360768,0.0045813};
    double b[7]={ 0.5,0.87890594,0.51498869,
                  0.15084934,0.02658773,0.00301532,0.00032411};
    double c[9]={ 0.39894228,0.01328592,0.00225319,
              -0.00157565,0.00916281,-0.02057706,
                  0.02635537,-0.01647633,0.00392377};
    double d[9]={ 0.39894228,-0.03988024,-0.00362018,
                  0.00163801,-0.01031555,0.02282967,
```

```
                -0.02895312,0.01787654,-0.00420059};
    if(n<0) n=-n;
    t=fabs(x);
    if(n!=1)
    {
        if(t<3.75)
        {
            y=(x/3.75)*(x/3.75); p=a[6];
            for(i=5; i>=0; i--) p=p*y+a[i];
        }
        else
        {
            y=3.75/t; p=c[8];
            for(i=7; i>=0; i--) p=p*y+c[i];
            p=p*exp(t)/sqrt(t);
        }
    }
    if(n==0) return(p);
    q=p;
    if(t<3.75)
    {
        y=(x/3.75)*(x/3.75); p=b[6];
        for(i=5; i>=0; i--) p=p*y+b[i];
        p=p*t;
    }
    else
    {
        y=3.75/t; p=d[8];
        for(i=7; i>=0; i--) p=p*y+d[i];
        p=p*exp(t)/sqrt(t);
    }
    if(x<0.0) p=-p;
    if(n==1) return(p);
    if(x==0.0) return(0.0);
    y=2.0/t; t=0.0; b1=1.0; b0=0.0;
    m=n+(int)sqrt(40.0*n);
    m=2*m;
    for(i=m; i>0; i--)
    {
        p=b0+i*y*b1; b0=b1; b1=p;
        if(fabs(b1)>1.0e+10)
        {
            t=t*1.0e-10; b0=b0*1.0e-10;
            b1=b1*1.0e-10;
        }
```

```
        if(i==n) t=b0;
    }
    p=t*q/b1;
    if((x<0.0)&&(n% 2==1)) p=-p;
    return(p);
}
```

【例】 计算 $n=0,1,2,3,4,5$ 时，$x=0.05,0.5,5.0,50.0$ 时的 $I_n(x)$。

主函数程序如下：

```
//变形第一类整数阶 Bessel 函数例
#include <cmath>
#include <iostream>
#include <iomanip>
#include "变形第一类整数阶 Bessel 函数.cpp"
using namespace std;
int main()
{
    int n,i;
    double x,y;
    for(n=0; n<=5; n++)
    {
        x=0.05;
        for(i=1; i<=4; i++)
        {
            y=b_bessel_1(n,x);
            cout <<"n=" <<n <<"   x=" <<setw(5) <<x
                <<"    I(n,x)=" <<y <<endl;
            x=x*10.0;
        }
    }
    return 0;
}
```

运行结果为

```
n=0   x= 0.05    I(n,x)=1.00063
n=0   x=  0.5    I(n,x)=1.06348
n=0   x=    5    I(n,x)=27.2399
n=0   x=   50    I(n,x)=2.93255e+020
n=1   x= 0.05    I(n,x)=0.0250078
n=1   x=  0.5    I(n,x)=0.257894
n=1   x=    5    I(n,x)=24.3356
n=1   x=   50    I(n,x)=2.90308e+020
n=2   x= 0.05    I(n,x)=0.000312565
n=2   x=  0.5    I(n,x)=0.0319061
n=2   x=    5    I(n,x)=17.5056
n=2   x=   50    I(n,x)=2.81647e+020
n=3   x= 0.05    I(n,x)=2.60457e-006
n=3   x=  0.5    I(n,x)=0.00264511
n=3   x=    5    I(n,x)=10.3312
n=3   x=   50    I(n,x)=2.67776e+020
n=4   x= 0.05    I(n,x)=1.62781e-008
n=4   x=  0.5    I(n,x)=0.000164806
n=4   x=    5    I(n,x)=5.10823
n=4   x=   50    I(n,x)=2.4951e+020
n=5   x= 0.05    I(n,x)=8.13887e-011
n=5   x=  0.5    I(n,x)=8.22317e-006
n=5   x=    5    I(n,x)=2.15797
n=5   x=   50    I(n,x)=2.27855e+020
```

12.7　变形第二类整数阶贝塞尔函数

【功能】

计算实变量 x 的变形第二类整数阶贝塞尔函数值 $\mathrm{K}_n(x)$。

【方法说明】

变形第二类整数阶贝塞尔函数表示为

$$\mathrm{K}_n(x)=\frac{\pi}{2}(\mathrm{j})^{n+1}[\mathrm{J}_n(\mathrm{j}x)+\mathrm{j}\mathrm{Y}_n(\mathrm{j}x)],\quad x>0$$

其中 n 为非负整数，j 为虚数(即 $\sqrt{-1}$)，$\mathrm{J}_n(\mathrm{j}x)$ 为纯虚变量($\mathrm{j}x$)的第一类贝塞尔函数，$\mathrm{Y}_n(\mathrm{j}x)$ 为纯虚变量($\mathrm{j}x$)的第二类贝塞尔函数。

$\mathrm{K}_0(x)$ 与 $\mathrm{K}_1(x)$ 的计算公式如下。

当 $x\leqslant 2.0$ 时，令 $y=\frac{x^2}{4.0}$，则有

$$\mathrm{K}_0(x)=A(y)-\mathrm{I}_0(x)\ln\left(\frac{x}{2}\right)$$

$$\mathrm{K}_1(x)=B(y)+\mathrm{I}_1(x)\ln\left(\frac{x}{2}\right)$$

其中，$\mathrm{I}_0(x)$ 与 $\mathrm{I}_1(x)$ 分别为变形第一类零阶与一阶贝塞尔函数，且

$$A(y)=a_0+a_1y+a_2y^2+a_3y^3+a_4y^4+a_5y^5+a_6y^6$$

$$B(y)=b_0+b_1y+b_2y^2+b_3y^3+b_4y^4+b_5y^5+b_6y^6$$

其系数分别为

$$a_0=-0.577\ 215\ 66,\quad a_1=0.422\ 784\ 2$$

$$a_2=0.230\ 697\ 56,\quad a_3=0.034\ 885\ 9$$

$$a_4=0.002\ 626\ 98,\quad a_5=0.000\ 107\ 5$$

$$a_6=0.000\ 007\ 4$$

$$b_0=1.0,\quad b_1=0.154\ 431\ 44$$

$$b_2=-0.672\ 785\ 79,\quad b_3=-0.181\ 568\ 97$$

$$b_4=-0.019\ 194\ 02,\quad b_5=-0.001\ 104\ 04$$

$$b_6=-0.000\ 046\ 86$$

当 $x>2.0$ 时，令 $y=\frac{2.0}{x}$，则有

$$\mathrm{K}_0(x)=\frac{\mathrm{e}^{-x}}{\sqrt{x}}C(y)$$

$$\mathrm{K}_1(|x|)=\frac{\mathrm{e}^{-x}}{\sqrt{x}}D(y)$$

其中

$$C(y)=c_0+c_1y+c_2y^2+c_3y^3+c_4y^4+c_5y^5+c_6y^6$$

$$D(y) = d_0 + d_1 y + d_2 y^2 + d_3 y^3 + d_4 y^4 + d_5 y^5 + d_6 y^6$$

其系数分别为

$$\begin{aligned}
&c_0 = 1.253\,314\,14, &&c_1 = -0.078\,323\,58\\
&c_2 = 0.021\,895\,68, &&c_3 = -0.010\,624\,46\\
&c_4 = 0.005\,878\,72, &&c_5 = -0.002\,515\,4\\
&c_6 = 0.000\,532\,08\\
&d_0 = 1.253\,314\,14, &&d_1 = 0.234\,986\,19\\
&d_2 = -0.036\,556\,2, &&d_3 = 0.015\,042\,68\\
&d_4 = -0.007\,803\,53, &&d_5 = 0.003\,256\,14\\
&d_6 = -0.000\,682\,45
\end{aligned}$$

当 $n \geqslant 2$ 时，变形第二类贝塞尔函数用下列递推关系计算：

$$\mathrm{K}_{n+1}(x) = \frac{2n}{x}\mathrm{K}_n(x) + \mathrm{K}_{n-1}(x)$$

本函数要调用计算变形第一类贝塞尔函数值的函数 b_bessel_1()。

【函数语句与形参说明】

```
double b_bessel_2(int n, double x)
```

形参与函数类型	参 数 意 义
int n	变形第二类整数阶贝塞尔函数的阶数。要求 $n \geqslant 0$，当 $n<0$ 时，本函数按 $\lvert n \rvert$ 计算
double x	自变量值。要求 $x \geqslant 0$，当 $x<0$ 时，本函数按 $\lvert x \rvert$ 计算
doubleb_bessel_2()	函数返回变形第二类整数阶贝塞尔函数值 $\mathrm{K}_n(x)$

【函数程序】

```
//变形第二类整数阶 Bessel 函数.cpp
#include <cmath>
#include <iostream>
#include "变形第一类整数阶 Bessel 函数.cpp"
using namespace std;
//n      阶数。要求 n>0
//x      自变量值
//函数返回变形第二类整数阶 Bessel 函数值
double b_bessel_2(int n, double x)
{
    int i;
    double y,p,b0,b1;
    double a[7]={ -0.57721566,0.4227842,0.23069756,
                  0.0348859,0.00262698,0.0001075,0.0000074};
    double b[7]={ 1.0,0.15443144,-0.67278579,
```

```
              -0.18156897,-0.01919402,-0.00110404,-0.00004686};
double c[7]={ 1.25331414,-0.07832358,0.02189568,
              -0.01062446,0.00587872,-0.0025154,0.00053208};
double d[7]={ 1.25331414,0.23498619,-0.0365562,
               0.01504268,-0.00780353,0.00325614,-0.00068245};
if(n<0) n=-n;
if(x<0.0) x=-x;
if(x==0.0) return(1.0e+70);
if(n!=1)
{
    if(x<=2.0)
    {
        y=x*x/4.0; p=a[6];
        for(i=5; i>=0; i--) p=p*y+a[i];
        p=p-b_bessel_1(0,x)*log(x/2.0);
    }
    else
    {
        y=2.0/x; p=c[6];
        for(i=5; i>=0; i--) p=p*y+c[i];
        p=p*exp(-x)/sqrt(x);
    }
}
if(n==0) return(p);
b0=p;
if(x<=2.0)
{
    y=x*x/4.0; p=b[6];
    for(i=5; i>=0; i--) p=p*y+b[i];
    p=p/x+b_bessel_1(1,x)*log(x/2.0);
}
else
{
    y=2.0/x; p=d[6];
    for(i=5; i>=0; i--) p=p*y+d[i];
    p=p*exp(-x)/sqrt(x);
}
if(n==1) return(p);
b1=p;
y=2.0/x;
for(i=1; i<n; i++)
{
    p=b0+i*y*b1; b0=b1; b1=p;
}
```

```
    return(p);
}
```

【例】 计算 $n=0,1,2,3,4,5$ 时，$x=0.05,0.5,5.0,50.0$ 时的 $K_n(x)$。

主函数程序如下：

```
//变形第二类整数阶 Bessel 函数例
#include <cmath>
#include <iostream>
#include <iomanip>
#include "变形第二类整数阶 Bessel 函数.cpp"
using namespace std;
int main()
{
    int n,i;
    double x,y;
    for(n=0; n<=5; n++)
    {
        x=0.05;
        for(i=1; i<=4; i++)
        {
            y=b_bessel_2(n,x);
            cout <<"n=" <<n <<"   x=" <<setw(5) <<x
                 <<"    K(n,x)=" <<y <<endl;
            x=x * 10.0;
        }
    }
    return 0;
}
```

运行结果为

```
n=0   x= 0.05     K(n,x)=3.11423
n=0   x=  0.5     K(n,x)=0.924419
n=0   x=    5     K(n,x)=0.0036911
n=0   x=   50     K(n,x)=3.41017e-023
n=1   x= 0.05     K(n,x)=19.9097
n=1   x=  0.5     K(n,x)=1.65644
n=1   x=    5     K(n,x)=0.00404461
n=1   x=   50     K(n,x)=3.4441e-023
n=2   x= 0.05     K(n,x)=799.501
n=2   x=  0.5     K(n,x)=7.55018
n=2   x=    5     K(n,x)=0.00530894
n=2   x=   50     K(n,x)=3.54793e-023
n=3   x= 0.05     K(n,x)=63980
n=3   x=  0.5     K(n,x)=62.0579
n=3   x=    5     K(n,x)=0.00829177
n=3   x=   50     K(n,x)=3.72794e-023
n=4   x= 0.05     K(n,x)=7.6784e+006
n=4   x=  0.5     K(n,x)=752.245
n=4   x=    5     K(n,x)=0.0152591
n=4   x=   50     K(n,x)=3.99528e-023
n=5   x= 0.05     K(n,x)=1.22861e+009
n=5   x=  0.5     K(n,x)=12098
n=5   x=    5     K(n,x)=0.0327063
n=5   x=   50     K(n,x)=4.36718e-023
```

12.8 不完全贝塔函数

【功能】

计算不完全贝塔函数值 $B_x(a,b)$。

【方法说明】

不完全贝塔函数的定义为

$$B_x(a,b) = \frac{1}{B(a,b)}\int_0^x t^{a-1}(1-t)^{b-1}dt$$

其中 $a>0,b>0,0\leqslant x\leqslant 1$，$B(a,b)$ 为贝塔函数，即

$$B(a,b) = \frac{\Gamma(a)\Gamma(b)}{\Gamma(a+b)}$$

不完全贝塔函数具有下列对称关系以及极限值：

$$B_x(a,b) = 1 - B_{1-x}(a,b)$$

$$B_0(a,b) = 0, \quad B_1(a,b) = 1$$

不完全贝塔函数可以用下列连分式表示：

$$B_x(a,b) = \frac{x^a(1-x)^b}{a * B(a,b)}\varphi(x)$$

$$\varphi(x) = \cfrac{1}{1+\cfrac{d_1}{1+\cfrac{d_2}{1+\cdots}}}$$

其中

$$\begin{cases} d_{2k-1} = -\dfrac{(a+k)(a+b+k)x}{(a+2k)(a+2k+1)} \\ d_{2k} = -\dfrac{k(b-k)x}{(a+2k-1)(a+2k)} \end{cases}, \quad k = 1,2,\cdots$$

当 $x<\frac{a+1}{a+b+2}$ 时，连分式的收敛速度很快。而当 $x>\frac{a+1}{a+b+2}$ 时，可以利用对称关系进行计算。

本函数要调用计算伽马函数值的函数 gamma()。

【函数语句与形参说明】

```
double inbeta(double a, double b, double x)
```

形参与函数类型	参 数 意 义
double a	不完全贝塔函数的参数。要求 $a>0$。当 $a\leqslant 0$ 时，返回函数值 -1.0
double b	不完全贝塔函数的参数。要求 $b>0$。当 $b\leqslant 0$ 时，返回函数值 -1.0
double x	不完全贝塔函数的自变量。要求 $0\leqslant x\leqslant 1$，否则返回函数值 10^{37}
doubleinbeta()	函数返回不完全贝塔函数值 $B_x(a,b)$

【函数程序】

```
//不完全 Beta 函数.cpp
#include <cmath>
#include <iostream>
#include "Gamma 函数.cpp"
using namespace std;
//a      参数。要求 a>0,否则返回函数值-1.0
//b      参数。要求 b>0,否则返回函数值-1.0
//x      自变量。要求 0=<x<=1,否则返回函数值 1.0e+37
//函数返回不完全 Beta 函数值
double inbeta(double a, double b, double x)
{
    double y;
    double bt(double,double,double);
    if(a<=0.0)
    { cout <<"err * * a<=0!\n"; return(-1.0);}
    if(b<=0.0)
    { cout <<"err * * b<=0!\n"; return(-1.0);}
    if((x<0.0)||(x>1.0))
    { cout <<"err * * x<0 or x>1 !\n";
      return(1.0e+70);
    }
    if((x==0.0)||(x==1.0)) y=0.0;
    else
    {
        y=a * log(x)+b * log(1.0-x);
        y=exp(y);
        y=y * gamma(a+b)/(gamma(a) * gamma(b));
    }
    if(x<(a+1.0)/(a+b+2.0))
        y=y * bt(a,b,x)/a;
    else
        y=1.0-y * bt(b,a,1.0-x)/b;
    return(y);
}

double bt(double a, double b, double x)
{
    int k;
    double d,p0,q0,p1,q1,s0,s1;
    p0=0.0; q0=1.0; p1=1.0; q1=1.0;
    for(k=1; k<=100; k++)
```

```
    {
        d=(a+k)*(a+b+k)*x;
        d=-d/((a+k+k)*(a+k+k+1.0));
        p0=p1+d*p0; q0=q1+d*q0; s0=p0/q0;
        d=k*(b-k)*x;
        d=d/((a+k+k-1.0)*(a+k+k));
        p1=p0+d*p1; q1=q0+d*q1; s1=p1/q1;
        if(fabs(s1-s0)<fabs(s1)*1.0e-07)
        return(s1);
    }
    cout <<"a or b too big !\n";
    return(s1);
}
```

【例】 计算(a,b)为(0.5,0.5),(0.5,5.0),(1.0,3.0),(5.0,0.5),(8.0,10.0)时,x 取值为 0.0,0.2,0.4,0.6,0.8,1.0 时不完全贝塔函数值 $B_x(a,b)$。

主函数程序如下：

```
//不完全 Beta 函数例
#include <cmath>
#include <iostream>
#include <iomanip>
#include "不完全 Beta 函数.cpp"
using namespace std;
int main()
{
    int i,j;
    double x,a0,b0,y;
    double a[5]={ 0.5,0.5,1.0,5.0,8.0};
    double b[5]={ 0.5,5.0,3.0,0.5,10.0};
    x=0.0;
    for(j=0; j<=5; j++)
    {
        cout <<"x=" <<x <<endl;
        for(i=0; i<=4; i++)
        {
            a0=a[i]; b0=b[i];
            y=inbeta(a0,b0,x);
            cout <<"       B(" <<a0 <<", " <<b0 <<")=" <<y <<endl;
        }
        x=x+0.2;
    }
    return 0;
}
```

运行结果为

```
x=0
       B(0.5, 0.5)=0
       B(0.5, 5)=0
       B(1, 3)=0
       B(5, 0.5)=0
       B(8, 10)=0
x=0.2
       B(0.5, 0.5)=0.273989
       B(0.5, 5)=0.916541
       B(1, 3)=0.36353
       B(5, 0.5)=8.18696e-005
       B(8, 10)=0.009585
x=0.4
       B(0.5, 0.5)=0.365257
       B(0.5, 5)=0.979039
       B(1, 3)=0.856001
       B(5, 0.5)=0.00271228
       B(8, 10)=0.228213
x=0.6
       B(0.5, 0.5)=0.634743
       B(0.5, 5)=0.997288
       B(1, 3)=0.947637
       B(5, 0.5)=0.0209607
       B(8, 10)=0.929174
x=0.8
       B(0.5, 0.5)=0.726011
       B(0.5, 5)=0.999918
       B(1, 3)=0.992615
       B(5, 0.5)=0.560966
       B(8, 10)=0.999546
x=1
       B(0.5, 0.5)=1
       B(0.5, 5)=1
       B(1, 3)=1
       B(5, 0.5)=1
       B(8, 10)=1
```

12.9 正态分布函数

【功能】

计算随机变量 x 的正态分布函数 $\mathrm{P}(a,\sigma,x)$值。

【方法说明】

正态分布函数的定义为

$$\mathrm{P}(a,\sigma,x)=\frac{1}{\sqrt{2\pi}\sigma}\int_{-\infty}^{x}\mathrm{e}^{-\frac{(t-a)^2}{2\sigma^2}}\mathrm{d}t$$

其中，a 为随机变量的数学期望（平均值）；$\sigma>0$，σ 为随机变量的方差。

正态分布函数可以用误差函数来计算，即

$$\mathrm{P}(a,\sigma,x)=\frac{1}{2}+\frac{1}{2}\mathrm{erf}\left(\frac{x-a}{\sqrt{2}\sigma}\right)$$

本函数要调用计算误差函数值的函数 errf()。

【函数语句与形参说明】

```
double gass(double a, double d, double x)
```

形参与函数类型	参数意义
double a	数学期望值
double d	d 为方差值。要求 $d>0$
double x	随机变量值
double gass()	函数返回正态分布函数值 $P(a,\sigma,x)$

【函数程序】

```
//正态分布函数.cpp
#include <cmath>
#include <iostream>
#include "误差函数.cpp"
using namespace std;
//a      数学期望值
//d      d*d 为方差值。要求 d>0
//x      随机变量值
//函数返回正态分布函数值
double gass(double a, double d, double x)
{
    double y;
    if(d<=0.0) d=1.0e-10;
    y=0.5+0.5*errf((x-a)/(sqrt(2.0)*d));
    return(y);
}
```

【例】 计算当(a,σ)为(−1.0,0.5),(3.0,15.0)时,x 取值为−10.0,−5.0,0.0,5.0,10.0 时的正态分布函数值 $P(a,\sigma,x)$。

主函数程序如下:

```
//正态分布函数例
#include <cmath>
#include <iostream>
#include "正态分布函数.cpp"
using namespace std;
int main()
{
    int i,j;
    double a0,d0,x,y;
    double a[2]={ -1.0,3.0};
    double d[2]={ 0.5,15.0};
    for(i=0; i<=1; i++)
    {
        a0=a[i]; d0=d[i]; x=-10.0;
        for(j=0; j<=4; j++)
        {
```

```
            y=gass(a0,d0,x);
            cout <<"P(" <<a0 <<", " <<d0 <<", " <<x <<")=" <<y <<endl;
            x=x+5.0;
        }
    }
    return 0;
}
```

运行结果为

```
P(-1, 0.5, -10)=0
P(-1, 0.5, -5)=6.10623e-016
P(-1, 0.5, 0)=0.97725
P(-1, 0.5, 5)=1
P(-1, 0.5, 10)=1
P(3, 15, -10)=0.193062
P(3, 15, -5)=0.296901
P(3, 15, 0)=0.42074
P(3, 15, 5)=0.553035
P(3, 15, 10)=0.679631
```

12.10 t 分布函数

【功能】

计算 t-分布函数 $P(t,n)$。

【方法说明】

t-分布又称为 Student 分布,它定义为

$$P(t,n)=\frac{\Gamma\left(\frac{n+1}{2}\right)}{\sqrt{n\pi}\,\Gamma\left(\frac{n}{2}\right)}\int_{-t}^{t}\left(1+\frac{x^2}{n}\right)^{-\frac{n+1}{2}}dx$$

其中,t 为随机变量,且 $t\geqslant0$;n 为自由度。它的极限值为

$$P(0,n)=0,\quad P(\infty,n)=1$$

t-分布函数可以用不完全贝塔函数表示,即

$$P(t,n)=1-B_{\frac{n}{n+t^2}}\left(\frac{n}{2},0.5\right)$$

本函数要调用计算不完全贝塔函数值的函数 inbeta()。

【函数语句与形参说明】

```
double student(double t, int n)
```

形参与函数类型	参数意义
double t	随机变量值。要求 $t\geqslant0$
int n	自由度
double student()	函数返回 t 分布函数值 $P(t,n)$

【函数程序】

```
//t_分布函数.cpp
#include <iostream>
#include <cmath>
#include "不完全 Beta 函数.cpp"
using namespace std;
//t      随机变量值。要求 t>=0
//n      自由度
//返回 t 分布函数值
double student(double t, int n)
{
    double y;
    if(t<0.0) t=-t;
    y=1.0-inbeta(n/2.0,0.5,n/(n+t*t));
    return(y);
}
```

【例】 计算当 $n=1,2,3,4$ 时，$t=0.5,5.0$ 时的 t 分布函数值 $P(t,n)$。

主函数程序如下：

```
//t_分布函数例
#include <iostream>
#include <cmath>
#include "t_分布函数.cpp"
using namespace std;
int main()
{
    int n;
    double t,y;
    for(n=1; n<=5; n++)
    {
        t=0.5; y=student(t,n);
        cout <<"P(" <<t <<", " <<n <<")=" <<y <<endl;
        t=5.0; y=student(t,n);
        cout <<"P(" <<t <<", " <<n <<")=" <<y <<endl;
    }
    return 0;
}
```

运行结果为

```
P(0.5, 1)=0.273989
P(5, 1)=0.875927
P(0.5, 2)=0.311108
P(5, 2)=0.963219
P(0.5, 3)=0.325943
P(5, 3)=0.985174
P(0.5, 4)=0.333855
P(5, 4)=0.992855
P(0.5, 5)=0.338772
P(5, 5)=0.996117
```

12.11 χ^2 分布函数

【功能】

计算 χ^2 变量的分布函数值 $P(\chi^2, n)$。

【方法说明】

χ^2 分布函数的定义为

$$P(\chi^2, n) = \frac{1}{2^{\frac{n}{2}}\Gamma\left(\frac{n}{2}\right)}\int_0^{\chi^2} t^{\frac{n}{2}-1}e^{-\frac{t}{2}}dt$$

其中 n 为自由度，$\chi^2 \geqslant 0$。它的极限值为

$$P(0, n) = 0, \quad P(\infty, n) = 1$$

χ^2 分布函数可以用不完全伽马函数表示，即

$$P(\chi^2, n) = \Gamma\left(\frac{n}{2}, \frac{\chi^2}{2}\right)$$

本函数要调用计算不完全伽马函数值的函数 ingamma()。

【函数语句与形参说明】

```
double chii(double x, int n)
```

形参与函数类型	参数意义
double x	χ^2 变量值
int n	自由度
double chii()	函数返回 χ^2 变量的分布函数值 $P(\chi^2, n)$

【函数程序】

```
//X平方分布函数.cpp
#include <iostream>
#include <cmath>
#include "不完全 gamma 函数.cpp"
using namespace std;
//x      自变量值
//n      自由度
//返回 X 平方分布函数值
double chii(double x, int n)
{
    double y;
    if(x<0.0) x=-x;
```

```
    y=ingamma(n/2.0,x/2.0);
    return(y);
}
```

【例】 计算当 $n=1,2,3,4,5$ 时，$\chi^2=0.5,5.0$ 时的 χ^2 分布函数值 $P(\chi^2,n)$。

主函数程序如下：

```
//X平方分布函数例
#include <iostream>
#include <cmath>
#include "X平方分布函数.cpp"
using namespace std;
int main()
{
    int n;
    double t,y;
    for(n=1; n<=5; n++)
    {
        t=0.5; y=chii(t,n);
        cout <<"P(" <<t <<", " <<n <<")=" <<y <<endl;
        t=5.0; y=chii(t,n);
        cout <<"P(" <<t <<", " <<n <<")=" <<y <<endl;
    }
    return 0;
}
```

运行结果为

```
P(0.5, 1)=0.5205
P(5, 1)=0.974653
P(0.5, 2)=0.221197
P(5, 2)=0.917916
P(0.5, 3)=0.0811086
P(5, 3)=0.828203
P(0.5, 4)=0.0264988
P(5, 4)=0.712695
P(0.5, 5)=0.00787671
P(5, 5)=0.58412
```

12.12 *F* 分布函数

【功能】

计算随机变量 F 的 F 分布函数值 $P(F,n_1,n_2)$。

【方法说明】

随机变量 F 的 F 分布函数的定义为

$$P(F,n_1,n_2)=\frac{\Gamma\left(\frac{n_1+n_2}{2}\right)}{\Gamma\left(\frac{n_1}{2}\right)\Gamma\left(\frac{n_2}{2}\right)}n_1^{\frac{n_1}{2}}n_2^{\frac{n_2}{2}}\int_F^{\infty}\frac{t^{\frac{n_1}{2}-1}}{(n_2+n_1t)^{\frac{n_1+n_2}{2}}}\mathrm{d}t$$

其中随机变量 $F \geqslant 0$，n_1 与 n_2 为自由度。它的极限值为

$$P(0,n_1,n_2)=1,\quad P(\infty,n_1,n_2)=0$$

F 分布函数可以用不完全贝塔函数来计算，即

$$P(F,n_1,n_2)=B_{\frac{n_2}{n_2+n_1F}}\left(\frac{n_2}{2},\frac{n_1}{2}\right)$$

本函数要调用计算不完全贝塔函数值的函数 inbeta()。

【函数语句与形参说明】

```
double ffff(double f, int n1, int n2)
```

形参与函数类型	参数意义
double f	随机变量 F 的取值。要求 $F \geqslant 0$
int n1	自由度 n_1
int n2	自由度 n_2
double ffff()	函数返回随机变量 F 的 F 分布函数值 $P(F,n_1,n_2)$

【函数程序】

```
//F_分布函数.cpp
#include <iostream>
#include <cmath>
#include "不完全 Beta 函数.cpp"
using namespace std;
//f        随机变量值。要求 f>=0
//n1       自由度
//n2       自由度
//返回 F 分布函数值
double ffff(double f, int n1, int n2)
{
    double y;
    if(f<0.0) f=-f;
    y=inbeta(n2/2.0,n1/2.0,n2/(n2+n1 * f));
    return(y);
}
```

【例】 计算当 (n_1,n_2) 分别为 (2,3)，(5,10) 时，随机变量 F 的取值为 3.5，9.0 时的 F 分布函数值 $P(F,n_1,n_2)$。

主函数程序如下：

```
//F_分布函数例
#include <iostream>
#include <cmath>
#include "F_分布函数.cpp"
```

```
using namespace std;
int main()
{
    int n1,n2,i;
    double y,f;
    int n[2]={ 2,5};
    int m[2]={ 3,10};
    for(i=0; i<=1; i++)
    {
        n1=n[i]; n2=m[i]; f=3.5;
        y=ffff(f,n1,n2);
        cout <<"P(" <<f <<", " <<n1 <<", " <<n2 <<")=" <<y <<endl;
        f=9.0; y=ffff(f,n1,n2);
        cout <<"P(" <<f <<", " <<n1 <<", " <<n2 <<")=" <<y <<endl;
    }
    return 0;
}
```

运行结果为

```
P(3.5, 2, 3)=0.138025
P(9, 2, 3)=0.0502706
P(3.5, 5, 10)=0.0357164
P(9, 5, 10)=0.00168888
```

12.13 正弦积分

【功能】

计算正弦积分值。

【方法说明】

正弦积分的定义为

$$\mathrm{Si}(x)=\int_0^x \frac{\sin t}{t}\mathrm{d}t,\quad x>0$$

本函数采用勒让德-高斯求积公式计算该积分。

【函数语句与形参说明】

```
double sinn(double x)
```

形参与函数类型	参数意义
double x	自变量值。要求 $x>0$
double sinn()	函数返回正弦积分值

【函数程序】

```
//正弦积分.cpp
#include <cmath>
#include <iostream>
using namespace std;
//x     自变量值
//函数返回正弦积分值
double sinn(double x)
{
    int m,i,j;
    double s,p,ep,h,aa,bb,w,xx,g;
    double t[5]={-0.9061798459,-0.5384693101,0.0,
                     0.5384693101,0.9061798459};
      double c[5]={0.2369268851,0.4786286705,0.5688888889,
                     0.4786286705,0.2369268851};
    m=1;
    if(x==0) return(0.0);
    h=fabs(x);  s=fabs(0.0001*h);
    p=1.0e+35; ep=0.000001; g=0.0;
    while((ep>=0.0000001)&&(fabs(h)>s))
    {
        g=0.0;
        for(i=1;i<=m;i++)
        {
            aa=(i-1.0)*h; bb=i*h;
            w=0.0;
            for(j=0;j<=4;j++)
            {
                xx=((bb-aa)*t[j]+(bb+aa))/2.0;
                w=w+sin(xx)/xx*c[j];
            }
            g=g+w;
        }
        g=g*h/2.0;
        ep=fabs(g-p)/(1.0+fabs(g));
        p=g; m=m+1; h=fabs(x)/m;
    }
    return(g);
}
```

【例】 计算自变量 x 从 0.5 开始、每隔 2.0 的 10 个正弦积分值。

主函数程序如下：

```
//正弦积分例
#include <cmath>
```

```
#include <iostream>
#include "正弦积分.cpp"
using namespace std;
int main()
{
    int i;
    double x,y;
    for(i=0; i<=9; i++)
    {
        x=0.5+i+i; y=sinn(x);
        cout <<"x=" <<x <<"     Si(x)=" <<y <<endl;
    }
    return 0;
}
```

运行结果为

```
x=0.5     Si(x)=0.493107
x=2.5     Si(x)=1.77852
x=4.5     Si(x)=1.65414
x=6.5     Si(x)=1.42179
x=8.5     Si(x)=1.6296
x=10.5     Si(x)=1.62294
x=12.5     Si(x)=1.49234
x=14.5     Si(x)=1.59072
x=16.5     Si(x)=1.61563
x=18.5     Si(x)=1.52128
```

12.14　余弦积分

【功能】

计算余弦积分值。

【方法说明】

余弦积分的定义为

$$\mathrm{Ci}(x)=-\int_x^{\infty}\frac{\cos t}{t}\mathrm{d}t,\quad x>0$$

计算余弦积分的公式为

$$\mathrm{Ci}(x)=\gamma+\ln x-\int_0^x\frac{1-\cos t}{t}\mathrm{d}t$$

其中

$$\gamma=0.577\,215\,664\,901\,532\,860\,606\,51$$

为欧拉常数。

本函数采用勒让德-高斯求积公式计算积分

$$\int_0^x\frac{1-\cos t}{t}\mathrm{d}t$$

【函数语句与形参说明】

```
double coss(double x)
```

形参与函数类型	参数意义
double x	自变量值。要求 $x>0$
double coss()	函数返回余弦积分值

【函数程序】

```
//余弦积分.cpp
#include <cmath>
#include <iostream>
using namespace std;
//x      自变量值
//函数返回余弦积分值
double coss(double x)
{
    int m,i,j;
    double s,p,ep,h,aa,bb,w,xx,g,r,q;
    double t[5]={-0.9061798459,-0.5384693101,0.0,
                     0.5384693101,0.9061798459};
    double c[5]={0.2369268851,0.4786286705,0.5688888889,
                     0.4786286705,0.2369268851};
    m=1;
    if(x==0) x=1.0e-35;
    if(x<0.0) x=-x;
    r=0.57721566490153286060651;
    q=r+log(x);
    h=x; s=fabs(0.0001*h);
    p=1.0e+35; ep=0.000001; g=0.0;
    while((ep>=0.0000001)&&(fabs(h)>s))
    {
        g=0.0;
        for(i=1;i<=m;i++)
        {
            aa=(i-1.0)*h; bb=i*h;
            w=0.0;
            for(j=0;j<=4;j++)
            {
                xx=((bb-aa)*t[j]+(bb+aa))/2.0;
                w=w+(1.0-cos(xx))/xx*c[j];
            }
            g=g+w;
```

```
        }
        g=g*h/2.0;
        ep=fabs(g-p)/(1.0+fabs(g));
        p=g; m=m+1; h=x/m;
    }
    g=q-g;
    return(g);
}
```

【例】 计算自变量 x 从 0.5 开始、每隔 2.0 的 10 个余弦积分值。

主函数程序如下：

```
//余弦积分例
#include <cmath>
#include <iostream>
#include "余弦积分.cpp"
using namespace std;
int main()
{
    int i;
    double x,y;
    for(i=0; i<=9; i++)
    {
        x=0.5+i+i; y=coss(x);
        cout <<"x=" <<x <<"     Ci(x)=" <<y <<endl;
    }
    return 0;
}
```

运行结果为

```
x=0.5     Ci(x)=-0.177784
x=2.5     Ci(x)=0.285871
x=4.5     Ci(x)=-0.193491
x=6.5     Ci(x)=0.0111015
x=8.5     Ci(x)=0.0994314
x=10.5     Ci(x)=-0.078284
x=12.5     Ci(x)=-0.0114084
x=14.5     Ci(x)=0.065537
x=16.5     Ci(x)=-0.0403075
x=18.5     Ci(x)=-0.0211074
```

12.15 指数积分

【功能】

计算指数积分值。

【方法说明】

指数积分的定义为

$$\mathrm{Ei}(x) = -\int_x^{\infty} \frac{\mathrm{e}^{-t}}{t}\mathrm{d}t, \quad x > 0$$

或

$$\mathrm{Ei}(x) = \int_{-\infty}^{x} \frac{\mathrm{e}^{t}}{t}\mathrm{d}t, \quad x < 0$$

计算指数积分的公式为

$$\mathrm{Ei}(x) = \gamma + \ln x + \int_0^x \frac{\mathrm{e}^{-t} - 1}{t}\mathrm{d}t, \quad x > 0$$

其中

$$\gamma = 0.577\ 215\ 664\ 901\ 532\ 860\ 606\ 51$$

为欧拉常数。

本函数采用勒让德-高斯求积公式计算积分

$$\int_0^x \frac{\mathrm{e}^{-t} - 1}{t}\mathrm{d}t$$

【函数语句与形参说明】

```
double expp(double x)
```

形参与函数类型	参数意义
double x	自变量值。要求 $x>0$
double expp()	函数返回指数积分值

【函数程序】

```
//指数积分.cpp
#include <cmath>
#include <iostream>
using namespace std;
//x      自变量值
//函数返回指数积分值
double expp(double x)
{
    int m,i,j;
    double s,p,ep,h,aa,bb,w,xx,g,r,q;
    double t[5]={-0.9061798459,-0.5384693101,0.0,
                 0.5384693101,0.9061798459};
    double c[5]={0.2369268851,0.4786286705,0.5688888889,
                 0.4786286705,0.2369268851};
    m=1;
    if(x==0) x=1.0e-10;
    if(x<0.0) x=-x;
    r=0.57721566490153286060651;
    q=r+log(x);
```

```
    h=x; s=fabs(0.0001*h);
    p=1.0e+35; ep=0.000001; g=0.0;
    while((ep>=0.0000001)&&(fabs(h)>s))
    {
        g=0.0;
        for(i=1;i<=m;i++)
        {
            aa=(i-1.0)*h; bb=i*h;
            w=0.0;
            for(j=0;j<=4;j++)
            {
                xx=((bb-aa)*t[j]+(bb+aa))/2.0;
                w=w+(exp(-xx)-1.0)/xx*c[j];
            }
            g=g+w;
        }
        g=g*h/2.0;
        ep=fabs(g-p)/(1.0+fabs(g));
        p=g; m=m+1; h=x/m;
    }
    g=q+g;
    return(g);
}
```

【例】 计算自变量 x 从 0.05 开始、每隔 0.2 的 10 个指数积分值。

主函数程序如下：

```
//指数积分例
#include <cmath>
#include <iostream>
#include "指数积分.cpp"
using namespace std;
int main()
{
    int i;
    double x,y;
    for(i=0; i<=9; i++)
    {
        x=0.05+0.2*i; y=expp(x);
        cout <<"x=" <<x <<"    Ei(x)=" <<y <<endl;
    }
    return 0;
}
```

运行结果为

```
x=0.05    Ei(x)=-2.4679
x=0.25    Ei(x)=-1.04428
x=0.45    Ei(x)=-0.625331
x=0.65    Ei(x)=-0.411517
x=0.85    Ei(x)=-0.284019
x=1.05    Ei(x)=-0.201873
x=1.25    Ei(x)=-0.146413
x=1.45    Ei(x)=-0.107777
x=1.65    Ei(x)=-0.0802476
x=1.85    Ei(x)=-0.060295
```

12.16 第一类椭圆积分

【功能】

计算第一类椭圆积分。

【方法说明】

第一类椭圆积分的定义为

$$F(k,\varphi)=\int_0^{\varphi}\frac{1}{\sqrt{1-k^2\sin^2\theta}}d\theta,\quad 0\leqslant k\leqslant 1$$

当 $\varphi=\frac{\pi}{2}$时，$F\left(k,\frac{\pi}{2}\right)$称为第一类完全椭圆积分。

当$|\varphi|>\frac{\pi}{2}$时，第一类椭圆积分有如下关系：

$$F(k,n\pi\pm\varphi)=2nF\left(k,\frac{\pi}{2}\right)\pm F(k,\varphi)$$

本函数采用勒让德-高斯求积公式计算上述积分。

【函数语句与形参说明】

```
double elp1(double k, double f)
```

形参与函数类型	参数意义
double k	要求 $0\leqslant k\leqslant 1$
double f	椭圆积分中的 φ
double elp1()	函数返回第一类椭圆积分值 $F(k,\varphi)$

【函数程序】

```
//第一类椭圆积分.cpp
#include <cmath>
#include <iostream>
using namespace std;
//k      要求 0=<k<=1
//f      参数
//函数返回第一类椭圆积分值
```

```
double elp1(double k, double f)
{
    int n;
    double pi,y,e,ff;
    double fk(double,double);
    if(k<0.0) k=-k;
    if(k>1.0) k=1.0/k;
    pi=3.1415926; y=fabs(f);
    n=0;
    while(y>=pi) { n=n+1; y=y-pi;}
    e=1.0;
    if(y>=pi/2.0) { n=n+1; e=-e; y=pi-y;}
    if(n==0) ff=fk(k,y);
    else
    {
        ff=fk(k,pi/2.0);
        ff=2.0 * n * ff+e * fk(k,y);
    }
    if(f<0.0) ff=-ff;
    return(ff);
}
double fk(double k, double f)
{
    int m,i,j;
    double s,p,ep,h,aa,bb,w,xx,g,q;
    double t[5]={-0.9061798459,-0.5384693101,0.0,
                  0.5384693101,0.9061798459};
    double c[5]={0.2369268851,0.4786286705,0.5688888889,
                 0.4786286705,0.2369268851};
    m=1; g=0.0;
    h=fabs(f); s=fabs(0.0001 * h);
    p=1.0e+35; ep=0.000001;
    while((ep>=0.0000001)&&(fabs(h)>s))
    {
        g=0.0;
        for(i=1;i<=m;i++)
        {
            aa=(i-1.0) * h; bb=i * h;
            w=0.0;
            for(j=0;j<=4;j++)
            {
                xx=((bb-aa) * t[j]+(bb+aa))/2.0;
                q=sqrt(1.0-k * k * sin(xx) * sin(xx));
                w=w+c[j]/q;
```

```
            }
            g=g+w;
        }
        g=g*h/2.0;
        ep=fabs(g-p)/(1.0+fabs(g));
        p=g; m=m+m; h=0.5*h;
    }
    return(g);
}
```

【例】 k 取 0.5，1.0，φ 取 $\varphi_i=\frac{\pi}{18}i(i=0,1,\cdots,10)$，计算第一类椭圆积分值 $F(k,\varphi)$。

主函数程序如下：

```
//第一类椭圆积分例
#include <cmath>
#include <iostream>
#include <iomanip>
#include "第一类椭圆积分.cpp"
using namespace std;
int main()
{
    int i;
    double f,k,y;
    for(i=0; i<=10; i++)
    {
        f=i*3.1415926/18.0;
        k=0.5; y=elp1(k,f);
        cout <<"F(" <<k <<", " <<setw(9) <<f <<")=" <<y;
        k=1.0; y=elp1(k,f);
        cout <<"       F(" <<k <<", " <<setw(9) <<f <<")=" <<y <<endl;
    }
    return 0;
}
```

运行结果为

```
F(0.5,         0)=0       F(1,         0)=0
F(0.5,  0.174533)=0.174754       F(1,  0.174533)=0.175426
F(0.5,  0.349066)=0.350819       F(1,  0.349066)=0.356378
F(0.5,  0.523599)=0.529429       F(1,  0.523599)=0.549306
F(0.5,  0.698132)=0.711647       F(1,  0.698132)=0.76291
F(0.5,  0.872665)=0.898245       F(1,  0.872665)=1.01068
F(0.5,    1.0472)=1.08955       F(1,    1.0472)=1.31696
F(0.5,   1.22173)=1.2853       F(1,   1.22173)=1.73542
F(0.5,   1.39626)=1.48455       F(1,   1.39626)=2.43625
F(0.5,    1.5708)=1.68575       F(1,    1.5708)=13.8106
F(0.5,   1.74533)=1.88695       F(1,   1.74533)=25.185
```

12.17 第二类椭圆积分

【功能】

计算第二类椭圆积分。

【方法说明】

第二类椭圆积分的定义为

$$E(k,\varphi)=\int_0^{\varphi}\sqrt{1-k^2\sin^2\theta}\mathrm{d}\theta,\quad 0\leqslant k\leqslant 1$$

当 $\varphi=\frac{\pi}{2}$ 时，$E\left(k,\frac{\pi}{2}\right)$称为第二类完全椭圆积分。

当$|\varphi|>\frac{\pi}{2}$时，第二类椭圆积分有如下关系：

$$E(k,n\pi\pm\varphi)=2nE\left(k,\frac{\pi}{2}\right)\pm E(k,\varphi)$$

本函数采用勒让德-高斯求积公式计算上述积分。

【函数语句与形参说明】

```
double elp2(double k, double f)
```

形参与函数类型	参数意义
double k	要求 $0\leqslant k\leqslant 1$
double f	椭圆积分中的 φ
double elp2()	函数返回第二类椭圆积分值 $E(k,\varphi)$

【函数程序】

```
//第二类椭圆积分.cpp
#include <cmath>
#include <iostream>
using namespace std;
//k      要求 0=<k<=1
//f      参数
//函数返回第二类椭圆积分值
double elp2(double k, double f)
{
    int n;
    double pi,y,e,ff;
    double ek(double,double);
    if(k<0.0) k=-k;
```

```
    if(k>1.0) k=1.0/k;
    pi=3.1415926; y=fabs(f);
    n=0;
    while(y>=pi) { n=n+1; y=y-pi;}
    e=1.0;
    if(y>=pi/2.0) { n=n+1; e=-e; y=pi-y;}
    if(n==0) ff=ek(k,y);
    else
    {
        ff=ek(k,pi/2.0);
        ff=2.0*n*ff+e*ek(k,y);
    }
    if(f<0.0) ff=-ff;
    return(ff);
}

double ek(double k, double f)
{
    int m,i,j;
    double s,p,ep,h,aa,bb,w,xx,g,q;
    double t[5]={-0.9061798459,-0.5384693101,0.0,
                  0.5384693101,0.9061798459};
    double c[5]={0.2369268851,0.4786286705,0.5688888889,
                  0.4786286705,0.2369268851};
    m=1; g=0.0;
    h=fabs(f); s=fabs(0.0001*h);
    p=1.0e+35; ep=0.000001;
    while((ep>=0.0000001)&&(fabs(h)>s))
    {
        g=0.0;
        for(i=1;i<=m;i++)
        {
            aa=(i-1.0)*h; bb=i*h;
            w=0.0;
            for(j=0;j<=4;j++)
            {
                xx=((bb-aa)*t[j]+(bb+aa))/2.0;
                q=sqrt(1.0-k*k*sin(xx)*sin(xx));
                w=w+q*c[j];
            }
            g=g+w;
        }
        g=g*h/2.0;
        ep=fabs(g-p)/(1.0+fabs(g));
        p=g; m=m+m; h=0.5*h;
```

```
    }
    return(g);
}
```

【例】 k 取 0.5,1.0,φ 取 $\varphi_i=\frac{\pi}{18}i(i=0,1,\cdots,10)$,计算第二类椭圆积分值 $E(k,\varphi)$。

主函数程序如下:

```
//第二类椭圆积分例
#include <cmath>
#include <iostream>
#include <iomanip>
#include "第二类椭圆积分.cpp"
using namespace std;
int main()
{
    int i;
    double f,k,y;
    for(i=0; i<=10; i++)
    {
        f=i*3.1415926/18.0;
        k=0.5; y=elp2(k,f);
        cout <<"E(" <<k <<", " <<setw(9) <<f <<")=" <<y;
        k=1.0; y=elp2(k,f);
        cout <<"        E(" <<k <<", " <<setw(9) <<f <<")=" <<y <<endl;
    }
    return 0;
}
```

运行结果为

```
E(0.5,         0)=0          E(1,         0)=0
E(0.5,  0.174533)=0.174312         E(1,  0.174533)=0.173648
E(0.5,  0.349066)=0.347329         E(1,  0.349066)=0.34202
E(0.5,  0.523599)=0.517882         E(1,  0.523599)=0.5
E(0.5,  0.698132)=0.68506         E(1,  0.698132)=0.642788
E(0.5,  0.872665)=0.848317         E(1,  0.872665)=0.766044
E(0.5,    1.0472)=1.00756         E(1,    1.0472)=0.866025
E(0.5,   1.22173)=1.16318         E(1,   1.22173)=0.939693
E(0.5,   1.39626)=1.31606         E(1,   1.39626)=0.984808
E(0.5,    1.5708)=1.46746         E(1,    1.5708)=1
E(0.5,   1.74533)=1.61887         E(1,   1.74533)=1.01519
```

12.18 特殊函数类

为了方便使用,在本节中将本章中的所有函数封装在一个类中,并将给出所有的例函数。例函数的运行结果与前面各节中的完全相同。其 C++ 描述如下:

```
//特殊函数类.h
#include <iostream>
#include <cmath>
```

```
using namespace std;
class  FUNCTION
{
   private:
   public:
       double gamma(double x);                             //Gamma 函数
       double ingamma(double a, double x);                 //不完全 Gamma 函数
       double errf(double x);                              //误差函数
       double bessel_1(int n, double x);                   //第一类整数阶 Bessel 函数
       double bessel_2(int n, double x);                   //第二类整数阶 Bessel 函数
       double b_bessel_1(int n, double x);                 //变形第一类整数阶 Bessel 函数
       double b_bessel_2(int n, double x);                 //变形第二类整数阶 Bessel 函数
       double inbeta(double a, double b, double x);         //不完全 Beta 函数
       double bt(double,double,double);
       double gass(double a, double d, double x);          //正态分布函数
       double student(double t, int n);                    //t_分布函数
       double chii(double x, int n);                       //X 平方分布函数
       double ffff(double f, int n1, int n2);              //F_分布函数
       double sinn(double x);                              //正弦积分
       double coss(double x);                              //余弦积分
       double expp(double x);                              //指数积分
       double elp1(double k, double f);                    //第一类椭圆积分
       double fk(double,double);
       double elp2(double k, double f);                    //第二类椭圆积分
       double ek(double,double);
};
//Gamma 函数
double FUNCTION::gamma(double x)
{
    int i;
    double y,t,s,u;
    double a[11]={ 0.0000677106,-0.0003442342,
          0.0015397681,-0.0024467480,0.0109736958,
          -0.0002109075,0.0742379071,0.0815782188,
          0.4118402518,0.4227843370,1.0};
    if(x<=0.0)
    {
        cout<<"err**x<=0!\n";
        return(-1.0);
    }
    y=x;
    if(y<=1.0) {  t=1.0/(y*(y+1.0)); y=y+2.0;}
    else if(y<=2.0) {  t=1.0/y; y=y+1.0; }
    else if(y<=3.0) t=1.0;
```

```
    else
    {
        t=1.0;
        while(y>3.0) { y=y-1.0; t=t * y;}
    }
    s=a[0]; u=y-2.0;
    for(i=1; i<=10; i++)  s=s * u+a[i];
    s=s * t;
    return(s);
}
//不完全 Gamma 函数
double FUNCTION::ingamma(double a, double x)
{
    int n, flag;
    double p,q,d,s,s1,p0,q0,p1,q1,qq;
    if((a<=0.0)||(x<0.0))
    {
        if(a<=0.0) cout <<"err * * a<=0!\n";
        if(x<=0.0) cout <<"err * * x<0!\n";
        return(-1.0);
    }
    if(x+1.0==1.0) return(0.0);
    if(x>1.0e+35) return(1.0);
    q=log(x); q=a * q; qq=exp(q);
    if(x<1.0+a)
    {
        p=a; d=1.0/a; s=d; n=0;
        do
        {
            n=n+1;
            p=p+1.0; d=d * x/p; s=s+d;
            flag=(fabs(d)>=fabs(s) * 1.0e-07);
        }
        while((n<=100)&&(flag));
        if(!flag)
        {
            s=s * exp(-x) * qq/gamma(a);
            return(s);
        }
    }
    else
    {
        s=1.0/x; p0=0.0; p1=1.0; q0=1.0; q1=x;
        for(n=1; n<=100; n++)
        {
```

```
                p0=p1+(n-a)*p0; q0=q1+(n-a)*q0;
                p=x*p0+n*p1; q=x*q0+n*q1;
                if(fabs(q)+1.0!=1.0)
                {
                    s1=p/q; p1=p; q1=q;
                    if(fabs((s1-s)/s1)<1.0e-07)
                    {
                        s=s1*exp(-x)*qq/gamma(a);
                        return(1.0-s);
                    }
                    s=s1;
                }
                p1=p; q1=q;
            }
        }
        cout<<"a too large !\n";
        s=1.0-s*exp(-x)*qq/gamma(a);
        return(s);
    }
    //误差函数
    double FUNCTION::errf(double x)
    {
        double y;
        if(x>=0.0) y=ingamma(0.5,x*x);
        else y=-ingamma(0.5,x*x);
        return(y);
    }
    //第一类整数阶Bessel函数
    double FUNCTION::bessel_1(int n, double x)
    {
        int i,m;
        double t,y,z,p,q,s,b0,b1;
        double a[6]={ 57568490574.0,-13362590354.0,651619640.7,
             -11214424.18,77392.33017,-184.9052456};
        double b[6]={ 57568490411.0,1029532985.0,9494680.718,
              59272.64853,267.8532712,1.0};
        double c[6]={ 72362614232.0,-7895059235.0,242396853.1,
             -2972611.439,15704.4826,-30.16036606};
        double d[6]={ 144725228443.0,2300535178.0,18583304.74,
              99447.43394,376.9991397,1.0};
        double e[5]={ 1.0,-0.1098628627e-02,0.2734510407e-04,
              -0.2073370639e-05,0.2093887211e-06};
        double f[5]={ -0.1562499995e-01,0.1430488765e-03,-0.6911147651e-05,
                      0.7621095161e-06,-0.934935152e-07};
        double g[5]={ 1.0,0.183105e-02,-0.3516396496e-04,
```

```
        0.2457520174e-05,-0.240337019e-06};
double h[5]={ 0.4687499995e-01,-0.2002690873e-03,0.8449199096e-05,
              -0.88228987e-06,0.105787412e-06};
t=fabs(x);
if(n<0) n=-n;
if(n!=1)
{
    if(t<8.0)
    {
        y=t * t; p=a[5]; q=b[5];
        for(i=4; i>=0; i--)
        {
            p=p * y+a[i]; q=q * y+b[i];
        }
        p=p/q;
    }
    else
    {
        z=8.0/t; y=z * z;
        p=e[4]; q=f[4];
        for(i=3; i>=0; i--)
        {
            p=p * y+e[i]; q=q * y+f[i];
        }
        s=t-0.785398164;
        p=p * cos(s)-z * q * sin(s);
        p=p * sqrt(0.636619772/t);
    }
}
if(n==0) return(p);
b0=p;
if(t<8.0)
{
    y=t * t; p=c[5]; q=d[5];
    for(i=4; i>=0; i--)
    {
        p=p * y+c[i]; q=q * y+d[i];
    }
    p=x * p/q;
}
else
{
    z=8.0/t; y=z * z;
    p=g[4]; q=h[4];
    for(i=3; i>=0; i--)
```

```
            {
                p=p * y+g[i]; q=q * y+h[i];
            }
            s=t-2.356194491;
            p=p * cos(s)-z * q * sin(s);
            p=p * x * sqrt(0.636619772/t)/t;
        }
        if(n==1) return(p);
        b1=p;
        if(x==0.0) return(0.0);
        s=2.0/t;
        if(t>1.0 * n)
        {
            if(x<0.0) b1=-b1;
            for(i=1; i<=n-1; i++)
            {
                p=s * i * b1-b0; b0=b1; b1=p;
            }
        }
        else
        {
            m=(n+(int)sqrt(40.0 * n))/2;
            m=2 * m;
            p=0.0; q=0.0; b0=1.0; b1=0.0;
            for(i=m-1; i>=0; i--)
            {
                t=s * (i+1) * b0-b1;
                b1=b0; b0=t;
                if(fabs(b0)>1.0e+10)
                {
                    b0=b0 * 1.0e-10; b1=b1 * 1.0e-10;
                    p=p * 1.0e-10; q=q * 1.0e-10;
                }
                if((i+2)% 2==0) q=q+b0;
                if((i+1)==n) p=b1;
            }
            q=2.0 * q-b0; p=p/q;
        }
        if((x<0.0)&&(n% 2==1)) p=-p;
        return(p);
}
//第二类整数阶 Bessel 函数
double FUNCTION::bessel_2(int n, double x)
{
    int i;
```

```
double y,z,p,q,s,b0,b1;
double a[6]={ -2.957821389e+9,7.062834065e+9,-5.123598036e+8,
      1.087988129e+7,-8.632792757e+4,2.284622733e+2};
double b[6]={ 4.0076544269e+10,7.452499648e+8,7.189466438e+6,
      4.74472647e+4,2.261030244e+2,1.0};
double c[6]={ -4.900604943e+12,1.27527439e+12,-5.153438139e+10,
      7.349264551e+8,-4.237922726e+6,8.511937935e+3};
double d[7]={ 2.49958057e+13,4.244419664e+11,3.733650367e+9,
      2.245904002e+7,1.02042605e+5,3.549632885e+2,1.0};
double e[5]={ 1.0,-0.1098628627e-02,0.2734510407e-04,
      -0.2073370639e-05,0.2093887211e-06};
double f[5]={ -0.1562499995e-01,0.1430488765e-03,-0.6911147651e-05,
               0.7621095161e-06,-0.934935152e-07};
double g[5]={ 1.0,0.183105e-02,-0.3516396496e-04,0.2457520174e-05,
               -0.240337019e-06};
double h[5]={ 0.4687499995e-01, -0.2002690873e-03,0.8449199096e-05,
               -0.88228987e-06,0.105787412e-06};
if(n<0) n=-n;
if(x<0.0) x=-x;
if(x==0.0) return(-1.0e+70);
if(n!=1)
{
    if(x<8.0)
    {
        y=x*x; p=a[5]; q=b[5];
        for(i=4; i>=0; i--)
        {
            p=p*y+a[i]; q=q*y+b[i];
        }
        p=p/q+0.636619772*bessel_1(0,x)*log(x);
    }
    else
    {
        z=8.0/x; y=z*z;
        p=e[4]; q=f[4];
        for(i=3; i>=0; i--)
        {
            p=p*y+e[i]; q=q*y+f[i];
        }
        s=x-0.785398164;
        p=p*sin(s)+z*q*cos(s);
        p=p*sqrt(0.636619772/x);
    }
}
if(n==0) return(p);
```

```
        b0=p;
        if(x<8.0)
        {
            y=x*x; p=c[5]; q=d[6];
            for(i=4; i>=0; i--)
            {
                p=p*y+c[i]; q=q*y+d[i+1];
            }
            q=q*y+d[0];
            p=x*p/q+0.636619772*(bessel_1(1,x)*log(x)-1.0/x);
        }
        else
        {
            z=8.0/x; y=z*z;
            p=g[4]; q=h[4];
            for(i=3; i>=0; i--)
            {
                p=p*y+g[i]; q=q*y+h[i];
            }
            s=x-2.356194491;
            p=p*sin(s)+z*q*cos(s);
            p=p*sqrt(0.636619772/x);
        }
        if(n==1) return(p);
        b1=p;
        s=2.0/x;
        for(i=1; i<=n-1; i++)
        {
            p=s*i*b1-b0; b0=b1; b1=p;
        }
        return(p);
    }
    //变形第一类整数阶 Bessel 函数
    double FUNCTION::b_bessel_1(int n, double x)
    {
        int i,m;
        double t,y,p,b0,b1,q;
        double a[7]={ 1.0,3.5156229,3.0899424,1.2067492,
                          0.2659732,0.0360768,0.0045813};
        double b[7]={ 0.5,0.87890594,0.51498869,
                      0.15084934,0.02658773,0.00301532,0.00032411};
        double c[9]={ 0.39894228,0.01328592,0.00225319,
                      -0.00157565,0.00916281,-0.02057706,
                      0.02635537,-0.01647633,0.00392377};
        double d[9]={ 0.39894228,-0.03988024,-0.00362018,
```

```
                0.00163801,-0.01031555,0.02282967,
                -0.02895312,0.01787654,-0.00420059};
    if(n<0) n=-n;
    t=fabs(x);
    if(n!=1)
    {
        if(t<3.75)
        {
            y=(x/3.75)*(x/3.75); p=a[6];
            for(i=5; i>=0; i--) p=p*y+a[i];
        }
        else
        {
            y=3.75/t; p=c[8];
            for(i=7; i>=0; i--) p=p*y+c[i];
            p=p*exp(t)/sqrt(t);
        }
    }
    if(n==0) return(p);
    q=p;
    if(t<3.75)
    {
        y=(x/3.75)*(x/3.75); p=b[6];
        for(i=5; i>=0; i--) p=p*y+b[i];
        p=p*t;
    }
    else
    {
        y=3.75/t; p=d[8];
        for(i=7; i>=0; i--) p=p*y+d[i];
        p=p*exp(t)/sqrt(t);
    }
    if(x<0.0) p=-p;
    if(n==1) return(p);
    if(x==0.0) return(0.0);
    y=2.0/t; t=0.0; b1=1.0; b0=0.0;
    m=n+(int)sqrt(40.0*n);
    m=2*m;
    for(i=m; i>0; i--)
    {
        p=b0+i*y*b1; b0=b1; b1=p;
        if(fabs(b1)>1.0e+10)
        {
            t=t*1.0e-10; b0=b0*1.0e-10;
            b1=b1*1.0e-10;
```

```
        }
        if(i==n) t=b0;
    }
    p=t * q/b1;
    if((x<0.0)&&(n% 2==1)) p=-p;
    return(p);
}
//变形第二类整数阶 Bessel 函数
double FUNCTION::b_bessel_2(int n, double x)
{
    int i;
    double y,p,b0,b1;
    double a[7]={ -0.57721566,0.4227842,0.23069756,
                  0.0348859,0.00262698,0.0001075,0.0000074};
    double b[7]={ 1.0,0.15443144,-0.67278579,
                 -0.18156897,-0.01919402,-0.00110404,-0.00004686};
    double c[7]={ 1.25331414,-0.07832358,0.02189568,
                 -0.01062446,0.00587872,-0.0025154,0.00053208};
    double d[7]={ 1.25331414,0.23498619,-0.0365562,
                  0.01504268,-0.00780353,0.00325614,-0.00068245};
    if(n<0) n=-n;
    if(x<0.0) x=-x;
    if(x==0.0) return(1.0e+70);
    if(n!=1)
    {
        if(x<=2.0)
        {
            y=x * x/4.0; p=a[6];
            for(i=5; i>=0; i--) p=p * y+a[i];
            p=p-b_bessel_1(0,x) * log(x/2.0);
        }
        else
        {
            y=2.0/x; p=c[6];
            for(i=5; i>=0; i--) p=p * y+c[i];
            p=p * exp(-x)/sqrt(x);
        }
    }
    if(n==0) return(p);
    b0=p;
    if(x<=2.0)
    {
        y=x * x/4.0; p=b[6];
        for(i=5; i>=0; i--) p=p * y+b[i];
        p=p/x+b_bessel_1(1,x) * log(x/2.0);
```

```
    }
    else
    {
        y=2.0/x; p=d[6];
        for(i=5; i>=0; i--) p=p * y+d[i];
        p=p * exp(-x)/sqrt(x);
    }
    if(n==1) return(p);
    b1=p;
    y=2.0/x;
    for(i=1; i<n; i++)
    {
        p=b0+i * y * b1; b0=b1; b1=p;
    }
    return(p);
}
//不完全 Beta 函数
double FUNCTION::inbeta(double a, double b, double x)
{
    double y;
    if(a<=0.0)
    { cout <<"err * * a<=0!\n"; return(-1.0);}
    if(b<=0.0)
    { cout <<"err * * b<=0!\n"; return(-1.0);}
    if((x<0.0)||(x>1.0))
    { cout <<"err * * x<0 or x>1 !\n";
      return(1.0e+70);
    }
    if((x==0.0)||(x==1.0)) y=0.0;
    else
    {
        y=a * log(x)+b * log(1.0-x);
        y=exp(y);
        y=y * gamma(a+b)/(gamma(a) * gamma(b));
    }
    if(x<(a+1.0)/(a+b+2.0))
        y=y * bt(a,b,x)/a;
    else
        y=1.0-y * bt(b,a,1.0-x)/b;
    return(y);
}
double FUNCTION::bt(double a, double b, double x)
{
    int k;
    double d,p0,q0,p1,q1,s0,s1;
```

```
    p0=0.0; q0=1.0; p1=1.0; q1=1.0;
    for(k=1; k<=100; k++)
    {
        d=(a+k)*(a+b+k)*x;
        d=-d/((a+k+k)*(a+k+k+1.0));
        p0=p1+d*p0; q0=q1+d*q0; s0=p0/q0;
        d=k*(b-k)*x;
        d=d/((a+k+k-1.0)*(a+k+k));
        p1=p0+d*p1; q1=q0+d*q1; s1=p1/q1;
        if(fabs(s1-s0)<fabs(s1)*1.0e-07)
        return(s1);
    }
    cout <<"a or b too big !\n";
    return(s1);
}
//正态分布函数
double FUNCTION::gass(double a, double d, double x)
{
    double y;
    if(d<=0.0) d=1.0e-10;
    y=0.5+0.5*errf((x-a)/(sqrt(2.0)*d));
    return(y);
}
//t_分布函数
double FUNCTION::student(double t, int n)
{
    double y;
    if(t<0.0) t=-t;
    y=1.0-inbeta(n/2.0,0.5,n/(n+t*t));
    return(y);
}
//X平方分布函数
double FUNCTION::chii(double x, int n)
{
    double y;
    if(x<0.0) x=-x;
    y=ingamma(n/2.0,x/2.0);
    return(y);
}
//F_分布函数
double FUNCTION::ffff(double f, int n1, int n2)
{
    double y;
    if(f<0.0) f=-f;
    y=inbeta(n2/2.0,n1/2.0,n2/(n2+n1*f));
```

```
    return(y);
}
//正弦积分
double FUNCTION::sinn(double x)
{
    int m,i,j;
    double s,p,ep,h,aa,bb,w,xx,g;
    double t[5]={-0.9061798459,-0.5384693101,0.0,
                        0.5384693101,0.9061798459};
    double c[5]={0.2369268851,0.4786286705,0.5688888889,
                        0.4786286705,0.2369268851};
    m=1;
    if(x==0) return(0.0);
    h=fabs(x);  s=fabs(0.0001*h);
    p=1.0e+35; ep=0.000001; g=0.0;
    while((ep>=0.0000001)&&(fabs(h)>s))
    {
        g=0.0;
        for(i=1;i<=m;i++)
        {
            aa=(i-1.0)*h; bb=i*h;
            w=0.0;
            for(j=0;j<=4;j++)
            {
                xx=((bb-aa)*t[j]+(bb+aa))/2.0;
                w=w+sin(xx)/xx*c[j];
            }
            g=g+w;
        }
        g=g*h/2.0;
        ep=fabs(g-p)/(1.0+fabs(g));
        p=g; m=m+1; h=fabs(x)/m;
    }
    return(g);
}
//余弦积分
double FUNCTION::coss(double x)
{
    int m,i,j;
    double s,p,ep,h,aa,bb,w,xx,g,r,q;
    double t[5]={-0.9061798459,-0.5384693101,0.0,
                        0.5384693101,0.9061798459};
    double c[5]={0.2369268851,0.4786286705,0.5688888889,
                        0.4786286705,0.2369268851};
    m=1;
```

```
        if(x==0) x=1.0e-35;
        if(x<0.0) x=-x;
        r=0.57721566490153286060651;
        q=r+log(x);
        h=x; s=fabs(0.0001 * h);
        p=1.0e+35; ep=0.000001; g=0.0;
        while((ep>=0.0000001)&&(fabs(h)>s))
        {
            g=0.0;
            for(i=1;i<=m;i++)
            {
                aa=(i-1.0) * h; bb=i * h;
                w=0.0;
                for(j=0;j<=4;j++)
                {
                    xx=((bb-aa) * t[j]+(bb+aa))/2.0;
                    w=w+(1.0-cos(xx))/xx * c[j];
                }
                g=g+w;
            }
            g=g * h/2.0;
            ep=fabs(g-p)/(1.0+fabs(g));
            p=g; m=m+1; h=x/m;
        }
        g=q-g;
        return(g);
    }
    //指数积分
    double FUNCTION::expp(double x)
    {
        int m,i,j;
        double s,p,ep,h,aa,bb,w,xx,g,r,q;
        double t[5]={-0.9061798459,-0.5384693101,0.0,
                     0.5384693101,0.9061798459};
        double c[5]={0.2369268851,0.4786286705,0.5688888889,
                     0.4786286705,0.2369268851};
        m=1;
        if(x==0) x=1.0e-10;
        if(x<0.0) x=-x;
        r=0.57721566490153286060651;
        q=r+log(x);
        h=x; s=fabs(0.0001 * h);
        p=1.0e+35; ep=0.000001; g=0.0;
        while((ep>=0.0000001)&&(fabs(h)>s))
        {
```

```
        g=0.0;
        for(i=1;i<=m;i++)
        {
            aa=(i-1.0)*h; bb=i*h;
            w=0.0;
            for(j=0;j<=4;j++)
            {
                xx=((bb-aa)*t[j]+(bb+aa))/2.0;
                w=w+(exp(-xx)-1.0)/xx*c[j];
            }
            g=g+w;
        }
        g=g*h/2.0;
        ep=fabs(g-p)/(1.0+fabs(g));
        p=g; m=m+1; h=x/m;
    }
    g=q+g;
    return(g);
}
//第一类椭圆积分
double FUNCTION::elp1(double k, double f)
{
    int n;
    double pi,y,e,ff;
    if(k<0.0) k=-k;
    if(k>1.0) k=1.0/k;
    pi=3.1415926; y=fabs(f);
    n=0;
    while(y>=pi) { n=n+1; y=y-pi;}
    e=1.0;
    if(y>=pi/2.0) { n=n+1; e=-e; y=pi-y;}
    if(n==0) ff=fk(k,y);
    else
    {
        ff=fk(k,pi/2.0);
        ff=2.0*n*ff+e*fk(k,y);
    }
    if(f<0.0) ff=-ff;
    return(ff);
}
double FUNCTION::fk(double k, double f)
{
    int m,i,j;
    double s,p,ep,h,aa,bb,w,xx,g,q;
    double t[5]={-0.9061798459,-0.5384693101,0.0,
```

```
                0.5384693101,0.9061798459};
    double c[5]={0.2369268851,0.4786286705,0.5688888889,
                 0.4786286705,0.2369268851};
    m=1; g=0.0;
    h=fabs(f); s=fabs(0.0001 * h);
    p=1.0e+35; ep=0.000001;
    while((ep>=0.0000001)&&(fabs(h)>s))
    {
        g=0.0;
        for(i=1;i<=m;i++)
        {
            aa=(i-1.0) * h; bb=i * h;
            w=0.0;
            for(j=0;j<=4;j++)
            {
                xx=((bb-aa) * t[j]+(bb+aa))/2.0;
                q=sqrt(1.0-k * k * sin(xx) * sin(xx));
                w=w+c[j]/q;
            }
            g=g+w;
        }
        g=g * h/2.0;
        ep=fabs(g-p)/(1.0+fabs(g));
        p=g; m=m+m; h=0.5 * h;
    }
    return(g);
}
//第二类椭圆积分
double FUNCTION::elp2(double k, double f)
{
    int n;
    double pi,y,e,ff;
    if(k<0.0) k=-k;
    if(k>1.0) k=1.0/k;
    pi=3.1415926; y=fabs(f);
    n=0;
    while(y>=pi) { n=n+1; y=y-pi;}
    e=1.0;
    if(y>=pi/2.0) { n=n+1; e=-e; y=pi-y;}
    if(n==0) ff=ek(k,y);
    else
    {
        ff=ek(k,pi/2.0);
        ff=2.0 * n * ff+e * ek(k,y);
    }
```

```
    if(f<0.0) ff=-ff;
    return(ff);
}
double FUNCTION::ek(double k, double f)
{
    int m,i,j;
    double s,p,ep,h,aa,bb,w,xx,g,q;
    double t[5]={-0.9061798459,-0.5384693101,0.0,
                    0.5384693101,0.9061798459};
    double c[5]={0.2369268851,0.4786286705,0.5688888889,
                   0.4786286705,0.2369268851};
    m=1; g=0.0;
    h=fabs(f); s=fabs(0.0001*h);
    p=1.0e+35; ep=0.000001;
    while((ep>=0.0000001)&&(fabs(h)>s))
    {
        g=0.0;
        for(i=1;i<=m;i++)
        {
            aa=(i-1.0)*h; bb=i*h;
            w=0.0;
            for(j=0;j<=4;j++)
            {
                xx=((bb-aa)*t[j]+(bb+aa))/2.0;
                q=sqrt(1.0-k*k*sin(xx)*sin(xx));
                w=w+q*c[j];
            }
            g=g+w;
        }
        g=g*h/2.0;
        ep=fabs(g-p)/(1.0+fabs(g));
        p=g; m=m+m; h=0.5*h;
    }
    return(g);
}

//特殊函数类例.cpp
#include "特殊函数类.h"
#include <iomanip>
int main()
{
    int i,j,n,n1,n2;
    double x,y,t,f,k;
    FUNCTION p;

    cout <<"Gamma 函数例:" <<endl;
    for(i=1; i<=10; i++)
```

```
{
    x=0.5 * i; y=p.gamma(x);
    cout <<"x=" <<x <<"     gamma(x)=" <<y <<endl;
}
y=p.gamma(1.5) * p.gamma(2.5)/p.gamma(4.0);
cout <<"B(1.5,2.5)=" <<y <<endl;

cout <<"不完全 Gamma 函数例:" <<endl;
double a[3]={0.5,5.0,50.0};
double b[3]={0.1,1.0,10.0};
for(i=0; i<=2; i++)
for(j=0; j<=2; j++)
{
    y=p.ingamma(a[i],b[j]);
    cout <<"ingamma(" <<a[i] <<", " <<b[j] <<")=" <<y <<endl;
}

cout <<"不完全 Beta 函数例:" <<endl;
double a1[5]={ 0.5,0.5,1.0,5.0,8.0};
double b1[5]={ 0.5,5.0,3.0,0.5,10.0};
x=0.0;
for(j=0; j<=5; j++)
{
    cout <<"x=" <<x <<endl;
    for(i=0; i<=4; i++)
    {
        y=p.inbeta(a1[i],b1[i],x);
        cout <<"      B(" <<a1[i] <<", " <<b1[i] <<")=" <<y <<endl;
    }
    x=x+0.2;
}

cout <<"误差函数例:" <<endl;
x=0.0;  y=p.errf(x);
cout <<setw(15) <<y <<endl;
for(i=0; i<=7; i++)
{
    for(j=0; j<=4; j++)
    {
        x=x+0.05;   y=p.errf(x);
        cout <<setw(15) <<y;
    }
    cout <<endl;
}

cout <<"第一类整数阶 Bessel 函数例:" <<endl;
for(n=0; n<=5; n++)
```

```
{
    x=0.05;
    for(i=1; i<=4; i++)
    {
        y=p.bessel_1(n,x);
        cout <<"n=" <<n <<"   x=" <<setw(5) <<x
                  <<"    J(n, x)=" <<y <<endl;
        x=x * 10.0;
    }
}

cout <<"第二类整数阶 Bessel 函数例:" <<endl;
for(n=0; n<=5; n++)
{
    x=0.05;
    for(i=1; i<=4; i++)
    {
        y=p.bessel_2(n,x);
        cout <<"n=" <<n <<"   x=" <<setw(5) <<x
                  <<"    Y(n,x)=" <<y <<endl;
        x=x * 10.0;
    }
}

cout <<"变形第一类整数阶 Bessel 函数例:" <<endl;
for(n=0; n<=5; n++)
{
    x=0.05;
    for(i=1; i<=4; i++)
    {
        y=p.b_bessel_1(n,x);
        cout <<"n=" <<n <<"   x=" <<setw(5) <<x
                  <<"    I(n,x)=" <<y <<endl;
        x=x * 10.0;
    }
}

cout <<"变形第二类整数阶 Bessel 函数例:" <<endl;
for(n=0; n<=5; n++)
{
    x=0.05;
    for(i=1; i<=4; i++)
    {
        y=p.b_bessel_2(n,x);
        cout <<"n=" <<n <<"   x=" <<setw(5) <<x
                  <<"    K(n,x)=" <<y <<endl;
        x=x * 10.0;
```

```
        }
    }

    cout <<"正态分布函数例:" <<endl;
    double a2[2]={ -1.0,3.0};
    double d[2]={ 0.5,15.0};
    for(i=0; i<=1; i++)
    {
        x=-10.0;
        for(j=0; j<=4; j++)
        {
            y=p.gass(a2[i],d[i],x);
            cout <<"P(" <<a2[i] <<", " <<d[i] <<", " <<x <<")=" <<y <<endl;
            x=x+5.0;
        }
    }

    cout <<"t_分布函数例:" <<endl;
    for(n=1; n<=5; n++)
    {
        t=0.5; y=p.student(t,n);
        cout <<"P(" <<t <<", " <<n <<")=" <<y <<endl;
        t=5.0; y=p.student(t,n);
        cout <<"P(" <<t <<", " <<n <<")=" <<y <<endl;
    }

    cout <<"X平方分布函数例:" <<endl;
    for(n=1; n<=5; n++)
    {
        t=0.5; y=p.chii(t,n);
        cout <<"P(" <<t <<", " <<n <<")=" <<y <<endl;
        t=5.0; y=p.chii(t,n);
        cout <<"P(" <<t <<", " <<n <<")=" <<y <<endl;
    }

    cout <<"F_分布函数例:" <<endl;
    n1=2; n2=3;
    f=3.5; y=p.ffff(f,n1,n2);
    cout <<"P(" <<f <<", " <<n1 <<", " <<n2 <<")=" <<y <<endl;
    f=9.0; y=p.ffff(f,n1,n2);
    cout <<"P(" <<f <<", " <<n1 <<", " <<n2 <<")=" <<y <<endl;
    n1=5; n2=10;
    f=3.5; y=p.ffff(f,n1,n2);
    cout <<"P(" <<f <<", " <<n1 <<", " <<n2 <<")=" <<y <<endl;
    f=9.0; y=p.ffff(f,n1,n2);
    cout <<"P(" <<f <<", " <<n1 <<", " <<n2 <<")=" <<y <<endl;
```

```
    cout <<"正弦积分例:" <<endl;
    for(i=0; i<=9; i++)
    {
        x=0.5+i+i; y=p.sinn(x);
        cout <<"x=" <<x <<"    Si(x)=" <<y <<endl;
    }

    cout <<"余弦积分例:" <<endl;
    for(i=0; i<=9; i++)
    {
        x=0.5+i+i; y=p.coss(x);
        cout <<"x=" <<x <<"    Ci(x)=" <<y <<endl;
    }

    cout <<"指数积分例:" <<endl;
    for(i=0; i<=9; i++)
    {
        x=0.05+0.2*i; y=p.expp(x);
        cout <<"x=" <<x <<"    Ei(x)=" <<y <<endl;
    }

    cout <<"第一类椭圆积分例:" <<endl;
    for(i=0; i<=10; i++)
    {
        f=i*3.1415926/18.0;
        k=0.5; y=p.elp1(k,f);
        cout <<"F(" <<k <<", " <<setw(9) <<f <<")=" <<y;
        k=1.0; y=p.elp1(k,f);
        cout <<"       F(" <<k <<", " <<setw(9) <<f <<")=" <<y <<endl;
    }

    cout <<"第二类椭圆积分例:" <<endl;
    for(i=0; i<=10; i++)
    {
        f=i*3.1415926/18.0;
        k=0.5; y=p.elp2(k,f);
        cout <<"F(" <<k <<", " <<setw(9) <<f <<")=" <<y;
        k=1.0; y=p.elp2(k,f);
        cout <<"       F(" <<k <<", " <<setw(9) <<f <<")=" <<y <<endl;
    }

    return 0;
}
```

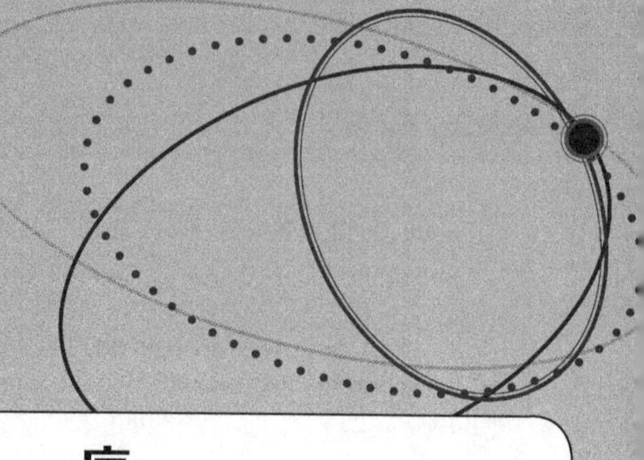

第13章

排　　序

13.1 冒泡排序

【功能】

用冒泡排序法将一个无序序列排成有序(非递减)序列。

【方法说明】

冒泡排序的基本过程如下。

首先,从表头开始往后扫描线性表,在扫描过程中逐次比较相邻两个元素的大小。若相邻两个元素中前面的元素大于后面的元素,则将它们互换,称之为消去了一个逆序。显然,在扫描过程中,不断地将两相邻元素中的大者往后移动,最后就将线性表中的最大者换到了表的最后,这也是线性表中最大元素应有的位置。

然后,从后到前扫描剩下的线性表,同样,在扫描过程中逐次比较相邻两个元素的大小。若相邻两个元素中后面的元素小于前面的元素,则将它们互换,这样就又消去了一个逆序。显然,在扫描过程中,不断地将两相邻元素中的小者往前移动,最后就将剩下线性表中的最小者换到了表的最前面,这也是线性表中最小元素应有的位置。

对剩下的线性表重复上述过程,直到剩下的线性表变空为止,此时的线性表已经变为有序。

【函数语句与形参说明】

```
template <class T>      //声明 T 为类型参数
void bub_sort(int n, T p[])
```

形参与函数类型	参数意义
int　n	待排序序列的长度
T　p[]	待排序序列(为顺序存储)的起始位置
void bub_sort ()	过程

【函数程序】

```
//冒泡排序.cpp
#include <iostream>
#include <cmath>
using namespace std;
//n          待排序序列的长度
//p[n]       待排序序列
template <class T>
void bub_sort(int n, T p[])
{
    int m,k,j,i;
    T d;
    k=0; m=n-1;
    while(k<m)
    {
        j=m-1; m=0;
        for(i=k; i<=j; i++)          //从前往后扫描
            if(p[i]>p[i+1])          //顺序不对,交换
            {
                d=p[i]; p[i]=p[i+1]; p[i+1]=d;
                m=i;
            }
        j=k+1; k=0;
        for(i=m; i>=j; i--)          //从后往前扫描
            if(p[i-1]>p[i])          //顺序不对,交换
            {
                d=p[i]; p[i]=p[i-1]; p[i-1]=d;
                k=i;
            }
    }
    return;
}
```

【例】 产生 0～999 的 70 个随机数,然后对其中第 8 个随机数开始的后 49 个进行排序。在主函数中要调用产生 0～1 的随机数的函数 rnd1()。

主函数程序如下:

```
//冒泡排序例
#include <iomanip>
#include "冒泡排序.cpp"
#include "产生随机数类.h"
int main()
{
    RND r(5);
    int i,j;
    double p[70], * s;
```

```
    for(i=0; i<70; i++)         //产生 70 个 0～1 的随机数
        p[i]=r.rndl();
    for(i=0; i<70; i++)         //转换成 0～999 的随机数
        p[i]=0.0+999.0*p[i];
    cout <<"排序前:" <<endl;
    for(i=0; i<10; i++)         //共 10 行
    {
        for(j=0; j<7; j++)   //一行 7 个
            cout <<setw(10) <<p[7*i+j];
        cout <<endl;
    }
    s=p+7;
    bub_sort(49,s);             //对 2～8 行数据用冒泡法排序
    cout <<"排序后:" <<endl;
    for(i=0; i<10; i++)
    {
        for(j=0; j<7; j++)
            cout <<setw(10) <<p[7*i+j];
        cout <<endl;
    }
    return 0;
}
```

运行结果为

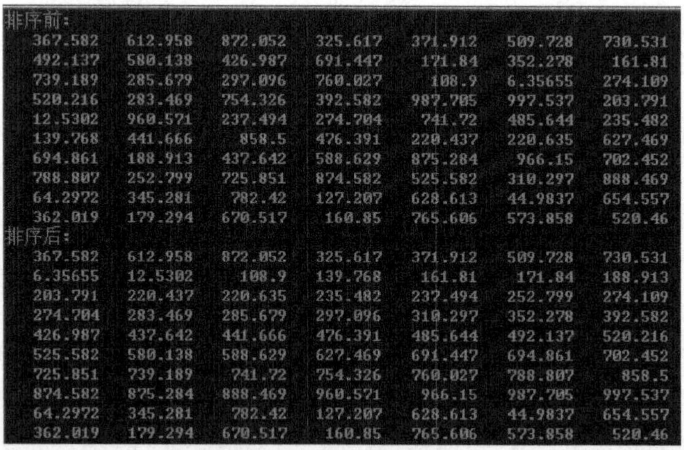

```
排序前:
   367.582   612.958   872.052   325.617   371.912   509.728   730.531
   492.137   580.138   426.987   691.447    171.84   352.278    161.81
   739.189   285.679   297.096   760.027     108.9   6.35655   274.109
   520.216   283.469   754.326   392.582   987.705   997.537   203.791
   12.5302   960.571   237.494   274.704    741.72   485.644   235.482
   139.768   441.666     858.5   476.391   220.437   220.635   627.469
   694.861   188.913   437.642   588.629   875.284    966.15   702.452
   788.807   252.799   725.851   874.582   525.582   310.297   888.469
   64.2972   345.281    782.42   127.207   628.613   44.9837   654.557
   362.019   179.294   670.517    160.85   765.606   573.858    520.46
排序后:
   367.582   612.958   872.052   325.617   371.912   509.728   730.531
   6.35655   12.5302     108.9   139.768    161.81    171.84   188.913
   203.791   220.437   220.635   235.482   237.494   252.799   274.109
   274.704   283.469   285.679   297.096   310.297   352.278   392.582
   426.987   437.642   441.666   476.391   485.644   492.137   520.216
   525.582   580.138   588.629   627.469   691.447   694.861   702.452
   725.851   739.189    741.72   754.326   760.027   788.807     858.5
   874.582   875.284   888.469   960.571    966.15   987.705   997.537
   64.2972   345.281    782.42   127.207   628.613   44.9837   654.557
   362.019   179.294   670.517    160.85   765.606   573.858    520.46
```

13.2 快速排序

【功能】

用快速排序法将一个无序序列排成有序(非递减)序列。

【方法说明】

快速排序的基本思想如下。

从线性表中选取一个元素，设为 T。然后将线性表后面小于 T 的元素移到前面，而前面大于 T 的元素移到后面，结果就将线性表分成了两部分（称为两个子表），T 插入到其分界线的位置处。这个过程称为线性表的分割。通过对线性表的一次分割，就以 T 为分界线将线性表分成前后两个子表，且前面子表中的所有元素均不大于 T，而后面子表中的所有元素均不小于 T。

如果对分割后的各子表再按上述原则进行分割，并且这种分割过程可以一直做下去，直到所有子表为空为止，则此时的线性表就变成了有序表。

在对线性表或子表进行实际分割时，可以按如下步骤进行。

首先，在表的第一个、中间一个与最后一个元素中选取中项，设为 $P(k)$，并将 $P(k)$ 赋给 T，再将表中的第一个元素移到 $P(k)$ 的位置上。

然后设置两个指针 i 和 j 分别指向表的起始与最后的位置。反复做以下两步。

(1) 将 j 逐渐减小，并逐次比较 $P(j)$ 与 T，直到发现一个 $P(j)<T$ 为止，将 $P(j)$ 移到 $P(i)$ 的位置上。

(2) 将 i 逐渐增大，并逐次比较 $P(i)$ 与 T，直到发现一个 $P(i)>T$ 为止，将 $P(i)$ 移到 $P(j)$ 的位置上。

上述两个操作交替进行，直到指针 i 与 j 指向同一个位置（即 $i=j$）为止，此时将 T 移到 $P(i)$ 的位置上。

本功能中的函数要调用相应的冒泡排序函数。

【函数语句与形参说明】

```
template <class T>       //声明 T 为类型参数
void qck_sort(int n, T p[])
```

形参与函数类型	参数意义
int n	待排序序列的长度
T p[]	待排序序列（为顺序存储）的起始位置
void qck_sort ()	过程

【函数程序】

```
//快速排序.cpp
#include <iostream>
#include <cmath>
#include "冒泡排序.cpp"
using namespace std;
//表的分割
template <class T>
int split(int n, T p[])
{
    int i,j,k,l;
```

```
    T t;
    i=0; j=n-1;
    k=(i+j)/2;
    if((p[i]>=p[j])&&(p[j]>=p[k])) l=j;
    else if((p[i]>=p[k])&&(p[k]>=p[j])) l=k;
    else l=i;
    t=p[l];           //选取一个元素为 T
    p[l]=p[i];
    while(i!=j)
    {
        while((i<j)&&(p[j]>=t)) j=j-1;      //逐渐减小 j,直到发现 p[j]<t
        if(i<j)
        {
            p[i]=p[j]; i=i+1;
            while((i<j)&&(p[i]<=t)) i=i+1;//逐渐增大 i,直到发现 p[i]>t
            if(i<j){ p[j]=p[i]; j=j-1;}
        }
    }
    p[i]=t;
    return(i);        //返回分界线位置
}
//n        待排序序列的长度
//p[n]     待排序序列
template <class T>
void qck_sort(int n, T p[])
{
    int m, i;
    T *s;
    if(n>10)              //子表长度大于 10,用快速排序
    {
        i=split(n,p);     //对表进行分割
        qck_sort(i, p);   //对前面的子表进行快速排序
        s=p+(i+1);
        m=n-(i+1);
        qck_sort(m, s);   //对后面的子表进行快速排序
    }
    else                  //子表长度小于 10,用冒泡排序
        bub_sort(n, p);
    return;
}
```

【例】 产生 1～999 的 100 个随机整数，然后对其中第 11 个随机数开始的后 70 个进行排序。在主函数中要调用产生随机整数的函数 rndab()。

主函数程序如下：

```
//快速排序例
#include <iomanip>
#include "快速排序.cpp"
#include "产生随机数类.h"
int main()
{
    RND r(5);
    int i,j;
    int p[100], * s;
    for(i=0; i<100; i++)        //产生 100 个 1～999 的随机整数
        p[i]=r.rndab(1,999);
    cout <<"排序前:" <<endl;
    for(i=0; i<10; i++)         //共 10 行
    {
        for(j=0; j<10; j++)     //一行 10 个
        cout <<setw(6) <<p[10 * i+j];
        cout <<endl;
    }
    s=p+10;
    qck_sort(70,s);             //对 2～8 行数据用快速排序法排序
    cout <<"排序后:" <<endl;
    for(i=0; i<10; i++)
    {
        for(j=0; j<10; j++)
            cout <<setw(6) <<p[10 * i+j];
      cout <<endl;
    }
    return 0;
}
```

运行结果为

```
排序前:
     7    32   157   782   835    76   377   858   191   952
   661   230   123   612   946   631    80   397   958   691
   380   873   266   303   488   389   918   491   404   993
   866   231   128   637   110   547   684   345   698   415
    24   117   582   859   196   977   786   855   176   877
   286   403   988   841   106   527   584   869   246   203
   961   706   455   224    93   462   259   268   313   538
   639   120   597   934   571   804   945   626    55   272
   333   638   115   572   809   970   751   680   325   598
   939   596   929   546   679   320   573   814   995   876
排序后:
     7    32   157   782   835    76   377   858   191   952
    24    55    80    93   106   110   117   120   123   128
   176   196   203   224   230   231   246   259   266   268
   272   286   303   313   345   380   389   397   403   404
   415   455   462   488   491   527   538   547   571   582
   584   597   612   626   631   637   639   661   684   691
   698   706   786   804   841   855   859   866   869   873
   877   918   934   945   946   958   961   977   988   993
   333   638   115   572   809   970   751   680   325   598
   939   596   929   546   679   320   573   814   995   876
```

13.3 希尔排序

【功能】

用希尔(Shell)排序法将一个无序序列排成有序(非递减)序列。

【方法说明】

希尔排序的基本思想如下。将整个无序序列分割成若干小的子序列分别进行插入排序。

子序列的分割方法如下。将相隔某个增量 h 的元素构成一个子序列。在排序过程中，逐次减小这个增量，最后当 h 减到 1 时，进行一次插入排序，排序就完成。

增量序列一般取 $h_t=n/2^k(k=1,2,\cdots,[\log_2 n])$，其中 n 为待排序序列的长度。

【函数语句与形参说明】

```
template <class T>      //声明 T 为类型参数
void shel_sort(int n, T p[])
```

形参与函数类型	参数意义
int n	待排序序列的长度
T p[]	待排序序列(为顺序存储)的起始位置
void shel_sort ()	过程

【函数程序】

```
//希尔排序.cpp
#include <iostream>
#include <cmath>
using namespace std;
//n           待排序序列的长度
//p[n]        待排序序列
template <class T>
void shel_sort(int n, T p[])
{
    int k,j,i;
    T t;
    k=n/2;
    while(k>0)
    {
        for(j=k; j<=n-1; j++)
        {
            t=p[j]; i=j-k;
```

```
            while((i>=0)&&(p[i]>t))
            {
                p[i+k]=p[i]; i=i-k;
            }
            p[i+k]=t;
        }
        k=k/2;
    }
    return;
}
```

【例】 产生1～999的100个随机整数,然后对其中第11个随机数开始的后70个进行排序。在主函数中要调用产生随机整数的函数rndab()。

主函数程序如下:

```
//希尔排序例
#include <iomanip>
#include "希尔排序.cpp"
#include "产生随机数类.h"
int main()
{
    RND r(5);
    int i,j;
    int p[100], * s;
    for(i=0; i<100; i++)        //产生100个1～999的随机整数
        p[i]=r.rndab(1,999);
    cout <<"排序前:" <<endl;
    for(i=0; i<10; i++)         //共10行
    {
        for(j=0; j<10; j++)     //一行10个
            cout <<setw(6) <<p[10 * i+j];
        cout <<endl;
    }
    s=p+10;
    shel_sort(70,s);            //对2～8行数据用快速排序法排序
    cout <<"排序后:" <<endl;
    for(i=0; i<10; i++)
    {
        for(j=0; j<10; j++)
            cout <<setw(6) <<p[10 * i+j];
        cout <<endl;
    }
    return 0;
}
```

运行结果为

```
排序前:
    7   32  157  782  835   76  377  858  191  952
  661  230  123  612  946  631   80  397  958  691
  380  873  266  303  488  389  918  491  404  993
  866  231  128  637  110  547  684  345  698  415
   24  117  582  859  196  977  786  855  176  877
  286  403  988  841  106  527  584  869  246  203
  961  706  455  224   93  462  259  268  313  538
  639  120  597  934  571  804  945  626   55  272
  333  638  115  572  809  970  751  680  325  598
  939  596  929  546  679  320  573  814  995  876
排序后:
    7   32  157  782  835   76  377  858  191  952
   24   55   80   93  106  110  117  120  123  128
  176  196  203  224  230  231  246  259  266  268
  272  286  303  313  345  380  389  397  403  404
  415  455  462  488  491  527  538  547  571  582
  584  597  612  626  631  637  639  661  684  691
  698  706  786  804  841  855  859  866  869  873
  877  918  934  945  946  958  961  977  988  993
  333  638  115  572  809  970  751  680  325  598
  939  596  929  546  679  320  573  814  995  876
```

13.4 堆排序

【功能】

用堆(Heap)排序法将一个无序序列排成有序(非递减)序列。

【方法说明】

堆的定义如下。

具有 n 个元素的序列$(h_1, h_2, \cdots, h_n)$，当且仅当满足

$$\begin{cases} h_i \geqslant h_{2i} \\ h_i \geqslant h_{2i+1} \end{cases} \quad \text{或} \quad \begin{cases} h_i \leqslant h_{2i} \\ h_i \leqslant h_{2i+1} \end{cases}$$

$(i=1,2,\cdots,n/2)$时称之为堆。本节只讨论满足前者条件的堆。

由堆的定义可以看出，堆顶元素(即第一个元素)必为最大项。

将一个无序序列建成为堆的方法如下。

假设无序序列 $H(1:n)$以完全二叉树表示。从完全二叉树的最后一个非叶子结点(即第 $n/2$ 个元素)开始，直到根结点(即第一个元素)为止，对每一个结点进行调整建堆，最后就可以得到与该序列对应的堆。

其中调整建堆的方法是：将根结点值与左、右子树的根结点值进行比较，若不满足堆的条件，则将左、右子树根结点值中的大者与根结点值进行交换。这个调整过程一直做到所有子树均为堆为止。

根据堆的定义，可以得到堆排序的方法如下。

(1) 将一个无序序列建成堆。

(2) 将堆顶元素(序列中的最大项)与堆中最后一个元素交换(最大项应该在序列的最后)。不考虑已经换到最后的那个元素，只考虑前 $n-1$ 个元素构成的子序列，显然，该子序列已不是堆，但左、右子树仍为堆，可以将该子序列调整为堆。反复做第(2)步，直到剩下的子序列为空为止。

【函数语句与形参说明】

```
template <class T>      //声明 T 为类型参数
void hap_sort(int n, T p[])
```

形参与函数类型	参数意义
int n	待排序序列的长度
T p[]	待排序序列(为顺序存储)的起始位置
void hap_sort()	过程

【函数程序】

```
//堆排序.cpp
#include <iostream>
#include <cmath>
using namespace std;
//调整建堆
template <class T>
void sift(T p[], int i, int n)
{
    int j;
    T t;
    t=p[i]; j=2*(i+1)-1;
    while(j<=n)
    {
        if((j<n)&&(p[j]<p[j+1])) j=j+1;
        if(t<p[j])
        {
            p[i]=p[j]; i=j; j=2*(i+1)-1;
        }
        else j=n+1;
    }
    p[i]=t;
    return;
}
//n            待排序序列的长度
//p[n]         待排序序列
template <class T>
void hap_sort(int n, T p[])
{
    int i,mm;
    T t;
    mm=n/2;
    for(i=mm-1; i>=0; i--)                    //无序序列建堆
```

```
        sift(p,i,n-1);
    for(i=n-1; i>=1; i--)
    {
        t=p[0]; p[0]=p[i]; p[i]=t;        //堆顶元素换到最后
        sift(p,0,i-1);                    //调整建堆
    }
    return;
}
```

【例】 产生0～999的70个随机数，然后对其中第8个随机数开始的后49个进行排序。在主函数中要调用产生0～1的随机数的函数rnd1()。

主函数程序如下：

```
//堆排序例
#include <iomanip>
#include "堆排序.cpp"
#include "产生随机数类.h"
int main()
{
    RND r(5);
    int i,j;
    double p[70], * s;
    for(i=0; i<70; i++)                   //产生70个0～1的随机数
        p[i]=r.rnd1();
    for(i=0; i<70; i++)                   //转换成0～999的随机数
        p[i]=0.0+999.0 * p[i];
    cout <<"排序前:" <<endl;
    for(i=0; i<10; i++)                   //共10行
    {
        for(j=0; j<7; j++)                //一行7个
            cout <<setw(10) <<p[7 * i+j];
        cout <<endl;
    }
    s=p+7;
    hap_sort(49,s);                       //对2～8行数据用堆排序法排序
    cout <<"排序后:" <<endl;
    for(i=0; i<10; i++)
    {
        for(j=0; j<7; j++)
            cout <<setw(10) <<p[7 * i+j];
        cout <<endl;
    }
    return 0;
}
```

运行结果为

```
排序前:
  367.582   612.958   872.052   325.617   371.912   509.728   730.531
  492.137   580.138   426.987   691.447    121.84   352.278    161.81
  739.189   285.679   297.096   760.027     108.9   6.35655   274.109
  520.216   283.469   754.326   392.582   987.705   997.537   203.791
  12.5302   960.571   237.494   274.704    741.72   485.644   235.482
  139.768   441.666     858.5   476.391   220.437   220.635   627.469
  694.861   188.913   437.642   588.629   875.284    966.15   702.452
  788.807   252.799   725.851   874.582   525.582   310.297   888.469
  64.2972   345.281    782.42   127.207   628.613   44.9837   654.557
  362.019   179.294   670.517    160.85   765.606   573.858    520.46
排序后:
  367.582   612.958   872.052   325.617   371.912   509.728   730.531
  6.35655   12.5302     108.9   139.768    161.81    171.84   188.913
  203.791   220.437   220.635   235.482   237.494   252.799   274.109
  274.704   283.469   285.679   297.096   310.297   352.278   392.582
  426.987   437.642   441.666   476.391   485.644   492.137   520.216
  525.582   580.138   588.629   627.469   691.447   694.861   702.452
  725.851   739.189    741.72   754.326   760.027   788.807     858.5
  874.582   875.284   888.469   960.571    966.15   987.705   997.537
  64.2972   345.281    782.42   127.207   628.613   44.9837   654.557
  362.019   179.294   670.517    160.85   765.606   573.858    520.46
```

13.5 数据排序类

为方便起见，本节将本章中四种排序算法封装在一个类中，其C++描述如下(各排序例的运行结果与前面的完全相同)。

```
//数据排序类.h
#include <iostream>
#include <cmath>
#include <fstream>
using namespace std;
template <class T>
class  DATA_SORT
{
private:

public:

    void bub_sort(int , T *);                    //冒泡排序
    void qck_sort(int , T *);                    //快速排序
    int split(int ,T []);                        //表分割
    void shel_sort(int , T *);                   //希尔排序
    void hap_sort(int , T *);                    //堆排序
    void sift(T * , int , int);                  //调整建堆


};
//冒泡排序
template <class T>
void DATA_SORT<T>::bub_sort(int n, T *p)
{
    int m,k,j,i;
    T d;
    k=0; m=n-1;
```

```
    while(k<m)
    {
        j=m-1; m=0;
        for(i=k; i<=j; i++)                       //从前往后扫描
            if(p[i]>p[i+1])                       //顺序不对,交换
            {
                d=p[i]; p[i]=p[i+1]; p[i+1]=d;
                m=i;
            }
        j=k+1; k=0;
        for(i=m; i>=j; i--)                       //从后往前扫描
            if(p[i-1]>p[i])                       //顺序不对,交换
            {
                d=p[i]; p[i]=p[i-1]; p[i-1]=d;
                k=i;
            }
    }
    return;
}
//快速排序
template <class T>
void DATA_SORT<T>::qck_sort(int n, T * p)
{
    int m, i;
    T * s;
    if(n>10)                                      //子表长度大于 10,用快速排序
    {
        i=split(n,p);                             //对表进行分割
        qck_sort(i, p);                           //对前面的子表进行快速排序
        s=p+(i+1);
        m=n-(i+1);
        qck_sort(m, s);                           //对后面的子表进行快速排序
    }
    else                                          //子表长度小于 10,用冒泡排序
        bub_sort(n, p);
    return;
}
//表的分割
template <class T>
int DATA_SORT<T>::split(int n, T p[])
{
    int i,j,k,l;
    T t;
    i=0; j=n-1;
    k=(i+j)/2;
```

```
    if((p[i]>=p[j])&&(p[j]>=p[k])) l=j;
    else if((p[i]>=p[k])&&(p[k]>=p[j])) l=k;
    else l=i;
    t=p[l];                                 //选取一个元素为 T
    p[l]=p[i];
    while(i!=j)
    {
        while((i<j)&&(p[j]>=t)) j=j-1;      //逐渐减小 j,直到发现 p[j]<t
        if(i<j)
        {
            p[i]=p[j]; i=i+1;
            while((i<j)&&(p[i]<=t)) i=i+1;  //逐渐增大 i,直到发现 p[i]>t
            if(i<j){ p[j]=p[i]; j=j-1;}
        }
    }
    p[i]=t;
    return(i);                              //返回分界线位置
}
//希尔排序
template <class T>
void DATA_SORT<T>::shel_sort(int n, T *p)
{
    int k,j,i;
    T t;
    k=n/2;
    while(k>0)
    {
        for(j=k; j<=n-1; j++)
        {
            t=p[j]; i=j-k;
            while((i>=0)&&(p[i]>t))
            {
                p[i+k]=p[i]; i=i-k;
            }
            p[i+k]=t;
        }
        k=k/2;
    }
    return;
}
//堆排序
template <class T>
void DATA_SORT<T>::hap_sort(int n, T *p)
{
    int i,mm;
```

```
    T t;
    mm=n/2;
    for(i=mm-1; i>=0; i--)                          //无序序列建堆
        sift(p,i,n-1);
    for(i=n-1; i>=1; i--)
    {
        t=p[0]; p[0]=p[i]; p[i]=t;                  //堆顶元素换到最后
        sift(p,0,i-1);                              //调整建堆
    }
    return;
}
//调整建堆
template <class T>
void DATA_SORT<T>::sift(T p[], int i, int n)
{
    int j;
    T t;
    t=p[i]; j=2 * (i+1)-1;
    while(j<=n)
    {
        if((j<n)&&(p[j]<p[j+1])) j=j+1;
        if(t<p[j])
        {
            p[i]=p[j]; i=j; j=2 * (i+1)-1;
        }
        else j=n+1;
    }
    p[i]=t;
    return;
}

//数据排序类例.cpp
#include <iomanip>
#include "数据排序类.h"
#include "产生随机数类.h"
using namespace std;
int main()
{
    int i,j;

    cout <<"冒泡排序例:" <<endl;
    RND r(5);
    DATA_SORT<double>q;
    double p[70];
    for(i=0; i<70; i++)                             //产生 70 个 0～1 的随机数
```

```
    p[i]=r.rnd1();
for(i=0; i<70; i++)                          //转换成 0~999 的随机数
    p[i]=0.0+999.0*p[i];
cout <<"排序前:" <<endl;
for(i=0; i<10; i++)                          //共 10 行
{
    for(j=0; j<7; j++)                       //一行 7 个
        cout <<setw(10) <<p[7*i+j];
    cout <<endl;
}
q.bub_sort(49,p+7);                          //对 2~8 行数据用冒泡法排序
cout <<"排序后:" <<endl;
for(i=0; i<10; i++)
{
    for(j=0; j<7; j++)
        cout <<setw(10) <<p[7*i+j];
      cout <<endl;
}

cout <<"快速排序例" <<endl;
RND r1(5);
DATA_SORT<int>q1;
int p1[100];
for(i=0; i<100; i++)                         //产生 100 个 1~999 的随机整数
    p1[i]=r1.rndab(1,999);
cout <<"排序前:" <<endl;
for(i=0; i<10; i++)                          //共 10 行
{
    for(j=0; j<10; j++)                      //一行 10 个
        cout <<setw(6) <<p1[10*i+j];
    cout <<endl;
}
q1.qck_sort(70,p1+10);                       //对 2~8 行数据用快速排序法排序
cout <<"排序后:" <<endl;
for(i=0; i<10; i++)
{
    for(j=0; j<10; j++)
        cout <<setw(6) <<p1[10*i+j];
    cout <<endl;
}

cout <<"希尔排序例" <<endl;
RND r2(5);
DATA_SORT<int>q2;
int p2[100];
```

```
    for(i=0; i<100; i++)                          //产生 100 个 1～999 的随机整数
        p2[i]=r2.rndab(1,999);
    cout <<"排序前:" <<endl;
    for(i=0; i<10; i++)                           //共 10 行
    {
        for(j=0; j<10; j++)                       //一行 10 个
            cout <<setw(6) <<p2[10*i+j];
        cout <<endl;
    }
    q2.shel_sort(70,p2+10);                       //对 2～8 行数据用快速排序法排序
    cout <<"排序后:" <<endl;
    for(i=0; i<10; i++)
    {
        for(j=0; j<10; j++)
            cout <<setw(6) <<p2[10*i+j];
        cout <<endl;
    }

    cout <<"堆排序例" <<endl;
    RND r3(5);
    DATA_SORT<double>q3;
    double p3[70];
    for(i=0; i<70; i++)                           //产生 70 个 0～1 的随机数
        p3[i]=r3.rnd1();
    for(i=0; i<70; i++)                           //转换成 0～999 的随机数
        p3[i]=0.0+999.0*p3[i];
    cout <<"排序前:" <<endl;
    for(i=0; i<10; i++)                           //共 10 行
    {
        for(j=0; j<7; j++)                        //一行 7 个
            cout <<setw(10) <<p3[7*i+j];
        cout <<endl;
    }
    q3.hap_sort(49,p3+7);                         //对 2～8 行数据用堆排序法排序
    cout <<"排序后:" <<endl;
    for(i=0; i<10; i++)
    {
        for(j=0; j<7; j++)
            cout <<setw(10) <<p3[7*i+j];
        cout <<endl;
    }

    return 0;
}
```

参 考 文 献

[1] 徐士良等.常用算法程序集(C/C++描述)[M].5版.北京：清华大学出版社,2013.

[2] 徐士良.数据与算法[M].北京：清华大学出版社,2014.

[3] 徐士良,等.计算机软件技术基础[M].4版.北京：清华大学出版社,2014.

[4] 普雷斯,弗拉内里,托科尔斯基,等.数值方法大全——科学计算的艺术[M].王璞,等译.兰州：兰州大学出版社,1991.